최신 고무공업화학

김 명 웅 저

선 진 문 화 사

머 리 말

고무는 고분자의 한 종류로서 우리들의 일상생활에 꼭 필요한 재료이며, 사용용도에 따라 여러 가지로 응용되고 있다.

고무공업이 본격적인 형태로 세계에 등장한 것은 19세기 중간정도로 생각된다. 그 후 각 나라에서 산업의 발전에 따른 고무제품에 많은 관심을 가지고 연구한 결과, 오늘날과 같은 모든 분류에 이용되고 있다.

우리나라도 모든 공업의 발달에 병행하여 고무공업도 많은 발전을 가져왔는데, 대체로 해방전부터 전형적인 중소공장을 기반으로 하여 일반용품과 군수품, 그리고 공업용품과 신발 등을 중심으로 성장하다가, 자동차 공업의 급격한 발전으로 고무 소비의 비중이 커지게 되고, 그에 따르는 고무공업이 많은 성장을 가져오고 있다.

그러나 고무화학분야에서는 아직도 사용용도에 따르는 재료의 발전과 고무의 배합 및 가공법, 그리고 산업공해에 대비한 여러 가지 연구해야 할 과제들이 많으므로, 이것들을 위한 고무기술의 개발 및 축적이 필요하다.

그러므로 고무의 기초적인 책자를 펴내어, 고무공업에 많은 관심이 있는 사람들에게 조금이라도 도움이 되고자 합니다.

저 자

차 례

I. 총 론

II. 고무배합, 가공 및 시험법

III. 접 착 제

IV. 타 이 어

Ⅰ. 총　　론

제 1 장 고무 재료의 특징

1-1. 고무란 무엇인가

고무(Rubber)는 고분자 물질에 포함되는 것으로 KSM6641에서 다음과 같이 정의하고 있다.

1) 상온(常溫)에서 약한 외력(外力)을 가하면 변형되었다가 그 외력을 제거하면 원형으로 복귀된다.
2) 한 번 가황된 제품은 열 및 압력을 적용하여 영구적인 변형을 재차 정형할 수 없다.

(주) 가황된 미가황 고무 제품에 적용된다.

그 외 고무의 특성을 요약하면 다음과 같다.

① 급격하게 힘써 잡아당기면 별로 저항(抵抗)없이 500~1,000배로 신장(伸張)한다.

② 충분히 신장하면 높은 인장강도(引張强度, Tensile strength)와 높은 Modulus를 나타낸다.

③ 압축하면 반발한다.

④ 힘을 제거하면 본래의 길이로 회복(回復)한다.

일반적으로 물질의 물성(物性)을 규명(糾明)하는 데는 물리적 및 화학적 성질 뿐만 아니라 경도(硬度, hardness), 신장력(伸張力, elongation), 탄성(彈性, elasticity), 소성(塑性, plasticity) 등의 역학적인 성질도 매우 중요하다.

물체는 외력을 받으면 물체 내에서 이에 저항하는 힘, 즉 응력(應力, Strees)이 생기며, 외력이 응력보다 클 때에는 물체가 변형된다. 이때 외력(外力)을 가했다가 제거했을 때 변형된 상태가 그대로 유지되면 소성변형(塑性變形, Plastic deformation)이라 하고 원상태로 돌아가는 것을 탄성변형(彈性變形, Elastic deformation)이라 한다.

고체물질의 변형과 시간과의 관계를 〈그림 1-1〉에 표시하였다.

여기서 d(deformation)는 변형의 크기이며 t는 힘(Force)을 가해준 시간이다.

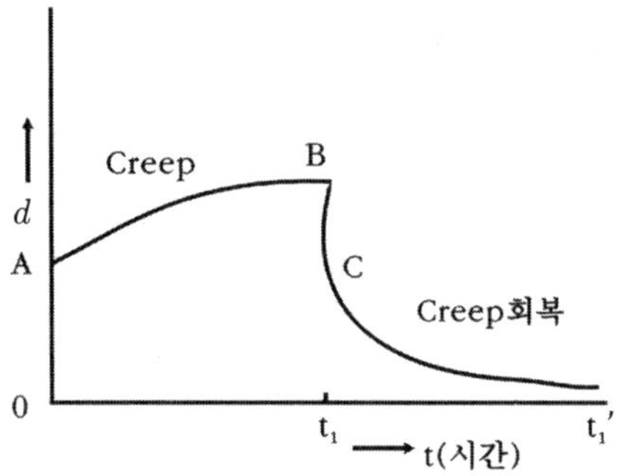

〈그림 1-1〉 변형과 시간과의 관계

OA는 물체에 임의의 힘을 가했을 때 외형상 변형이 일어나지 않는 것처럼 보이는 상태(잠복기간)이고, AB와 OA의 같은 크기 혹은 그 이상의 힘을 가했을 때 변형이 서서히 일어나는데 이것을 크리이프(Creep)라 한다.

t_1일 때 힘을 제거해주면 BC만큼 변형이 줄어들며 더욱 시간이 지나면 CD에 따른 본래의 모양으로 되돌아갈 수 있는데 이것을 크리이프 회복(Creep recovery)이라 한다.

이때 오랜시간이 지난 다음에도 회복되지 않고 변형된 상태를 영구변형(永久變形, Permanent deformation)이라하며 소성변형(塑性變形)은 이에 속한다.

$d=\frac{1}{y}\cdot s$신장변형(伸張變形)과 응력(應力)의 관계식은 $\delta=E\cdot\epsilon$(Hook's low)이며, $\epsilon=\frac{(l-l_0)}{l_0}$, 로 표시된다.

δ : 응력	l_0 : 원래의 길이	d : 변형
E : 신장력	l : 당겼을 때의 길이	s : 하중
y : 영률(Young's modulus)	$(l-l_0)$: 늘어난 만큼의 길이	

이 식은 이론적인 완전탄성체(完全彈性體)에서 성립되는 것이며 완전탄성체는 존재하지 않지만 근사적으로 이 식을 적용하여 〈표 1-1〉과 같은 각종 공업재료의 '영률'을 구하고 있다.

〈표 1-1〉 각종 공업재료의 영률

재 료	영률(dyne/㎠)	재 료	영률(dyne/㎠)
구 리	22×10^{11}	납(Pb)	1.5×10^{11}
주 철	12×10^{11}	폴리메타크릴산메틸	3.7×10^{11}
알 루 미 늄	9×10^{11}	폴리스티렌	3.4×10^{11}
유 리	7×10^{11}	나일론-66	2×10^{11}
주 석	6×10^{11}	폴리에틸렌(저밀도)	2.4×10^{11}
흑 연	4×10^{11}	고 무	2×10^{11}

※ 1dyne=1g의 물질에 1㎝/sec^2의 가속도를 주게 하는 힘

여기서 '영률'이 낮다는 것은 재료가 유연(柔軟)하여 신장(伸張)하기가 쉽다는 것을 뜻한다. 가역적으로 신장할 수 있는 한계를 보면 철은 1%보다 훨씬 적지만 고무는 용이하게 수백%에 달한다.

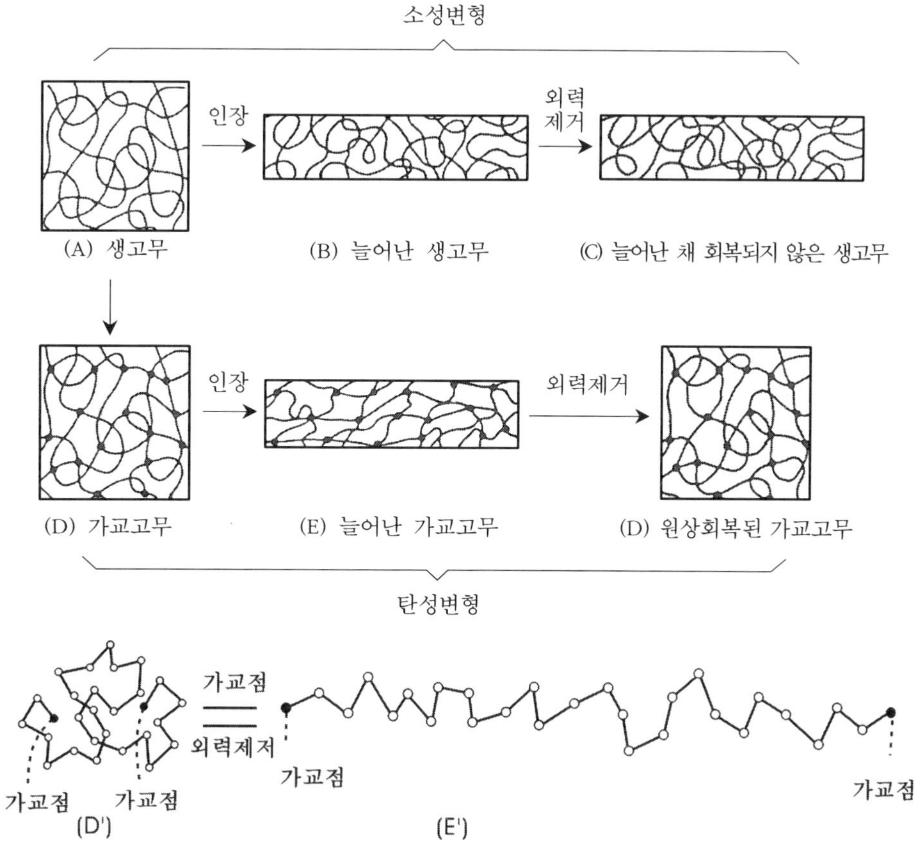

〈그림 1-2〉 고무분자의 소성변형과 탄성변형

1-2. 고무의 분자배향성

고분자는 그 분자량의 크기에 따라 저분자(低分子, Telomer : 1,000이하), 올리고머(Oligomer, 1,000~10,000), 고분자(高分子, Polymer : 10,000이상)로 분류되며, 기계적 성질에 의해 분류하면 섬유(Fiber), 고무(Rubber) 및 플라스틱(Plastic)으로 나눌 수 있다.

고분자의 결정이란 결합된 많은 분자가 규칙적으로 배열되고, 또 고분자나 블록(block)이 정연된 상태로 되는 것을 말한다. 〈그림 1-3〉과 같이 섬유는 일정한 배향성을 갖는 결정성분자(結晶性分子)로 되어 있고 고무는 비결정성(非結晶性)으로 배형성을 갖고 있지 않아 유연한 성질을 갖고 있다. 그리고 플라스틱은 부분적으로 결정성과 비결정성을 갖고 있다.

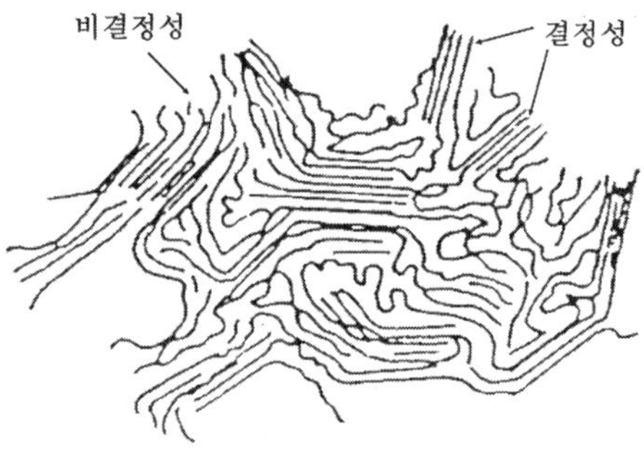

〈그림 1-3〉 결정과 비결정을 함유한 고분자 물질의 모형

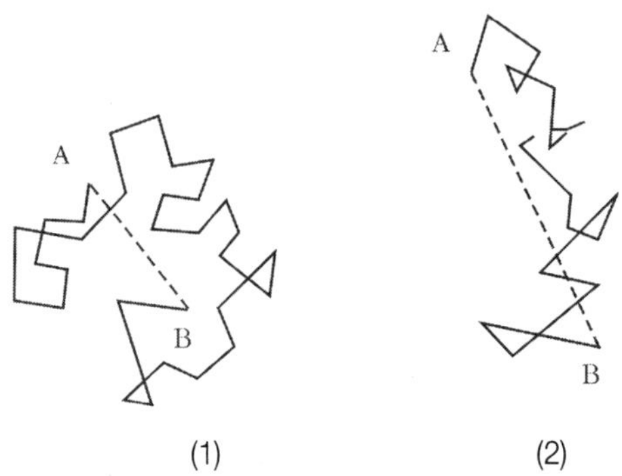

〈그림 1-4〉 신장하지 않을 때(1)와 신장했을 때(2) 분자사슬의 모형

고분자 사슬의 집합체의 기본이 고무인 경우는 신장(伸張)되기 전상태에서는 지그재그로 된 긴 분자가 micro-brown운동을 하는데 〈그림 1-4〉에서와 같이 고무를 신장시키면 지그재그한 분자도 점차 신장됨에 따라 분자가 형성하는 형태의 수는 신장되지 않았을 때에 비해 감소된다. 이것을 열역학적으로 엔트로피(entropy)의 감소라 한다.

1-3. 고무의 구조와 특성

1. 분자구조

Rubber의 분자구조에 관해서는 아직 분명치 않으나 다음과 같은 설이 있다.

2. 분 류

- 불포화식(不飽和式) – 쇄상식(鎖狀式) : Webber설, Barry설
  - 환상식(環狀式) : Harries설, Pickles설
  - 나선식(螺旋式) : Barrow설
- 포 화 식(飽 和 式) – 복환상식(複環狀式) : Boswell설

3. 고무의 분자구조

1) 고무의 분자구조

고무는 크게 분류하면 천연고무와 합성고무로 분류할 수 있는데, 단위체(monomer)의 종류와 중합도(DP) 등에 따라 분자량이 다르기 때문에 일반 저분자와는 달리 평균분자량(수평균분자량 $\overline{Mn}$, 무게평균분자량 $\overline{Mw}$ 등)이 있고, 그에 따른 분자량 분포도의 차이가 있다. 또한 반복단위의 배열방법도 여러 종류가 있는데 다음과 같다.

① 단독중합체(예) IR, BR, CR 등

② 공중합체

가. 랜덤(random)공중합체

2원 공중합체 (예) SBR, EPM 등

3원 공중합체 (예) EPDM 등

나. 교차(alternative) 공중합체 (예) Propylene-tetrafluoroethylene계, FKM 등

다. 블록(block) 공중합체 (예) Block SBR 등

라. 그라프트(graft) 공중합체(예) Heveaplus MG 등

천연고무는 isoprene의 중합체로 되어 있는데 그것은 이소프렌 분자 중에는 불포화성인 공액이중결합(共軛二重結合, Conjugated double bond)을 갖고 있기 때문인 것으로 생각된다.

$$\underset{\text{이소프렌}}{CH_2=\underset{\underset{CH_3}{|}}{C}-CH=CH_2} \xrightarrow{\text{중합}} \underset{\text{천연고무}}{\left[-CH_2-\underset{\underset{CH_3}{|}}{C}=CH=CH_2-\right]_n}$$

일반적으로 Gum(rubber)의 분자구조를 갖는 것은 다음과 같은 내용 등을 갖는

다고 본다.

① Ethylene형의 불포화기(不飽和基)를 갖고 있다.

② O_3에 의한 ozone화합물인 ozonide를 만들고 이것이 가수분해(加水分解)에 의해 aldehyde와 carboxyl acid형을 갖는다.

③ O_2에 의하여 불완전한 해합(解合)을 동반하는 부가생성물(附加生成物)이 생성된다.

④ 광(光) 또는 열(熱) 그리고 기계적 처리에 의해 해합된다.

⑤ 열분해에 의해 cyclo octadiene을 생성치 않고 C_5H_8, $C_{15}H_{18}$ 및 여러 종류의 지방족(脂肪族), 방향족 화합물(芳香族 化合物)이 생긴다.

⑥ Gum은 isoprene으로부터 합성할 수 있으나 $C_{10}H_{16}$으로부터는 합성되지 않는다.

⑦ 수소, 첨가에 의해 paraffin계 탄화수소(炭火水素)가 생성된다.

⑧ 고무는 유황(硫黃)과 반응하여 가황(加黃)이 된다.

이상과 같은 성질을 고려해 볼 때 환상체(環狀體)보다는 쇄상체설(鎖狀體說)이 더 유리하다고 볼 수 있다.

제 2 장 고무의 특성

대부분의 고무제품은 가황(加黃)이라는 조작을 거쳐 제품화된다. 따라서 고무의 특징은 가황고무의 성질과 이 가황고무가 원료고무에서 여러 가공 공정을 거치는 동안에도 나타난다. 가황고무의 성질을 보면 다음과 같다.

2-1. 가황고무의 성질

가황고무의 성질은 원료고무 또는 가공방법에 따라 크게 달라진다.

1. 기계적 · 물리적 및 화학적 성질

인장강도(引張强度)는 순고무 배합(원료고무와 가황제 뿐) 가황물이 천연고무인 경우에 200～400kgf/㎠인데 대하여, 일반적으로 합성고무는 낮은 값을 나타내며, SBR, BR, NBR 등은 15～40kgf/㎠이다. 그러나 적당한 충전제(充塡劑)를 사용함으로써 천연고무일 경우에 30～350kgf/㎠, 합성고무일 때는 종류에 따라 차이가 있으나 동일한 값을 나타내는 것이 일반적이다. 파단시(破斷時)의 연신(延伸)은 순고무 가황물이 천연고무의 경우 100～120%를 나타내지만, 합성고무일 경우에는 일반적으로 600%이하이다. 그러나 배합고무가 가황물인 경우에, 천연고무일 경우 100～600%인데 비해, 합성고무일 경우에는 50～800%정도이며, CR의 경우에는 1,000%를 나타낼 수도 있다. 반발탄성(反撥彈性)은 고무의 특성이기 때문에 일반적으로 높은 값을 나타낸다. 어떤 종류의 합성고무는 20% 정도의 낮은 값을 나타내는 것도 있지만, 일반적으로 70～90%의 값을 나타내며, BR의 경우에는 95%의 값을 나타내는 수도 있다.

인열강도(引裂强度)는 천연고무가 우수하지만, 합성고무는 이보다 뒤떨어진다. 특히 실리콘고무나 불소고무는 매우 약하다. 마모저항(磨耗抵抗)도 천연고무, SBR, BR, CR 등은 우수하지만 실리콘고무는 낮다. 가스 내투과성(耐透過性)은 IIR, 실리콘고무, 불소고무의 합성고무가 우수하며, 내열성(耐熱性)도 이들이 우수하다. 또 내염성(耐炎性)에 대해서는 실리콘고무, 불소고무 및 CR가 양호하지만, 내오존성은 CR, 실리콘고무, 불소고무, IIR가 우수하다. 내유성(耐油性)은 NBR 및 불소고무가 우수하다.

내산성(耐酸性)은 불소고무가 가장 우수하고, 그 다음이 실리콘고무, NBR, IIR, CR 등이다. 내알칼리성은 불소고무, 실리콘고무, NBR, IIR가 우수하며, 이를 이어서 천연고무, SBR가 있다.

2. 전기적 성질

천연고무가 원료고무의 전부였던 시대에는 고무가 유일한 탄성(彈性)을 가진 전기절연재료였다. 그러나 제 2차대전 후 우수한 성질을 가진 각종 플라스틱의 출현에 의해 고무는 절연재료(絶緣材料)의 지위에서 밀려나게 되었다. 그러나 IIR과 같은 것들은 매우 높은 저항을 가지고 있으므로 지금도 사용되고 있다.

고무의 전기적 성질로서는 현재 도전성(導電性)이 오히려 문제가 되고 있다. 고무의 전기적 성질은 가해지는 충전제의 종류 및 양에 따라 크게 바뀔 수가 있기 때문이다. 예를 들면, 도전성을 가지고 있는 카본블랙 3%정도의 소량을 가함으로써 반대로 전기저항을 증가시킬 수가 있다. 또 아세틸렌 블랙, CC블랙, CF블랙 등과 같은 특수한 카본블랙을 다량으로 배합함으로써 도전성 혹은 대전 방지성(帶電 防止性)으로 변화시킬 수가 있다.

2-2. 가공(加工)에 있어서의 특징

제품을 만들기 위해서는 먼저 원료고무를 내림(혹은 素練, mastication) : 원료고무의 탄성을 감소시키고 가소성을 높이기 위하여 로울러 또는 밀폐식 혼합기에 의해 원료 고무를 처리하는 것)하여 가소성(可塑性)으로 변화시킨다. 이 목적은 고무에 대한 충전제나 배합제의 혼합과 칼렌더 조작, 압출조작, 용해조작 등을 손쉽게 하며, 최종 형태로 성형을 용이하게 하는 데에 있다. 이와 같이 가소성 상태에서 배합제를 가하여, 최종 제품에 필요한 성질을 부여하는 것이 고무가공에서의 가장 큰 특징이다. 또한 이같은 배합고무를 가황함으로써 최종제품으로 마무리하지만 가황방법의 차이에 따라 각각 다른 고무의 성질을 만들 수 있다.

즉 사용되는 유황(硫黃)의 양, 사용되는 가황 촉진제(加黃 促進劑)의 종류와 양, 유황 이외의 가황방식 등에 따라서도 가황된 고무의 성질이 달라진다. 따라서 고무기술자는 요구되는 성질을 가진 고무제품을 얻기 위하여 원료고무를 선택하고, 여기에 가하는 배합제의 종류와 양, 그리고 가황방법에 대해서도 검토하여 목적물을 제조하고 있다. 이와 같이 일정한 원료고무에서도 광범위한 성질을 가진 제품을 만들 수 있다는 것이 다른 물질과의 큰 차이점이다. 이 점이 고무의 흥미로운 면이기도 하고 어려움이기도 하다.

제3장 고무의 생산과 용도

3-1. 고무의 생산

1839년에 고무를 유황과 함께 가열함으로써 한서(寒暑)로 인한 탄성의 변화를 없애는 이른바 가황방법이 발견되었다. 그로부터 고무의 용도가 확대되어 공업재료로서 주목되었지만, 급속한 소비량의 증가는 금세기에 이르러서이다. 자동차의 진보, 발전으로 말미암은 타이어의 생산은 고무의 수요를 가일층 높였다.

물론 초기의 원료고무는 천연고무이고, 대부분이 남미의 아마존 유역에서 채취된 야생고무였다. 금세기로 접어들면서부터는 동남아시아에 이식 재배된 고무나무에서 채취된 재배고무가 궤도에 오를 정도로 매년 그 생산량이 증가되었다. 그러나 1920년대부터 1930년대초까지는 오히려 천연고무의 과잉생산으로 가격의 폭락을 초래해 생산제한이 부득이했던 일도 있었다.

그러다가 제 2차대전을 계기로 고무의 수요가 늘어났다. 또한 이 때에 전략물자로서 중요성이 인정되어 합성고무가 출현했으며, 그 후 고무의 수요가 증가됨에 따라 임금의 상승 등 생산여건이 불리한 천연고무보다는 유리한 조건하에서 다량생산이 가능한 합성고무에 많은 관심과 연구를 하게 되었다.

3-2. 고무 공업의 분류

Rubber industry는 일반적으로 Raw material industry과 Manufacturing industry로 구분할 수 있으며, 이것을 세분하면 다음과 같다.

- Rubber industry
  - Raw material industry
    - ① Natural crude rubber industry
    - ② Reclaim rubber industry
    - ③ Synthetic rubber industry
  - Manufacturing industry
    - ① Manufacturing industry
    - ② Latex goods M.I.

또 Rubber industry를 기술적으로 분리하면 배합기술 부분과 제조기술 부분으로 대별할 수 있다.

1. 배합기술분야

1) 원재료학(原材料學)
- ① Latex
- ② Crude rubber
- ③ Reclaim rubber
- ④ Synthetic rubber

2) 배합약품학(配合藥品學)
- ① 가황제, ② 가황촉진제, ③ 노화방지제,
- ④ 충전제, ⑤ 착색제, ⑥ 연화제,
- ⑦ 보강제, ⑧ 촉진제, ⑨ 용제,
- ⑩ 특수제

3) 고무시험학(고무試驗學)
- 화학적 시험법 : ① 원재료 분석법
  - ② 배합 분석법
  - ③ 제품 분석법
- 물리적 시험법 : ① 소재시험법
  - ② 제품시험법

4) 배합학(配合學) ·············· ① 기본배합, ② 일반배합, ③ 특수배합

2. 제조기술분야

고무제품은 일반적으로 3개의 공정을 거쳐서 만들어진다.

처음에는 용도에 따라 고무를 선택하고 약품을 종류와 양을 결정하는 배합공정의 계획을 세우고, 그 다음에 선택된 배합에 따라 고무 및 약품을 혼련(混練)하고 Calender조작, 압출작업(押出作業) 등의 성형작업을 하고 최후에 제품에 탄성을 부여하여 물리적 성능을 개선하기 위한 가황공정이 있다.

1) 기본공정학 : 내림(素練, mastication), spreading, pasting, exeming, storing, bruilding up, finishing

2) 성형작업(成形作業) : ① Calendering, sheeting, topping(coating), frictioning, doubling, profiling, tailing
② 압출성형(押出成形, extrusion molding)
③ 사출성형(射出成形, injection molding)
④ 압축성형(壓縮成形, compression molding)
⑤ 주형성형(注型成形, casting, cast molding)
⑥ 이송성형(移送成形, transfer molding) 등이 있다.

3) 제품학(製品學) : tyre, hose, belt, shoes, packing, sponge, roll, latex, goods 등

제 4 장 천연고무

4-1. 천연고무의 총설

영어에서 고무라는 명칭인 rubber는 「문지르다」라는 뜻으로 인류가 처음 고무를 발견한 것은 콜럼버스(Christopher Columbus)가 1493년에 두 번째로 신대륙 미국을 탐사(探査)하기 위하여 도항(渡航)하였을 때에 하이티 섬에서 토인(土人)들이 고무공을 가지고 놀고 있는 것을 보고 돌아와서 유럽에 소개한 것에 비롯된다. 그리고 1525년에는 고무에 관한 최초의 문헌이 나왔다. 천연고무의 원산지는 브라질의 아마존강 유역이며, 현재는 주로 말레이시아, 인도네시아, 태국 등지에서 재배되고 있다. 오늘날 천연고무는 헤비아 브라질리엔시스(Hevea Braziliensis)라고 부르는 고무나무의 수피(樹皮)에 태핑(tapping)이라는 상처를 내어 흘러내리는 라텍스 액을 받아 이것을 굳혀서 생산하는 것이다. 이 유액에는 약 30%의 고무가 함유되어 있다. 고무는 단백질로 보호된 지름이 약 1㎛의 미소한 입자이며, 소량의 단백질, 지방질, 당분류, 회성분이 물의 장액속에 함유되어 있다. 라텍스는 고무나무 속에서는 안정하지만 채집 후에는 자연히 응고되기 쉬우므로 암모니아와 같은 보호제를 가해

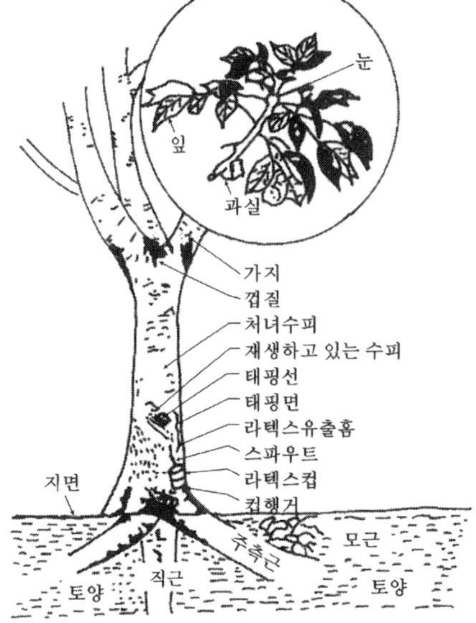

〈그림 4-1〉 헤베아 · 브라질엔시스 나무

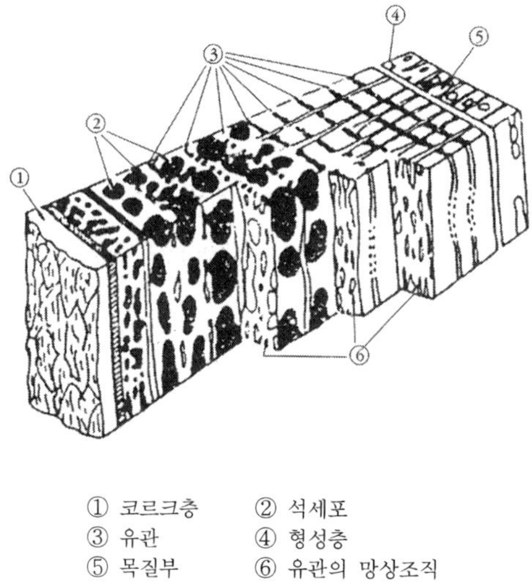

〈그림 4-2〉 수피(樹皮)의 해부도

서 응고를 방지한다. 라텍스에 산을 가하여 고무를 응고시켜 로울러에 의해 시트(sheet)형상, 크레이프(crepe)형상 또는 소립자형상(crumb, 크럼)으로 건조시켜 원료 고무로 한다. 이것을 '생고무'라 한다. 〈그림 4-1〉과 〈그림 4-2〉에 각각 헤베아, 브라질엔스의 나무와 수피의 해부도를 나타내었다.

또 〈표 4-1〉은 신선라텍스 조성의 한 예를 나타낸 것인데, 신선라텍스(fresh latex)는 고무나무에서 방금 흘러나온 것으로 불안정하며 그대로는 곧 응고하므로, 응고방지를 위해 소량의 암모니아가 첨가되어 수집된다.

수집한 라텍스는 그 후 다시 보존제를 가하던가 농축시키든가하여 노말 라텍스

〈표 4-1〉 신선라텍스의 조성의 일례

성 분	전 라텍스에 대한 %	건조고무에 대한 %
고무탄화수소	35.62	88.28
단 백 질	2.03	5.04
아세톤가용분	1.65	4.10
염 분	0.34	0.84
회 분	0.70	1.74
수 분	59.66	-

(normal latex)나 농축 라텍스(concentrated latex)를 만들든가, 또는 산을 가하여 응고시켜 고형고무를 만든다. 이와 같이 하여 보존제가 가해진 안정화된 라텍스는 신선라텍스에 대하여 보존 라텍스(preserved latex)라 부른다. 이 과정을 field latex 라 부른다.

노말 라텍스라 부르는 것은 농축되지 않고 안정화된 고무분이 35～40%가 되는 것이며, 수분이 많기 때문에 수송상의 비경제성과 가공성이라는 점에서 오늘날에는 거의 만들지 않고 있다. 보존 라텍스에서의 보존제로서는 암모니아만인 것과 소량의 암모니아와 2차 보존제라 하는 약품을 병용한 것이 있으며, 전자를 HA라텍스 (high ammnia latex), 후자를 LA라텍스(low ammonia latex)라 부르고 있다. 최근 이외에도 XA라텍스라는 분류도 사용하게 되었다. 이것은 암모니아의 함유량이 LA 이상이면서 암모니아 이외의 보존제를 병용한 것이다.

4-2. 천연고무의 화학적 구조

천연고무는 isoprene의 중합체(重合體)로서 수 평균 중합도(D.P, 重合度)는 5000 정도이며, 실험식은 $(C_5H_8)_n$로 나타낸다. 그러나 입체구조를 보면 시스형(*cis*-)형으로서, *cis*-1,4-polyisoprene이다.

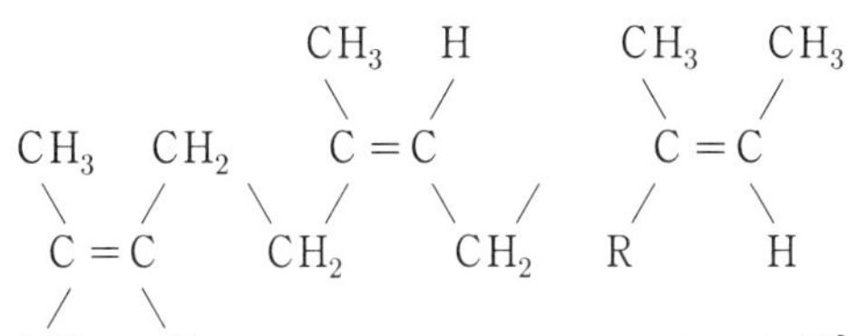

cis－1,4형

이에 비하여 발라타(Balata)나, 구타(Gutta)나무의 분비액으로부터 얻는 구타-페르카(Gutta-percha) 고무는 트랜스형(*trans*-)으로서, *trans*-1,4-폴리이소프렌이다. 이것은 절연 피복제, 치과용 충전물, 골프공 표면재료 등으로 쓰이는 것인데, 보통의 천연고무와는 성질이 달라 일반적인 탄성체로는 사용되지 않는다.

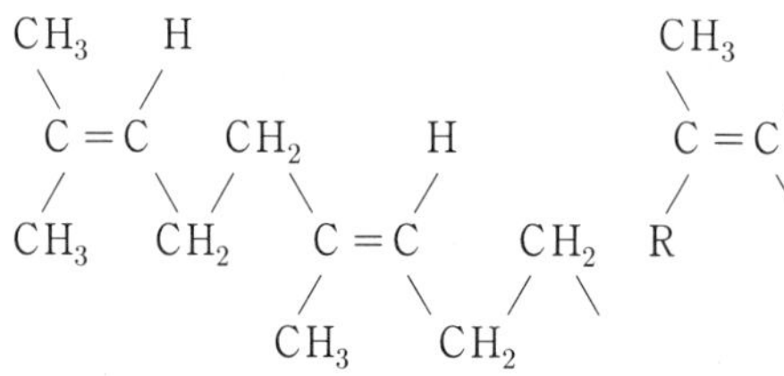

trnas－1,4형

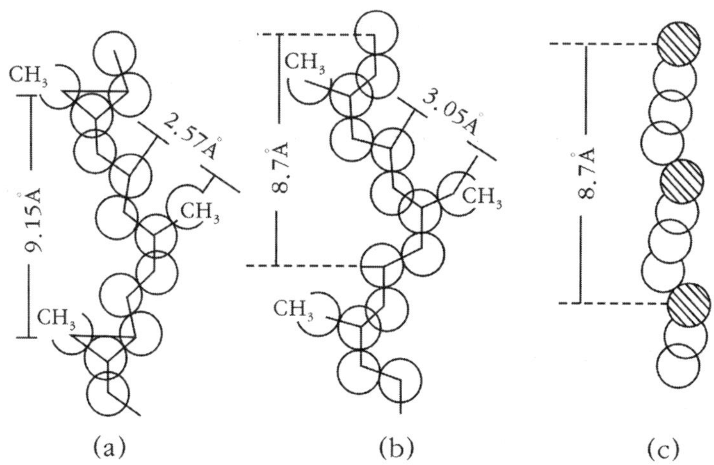

〈그림 4-3〉 폴리이소프렌의 구조

(a) 고무 탄화수소(*cis*-1,4형)
(b) 구타-페르카(*trans*-1,4형)
(c) (a)를 옆에서 본 것

이들의 구조를 모형으로 나타내면, 〈그림 4-3〉과 같다. 천연고무는 큰 탄성, 즉 고무 탄성을 가지고 있으나, 구타-페르카는 그렇지 않다. 천연고무는 여러 가지 합성 고무가 생산되는 오늘날에 있어서도 자동차 타이어 등과 같은 여러 가지 용도로 이용되고 있다.

실용성 있는 고무를 만들기 위해서는 고무의 물리적, 화학적 특성을 변화시킴이 필요한데, 그 방법 중의 하나가 가황(加黃, valcanization) 작용이다.

고무를 가황시킴으로써 그 구조가 가교(架橋, cross-linking)가 되어 삼차원적 망상구조를 갖게 된다. 이때 가황은 황을 사용하지 않고 과산화물(過酸化物), 또는 아민(Amine) 등을 사용해도 될 수 있는데, 이에 대해서는 뒤에서 다루기로 하겠다.

4-3. 천연고무의 제법 종류 및 특성

1. 제 법

천연고무(natural rubber, NR)는 고무나무의 일종인 헤비아 브라질리엔시스(*Hevea brasiliensis*)를 접목(椄木)하고 이것을 묘목(苗木)으로 키운 후, 통상 5~7년부터 라텍스(latex, 우유빛깔의 수액) 채취를 시작하며, 이후 15~20년간 수확을 계속할 수 있다. 더욱 구체적으로 말하면, 고무 수피상(樹皮上)에 수평선을 기준으로 왼쪽에서부터 오른쪽으로 30° 방향으로 경사지게 상처를 내는 것을 태핑(tapping)이라 한다. 분비된 라텍스는 소량의 응고방지제(凝固防止劑)를 함유하는 컵에 도달하게 된다. 태핑작업은 라텍스를 많이 채취하기 위하여 아침 일찍이 행하며, 몇 시간이내 분비(分泌)가 중지되기 때문에 오후에는 컵에 모여진 라텍스를 양동이에 다시 모우는 집액작업(集液作業)을 한다. 집액라텍스 중에 함유된 잡티분을 제거하고 아황산나트륨과 같은 응고방지제를 첨가한 다음, 후처리 공정으로 보낸다.

공장에서는 라텍스를 탱크에 옮기고 깨끗한 물로 고무의 농도(濃度)가 약 15% 되도록 묽게 한다. 묽은 라텍스 수용액에 묽은 포름산(Formic acid)이나 또는 묽은 아세트산(Acetic acid)을 가하여 고무분을 응고(凝固)시킨 후, 세척 로울러에 통과시키고 탈수하여 시이트상으로 만든다. 시이트를 훈연실에 옮기고 열풍건조시켜 변색을 방지시킨다. 최근 말레지아 등 근대적인 대농원에서는 라텍스 응고 후의 후처리 공정에 합성고무의 제조프로세스와 설비를 이용함으로써 시이트상이 아닌 크럼(crum)상 고무를 만들고 이것을 틀(mold)에 넣어 베일(bale)화 하고 있다.

위의 화학적 응고법에 의한 스모크드 시이트와 페일 크레이프는 오늘날 천연고무 생산의 85~90%를 점유하고 있다. 그리고 그 위에 라텍스를 고무나무의 표면이나 또는 컵에 부착(附着)된 것을 모아서 지상에서 자연건조된 층고무(scrap)를 수집하고 회수하여 만들어진 블란켓트 크레이프(blanket crepe), 브라운 크레이프

(brown crepe), 플랫 바아크 크레이프(flat bark crepe) 등의 저급 천연고무도 있다. 또 중소기업형인 소농원에서 직접 시이트나 크레이프까지 만들어서 후처리공장에 판매되어 이것을 세척(洗滌), 건조(乾燥)시킨 암버(amber) 크레이프, 브라운 크레이프도 있다.

2. 종 류

생고무는 제법이나 품질에 따라 천연고무 각종 등급품(等級品)의 국제품질 포장기준(國際品質 包裝基準, international standads of quality and packing for natural rubber grades)에 의거 8품종, 35등급으로 구분하고 있다.

1) 리브드 스모크드 시이트(Ribbed smoked sheet, RSS)

절취자(切取者)가 담당구역의 절취를 끝내면 처음 절취한 지점에서 컵에 고여있는 라텍스를 통에 집액(集液)한다. 모인 라텍스는 집액소, 또는 직접 공장으로 반출이 된다. 집액소에서 라텍스는 스텐레스제 또는 알루미늄제 집액탱크에 넣어져 공장으로 운반된다. 운반 도중에 라텍스가 자연히 응고하는 것을 방지하기 위해 응고방지제(凝固防止劑)로서 소량의 암모니아, 아황산나트륨, 포르말린 등을 집액통, 집액탱크에 첨가하는 일도 있다. 공장으로 반입된 라텍스는 다소의 순서는 다르지만 대개 다음과 같은 공정을 거쳐 RSS로 제조된다.

여과 → 희석 → 여과 → 정치 → 라텍스의 고무함량의 조정 → 응고(coagulation) → 로울작업(miling) → 드리핑(driping) → 훈연(smoking)시이트의 검사 → 포장

공업적으로 가장 많이 사용되는 것으로 천연고무 전 생산의 80%를 점유하고 있다. RSS에는 RSS 1X, RSS 1-5 등의 6등급이 있는 바, 호수가 증가함에 따라 외관이 좋지 않다. RSS 1호는 예외적으로 제조공정을 주의깊게 관리하여 제조하고 있다.

2) SP고무(Superior processing rubber)

명칭에서와 같이, 가공성(加工性)이 우수한 생고무의 일종이다. 특징은 칼렌더 작

업 또는 압출공정(押出工程)에 있어서 수축이 적고 평활한 면을 얻을 수 있으며, 오픈큐어(open cure)에서도 변형이 적기 때문에 치수나 형성을 올바르게 유지시킬 수 있다. 이것은 직쇄상 분자(直鎖狀 分子)의 고무에 망상결합의 고무 분자가 들어가면 고무의 가공성이 좋아지는 것을 이용한 것이다. RSS와 다른 점은 가황된 라텍스의 1부와 일반 라텍스 4부를 혼합한 다음, 통상의 방법과 같이 산으로 응고하는 것이다. 종류는 SP크레이프, SP 에어 드라이드 시이트(air dried sheet, ADS), SP헤비아 크럼(hevea crumb), SP브라운 크레이프(brown crepe) 등이 있으며, 이보다 가공성이 더 좋은 PA 80(prdcessing aid 80), PA 57 크레이프(processing aid 80), PA 57 등이 있다.

3) 에어 드라이브 시이트(Air dried sheet, ADS)

ADS는 시이트를 만들기까지의 공정은 RSS와 큰차이는 없고 건조공정으로 훈연실이 아니라 열풍건조실에 넣어 열풍으로 건조하는 정도의 차이가 있다. ADS는 페일크레이프의 대용이 되며 색이 중요한 요인이 되므로 제조에는 세심한 주의가 필요하다. ADS는 RSS보다 곰팡이에 의한 오염이 일어나기 쉬우므로 건조용 대차나 장대, 건조식을 포르말린(Formaline)으로 소독한다.

터널식 건조실에는 저온일 때는 38℃로 개시하고 24시간에 43℃로 올리고 고온일 때는 60℃로 하여 3일간 건조한다. ADS는 페일크레이프보다 값이 싸고, 물성(物性)은 RSS와 같으므로 백색 또는 담색의 제품원료에 적합하다.

4) 페일 크레이프(Pale crepe)

페일 크레이프는 RSS의 제조공정보다 강력한 로울작업을 하여 얇은 크레이프상 시이트로 마무리하기 때문에 라텍스의 응고물을 RSS때보다 단단한 쪽이 좋고, 따라서 응고시의 고무분을 20%로 희석한다. 효소에 의한 암색화(暗色化)를 방지하기 위해 응고제를 가하기 전에 희석 라텍스 10부에 대하여 아황산나트륨(Na_2SO_3)의 1% 용액 1부를 첨가하여 간격없이 응고하여 응고 후 칼로 적당한 크기로 잘라 로울러에 통과시킨다.

크레이프제조용 로울러기는 RSS제조용 로울과 구조가 전혀 다른데, RSS용은 한 조에 몇 마력을 가지는 것에 대하여 크레이프용은 한 대당 30～40마력이 필요하며 최소 5종류의 로울기를 한조로 하여 약 200마력 이상의 동력을 필요로 한다. 강력한 물의 분사에서 로울작업을 하므로 풍부한 많은 물을 필요로 한다. 크레이프제조는 이와 같은 작업조건하에서 하게 되므로 비고무성분의 유실(流失)로 인해 RSS보다 질이 나쁘고 동력도 많이 필요하게 되므로 RSS보다 제조원가가 높다.

(1) 분별 응고법과 표백법

페일크레이프나 솔크레이프는 흰색정도에 따라 구별한다. 희고 깨끗한 크레이프를 만들기 위해서는 라텍스속에 함유하고 있는 황색물질을 제거하든가 색을 지울 필요가 있다. 이 때문에 분별응고법(fractional coagulastion)과 말레이시아고무연구소에서 개발한 표백법(bleaching process)를 채용한다.

분별응고법은 2단계 응고법으로 우선 여과한 라텍스를 고무분 25%로 희석하고 또는 개미산(蟻酸, formicacid : HCOOH)의 소정량의 약 1/5정도를 가하면 몇 시간에 황색성분만 응고한다.

황색 응고물의 비율은 전고무량의 15%정도이며 이것에서 황색 크레이프를 제공하고 격외품(格外品)으로 독자의 상품명으로 시장에 내고 있다. 황색 응고물을 제거한 라텍스를 60메슈의 체를 통하여 가는 응고편을 분별로 하여 아황산나트륨용액을 가한 나머지의 4/5량의 초산(醋酸) 또는 개미산을 가하면 순백의 응고물이 된다. 보통방법에 의한 크레이프로 마무리하면 백색의 크레이프가 만들어진다. 이 분별응고법이 불리한 점은 시간이 걸린다는 것과 1급품으로써의 품질이 낮은 점이다.

표백크레이프제조법의 장점은 전량 1급의 페일크레이프로 마무리할 수가 있는 점이다. 라텍스를 여과하고 고무분을 20～25%로 희석하여 아황산나트륨 2%용액을 가하고 RPA3(듀퐁사제 페프타이저) 20% 에멀전용액을 강하게 뒤섞어가면서 가한다. 첨가하는 RPA3의 양은 고무 1kg당 0.25～0.5kg가 보통이며 1g이상 가해서는 안된다. 응고제를 보통량 가하여 잠시 뒤섞음을 계속하여 응고시켜 일반방법에 의해 크레이프를 만들면 백색으로 마무리가 된다. 주의할 점은 RPA3은 과잉하게 가하면 고무와 허리가 약하게 된다. 로울러를 통과하는 15～20회까지로 하고 건조온도는 32℃를 넘지 않도록 한다.

(2) 크레이프의 건조

크레이프의 건조에는 자연통풍 건조방식과 열풍을 강제통풍하는 터널식 건조방법이 있다. 전자는 지붕이 높은 건물내에 1~3단으로 크레이프를 늘어뜨려 걸어 자연의 통풍에 의해 건조하는 방법이며, 건조에 필요한 일수는 크레이프의 두께, 기후조건, 온도 건조실의 구조에 따라 다르지만, 보통 6~15일, 우기에서는 3주간 정도 걸리는 일도 있다. 건조실의 바닥위에 파이프를 부설하여 열량을 통하여 실온을 29~32℃ 유지하면 건조가 빨라진다.

터널식 건조실에는 중유를 연료로 하여 열교환기를 통하여 열풍을 송풍기로 순환시켜 모두 자동 조절하도록 되어 있다. 이것을 사용하면 기후조건에 관계없이 건조일수를 단축할 수가 있어서 곰팡이의 발생 염려가 없다.

5) 스모크드 시이트(smoked sheet), 크레이프(crepe)의 상처 및 결점

생고무의 상처나 결점에 대해서는 국제규격 내에 기재되어 있는데, 여기에서는 관계없이 일반적으로 설명한다.

(1) 스모크드 시이트의 상처 및 결점

가. 기 포(buble)

시이트 속의 작은 거품으로 라텍스가 정상의 응고를 하지 않은 경우 라텍스에 세균이 번식하고 발효하여 탄산가스가 발생한 경우 등 응고공정중에 생기게 되는 경우가 많다.

나. 블리스터(blister)

시이트 속의 다소 큰 콩크기의 거품 또는 오목한 구멍에서 제조공정중의 분해나 발효에 의한 가스 때문에 생기며, 훈연초기의 고온으로 발생하는 것이 많다.

다. 미편(微片), 수피편(樹皮片), 모래(specky, barky, sandy)

시트를 밝은 쪽으로 보면 미세한 반점의 입자를 포함하고 있는 때가 있다. RSS1

에는 이와 같은 반점은 허용되지 않는다. 미세한 수피편, 모래는 라텍스 속에, 또는 모래는 희석용수(稀釋用水)에 포함되어 있는 일이 있다. 이 수피편이나 모래는 희석라텍스를 충분히 정량하여 바닥의 부분을 넣지 않도록 여과하고, 또 응고탱크에서 액면에 뜨는 층을 잘 제거하면 방지할 수가 있다.

라. 녹(綠, rust)

시이트 표면에 나오는 갈색의 석출물(析出物) 또는 박명(薄暝)하여, 시이트를 끌어 당기든가 긁지 않으면 판명되지 않는 것도 있다. 이것은 로울작업 등의 세정불충분, 신선한 젖은 시이트를 통풍이 나쁜 장소에 오래 두는 경우, 젖은 시이트를 쌓아 놓은 경우, 훈연초기의 저온(低溫) 또는 통풍불충분(通風不充分)의 경우 등에 일어난다.

마. 암색반점(暗色斑點, dark patch)

시이트에 가끔 보이는 부정형(不晶形)의 암색, 명색의 반점을 말한다. 암색반점은 라텍스 내에 존재하는 산화효소의 산화작용으로 일어나며, 얕은 응고접시에서 응고했을 때에 가끔 볼 수가 있다. 또 로울을 걸어 끝낸 시이트를 물에 적실 때 불규칙하게 붙어 있는 경우가 일어난다.

바. 기름기가 많은 표면(greasy surface)

시이트의 표면이 기름기가 많은 느낌을 말한다. 이것은 로울공정 중의 세정부족(洗淨不足), 과잉의 응고제가 첨가, 응고방지제로서의 아연산나트륨의 과잉사용, 훈연용 장작재의 종류, 훈연 제 1일째의 이 온도가 너무 낮아 제 2일 째에 급히 온도를 올린 경우 등에 발생한다.

사. 곰팡이(mould mold)

시이트 표면의 곰팡이이며, 드물게는 훈연실에서 발생하는 일이 있으나, 대부분은 저장중에 발생한다. 로울공정에서 세정수를 충분히 공급하여 세정하고 훈연실에서 고무를 내는 경우 습기가 적을 때를 골라 통풍이 좋은 장소에다 콘크리트에 직접 닿지 않도록 저장하면 좋다.

(2) 크레이프의 상처 및 결점

가. 반점변(斑點變, sport disease)

크레이프에 적, 녹, 황, 주황, 청, 연두 또는 흑색의 반점이 나타나는 일이 있다. 이것은 세균이나 곰팡이와 같은 미생물의 발생에 의한 것으로 포자의 발육에 적합한 조건이 주어지면 나타난다. 젖어 있는 크레이프의 건조실 반입이 늦어진 경우, 건조일수가 길게 된 경우(15일 이상), 젖은 경우, 습기가 많아 콘크리트바닥 위에 저장한 경우 등에 발생하기 쉬우며, 공기가 잘 유통되는 곳에서는 곰팡이는 발생하지 않는다.

나. 점착성(粘着性, tackiness)

크레이프가 점착성을 나타내는 일이 있다. 이것은 가열법으로 건조할 때에 과열(38℃이상)한 경우, 크레이프의 로울작업 중 로울기의 위에 분사하는 물의 양이 불충분하여, 로울기를 통하는 횟수가 너무 많은 경우나, 표백제인 RPA-3을 과하게 가한 경우 등에 일어난다.

다. 갈색화(褐色化, brown discoloration)

이것은 수질이 좋지 않아서 일어나는 일도 있으나 고무를 일광이나 공기에 노출되어 자연적인 변색에 의한 것이 많다.

라. 회색(灰色) 또는 암색(暗色) (grey or dark tint)

이것은 로울기에서 연철 또는 카본의 입자가 혼입되어 생긴다.

마. 세로무늬 모양(longitudinal streak)

라텍스 응고물에 자연 응고물이 혼입되고 있는 경우, 액의 기름제거(skimming)가 불충분한 경우에 일어나는데, 이 변색은 낙엽기 또는 낙엽기 직후에 발생하는 것이 많다.

바. 백색반점(白色斑點, white spot)

크레이프가 부분적으로 두꺼워서 건조가 불완전하기 때문이다. 건조크레이프는 어느 정도 투명하고 균일한 색조이어야 한다.

사. 녹색 점착성 무늬 모양(greenish tacky spreak)

크레이프용 로울기의 베어링에서 나온 기름에 의한 오염에서 일어난다. 기름이

동분(銅粉)으로 오염되어 있으면 한층 더 점착성을 나타낸다.

6) TC고무(Technically classified rubber)

천연고무는 생고무의 외관과 이의 내부적 품질이 일치하지 않는 것이 하나의 큰 단점으로 지적되고 있는 바, 이러한 단점을 해결하고자 한 것이 TC고무이다. 이것은 종래의 방법으로 제조되는 생고무를 포장하기 전에 시험하여 가황의 지속에 따라 분류하고, 이의 지속을 나타내는 표식을 색상(色相)으로 포장에 표시하였다.

다시 말하면, 생고무를 ACS No. 1 배합표에 따라 배합하여 140℃에서 30분간 가황하여 시험편(試驗片)에 5kg/㎠의 하중(荷重)을 가하였을 때의 신장률(伸張率)을 〈표 4-3〉에서와 같이 적, 황 및 청색으로 표시한 것이다. 적색은 가황속도가 느리며, 황색은 중간, 청색은 빠른 것이다. 이와 같이 분류된 생고무는 RSS 1호와 ADS가 많다.

〈표 4-3〉 TC고무의 한계치

색 별	5kg/㎠의 하중(荷重)을 가하였을 때의 신장률(%)
청	55 ~ 79
황	67 ~ 91
적	79 ~ 103

7) 표준 말레이시아고무(Standard Malaysian Rubber, SMR)

현행의 국제규격과 같이 외관에 의한 명명은 고무의 본질과 일치하지 않고 불합리하며, 또 분쇄법(粉碎法)과 같은 새로운 제조방법의 제품은 일일이 외관 검사를 할 수가 없다. 그래서 국제규격에 대신하는 합리적인 규격을 작성할 필요가 생겨 말레이시아에서는 기술적 규격의 시험항목과 규격치에 대하여 생산자 뿐만 아니라, 널리 소비자의 의견을 구하여 기술적 규격을 정정하여 이것에 의해 명명된 고무를 표준 말레이시아고무라 하여 SMR이라 이름을 붙였다.

〈표 4-4〉 천연고무의 기술적 규격

항 목	1 , ,	2 , ,	3 , ,
잡티분	〈 0.05	〈 0.2	〈 0.5
회분	〈 0.5	〈 1.0	〈 1.5
구리분	〈 8	〈 8	〈 8
망간분	〈 10	〈 10	〈 20
질소함량	〈 0.7	〈 0.7	〈 0.7
휘발물질함량	〈 1.0	〈 1.0	〈 1.0

SMR에는 〈표 4-4〉에서와 같이 1급, 2급 및 3급에 해당하는 생고무를 각각 SMR5, SMR20, SMR50이라 하였는데, 수자는 잡티분의 한계치를 나타낸다. 또한 1급품의 규격에 합격함은 물론 ADS에 뒤지지 않는 정도의 염색의 제품은 SMR 5L 이라는 명칭을 붙인다.

또 화학분석에 의한 기술적 규격 외에도 생고무의 열화(劣化) 정도 또는 열화 용이도를 판단할 수있는 가소도 잔유율 지수(加塑度 殘留率 指數, plasticity retention index : PRI)를 추가하기로 하였다. PRI는 월레이스(wallace) 가소도계(加塑度計)를 사용하며, 생고무 시료를 140℃에서 30분간 가열한 다음, 가소도를 측량하여 이 수치를 가열전의 백분율로 나타낸 것이다. 수치가 낮은 것은 노화가 심하거나 쉽게 열화되는 생고무임을 의미한다. SMR 표준에는 PRI≧80이면 H, ≦60이면 M, ≧40 이면 S로 하였다.

예컨대, 2급품 상당의 것으로 PRI가 80이상이면 SMR H-20이 되는 셈이다.

SMR EQ는 특별하게 관리하여 만들어진 고무이며, 고무의 양은 가장 적고 담색이다.

SMR EQ, SMR 5L, SMR 5는 어느 것이나 라텍스에서 제조된 고무이며, SMR 5는 암색 때문에 SMR 5L의 색의 한도에 합격하지 못한 고무이다.

SMR 10이하는 컵 럼프, 트리 스크랩, 기타의 응고물로 만든다.

아래 표의 규격치는 소비지에서 보증된 수치이므로, 생산지에서는 특히 PRI는 규격치보다 높고, 휘발성물질은 규격치보다 낮게하여 출하하여야 한다.

SMR은 신형태의 고무뿐만 아니라 종래의 RSS, 페일크레이프, ADS, 브라운 크레이프 등도 SMR규격에 합격하면 SMR 5 RSS, SMR 5L, ADS, SMR 20 BC(브라운 크레이프)와 같이 표시되어 SMR에 속한다.

SMR 마아크에 표시에 대해서는 장기간의 품질관리의 심사를 받고, 말레이시아 고무연구소에 의해 승인되어 수출등록국에 등록된 농원, 또는 공장만이 SMR표시와 하인(荷印, symbol)을 인가받게 되어 있다.

SMR은 33.33kg(30베일트 lt)의 장착된 소형베일에 짐을 꾸려, 저융점(低融点)의 폴리에틸렌 시트, 또는 폴리에틸렌을 내장한 종이주머니로 포장하여 더스팅(dusting), 또는 도장(coating)하지 않으면 안되게 되어 있다.

SMR의 규격은 고무 이외의 물질, 또는 불순물의 최대 허용량을 규정한 것인데, 가소도잔유율(可塑度殘留率, plasticity-retention index : PRI) 만은 고무의 본질을 나타내는 규격이다. PRI는 다음 식에 의해 산출된다.

$$PRI = \frac{P_{30}}{P_0} \times 100$$

P_0 : 시료생고무를 위레스 신속가소도계로 측정한 가소도

P_{30} : 시료를 140℃로 30분간 가열 후 위레스신속 가속계로 측정한 가소도

PRI는 고온에서의 가공거동(加工擧動)의 유력한 지표가 되고, PRI가 높은 고무는 산화에 의한 노화특성이 좋은 점이 분명하게 되어 있다.

그외 특수 천연고무로는 다음과 같은 것들이 있다.

비결정성 고무(anticrystallizing rubber)

환화고무(cyclized rubber)

헤베아플러스 MG(heveaplus MG rubber)

PP 크레이프(partially purified crepe)

분말고무(rubber powder)

스킴러버(skim rubber)

연화고무, 분해고무(softened or peptozed rubber)

8점도 안정고무(viscosity stabilized rubber)

유전천연고무(oil extented natural rubber, OENR)

제 5 장 야생고무 및 고무유사 천연물

5-1. 야생고무

현재 재배하고 있는 고무나무는 헤비아-브라질엔시스만인데, 그 밖에도 고무를 생산하는 여러 가지의 식물이 있다. 이러한 식물에서 채집된 고무를 총칭하여 야생고무라 부르고 있다. 어느 것이나 수량(收量)이 적고, 식물이 덩굴성 또는 관목성이어서 채집이 곤란하며, 생산비가 높고 재배기업으로서 채산을 취할 수 없다. 그러나 이러한 고무도 전쟁과 같은 비상시에는 일약 각광을 받았다.

5-2. 야생고무식물의 종류

고무를 생산하는 야생의 식물종류는 다음과 같은 것이 있다.

폰투미아 엘라스티카(Funtumia elastica), 매니홋 글라지오비이(Manihot glaziovii), 피크스 엘라스티카(Ficus elastica), 카스틸로아 엘라스티카(Castilloa elastica), 랜돌피이아속(Landolphia), 사기즈(saghyz)류, 구아율(guavule) 등이 있다.

5-3. 고무유사천연물

거피퍼챠(guttapercha), 발라타(balata), 치클(chicle), 젤루통(jelutong) 등이 있다.

제 6 장 천연고무 유도체

6-1. 고무의 유도체

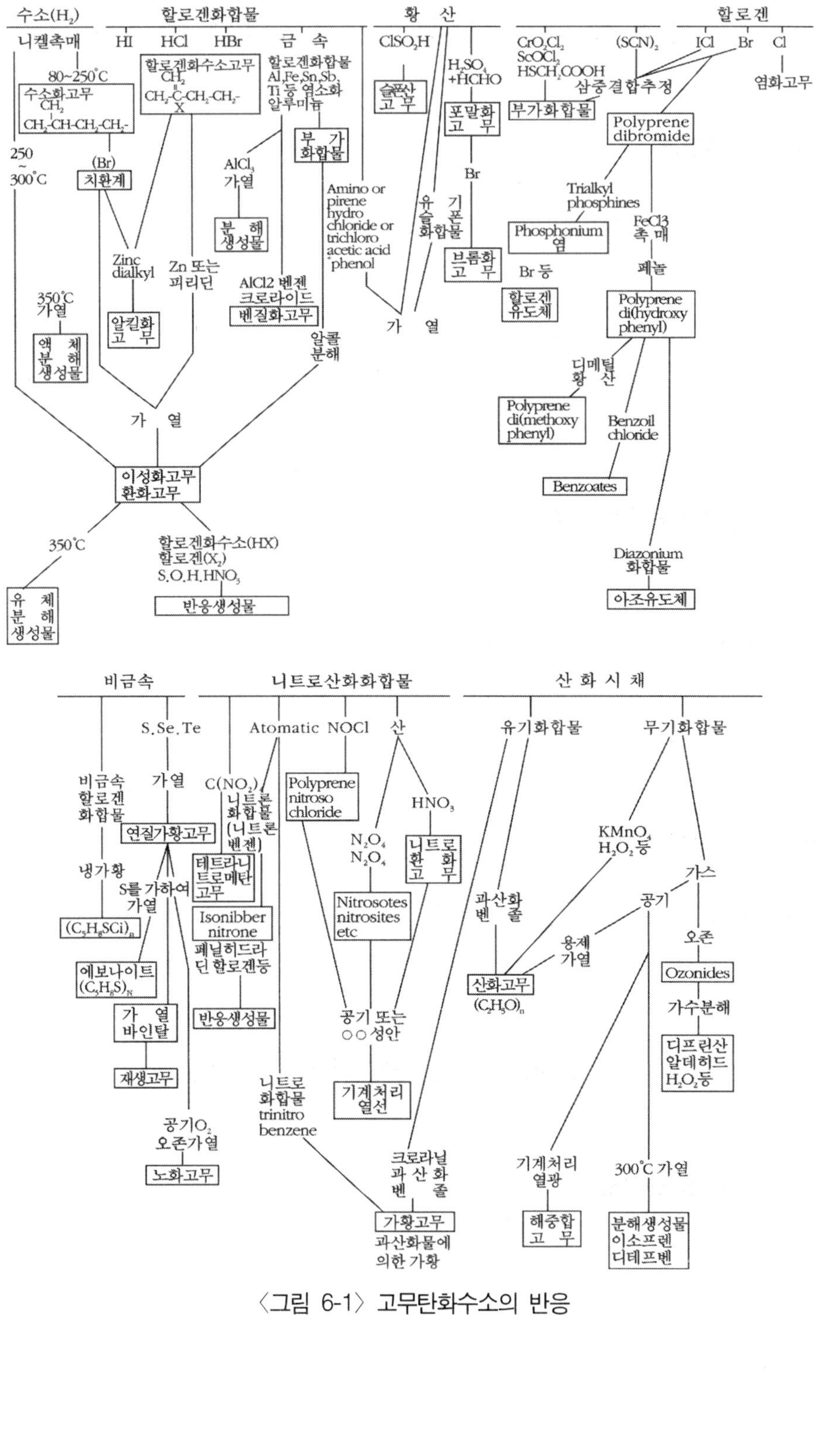

〈그림 6-1〉 고무탄화수소의 반응

천연고무는 이소프렌단위로 $CH_2=\underset{\displaystyle CH_3}{\underset{|}{C}}-CH=CH_2$되어 있으며, 이중결합(二重結合), $\alpha=CH_2$기 등이 존재하고 대단히 반응성이 풍부하므로 〈그림 6-1〉과 같이 많은 부가화합물, 치환화합물, 분해생성물, 이성화물 등이 연구되어 왔다. 이러한 시도는 고무를 원료로하여 유용한 신물질의 개발을 목표로 한 것인데 염소화고무(염화고무), 염화수소화고무(염산고무), 환화(環化)고무, 산화중합(酸化重合)고무 등과 같이 실용화된 것은 비교적 적다.

그러나 그것들은 공업적으로는 이용되지 않아도 학문적인 차원에서는 화학의 진보에 큰 공헌을 해왔다. 최근의 고무화학이 목표로 하고 있는 것은 고무분자의 형상과 크기를 가급적 원래그대로 유지하는 반응이라 생각한다. 즉 그라프트(Graft) 반응인데 이것에 의한 생성물의 구조는 매우 크게 변화되고 있으며, 고무의 성질이 매우 변성된 열가소성을 가진 거대분자라 생각할 수가 있다. 또 무수말레인산이나 티올산에 의한 개질(開質)의 목표는 고무의 탄성에 관계가 있는 여러 성질을 가급적 바꾸지 않고 특수한 성질을 주는 데 있다. 전자에서는 그 생성물을 가황할 수가 있으며, 얻어진 가황고무는 고도의 탄성과 뛰어난 기계적 성질을 가지고 노화와 반복되는 굽힘에 대하여 현저한 저항이 있다. 후자에 있어서는 개질된 분자의 결정성을 늦추며 내한성(耐寒性)이 현저히 개선이 된다. 또한 티오산 또는 이산화유황의 존재하에 고무의 *cis-trans* 이성화(異性化)의 상호변환도 기능하게 되었다. 이와 같은 연구방향은, 초기에서는 고무를 자원이 적은 천연고무를 원료로 하는 것은 의미를 잃게 되었다. 오늘날에는 합성의 진보에 대항하기 위해 천연고무의 결점을 개량하는 방향으로 전환하였다고 생각할 수 있겠다.

6-2. 염화(鹽化)고무(Chlorinated rubber)

고무는 할로겐과 반응하기 쉬우며, 이소프렌의 수소의 일부가 염소로 치환된 것이 염화고무이다. 특히 이것은 19세기경부터 알려져 있는 다른 할로겐화 고무보다도 성질이 뛰어나기 때문에, 천연고무 유도체중에 가장 빨리 실용화되어 지금은 시장성을 가지고 있는 중요한 유도체이다.

1. 염화고무의 제조

실험실적으로는 생고무를 4염화탄소 등의 염소화 탄화수소에 용해하고 역류냉각기를 붙인 플라스크 속에서 40~48℃로 가열, 교반하면서 염소가스를 불어 넣어 몇 시간 반응시킨다. 반응의 초기에는 발열하고 염화수소가 발생하는데, 반응이 끝나면 염화수소의 발생이 멈춘다. 이것은 최초의 염소가 이중결합(二重結合)으로 부가(附加)하는데 곧 탈염산하여 다시 이중결합을 생성하여 여기에서 다시 부가반응을 일으키는 것이라 생각되며, 이탈할 때에는 벗어나기 때문이다. 실제의 염화고무는 3염화물(C_1=61.38%)와 4염화물(C_1=68.27%)의 혼합물이라 보며, 염소함유량은 일정하지 않고 64~68%정도이다. 염소화반응기구나 구조에 대해서는 그 후에도 Bloomfild나 Staudinger씨에 의해 제창되어 왔으나 해명까지는 이루지 못하였다. 반응이 끝난 용액은 알코올이나 열탕 속에 가하여 생성한 염화고무를 침전시키든가, 수증기증류에 의해 용매를 유출(留出)하여 건조한다.

얻어진 염화고무의 안정도는 염소함유량에 따라 다르며, 염화도가 늘수록 안정하다. 또 안정도를 늘이기 위한 여러 가지 처리방법도 생각되고 있다.

염소화에 있어서 생고무의 마무리정도, 과산화물, 산화제, 동, 망간, 코발트 등의 염류의 첨가, 일광이나 자외선의 조사(照射) 등에 의해 반응을 원활히 할 수가 있다고 한다. 이밖에 염화설프릴이나 페닐요오드 디클로리드를 사용하여 염소화를 하기도 하고 염산고무를 염소화하여 염화고무를 만들 수도 있다. 이러한 경우 평상법에 의하는 것은 다른 반응을 일으키는 것이라 생각이 된다. 최근에는 라텍스에서 직접 염화고무를 만들 수도 있다. 라텍스에서의 염화고무는 해중합(解重合)을 하지 않기 때문에 고분자량이고 용해가 어려우나 용해성의 염화고무를 만드는 특허도 나오고 있으며 용액법에서의 것에 비하여 성질이 뛰어나다.

〈표 6-1〉 염화고무의 각종 용제에 대한 용해성

가용(加溶) :	방향족탄화수소류(벤젠, 톨루엔, 키시렌) 염소화탄화수소류(사염화탄소, 클로로포름, 삼염화에틸렌, 사염화에탄, 클로로벤젠 등) 에스텔류(초산에틸, 초산아밀 등) 기타(시크로헥산, 디옥산, 니트로벤젠, 피리딘, 이황화탄소, 아마인유, 동유(桐油)
불용(不溶) :	물, 알코올, 석유에텔, 휘발유, 등유

2. 염화고무의 성질

염소 함유량과 함께 성질이 변화한다. 염소량 40%의 생성물은 아직 유연하며, 불안정하고 열이나 빛에 의해 분해되기 쉽다. 염소량 54%가 되면 생성물은 단단해지지만 또한 불안정하며, 정말 안정된 화학적 저항력이 나오는 것은 염소량이 65% 이상이 되었을 때이다.

정제된 염화고무는 무독, 무미, 무취의 백색의 분말인데, 시판되는 것은 다소 크림색을 나타낸다. 비중은 염화도에 의해 1.630~1.660이다. 〈표 6-1〉에 각종 용제에 대한 거동을 나타냈다.

염화고무의 특징으로는 내산, 내알칼리성은 물론이지만, 특히 뛰어난 내산화 약품성이 있다. 염화고무는 상온에서 안정되지만, 고온에서는 불안정하며 염화수소를 방출한다. 또 자외선의 작용에 의해서도 분해되어 갈색이 된다. 자외선을 차단하면 분해는 거의 일어나지 않으므로 빛에 대하여 안정화하는 것을 이용하여 3,100Å이하의 광파장(光波長)을 흡수하는 물질을 첨가하면 좋다. 염화고무는 명확한 융점을 갖지 않으며 90~115℃로 연화하여 열가소성(熱可塑性)을 나타낸다. 전기적 성질은 〈표 6-2〉와 같다.

〈표 6-2〉 염화고무의 전기적 성질

유전율	3.2~4.7
역률	0.012~0.024
고유저항	10^{13}~10^{15} ohm-cm
절연내력	5,000~7,000 V/0.1mm

3. 염화고무의 용도

염화고무는 뛰어난 내부식성(耐腐蝕性)을 가지므로 널리 와니스 페인트로서 화학공장용의 도료에 사용이 된다. 염소를 포함하기 때문에 불연성이 장점이 된다. 그 밖에 인쇄잉크의 비히클(vehicle)이나 접착제(接着劑)로서, 또 필름상으로하여 포장재료로 하든가, 형성물(形成物)이나 선상물(線狀物)의 재료로서 또는 리노륨, 도로 등의 포장재로서도 사용하였다.

시판품으로서는 영국의 Duroprene, Alloprene, Rao1in, 미국의 Parlon, Paravar, 독일의 Tornesit, Pergut, Tegofan, Dartex, 이태리의 Protex, Clortex, 네덜란드의 Rulacel 등이 있다.

6-3. 염산고무(Rubber hydrochloride)

염산고무는 산화고무와 함께 가장 중요한 고무유도체 중의 하나이며, 정확하게는 염화수소(鹽化水素)화 고무라고 부른다.

1. 염산고무의 제조

염산고무를 비롯하여 고무를 계통적으로 연구한 사람은 C.O. Weber인데, 그는 고무에 클로로포름용액과 염화수소를 불어 넣어 반응시켜, 반응이 끝난 용액을 알코올속에 투입함으로써 백색괴상괴(白色塊狀塊)의 물질을 얻어, 원소분석(元素分析)의 결과 C_5H_9C1에 상당하다는 것을 분명히 하였는데 보통 얻어지는 염산고무의 염소함유량은 이 식에서 계산되는 이론치 33.97%보다도 항상 0.5～3.0% 적다. 염산고무제조의 신제조 방법으로서는 옛날의 많은 보도가 있었으며 다음과 같이 분류할 수가 있다.

① 고무용액 또는 유기용매속으로의 고무의 미세분산액에 염화수소를 작용시키는 방법

② 생고무의 얇은 편에 직접 염화수소를 작용시키든가 또는 염화수소를 용해한 용매속에 또는 최저온에서 액화 염화수소 속에 적시어 반응시키는 방법

③ 라텍스에서 직접 염산고무를 얻는 방법

각각의 방법에서 반응을 촉진하는 방법이나 가용성(可溶性)의 염산고무를 얻는 방법과, 안정한 염산고무를 얻는 방법 등이 연구되어 왔다. 그러나 안정도는 염화고무와 마찬가지로 염산화도에 따라 다르며 이론치의 1/2정도의 염소함유량을 가지고 있을 때 가장 불안정하고, 그 이후는 염소량이 많을수록 안정되는 것 같다. 염산고무로 최초에 상품화된 Goodyear社의 Pliofilm은 ①의 방법으로 제조된 염산고무를 용제에 녹여, 가소제(可塑劑) 기타의 배합제를 가하여 엔드레스벨트 위로 보내어 용제를 증발시켜 필름상으로 한 것이다.

포장용의 염산고무는 ②의 방법에 의하여 만들어지는 경우가 있으며, ③의 방법에 의하면 이론치에 대단히 가까운 염소함유량의 백색 미분상(微分狀)의 염산고무가 얻어지며, 가소제를 사용하여 페이스트 가공을 할 수가 있다. 이것은 전 2자의 생성물에 비하여 매우 안정한데 유연성이 없으므로 포장용 필름에는 적합하지 않다. 세공(細孔)에서 열(熱)글리세린 속으로 압출하여 겔화시킨 후 연신(延伸)하면 강인한 계상물(系狀物)이 얻어진다. 또 가압가열하여 성형물로 할 수가 있다. 이 제조방법은 양이온계 계면활성제(界面活性劑) 또는 비이온계 계면활성제(이쪽이 바람직하다)를 라텍스의 고무분에 대하여 2～5% 가하여 안정된 후 염산을 가하여 산성라텍스로 한다. 그 후 실온에서 염화수소를 불어넣어 반응시킨다. 고무에 염화수소를 반응시키면 목상(木相)이 염화수소로 포화되었을 때부터 시작하여 몇 시간으로 비중의 변화가 없어지는데, 이 시점에서는 아직 페이스트 가공에 맞는 분말은 얻어지지 않는다. 또한 약 40시간 그대로 숙성시키면, 비로소 페이시트 가공성이 뛰어난 염산고무가 얻어진다. 반응이 끝난 염산고무는 다소 착색되어 있으나 안정된 라텍스상이며 그 액은 염산으로 포화되어 있으므로, 가성소오다 용액을 가하여 80℃이상에서 중화하든가, 비등수에 주입함으로써 분리할 수가 있다.

또 알코올을 가함으로써 분리가 가능하며 이것을 수세건조한 것은 염소함유량 33.3%(이론치는 98%)이상이며, 이것에서 얻어진 필름은 15년이상 경과한 지금도 전혀 변화하고 있지 않다.

2. 염산고무의 성질

염산고무의 성질은 염화고무의 성질과는 다소 다르다. 안정성은 앞의 설명과 같이 염소함유량에 관계되며 염소함유량이 높을수록 안정하지만 포장용 필름에 적합한 28～30.5%정도에서는 유리염산(遊離鹽酸)의 제거와 안정화제(安定化劑)의 배합이 중요하다. 염소의 탈리(脫離)는 염화고무와 마찬가지로 염화수소의 형으로 하고 있는데, 열이나 중화하는 능력이 있는 물질이나 자외선 흡수제 등의 첨가가 효과적이다. 이와 같은 물질로서 유기아민이나 $Mg(OH)_2$ 등을 사용한다. $FeCl_3$이나 $AlCl_3$는 분해반응을 촉진한다. ZnO도 또 분해촉진작용이 있다.

염산고무는 염화고무와 마찬가지로 방향족 탄화수소계(芳香族 炭化水素系), 염소화, 탄화수소계의 용제에 녹기 쉽고 물, 알코올, 에테르 아세톤 등에는 녹기 어렵다. 염화고무와 비교하면 반응 중의 해중합(解重合)이 일어나기 어려우므로 용해성은 작다. 산・알칼리에 대한 저항력도 강하고 내수 내유성도 있으나 산화성의 약품에 대한 저항력이 없는 점이 염화고무와 다르다.

염산고무는 투명한 필름이 되어, 신장 또는 연신(延伸)처리에 의해 증대하여, 가열에 의해 수축성을 나타내게 된다. 얻어진 필름은 기체투과성(氣體透過性)과 투습성(透濕性)이 작으므로, 전기의 내약품성에 맞추어 식품의 포장용 필름으로서 사용했다.

연화점이 0～10℃부근이며 열가소성도 있으므로 히트시일 등도 가능한 것이 된다. 비중은 1.14～1.16이고 굴절률 1.533, 전기적 성질은 유전율 2.7～3.7, 영률 0.040～0.056, 최적고유저항 110^{15}~10^{15}Ωcm, 절연내력 5,300～7,500V/㎜이다.

6-4. 환화고무(Cyclized rubber)

천연고무에 어떤 종류의 산화제를 작용시키든가 적당한 처리를 하면 천연고무와 같이 $(C_5H_8)_n$로 나타내어지지만, 고무의 불포화도(不飽和度)가 원래의 1/2～1/3로 감해진 이성체가 얻어진다. 이 현상은 아마도 고무분자 내에 환상구조가 형성되기 때문이라 생각되며, 이 이성체를 환화고무(cyclized rubber)라 부르고 있다.

1. 환화고무의 제조방법

1) 고무와 황산 또는 설폰산류의 작용에 의한 방법

천연고무에 농황산 또는 유기의 설폰산 및 설포클로리드를 직접 또는 고무용액에 작용시킨다. 반응 온도와 시간에 따라 거타퍼챠상, 발라타상 또는 셀락상의 것이 얻어진다.

2) 고무와 금속염화물을 작용시키는 방법

천연고무 또는 그 용액에 Al, Zn, Sn, Sb, Ti, Bi 등의 염화물을 작용시켜 알코올로 침전시켜, 금속염화물을 분해하면 환화고무가 얻어진다.

3) 고무와 비금속 할로겐화물 또는 옥시할로겐화물을 작용시키는 방법

불활성가스 속에서 산화를 방지하면서 3염화(三鹽化)붕소를 작용시키면 벤젠에 가용성의 환화고무를 생성한다. 또 다듬질한 고무에 황산알루미늄을 가하여 충분히 분산시킨 후 5염화인(五鹽化燐, PCl_5)을 가하여 5~15시간 가열하면 환화고무가 얻어진다.

4) 가열에 의한 방법

천연고무 또는 고무용액을 적당한 촉매의 존재하에서 250℃이상으로 가열한다.

5) 자외선 조사에 의한 방법

고무용액 또는 얇은 고무막에 공기를 차단하여 2,250Å이하의 파장의 자외선을 조사(照射)한다.

6) 라텍스에서 직접 환화고무를 만드는 방법

비이온계 계면활성제(界面活性劑)로 안정화된 라텍스에 100phr×98% 황산을 넣고 교반하며 100℃까지 온도를 상승시킨다. 그리고 이 온도로 약 2시간반 유지하면 환화반응은 완결된다.

7) 할로겐산고무에서 환화고무를 만드는 방법

염산고무 또는 부롬산 고무의 용액에 아연분말(亞鉛粉末) 또는 피리딘을 가하여 가열하면 할로겐화수소가 탈리하여 환화고무가 생긴다.

2. 환화고무의 성질

환화고무의 성질은 동일한 방법으로 제조하여도 반응조건에 따라 일정한 성질을 나타내지 않는다. 제조방법이 다르면 더욱 더 그렇다. 예를 들면 고무용액에 농황산을 작용시켜 얻은 환화고무는 벤젠, 4염화탄소, 클로로포름에 쉽게 용해되지만 라텍스에 농황산을 작용시켜 만든 것은 불용성이다. 그러나 이것을 로울기 위에서 다듬질(可溶化, Solubilization)하면 가용성이 된다. 두 개의 이소프렌(Isoprene) 단위당 1개의 이중결합이 있는 것을 모노(mono)환화고무, 4개의 이소프렌당 하나의 이중결합이 있는 것을 폴리환화고무라 부르고 있다. 모노환화고무는 거타퍼챠와 같은 괴상물질(塊狀物質)이며, 그 용해도는 반응조건에 의해 다르지만 벤젠, 석유에테르, 알코올, 에테르에는 용해되지 않는다. 연화점(軟化点)은 120℃, 융점은 130℃이다. 폴리환화고무는 제조조건에 따라 여러 가지로 다른 것이다.

3. 환화고무의 용도

환화고무의 용도는 광범위하며 한마디로 말할 수는 없으나 해저전선(海底電線)의 피복용, 접착제, 방습성코트제, 잉크용 비히클 또한 라텍스에서의 환화고무의 큰 특징을 살린 천연고무의 보강용 마스타배치 등으로 쓰인다.

6-5. 고무 탄화수소의 개질

고무 탄화수소의 화학적 개질의 반응은 두 가지로 크게 나눌 수가 있다.

① 탄화수소류의 강도의 개질을 수반하는 것은 여러 가지 반응이 있으며, 이것에서 생기는 생성물은 탄성을 매우 잃은 열가소성의 거대분자를 생각할 수가 있다.

② 본래의 분자형상과 크기를 가급적 유지하도록 조정된 반응이며 이것에 의해 새로운 물리적, 화학적 성질을 가진 엘라스토머(E1astomer)가 얻어진다.

이러한 두 형태 개질의 경계는 분명한 것은 아니고, 고무탄화수소의 반응시에 일반적으로 생기는 사슬의 절단이나 망상화(網狀化)나 또는 이성화 등의 영향으로 하는 개질효과 보다 큰 것도 있다.

1. 그라프트 반응(Graft reaction)

위 내용에서 ①의 분류에 속하는 반응이며 폴리이소프렌의 존재에서 비닐단위체(單位體)의 중합(重合)을 하면 중합한 비닐폴리마의 부분이 폴리이소프렌 쪽으로 결합한다. 이와 같이하여 폴리아크릴산 메틸, 폴리스티렌 또는 폴리아클리로니트릴의 사슬이 고무에 그라프트중합(重合)이 된다. 이 경우 기구는 연쇄이동(連鎖移動)이다. 이와 같은 조건에서 촉매는 폴리이소프렌의 사슬에서 수소원자 하나를 잡아빼지 않는 한 작용을 할 수가 없다. 이와 같은 반응의 요점을 〈그림 6-2〉에 표시하였다. 폴리이소프렌의 주쇄(主鎖)에 생긴 라디칼이 소멸반응에 참가하므로 그라프트한 사슬쪽이 유리(遊離)하여 폴리이소프렌과 공존하는 homopolymer의 사슬보다 짧다. 가장 잘 연구된 생성물 중에서 천연고무와 메타크릴산메틸(MMA), 스티렌 및 아크릴로니트릴(AN)과 그라프트폴리마와의 결합에 의한 것이 Heveap1us M의 이름

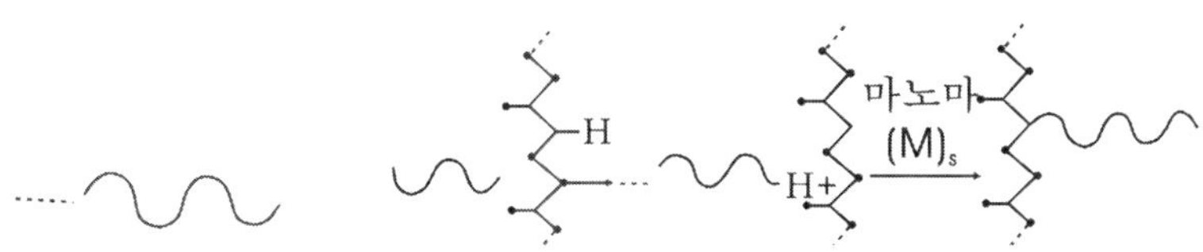

폴리마 래디칼 | 폴리이소프렌 분 자 → 폴리마 분 자 | 폴리이소프렌 래 디 칼 —마노마(M)s→ 그라프트된 폴리이소프렌

〈그림 6-2〉 그라프트된 폴리이소프렌의 생성

으로 잘 알려져 있다. 이들의 생성물의 성질은 그라프트율이나 그라프트의 중합도(重合度) 등에 의해 천연고무가 갖고 있지 않은 성질이 나온다. 그 제법은 고무용액 또는 라텍스 중에 모노마와 개시제를 가하여 중합하면 좋다. 그라프트중합체의 성질을 이용한 비닐모노마의 성질에 현저하게 좌우된다. 그라프트율이 어느정도 이상이 되면 탄성관계의 성질이 현저하게 낮아진 것이 얻어진다. 이것은 측쇄(側鎖)가 되어 그라프트에 방해되어 주쇄(主鎖)의 가동성이 약해지기 때문이다. 또 적당한 조건으로 가황할 수가 있기 때문에 고무분자쇄의 이중결합에 그다지 큰 방해를 주지 않도록 해야 한다.

〈표 6-3〉 천연고무와 MMA 및 AN과의 그라프트 중합물의 내용제성

시 료	사염화탄소 (CCl_4)	벤젠 (C_6H_6)	이황화탄소 (CS_2)	키시렌	아세톤	초산에틸	가솔린
천 연 고 무	용해	용해	용해	용해	불용	불용	용해
MMA20% 그라프트	용해	용해	용해	용해	팽윤	팽윤	불용
MMA40% 그라프트	팽윤	일부불용	팽윤	용해	용해	일부불용	불용
MMA60% 그라프트	팽윤	일부불용	팽윤	용해	용해	일부불용	불용
MMA 폴리마	불용	용해	불용	용해	용해	용해	불용
AN40% 그라프트	용해	일부불용	일부불용	용해	불용	불용	불용
AN60% 그라프트	팽윤	팽윤	팽윤	일부불용	불용	불용	불용
AN60% 그라프트	불용	팽윤	불용	불용	불용	불용	불용
NN 폴리마	불용	불용	불용	불용	불용	불용	불용
부 나 NN	팽윤	팽윤	팽윤	팽윤	팽윤	팽윤	팽윤

〈표 6-4〉 천연고무 AN그라프트 기계적 성질

시 료	인장강도 (kg/㎠)	신 장 (%)	경 도 (쇼아)
천 연 고 무	194	875	38
AN 20% 그라프트	174	765	41
AN 40% 그라프트	15	668	43
AN 60% 그라프트	89	550	75
부 나 NN	32.1	440	41

2. 특 성

1) 화학적 특성

시판되는 생고무는 양질의 것이 약 94%의 고무탄화수소를 함유하며, 그 외에 단백질이 2～3%, 아세톤 가용분이 2%, 회분이 0.3～0.4%, 수분이 0.5%, 소량의 당류 등 비고무성분을 함유하고 있다. 수분은 이 정도면 내림작업 또는 혼합작업시에 증발하므로 가황고무의 물리적 성질에는 영향을 미치지 않는다. 아세톤 가용분은 외관이 수지와 비슷하므로 고무 수지라고도 한다. 이의 주성분은 고급지방산(高級脂肪酸)이나 스테롤 또 이의 에스테르 화합물이다.

지방산은 가황활성제로 작용하며 스테롤 등을 노화방지제(老化防止劑)의 역할을 한다. 때문에 아세톤으로 추출한 고무는 천연의 노화방지제를 함유하고 있지 않으므로 이것으로 만든 가황고무는 노화가 대단히 빨라진다. 단백질은 고무의 흡수성에 관련된다. 특기할 사실은 가황촉진작용(加黃促進作用)도 한다.

한편 회분 중에는 칼륨, 마그네슘, 칼슘의 인산염 등이 검출되지만 이들은 고무 또는 가황고무에 영향을 주지 않는다. 그러나 생고무 중에 미량 존재하는 구리, 망간이 정상적 함량(2～3ppm)보다 많으면 강력한 산화촉진작용을 한다.

2) 물리적 특성

(1) 일반적 특성

생고무의 일반적 특성은 〈표 6-5〉와 같은데, 이는 평균치이며 비고무성 분량에 따라 변화한다. 특히 비중은 비고무 성분의 함유량(含有量)과 결정도(結晶度)의 변화 때문에 정확한 값을 나타낼 수 없다.

생고무는 일정한 융점은 없으나 130～140℃에서 연화하고 150～160℃에서 심하게 점착성을 나타내며, 200℃ 정도에서 분해하기 시작하고, 220℃에서 녹으며, 270℃에서 곧 분해한다. 생고무는 20℃에서 인장속도가 14%/sec의 경우, 인장강도(引張强度)는 약 25kg/㎠, 신장률(伸張率)은 약 1,200%이다. 또 상온에서 큰 탄성을 가지나 10℃이하에서는 서서히 결정화를 일으켜 굳어져서 불투명(不透明)하게 된다. 이외에도 생고무의 저장기간중 공기 중의 산소와 빛에 의한 영향으로 고무분자가 해중합(解重合)하여 공기산화를 일으킨다. 그러나 5000Å 이하의 빛을 차단하면 생고무의 변질을 어느 정도 막을 수 있다.

〈표 6-5〉 생고무의 일반적 성질

비중	0.92	비열	0.48~0.50cal/g
굴절률(20℃)	1.52	유전율	2.37
팽창계수(용적)	0.00062/℃	역률	0.15~0.2*
응집에너지밀도	63.7cal/cc	최적고유저항	3×10^{15}ohm-㎝
연소율	10,700cal/g	파괴전압	17.5kV/㎜
열전도도	0.00032cal/㎤·sec/·℃		

* 탈 단백질고무의 역률은 0.0015로 감소하며 고유저항은 증가함.

(2) 용제에 대한 특성

천연고무는 일반적으로 탄화수소류(炭化水素類), 할로겐화탄소류, 2황화탄소(二黃化炭素), 에테르류, 고급케톤류, 고급 지방산에 용해한다. 그러나 저급 케톤류, 알코올 및 저급 에스테르에는 용해하지 않는다.

생고무에 대한 용제(溶劑)의 작용은 먼저 고무를 팽윤(觸潤)시키는 일이다. 이것을 그대로 용제 중에 방치(放置)하면 팽윤된 겔 중에서 가용성(可溶性)인 고무가 추출(抽出)된다. 이것이 바로 고무는 sol상과 gel상으로 되어 있다는 두 가지 설을 탄생시킨 것이다.

제 7 장 합성고무(Synthetic rubber, SR)

7-1. 합성고무의 역사

1860년 Williams가 천연고무의 건유물(乾留物)에서 C_5H_8에 상당하는 액체를 추출하여, 그 화학구조를 조사하여 isoprene이라 명명하고, 이것이 공기 속에서 돌발적으로 흰 스폰지상의 탄성체로 바뀌는 것을 발견했다. 그 후 1884년 Tilden은 송진에서 취한 terpenes류를 열분해(熱分解)하여 이소프렌을 만들어 그것에서도 고무상물질을 얻고 있다. 당시의 연구는 공업과정의 연결에는 미치지 못하였으나, 그연구의 배경에는 천연고무와 마찬가지의 것을 인조로 얻고 싶다는 희망이 있었던 것은 분명하다.

그 후 제 1차, 2차의 세계대전을 거쳐, 석유화학공업(石油化學工業)의 발전을 맞이하여 오늘의 합성고무공업의 육성을 보게 된 것인데, 그 동안의 역사에 대해서는 여러 가지의 책에 매우 자세히 기술되어 있다. 그렇지만 합성고무가 진보하고, 공업적으로도 크게 발전하면 할수록 한 마디로 합성고무라 부르는 것의 종류도 광범위 해져서 「과연 합성고무란 무엇인가?」라는 정의를 내리기가 곤란하게 되어 있다.

7-2. 합성고무의 발달사

1. 합성고무의 역사적 변화

천연고무와 경합(競合)하는 범용 합성고무 발전의 발자취는 대개 다음 3단계로 구분된다.

제 1 기 제 2차대전 이전
1940년까지의 연구발전시대

제 2 기 제 2차대전에서 전후까지
1940~1959년간의 SBR 시대

제 3 기 1960년 이후
SBR과 스테레오고무 공존시대

1) 제 1기(~1939년)

천연고무의 화학구조에 대해서는 이미 1830년경에 여러 화학자에 의하여 이소프렌의 중합체 $[\sim CH_2\text{-}C(CH_3)\text{=}CH\text{-}CH_2\sim]_n$ 라는 것이 판명되었으므로 이소프렌 및 유사 디엔 화합물이 제일 먼저 합성고무, 제조에 사용되는 단위체로 탐색되었다. 오늘날 합성고무의 주원료인 부타디엔($CH_2\text{=}CH\text{-}CH\text{=}CH_2$)은 이미 1863년에 발견되었으나 상온(常溫)에서 기상(氣相)이므로 중합연구가 늦어져 1910년에 소련의 레베제브(S.V. Levedev)와 독일의 하리스(C D.Harries)가 열중합으로 고무가 되는 것을 발견하고 부터 값싼 합성고무 원료로 주목되기 시작하였다.

그 후, 미국을 중심으로 자동차공업이 발달하여 고무타이어 수요가 급증하고, 1910년에는 생고무 시세가 폭등하였기 때문에 합성고무 연구 의욕을 느끼게 된 저명한 화학자들이 다투어 부타디엔, 이소프렌, 디메틸부타디엔을 이용한 저가(低價)의 합성법이나 반응속도(反應速度)를 위해 금속나트륨, 유기과산화물과 같은 물질에 대해서도 연구되었다. 그 후, 제 2차대전에 이르기까지의 30년대에 원료 디엔단위체의 값싼 새로운 합성법과 SBR, 기타 라디칼 유화중합(乳化重合)고무에 관한 근대적 제조기술의 기초가 거의 확립되었다. I.G는 당시의 중합기술(重合技術)로 만든 폴리부타디엔은 물성이 불충분하였기 때문에 1927～1928년에는 스티렌을 부타디엔에 공중합(共重合)시켜 우수한 물성을 가진 Buna-S를 완성시켜 오늘의 SBR 전성시대에의 길을 트는 한편, 아크릴로니트릴과의 공중합으로 내유성(耐油性)의 Buna-N (NBR)을 만들었다.

2) 제 2기(1940~1959년)

제 2차대전은 1939년에 시작하여 1945년에 끝났는데 이미 연구단계가 충분하였던 합성고무공업은 전시하의 긴급요청에 따라 독일, 미국, 소련에서 대공업으로 발달하였다.

전쟁중 독일은 합성고무 제조기술에 눈부신 많은 업적을 남겼는데 전쟁 전의 고온회분식(高溫回分式)을 저전화율연속중합식(低轉化率連續重合式)으로 이행하고, 말기에는 중합시간 단축(重合時間 短縮)을 위해 소량의 산화환원제로 활성화하는 Redox촉매가 반공업화된 것은 특기할 일이다. 이것으로 전후에 각국이 저전화율 저온중합(低轉化率 低溫重合)에 의한 콜드 러버(co1d rubber)에로 가는 길이 열렸기 때문이다. 그리고 중합촉매(重合觸媒), 유화제(乳化劑), 조정제(調整劑), 증점제(增粘劑) 따위의 중합용 부자재도 우수한 것이 만들어지고, 중합배합(重合配合)이나 중합전화율(重合轉化率)과 고무물성과의 관계에 대한 연구도 크게 진보하고 항산화제(抗酸化劑), 점착제(粘着劑), 화이트 카본 등의 합성고무용 배합제가 새로 개발되었다.

패전후 이와 같은 독일의 합성고무 노하우는 연합국측 조사단(聯合國側 調査團)이 모두 접수하고 미국과 소련에 전달되어 전후 합성고무공업 발전에 도움이 되었다. 한편 뒤떨어져 있던 미국은 1940년 프랑스의 항복과 함께 미국 대통령은 고무를 전쟁 필수물자의 하나로 지정하여 고무확보공단(Rubber Reserve Company)을 설치하고 여기에 합성고무의 생산, 판매, 이용의 국가관리를 위탁하였다.

RRC는 관계 각사(Goodrich, Goodyerar, Firestone, U.S. Rubber의 사대 고무회사와 Standard Oi1 Deve1opment Co.)를 중심으로 우선 연산 10만 MT의 긴급 증산계획을 세워 평시 같으면 20년이 걸릴 대역사를 2년 이내에 달성하기 위하여 모든 특허와 기술정보를 공개하여 총력을 기울였다.

다음해인 1941년에 일본의 참전으로 동남 아시아가 점령되자 합성고무 증산은 가일층 긴급하게 되니 일생산목표를 연산 80만 MT으로 끌어올려서 강력히 추진한 결과로 1945년에는 미국 82만 MT에, 캐나다 4.6만 MT을 합쳐 86.6만 MT에 달했다.

전쟁중 미국 기술의 특징의 하나는 스티렌과 부타디엔 따위의 단위체 합성(單位體 合成)에 석유화학적 양산 프로세스를 확인한 것이다. 독일이 아세틸렌에서 출발하는 부타디엔 합성법인데 대해 미국은 스탠다드 오일사(Standard Oi1) 등이 개발한 석유분자 가스 중의 부탄, 부텐의 접촉 탈수소법(接觸 脫水素法)이 주체를 이루고 그 정제에 플프릴 추출 증류법(抽出 蒸溜法)이나 아세트산 암모니아 선택 수법(選擇 收法)이 개발된 것이다.

3) 제 3기(1960~)

전후 현저한 기술개선으로 유화중합(乳化重合) SBR의 품질은 전술한 바와 같이 대폭 향상하고 동시에 원가도 절하되어 그 소비량은 천연고무를 능가하기에 이르렀다. 즉 품질면에서 내노화성(耐老化性) 등은 천연고무에 비하여 우월하나 혼련성(混練性), 성형성(成形性), 점착성(粘着性) 등의 가공성과 탄성이나 내부발열(內部發熱)

등의 가황물성(加黃物性)이 천연고무에 못 미치는 결점이 있어 여러 가지면으로 볼 때 대부분은 천연고무와의 혼용으로 신장하였다. 따라서 자동차 타이어, 예를 들면 승용차용 소형타이어에는 대폭 사용되었으나 내부발열이 심한 트럭, 버스용 등에 중부하가 걸리는 대형타이어의 트레드고무에는 여전히 천연고무에 의존할 수 밖에 없어 합성고무 사용률이 세계 최고인 미국조차도 전체 신(新)고무 수요의 30% 정도는 가격에 불구하고 천연고무에 의존하고 있는 실정이다.

최근의 「Stereo시대」가 온 것은 합성 고(高)시스-폴리이소프렌의 중합에 결정적 계기가 된 지글러촉매에 의한 입체규칙성 중합(立體規則性 重合)의 발전이다. 이것으로 한 고무가 Ameripol SN과 Natsyn Rubber이다. 그러나 이소프렌 단위체는 값이 높기 때문에 값이 싼 부타디엔을 원료로 한 시스-폴리부타디엔의 중합기술(重合技術)이 개발되어 1960년경부터 여러 나라에서 점차 기업화되어 BR붐이 일어나 자동차 타이어에의 응용이 정착해 가고 있다.

EPDM을 비롯하여 많은 특수용도의 합성고무가 개발되어 이에 대한 응용 연구가 활발히 진행되고 있으나 합성고무 각론에서 상세히 설명하기로 한다.

7-3. 합성고무의 정의

합성고무란 「고무제품 제조의 주원료로서 사용할 수 있는 합성고분자물질」로 생각할 수 있으나 이 경우는 「고무제품」의 정의로서, 그것이 갖추어야 할 물성의 범위를 규정할 필요가 있게 된다. 고무제품 중에는 단단함이 좋은 에보나이트제품, 신장, 탄성을 그다지 필요로 하지 않은 플라스틱으로도 대체할 수 있는 경우가 많아져 도리어 합성고무의 정의를 혼란시킬 우려도 있다.

고무공업기술위원회에서는 IOS(International Organization For Standardozation)의 제안을 심의하여 수정하고 다음과 같은 정의를 채용하도록 작업을 진행하고 있다. 최근에는 2차원적(二次元的)인 가교(架橋, Cross linking)결합에 대해 여러 가지 연구하여 고분자화학공업 등에 새로운 재료를 만들고 있다.

1. 합성고무란

1) 교차결합(交叉結合, alternative bonding)

교차결합(交叉結合)에 의해 불가역적으로 비 열가소성물질(非熱可塑性物質)로 변화할 수가 있는 합성물질이며, 가장 알맞은 조건하에서 교차결합을 했을 때 교차결합에 필요한 것 이외의 가소제(可塑劑)와 같은 물질을 부가하지 않고, 15～25℃의 온도에서 다음의 성능을 나타내는 물질이 생긴 것으로, 그 특성은 다음과 같다.

① 원래의 길이의 3배까지 늘렸을 때 끊어지지 않는 것

② 1분간 길이의 2배로 늘린 후 10분 이내에 원래의 길이의 1.5배 이하의 길이로 되돌아가는 것

③ 0～100% 늘어나는 사이에 300kg/㎠의 힘이 작용하는 것

2) 합성물질(合成物質)

합성물질에서 교차결합에 준하는 효과를 주었을 때, 15～25℃의 온도에서 ①, ②, ③의 성능을 나타내는 것이라는 정의가 있다.

이 정의는 현재 공업적으로 이용하고 있는 일반적인 기술을 적용하여 평상의 고무제품을 만들 수가 있는 합성물질이 합성고무라는 개념을 매우 잘 표현하고 있는 것이라 생각이 된다.

고무공업기술위원회에서도 이 정의를 내릴 때, 우선 문제가 된 점은 1) 중에 있는 "불가역적(不可逆的)"이라는 점이었다. 최근에는 2차원적인 화학결합에 의한 가교(架橋, Cross linking)결합에 대해 여러 가지로 연구하여 여러 고분자화학, 고무화학공업 등에 새로운 합성고무를 만들고 있다.

그것은 한 종류는 Shell International社가 연구하여 공업화한 Thermoplatic이다. 이것은 무정형쇄상원(無定型鎖狀員)인 폴리부타디엔(Polybutadiene : 특허에는 polyisoprene도 포함한다)과 상온에서 결정형쇄상원(結晶形鎖狀員)인 폴리스티렌(polystyrene)과의 블록공중합체(Block copolymer)이다. 이 공중합체는 상온에서는 결정부분이 앞에서 설명한 2차원적 가교로서 거동하기 때문에 1)의 ①, ②, ③에 규정한 것과 같은 조건을 만족한다. 이것을 가열하여 폴리스티렌의 결정의 융점에 가깝게 하면, 2차원가교는 산산조각으로 부서져 자유로이 변형, 성형이 되게 된다. 이것을 냉각하

면 폴리스티렌 부분이 재결정하여 다시 2차적 가교가 재생하여 가역적으로 탄성체(彈性體)로 되돌아간다. 이 예에서는 분명히 1)의 불가역적이라는 조건과는 다른 것이 합성고무의 사이에 들어가서 새로운 공업재료로서 등장하기 시작한다. 최근의 각 방면의 연구를 보면 금후 이와 같은 Thermoplastic형의 합성고무는 여러 가지 신종이 나타날 것이라는 것이 예측이 된다. 현재의 것은 폴리스티렌의 연화온도(軟化溫度)가 낮기 때문에 사용 중의 내부발열 등에 의해 국부적으로 결정부의 연화온도에 가까워져, 분자간의 흐름을 일으켜 변형해 버린다. 또 보탄성(補彈性)의 충전제를 배합하여도 그것이 냉각하여 꺼냈을 때 재결정을 방해하는 등 여러 가지 뛰어난 것으로, 충전제의 배합 등에 의해 방해되지 않는 것으로 찾아 구하고 있다. 이와 같이 여러 가지 형을 새로운 합성고무로서 출현하는 것은 충분히 기대가 되므로 이 때에는 상기의 정의는 일부 수정을 필요로 하게 된다.

그리고 앞에서 설명한 1) 중에서 교차결합에 필요한 것 이외의 가소제와 같은 물질을 부가하지 않고 있는 제한적인 조건도 문제가 된다. 최근 여러 가지 반응성 가소제가 연구되어 성형, 가공시에는 가소제, 연화제 또는 프로세스유로서 작용하여 성형시간을 단축하고, 또는 사출성형을 가능하게 하여 그 자체가 원료소재와 2차원적인 결합을 만들어 교차반응을 일으킬 수 있는 물질을 널리 연구하여 실용화하고 있다. 이와 같은 반응성 가소제의 이용을 인정한다면 합성고무로서 가용할 수 있는 소재의 범위가 현저하게 넓혀져 많은 탄성 플라스틱이 합성고무 안에 포함된다.

위의 정의는 실온 부근에서 탄성고무를 목표로 하여 생각한 것이며 특별한 내한성고무, 내열성고무를 만들기 위한 소재로서의 합성물질이 합성고무 속에서 들어가지 못하게 될 우려가 충분하다는 것도 고려에 넣을 필요가 있다.

상기 2)의 교차결합에 준하는 효과라는 점이 폭이 넓게 꾀할 길이며 생각에 따라서는 이것으로 thermoplastic도 얻을 수 없는 것도 아니지만 준한다는 표현은 그다지 정확한 것은 아니다. 1)의 ①, ②, ③ 중의 숫자는 상식적인 탄성고무의 영률(young'S modules)잔류변형 등에 요구되는 최저조건으로서 다룬 것인데, 현실의 고무공업제품에는 이 최저조건보다 훨씬 낮은 값의 것이라도 실용되고 있는 것도 적지 않은 것은 사실이다. 또한 새로운 액상합성(液狀合成)고무의 연구 등에서도 그 수치를 충분히 넓힘으로써, 도리어 의식적으로 고무공업과 플라스틱 공업과의 연결을 의도하는 움직임도 보이며, 이 최저한은 좀처럼 명시하기 어려운 점도 있다. 그러나 이와 같은 성능의 한계를 일정치로 표시하는 것은 모든 재료에 대하여 항상 매우 곤란한 문제이므로 상기의 수치를 현단계에서는 타당한 것이라 해도 좋을 것이다. 최후에 합성고무는 어디까지나 공업재료이므로, 그것은 경제적으로 생산되고 저장, 유통되며, 경제적으로 형성, 가공되어 고무제품이 될 수 있는 가능성을 가질 필요가 있다. 경제적인 조건은 각국의 경제사회, 기술의 수준에도 지배되므로 합성고무의 정의 속에 숫자로서 써 넣을 수는 없으므로 상기의 ISO 정의로서의 합성고무에서 경제성을 무시한 고성능의 것이 있는데 우리나라도 여러 가지 측면에서 새로운 소재들을 연구개발하여야 한다.

(1) 고무의 분류와 명명법

ASTM(미국재료시험협회)에서는 탄성(彈性) 고분자물질의 분류 및 명명법에 대하여 다음과 같이 규정하고 있다.

이 방법은 탄성체가 가황(加黃) 가능한 것인지, 다시 말하면 주쇄(主鎖)의 화학구조가 어떻게 되어 있는지에 따라 분류하고 있는 바, ASTM D 1416(합성고무 및 라텍스의 명명법)이 정식 명칭이다.

고무공업에 사용되는 기초 원재료의 대분류로서 다음과 같은 방법을 제시하고 있다.

가. Class I

ㄱ. 가황형

① 디엔(diene)고무 : 천연 또는 합성고무를 불문하고 최적으로는 원료고무의 대부분이 이에 속한다.

② 비디엔고무 : 실리콘계, 불소계, 우레탄계 등 종류는 매우 많으나 양적으로는 디엔고무보다 훨씬 적다.

ㄴ. 비가황형 또는 기타 탄성체

나. Class Ⅱ 경질플라스틱

다. Class Ⅲ 보강수지

라. Class Ⅳ 도료의 전색제(Vehicile)

라. ASTMD 1418-81에 의한 고무 및 고무라텍스의 명명법은 다음과 같다.

이 중에 Class Ⅰ(대분류)의 탄성체(彈生體)에 대해서는 탄성체의 화학구조, 특히 이의 주사슬의 화학구조에 의해 다음과 같이 분류하고 있다.

M－폴리에틸렌계의 포화주사슬을 갖고 있는 탄성체

N－탄성체의 주사슬에 질소를 함유한 탄성체

O－탄성체의 주사슬에 산소를 함유한 탄성체

P－탄성체의 주사슬에 인을 함유한 탄성체

R－천연고무 또는 합성고무와 같은 디올레핀 유도체로서 불포화도물의 사슬을 갖고 있는 고무 또는 탄성체

Si(Q)－탄성체의 주사슬에 실리콘을 갖는 탄성체

S－탄성체의 주사슬에 황을 함유하는 탄성체

U－탄성체의 주사슬에 탄소, 산소 및 질소를 함유하는 탄성체

더욱이 이 중 M, 0, R, Si, U에 대해서는 탄성체를 구성하는 단위체 또는 원자단의 머리글자를 인용하고 있는데, 고무의 줄임말에는 다음과 같은 것들이 있다.

① M군에 속하는 탄성체

ACM. 아크릴산 에스테르(acrylate)와 2-클로로에틸비닐에테르(2-chloroethylvinylether)의 공중합체

ANM. 아크릴산 에스테르와 아크릴로니트릴(acrylonitrile)의 공중합체

CM. 염소화 폴리에틸렌

CFM. 폴리클로로트리플루오로에틸렌(polychlorotrifluoroethylene)

CSM. 클로로설폰화폴리에틸렌(chlorosulfonyl polyethylene)

EPDM. 에틸렌과 프로필렌을 주성분으로 소량의 디엔(diene)을 함유하는 3원중합체

EPM.	에틸렌과 프로필렌의 공중합체
FPM.	비닐리덴플루라이드와 헥사플루오로화 프로필렌의 공중합체
IM.	폴리이소부틸렌

② O군에 속하는 탄성체

CO.	에피클로로히드린고무(polychloromethyloxirane)
ECO.	에틸렌옥사이드와 에피클로로히드린의 공중합체
PO.	폴리프로필렌옥사이드

③ R군에 속하는 탄성체

ABR.	아크릴산과 부타디엔의 공중합체(共重合體)
BR.	부타디엔고무
CR.	클로로프렌고무
IIR.	이소부틸렌과 이소프렌의 공중합체
IR.	이소프렌고무(합성천연고무)
NBR.	아크릴로니트릴과 부타디엔의 공중합체
NCR.	아크릴로니트릴과 클로로프렌의 공중합체
NR.	천연고무
PBR.	피리딘과 부타디엔의 공중합체
SBR.	스티렌과 부타디엔의 공중합체
SCR.	스티렌과 클로로프렌의 공중합체
SIR.	스티렌과 이소프렌의 공중합체
XSBR.	카르복실화 SBR
XNBR.	카르복실화 NBR
YSBR.	SBS 블록 공중합체
YXSBR	카르복실화 SBR 블록 공중합체

④ Si(Q)군에 속하는 탄성체

FSi.	메틸기와 플루오로기를 가지고 있는 실리콘탄성체
PSi.	메틸기와 페닐기를 가지고 있는 실리콘탄성체

PVSi. 메틸기, 페닐기 및 비닐기를 가지고 있는 실리콘탄성체

Si. 메틸기만으로 이루어진 실리콘탄성체

VSi. 메틸기와 비닐기를 가지고 있는 실리콘탄성체

FVMQ. 불화 실리콘 고무(불소, 비닐, 메틸치환기를 가진다)

PMQ. 페닐, 메틸 실리콘 고무

PVMQ. 페닐, 비닐, 메틸 실리콘 고무

MP. 메틸 실리콘 고무(디메틸)

VMQ. 비닐 실리콘 고무(메틸, 비닐)

⑤ T군에 속하는 탄성체

OT－ $-CH_2-CH_2-O-CH_2-O-CH_2-CH_2-$기를 함유한 다황화 고무

EOT－ $-CH_2-CH_2-O-CH_2-O-CH_2-CH_2-$기와 $-CH_2-CH_2-$기를 함유한 다황화 고무

⑥ Z군에 속하는 탄성체

FZ. 주쇄의 인 원자에 플루오로 알콕시기를 가진 포스파젠 고무

PZ. 주쇄의 인 원자에 아릴록시(페녹시 및 치환 페녹시)기를 가진 포스파젠 고무

⑦ U군에 속하는 탄성체

AFMU. 테트라플루오로에틸렌, 트리플루오로니트로소메탄 및 니트로소퍼플루오로락트산의 3원 공중합체(니트로소 고무)

AU. 폴리에스테르고무

EU. 폴리에테르고무

ASTM D 1418에는 이상과 같은 실례를 나타내었으나, 최근 예는 새로운 합성고무의 소재들이 개발 합성되고 있다. 그리고 고무에 대한 것을 더 상세히 알려면 ISO, ASTM, KS, JIS 등에서 고무분야를 찾으면 된다.

7-4. 합성고무의 제법, 종류 및 특성

1. 합성고무의 제법

일반적으로 고무를 포함한 고분자의 중합체는 크게 두 가지로 분류할 수 있는데, 하나는 동종중합체(혹은 단독중합체, 단순중합체, homopolymer)로 한 개의 단위체가 부가반응 형식으로 중합된 것으로 다양한 구조를 갖는 중합체가 얻어진다(예 : 폴리이소프렌의 *cis*-형, *trans*-형). 둘째는 공중합체(혹은 혼성중합체, coplymer)로 서로 다른 2개, 혹은 3개 단위체가 서로 반응하여 중합체를 이루게 되는데, 이때 서로 다른 2개의 단위체의 중합체를 2원 공중합체(coplymer), 서로 다른 3개의 단위체중합체를 3원 공중합체(terpolymer)라고 한다. 그리고 공중합체는 반응구조의 형태에 따라 4가지로 분류할 수 있다.

① 불규칙 공중합체(random coplymer)

2종 이상의 서로 단위체가 무질서하게, 불규칙적으로 결합된 것이다(A와 B는 서로 다른 단위체).

A－B－B－B－A－A－B－A－A－A(예 : 에틸렌-프로필렌의 조성비=3/7~7/3경우)

② 교차 공중합체(교호, alternating coplymer)

A－B－A－B－A－B－A－B(예 : NBR(아크릴로 니트릴-부타디엔 등)

③ 블록 공중합체(block coplymer)

한 개 단위체의 집단이 다른 단위체의 집단과 교대로 결합된 것이다.

```
              B－B－B－B－B              B－B－B－B－B
              |           |              |
A－A－A－A－A             A－A－A－A－A
```

(예 : 경질 블록폴리에틸렌과 연질 블록폴리부타디엔의 공중합이 이루어질 때 조건에 따라 물성이 차이가 생긴다.)

④ 그라프트 공중합체(graft coplymer)

두 개의 다른 중합체가 서로 결합된 중합체로 A의 선상 중합체에 B로 된 가지가 결합된 것이다.

```
－A－A－A－A－A－A
    |       |
    B       B
    |       |
    B       B－B－
```

그라프트 공중합체의 성질은 그라프트된 가지의 길이에 의해 물성이 변화된다. 가지의 길이가 짧으면 상분리가 불완전하며 random공중합체와 유사한 거동을 보이지만 길어지면 블록공중합체와 같은 성질을 나타내어 수지성분과 고무성분의 연쇄로 이루어진 그라프트 공중합체는 열가소성 엘라스트머가 된다.

오늘날 다량으로 생산되고 소비되는 합성고무(Synthetic Rubber : SR)는 과산화물(過酸化物) 등을 중합촉매(重合觸媒)로 하는 수상(水相)라디칼 유화중합법(乳化重合法)과 지글러 촉매와 같은 유기금속화합물(有機金屬化合物)을 이용하는 용액이온 중합법에 의해 제조되고 있다.

유화중합(乳化重合)에 의해 제조되는 합성고무는 스티렌과 부타디엔의 공중합체인 SBR(Styrene Butadiene Rubber), 아크릴로 니트릴과 부타디엔의 공중합체(共重合體)인 NBR(acrylonitrile Butadiene Rubber), 클로로프렌을 반복단위(反復單位)로 한 CR(Polychloroprene Rubber), 아크릴고무 등이 있고 용액중합으로 얻어지는 것은 부타디엔을 반복단위로 하는 BR(Butadiene Rubber), 천연고무와 동일한 화학구조, 즉 합성 천연고무인 IR(Isoprene Rubber), 이소부틸렌과 이소프렌과의 공중합체인 IIR(Isobutylene Isoprene Rubber) 또는 부틸(Butyl)고무라고도 한다.

에틸렌과 프로필렌 및 디엔과 3원중합체인 EPDM(Ethylene Propylene Diene Monomer) 등이 제조되고 있다. 이 외에 특수한 합성고무로 우레탄고무, 실리콘고무와 같은 축합중합반응(縮合重合反應)에 의한 것, 또는 클로로 설폰화 폴리에틸렌, 할로겐화 부틸고무와 같이 화학적 후처리에 대한 변성고무도 있다.

2. 합성고무의 종류 및 특성

1) 이소프렌고무(합성고무, Isoprene rubber : IR)

단독중합체에 해당되며 화학구조상 천연고무와 동일하게 합성고무를 만들고자 하는 것은 Katz가 천연고무의 구조를 규명한 1925년 이래 과학자들의 소원이었다.

IR가 처음으로 합성한 것은 1954년으로서 비교적 새로운 것에 속한다. 현재 시판되고 있는 것은 쉘 케미칼社의 Cariglex IR, Goodyear社의 Natsyn, 굳리치社의 Ameripol SN, 일본합성고무社의 JSR IR 등이 있다. IR과 NR의 화학구조상의 차이는 IR에 비해 *cis*-1,4 함유량이 다소 적으나 3,4-결합이 보완(補完)되어 있다. 그러나 가황물의 물성에는 큰 차이가 없다.

〈표 7-1〉는 IR과 NR의 원료 비교치를 나타낸 것이다.

IR과 NR과의 큰 차이는 IR가 합성품이므로 균일한 겔분을 함유하여 잡티분도 없다. 또 무우니점도를 조성하여 사용하기 쉽다. IR의 대표적 특징은 가공성, 즉 내림 공정을 매우 간단히 행할 수 있다. 어떤 때에는 전혀 내림작업을 하지 않아도 가능하나 일반적으로 3~5분 정도의 내림작업을 한 것이 분산면에서 양호한 결과를 나타낸다. 물성면으로 볼 때 IR과 NR과는 거의 동등하다고 생각되나 보다 상세히 검토하면 동일배합에서는 IR의 경우, 모듈러스(modulus)가 다소 낮으나, 신장률이 다소 크고 경도(硬度)가 조금 낮다.

탄성(彈性)이 좋고 발열이 적다는 등의 차이가 있으나 이러한 차이는 실용상 큰 문제가 되지 않는다. 또 고무 중의 불순물이 적기 때문에 수성(水性), 전기특성(電氣特性), 내노화성(耐老化性)도 NR보다 약간 상회한다.

(1) 제조방법

단위체인 이소프렌을 용제나 조정된 촉매(지글러 촉매나 리튬) 등을 동시에 도입되어 중합이 개시된다. 소정의 중합률에 달한 단계에서 중합정지제를 가하면 반응을 멈춘다. 중합온도는 촉매의 종류에 따라 다르다.

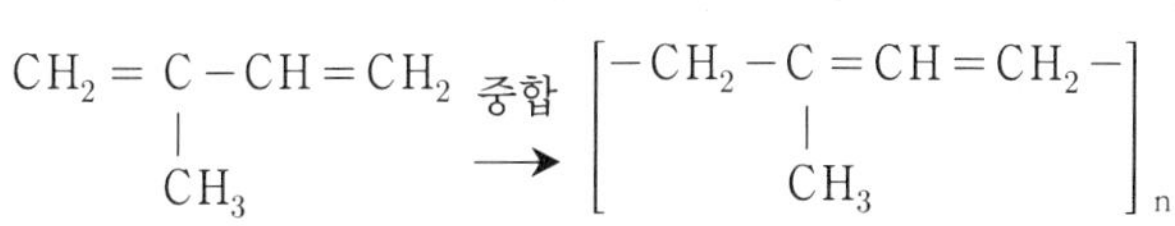

이소프렌 천연고무 IR

〈표 7-1〉 IR과 NR의 원료비교

고무 / 화학특징	NR	IR
cis-1,4 결합(%)	98.2	96.9
trans-1,4 결합(%)	—	—
1,2 결합(%)	—	—
3,4 결합(%)	1.8	3.1
색 상	가변	엷은 호박색
회분함유량(%)	0.3~0.4	0.3~0.4
겔 함유량(%)	20~45	5~20
무우니점도(ML_{1+4}, 100℃)	90	70~90
비 중	0.92	0.92

중합정지는 산소, 알코올, 아민 등에 의한다. 남은 단위체나 용제는 시그멘트를 열수(熱水)안에 뿜어 넣음으로써 분리되며, 생성한 크램의 탈수, 건조는 다른 고무와 마찬가지의 공정으로 한다. 중합체는 대부분 *cis*-1,4 구조로 이루어져 있다.

(2) 특 성

여러 특성은 천연고무와 매우 가까우며 상세하게 보면 중합촉매(重合觸媒)에 따라 차이가 있다.

가. 미가황(未加黃)고무 특성

천연고무는 고전단응력(高剪斷應力~高速流動) 때에 결정화가 일어나고 겉보기 점도(粘度)도 이상하게 상승하는 것을 볼 수가 있는데, 이 현상은 고온에서 없어지고 만다.

IR은 90℃와 95℃사이에서 로울혼연시에 변화가 있고, 90℃이하에서는 비교적 단단하고 건조한 느낌이 있는데 비해, 95℃이상에서는 점착성이 보인다. 천연고무와 시판되는 IR은 일반적으로 NR보다 응력이 약하다.

나. 가황(加黃)

천연고무의 가황속도는 제품마다 많은 차가 있으며 원인으로서 공존하는 물질의 촉진효과의 차를 생각하고 있으므로 합성품인 IR에는 비고무성분이 근소하기 때문에 일반적으로 천연고무에 비하여 가황속도는 늦고 산포가 작다. 상표에 따라서도 차가 보인다.

다. 가황물 특성

인장강도(引張强度), 인열강도(引裂强度)는 가교도에 따라 변화하지만 강도가 최고치를 나타내는 인장응력의 값은 IR의 종류에 따라 다르다. 리튬계 촉매의 IR은 낮은 인장응력으로 강도의 최고치를 나타내며 강도가 높은 값을 유지하는 인장응력의 범위는 좁다. 천연고무는 높은 인장응력으로 최고치를 나타내며 강도가 높은 값을 유지하는 인장응력의 폭도 넓다. 지글러형 촉매 IR은 양자의 중간이다.

그외 특징은 품질이 균일하고 겔(gel)분이 적으며 먼지 등의 이물질이 없고 내림작업(mastication)이 용이하고 흐름이 좋으며 흡수성이나 전기 특성이 NR보다 우수하고 투명하여 색조가 밝고 착색성이 좋고 냄새도 적으며 겨울철의 보온이 불필요하고 투명하다는 것 등이다.

(3) 가공법

가공법도 기본적으로는 천연고무와 마찬가지이므로 주의해야 할 몇가지의 점에 대하여 이것을 〈표 7-2〉와 〈표 7-3〉에 제시한다.

〈표 7-2〉 가공상의 주의

가공공정	주의
내림	리튬계 촉매 IR로 혼합을 밴버리로 하는 경우에는 반드시 펩타이저가 필요. 로울 혼합에서는 내림정도의 조정이 중요하며 단시간이 좋다. 지글러계 촉매 IR도 내림은 단시간으로 좋다.
혼합	리튬계 촉매 IR로 뱀버리 혼련을 하는 데에는 펩타이저를 사용하여 2분정도의 예비내림이 필요하며, NR보다 배치량을 많게 할 수도 있다. 혼련개시온도는 70℃이상으로 한다. 로울 혼련에서는 전로울보다 후로울의 온도를 5~15℃ 높게 한다. 가급적 빨리 유황을 혼입한다.
압출작업	다이온도 : NR보다 다소 낮고 스크류회전수 : NR보다 다소 빠르다.
칼렌더작업	NR보다 다소 고온

(4) IR라텍스

용액중합을 한 IR을 용액상태에서 유화제(乳化劑)를 첨가하여 물에 유화시켜 용제를 제거함으로써 IR라텍스가 얻어진다.

현재 IR라텍스를 생산하고 있는 것은 세계에서 유일사인 쉘케미칼社 뿐이며, 그 특성을 〈표 7-3〉에 제시한다.

〈표 7-3〉 카리프랙스 IR-7000의 특성

고형분(%)	65.5
암모니아 함유량(ppm)	무
pH	10.5
블록피일드 점도(No.3 스핀들, 20 rpm) (cps)	350
표면장력(dyn/㎝)	38.0
평균 입자량(Å)	7,500
비 중	0.93
기계적 안정도(sec)	1,500
동(銅) 함유량(ppm)	< 1
마그네슘 함유량(ppm)	< 1

IR라텍스의 주요 용도는 카페트백킹, 침지제품(浸漬製品), 폼러버, 고무계 감압테이프 및 라미네이트가공지 등의 접착제 기타이다.

ISO에서는 2303(가황특성 평가)이 규정되어 있다.

2) 스티렌-부타디엔고무(Styrene butadiene rubber, SBR)

2원 공중합체에 해당되며 부타디엔($CH_2=CH-CH=CH_2$)과 스티렌의 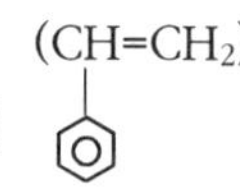 공중합체를 SBR라고 하며, 일반적으로 두 단위체인 스티렌과 부타디엔의 질량비를 25 : 75로 사용한다. 공중합체의 결합스티렌량은 50%이하이다. 현재 시판되고 있는 SBR의 대부분은 결합스티렌량 23.5%이며, 스티렌의 함유량이 50% 이상이 되면 가소성이 느는데, 이것은 라텍스 페인트로 사용한다.

SBR은 전체 합성고무의 80%를 점유한다. 스티렌-부타디엔 고무는 (GR-S), (Buna-S) 등으로도 알려져 있다. 부타디엔은 나프타(naphta)의 열분해에 의해 에틸렌플랜트에서 부생되는 C_4유분 중에 n-부탄을 Houdly법과 같은 고침탈수소분해(高浸脫水素分解)에 제조되고 있다. 한편 스티렌은 에틸렌과 벤젠과의 부가반응(附加反應)에 의한 에틸벤젠을 탈수소(脫水素)하여 얻어지고 있으나, 최근 나프타분해로 부생되는 BTX(벤젠, 톨루엔, 크실렌)의 잔류분에서 얻어지는 에틸벤젠도 일부 이용되고 있다.

SBR는 중합온도, 유화제(乳化劑), 중합정지제(重合停止劑), 노화방지제(老化防止劑), 응고제(凝固劑), 조정제(調整劑), 결합스티렌량, 제삼성분, 무우니점도에 따라 분류되며, 또한 기름 및 카본블랙 등 보상제와의 공응고(共凝固) 등 그 종류는 대단히 많으며 각각 사용목적에 따라 취사선택할 수 있다.

(1) 제 법

SBR은 물을 분산제(分散劑)로 하고 비누를 사용하여 스티렌과 부타디엔을 유화하여 공중합시키는 유화중합법에 의해 제조가 된다.

중합법은 고온중합(高溫重合)의 핫러버(hot rubber : 50℃)와 저온중합(低溫重合)의 콜드러버(co1d rubber : 5℃)가 있으나 최근에 콜드러버의 생산방식을 채택하고 있다. 냉법(冷法) 고무(co1d rubber) 제조방법은 우선 부타디엔, 스티렌, 용수계면 활성제(用水界面活性劑), 중합조절제(重合調節劑) 등의 원료와 함께 자동유량조절벨브에서 일정비율과 속도로 혼합하고 냉각기에서 냉각한 다음, 과산화물(過酸化物)의 중합(重合開始劑 : 쿠멘히드로퍼옥사이드, 파라메틸히드로퍼옥사이드 등)을 가하고 5℃, 혹은 −10∼18℃에서 중합반응을 시킨다. 온법 SBR는 중합도가 낮으며 가황한 다음에도 완전히 가황되지 않는 부분이 28% 정도에 이르나, 냉법 SBR는 10%정도이다. SBR반응식은 다음과 같다.

(반응식)

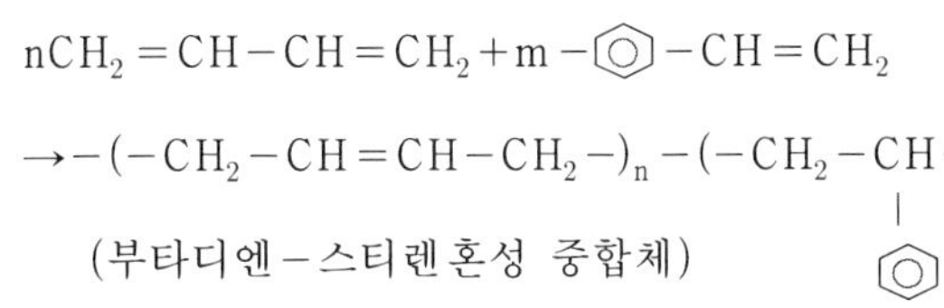

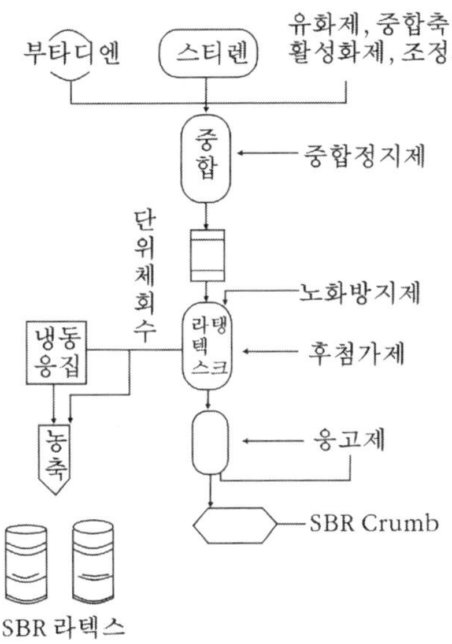

〈그림 7-1〉 SBR제조 공정도

〈표 7-4〉 유화중합 SBR의 대표적 중합처방의 예

	원 재 료	핫 SBR (50℃중합)	콜드 SBR (5℃중합)
단 위 체	부타디엔 스티렌	75 25	71 29
용 매	순수(탈이온 처리)	180	200
유 화 제	지방산비누 로딘산비누	4.5 -	- 4.5
중합조절제	t-도데실메르캅탄	0.28	0.18
완 충 제	제3인산나트륨($NaPO_4 \cdot 10H_2O$) 과산화카륨($K_2S_2O_8$)	- 0.3	0.50 -
촉 매	*p*-메틸히드로퍼옥사이드	-	0.08
활 성 화 제	황산제-($FeSO_4 \cdot 7H_2O$) DETA 4나트륨염 나트륨포름알데히드퍼옥시레이트	- - -	0.03 0.05 0.08

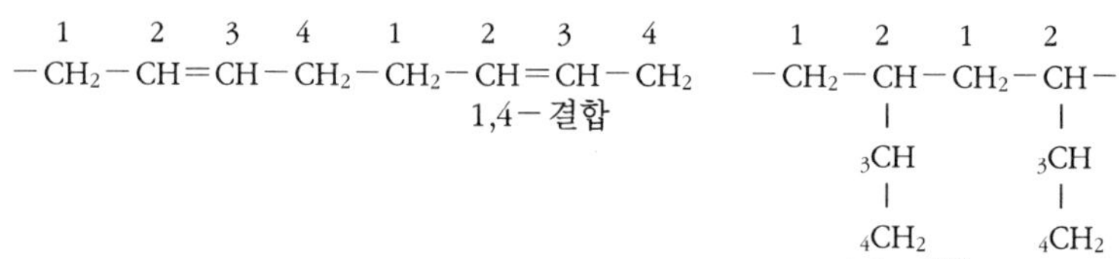
1,4-결합 1,2-결합

〈그림 7-1〉은 대표적인 SBR공장의 제조공정도를 나타낸 것이고 〈표 7-4〉는 유화중합을 위한 조성예이다.

이 때의 전화율 75% 정도로 하는 것이 좋으며, 그 이상이 되면 부반응이 일어난다.

요즈음에는 알킬리튬을 촉매로 사용하여 용액 중합을 하기도 하며, 이 제품을 용액 SBR (solution SBR)라고도 한다. 용액 SBR는 에멜션 중합 SBR에 비하여 분자량의 분포가 좁고 분자량이 크며 *cis*-1,4-부타디엔의 함유량이 많고 내균열성 등의 성질도 좋다. 마지막 고무 제품을 만들기 위한 내림작업(mastication)이나 가황공정은 천연 고무일 때와 별다른 차이가 없다.

(2) 성질 및 용도

SBR은 자유라디칼 중합체이므로 불규칙 혼성 중합체로서 결정화하지 않는다.

냉법 SBR은 온법 SBR에 비하여 분자량이 작은 물질의 함유량이 적고 사슬의 수나 다리 걸친 결합의 정도가 낮으며 부타디엔은 1,2-결합보다 트랜스-1,4결합의 양이 70%정도로 많아서 성질이 약간 좋은 편이다. 1,4-결합은 천연고무와 마찬가지의 이중결합배열이며 1,2-결합은 전형적인 포화 폴리에텐(poly-ethene)결합이 된다.

(3) SBR 장단점

SBR을 천연고무와 비교하면 다음과 같다.

가. 장 점

① 이물질(異物質)의 혼입이 없어 품질이 균일하다.

② 일정한 가황속도(加黃速度)를 유지한다.

③ 내노화성(耐老化性), 내열성(耐熱性), 내마모성(耐摩耗性)이 우수하고 내유성(耐油性)도 약간 좋다.

④ 무우니점도가 50전후로 조정할 수 있으므로 내림작업시 가소화할 필요가 없고 다시 내림작업하여도 가소도의 변화가 적다.

⑤ 스코오치에 대하여 안정하며, 가황은 평 가황을 할 수 있다.

⑥ NR, SBR 또는 재생고무와의 블랜드가 용이하므로 SBR 결점을 보완할 수 있다.

⑦ 가격이 싸다.

나. 단 점

① 순 고무가황물의 인장강도는 SBR이 비결정성(非結晶性)이어서 보강성(補强性) 충전제로 다량으로 배합하여야 한다.

② 가황속도가 늦으므로 점착제를 첨가배합하여야 한다.

③ 수축률이 크기 때문에 칼렌더작업과 압출 등이 다소 곤란하다.

④ 탄성이 적고 동적발열이 크다.

SBR의 넘버링시스템에 의하면 SBR은 다음과 같이 분류한다.

(4) 주요 SBR의 특징

SBR 코드 번호순으로 그 특징을 〈표 7-5〉에 표시하였다.

가. SBR 1500

대표적 SBR이며 안정제로 페닐-β-나프틸아민(PBN)이 배합되어 있으므로 오염성이 있다. 때문에 염색제품에는 바람직하지 못하나 유화제로 로진산 비누가 사용되므로 점착성, 가공성이 우수하며 SBR 중에는 양호한 종류이다. 타이어 또는 일반공업용품에 적합하다.

〈표 7-5〉 SBR 코드 번호(미국)

코 드	특 징
1000 계	핫러버(hot nonpigmented rubbers)
1100 계	핫러버, 카본 블랙 마스터벳치
1200 계	핫러버, 오일 마스터벳치
1300 계	핫러버 오일 · 카본블랙 마스터벳치
1500 계	콜드러버(Co1d pigmented rubbers)
1600 계	콜드러버 카본 블랙 마스터벳치(14phr 이하)
1700 계	콜드러버, 오일 마스터벳치
1800 계	오일 · 카본블랙 마스터벳치(유 14phr 이상)
2000 계	핫라텍스(hot latices)
2100 계	콜드카텍스
×	시작품(試作品)

나. SBR 1502

유화제로 로진산과 지방산비누의 혼합물을 사용한다. 안정제로서 비오염성의 페놀계 노화방지제가 사용되므로 백색 또는 염색제용품에 좋고 물성은 SBR 1500과 거의 동일하다.

다. SBR 1507

SBR 1502보다 저 무우니이므로 가공성이 좋다. 발포용 고무로 많이 사용되기도 하나, 틀흐름이 좋기 때문에 트랜스퍼(transfer) 또는 사출용에 적합하다.

라. 오일 마스터벳치 SBR(oil masterbath SBR, 1712, 1773,1778, 1778N)

탄성체(彈性體)는 분자량이 크면 클수록 물성이 향상되나 점도가 커져서 가공성이 좋지 않다. 오일 마스터벳치 SBR은 분자량이 큰 SBR라텍스에 석유계의 프로세스유를 유화상태로 혼합, 응고시켜 기름으로 마스터벳치하기 때문에 물성을 유지하면서도 점도를 낮춤으로써 가공성을 개선시킨다. 가격도 SBR 1500에 비해 저렴 하여 주로 타이어용으로 사용된다.

고 방향족유(高 芳香族油)로 마스터벳치한 SBR 1712는 오염성이 있으나 가공성이 좋고 점착성과 내마모성이 좋아 타이어의 트래드용과 흑색 공업용품에 적합하다.

나프텐계 유로 마스터벳치한 SBR은 비오염성이나 가공성이 좋지않아 충분한 내림작업을 필요로 한다. 염색 또는 투명제품이 일반고무제품에 널리 사용된다. 한편 SBR1778의 가공성을 개선한 것이다.

마. 카본블랙 마스터벳치

SBR라텍스에 직접 카본블랙을 분산시켜 응고하는 것이 공통적 방법이나 베이스 폴리머에 카본블랙과 오일을 밀폐식 혼합기로 혼합하는 방법도 있다.

장점은 현장에서 주위를 오염시키지 않고 단시간에 내림작업을 하므로 전력을 절약할 수 있다.

바. 하이스티렌고무(high styrene rubber)

주로 신발용에 사용되는 결합 스티렌이 많은 고무이다.

스티렌 80% 이상은 오히려 수지에 가까워 SBR, NR 등의 보강제로 사용된다.

(5) 스테레오(stereo) SBR

이것은 유화중합으로 제조되는 일반 SBR과 달리 용액중합법으로 제조된다.

이의 제조기술은 BR제조기술을 응용한 것이므로 이 탄성체의 성질은 일반 SBR과 BR과의 중간위치에 있다.

현재 시판되는 스테레오 SBR은 크게하여 3가지가 있다.

첫째, 랜덤 공중합체(randum copolymer)로 2종 이상의 모노머를 무질서하게 배열시켜 폴리마의 구조를 불규칙하게 만들기 위함이며 여기서는 B(부타디엔)과 S(스티렌)이 무질서한 구조로 이루어지고 있다.

둘째, 블록 공중합체(block copolymer)로 B는 B만, S는 S만으로 블록형태의 중합된 것이다.

이러한 블록 공중합체는 열가소성이 좋고, 또 가황물은 고경도(高硬度)이면서 내한성(耐寒性)이 우수하다.

셋째, 그라프트 공중합체(graft copolymer)로 B에 S가 가지(技)를 형성하게 그라프트(椄木)된 구조로서 가황이 필요없는 열가소성고무이다. 이 공중합체의 성질은 그라프트된 가지의 길이에 의해서 물성이 변화된다.

그외에도 B와 S가 교대교대로 규칙적으로 배열된 규칙성 공중합체(regu1ar copolymer)가 있다.

열가소성(熱可塑性) 플라스틱과 동일한 가공방법으로 사용하는 유일한 SBR은 배합 및 가공공정을 생략할 수 있다. 그러나 이 이하에서 －60℃까지 극저온에서도 탄성을 잃지 않아 이에 용도는 다양할 것으로 기대된다. 시판되고 있는 것은 쉘사의 카리플렉스 TR(carifex TR), 일본 엘리스토머社의 솔프렌(Solprene) 등이 있다. 냉법 SBR은 인장강도가 천연고무와 비슷하지만 어느 것이나 높은 온도에서는 천연고무보다 못하며 오존에 대해서는 보다 잘 견디나 한 번 균열이 생기면 그 진행이 빠르다. 타이어 등으로 사용할 때의 가장 큰 결점은 탄력이 약하고 열이 많이 발생하는 점이다. 내후성은 천연고무보다 우수하므로 구두창 등을 만드는 데 적당하다.

냉법 SBR은 경량 타이어로는 천연고무 대신 이용되나 트럭 타이어로 사용하기는 곤란하다. 그러나 가공이 쉽고 성질이 우수하여 벨트, 호스, 성형품(成形品), 비가황(非加黃), 고무판, 껌, 마루바닥, 구두창 등을 만드는 데 많이 쓰인다. 또 압출품, 피복, 제품 등의 제조, 전기절연체로도 쓰이지만 전기 절연성은 부틸 고무보다 못하다. 〈표 7-6〉, 〈표 7-7〉, 〈표 7-8〉에 물성과 그 특성을 나타내었다.

〈표 7-6〉 SBR의 인장강도

고 무	순 고 무 배 합		카 본 블 랙 배 합	
	인장강도(kb/㎠)	신 장(%)	인장강도(kb/㎠)	신 장(%)
천연고무	170～245	750～850	245～310	550～650
SBR	14～21	400～600	170～245	500～600
NBR	40～60	500～700	280～310	500～650

〈표 7-7〉 SBR의 스티렌량과 강도, 위화점의 관계

부타디엔/스티렌	배합카본량 (고무 100에 대한 중량부)	인장강도(실온) (kg/㎠)	93℃에서의 인장강도 (kg/㎠)	포화점 (℃)
100/ 0	50	126	49	−73
90/10	50	148	-	−68
85/15	45	163	71.5	−65
80/20	50	162	-	−60
75/25	45	182	66	−57
65/35	45	185	70.8	−45
55/45	45	200	105	−35
50/50	45	-	87	−30
50/50	50	204	-	−30

〈표 7-8〉 SBR의 중합온도에 의한 미세구조의 변화

중합온도(℃)	*cis*-1,4 - 결합량	*trans*-1,4 - 결합량 (%)	1,2 - 결합량(%)
−33	5.4	80.4	12.7
5	12.3	71.4	15.8
50	18.0	65.3	16.3
70	20.0	63.0	17.3
100	22.5	60.1	17.3

3) 용액중합 SBR

용액중합(溶液重合) SBR은 유화중합(乳化重合) SBR과 다소 다른 성질을 가지고 있으며 BR과 유사점도 많다. 결합스티렌량이 낮은 것은 널리 일반용 고무로 사용하는데, 특수용도로 높은 결합스티렌량을 가지고 있는 것도 시판되어 있다. 시판품은 모두 유기 리튬촉매를 사용하여 탄화수소용액(炭化水素溶液) 속에서 제조되어 있다(저 *cis*-BR의 경우와 매우 유사한 제조방법인데 공중합에 따른 기술적 연구를 하여 실시되고 있다. 용액중합 SBR에는 각 폴리마제조업체에 대한 공통된 등급은 없다. 각각 시장의 상황을 감안하여 등급을 설정하고 있는 것이 현상이다.

(1) 성 질

용액중합 SBR의 부타디엔부의 미세구조는 저 *cis*-BR과 매우 유사하다. 예를 들면 타프덴 2000R의 경우 *cis*-1,4의 결합함유량은 35%, *trans*-1,4 - 결합함유량은

52%, vinyl 함유량은 13%이다. 분자량 분포도 유화중합 SBR보다 민감하다. 이와 같이 미세구조에 다소의 차가 있기 때문에 용액중합 SBR은 유화중합 SBR과 다른 몇 개의 특징을 가지고 있는데, 천연고무와 비교하면 같은 SBR로서 공통점이 많다. 미세구조가 비슷한 점에서 BR과 유사점도 많다. 이와 같은 점에서 유화중합 SBR과 BR과의 중간적 성질을 나타내는 것이라고 보는 견해도 있으나 일반적으로 그렇다고 할 수 없다.

물성 비교를 〈표 7-9〉에 표시하였다.

〈표 7-9〉 각종 고무의 일반물성

특성항목	폴리마	용액중합 SBR (타프덴1000R)	용액중합 SBR (타프덴2000R)	NR	SBR 1502	BR 디엔 NF35R
배합물무우니점도	ML_{1+4}(100℃)	64	66	37	53	63
무우니스코치	min.MS ts(121℃)	35	36	26	33	30
경 도	(JIS)	62	62	64	61	65
300%인장력	kg/㎠	107	97	141	100	87
인장강도	kg/㎠	205	215	290	248	150
신 장	%	480	500	530	560	420
인열강도	kg/cm	53	58	102	54	48
영구신장	%	2	4	11	6	2
비 코	지수	115	100	97	100	134
데마챠 굴곡	회	1,150	6,400	19,000	5,000	600
반발탄성	%	65	58	60	53	67
저온특성	케이만법 C(T_2)	-52	-34	-41	-30	-70

용액중합 SBR의 주체는 중합 스티렌이 낮은(20% 전후) 것으로, 일반용 고무가 있고 균형을 갖춘 특성을 나타낸다.

결합스티렌량이 높은 것은 특수고무이며 디엔계 고무와 블랜드하여 표면 수축, 디이스웰 등 가공성의 개선을 위해 사용이 된다. 단단함도 높으므로 하이스티렌 고무와 같은 목적에 사용되는 것도 많다.

다음에 결합스티렌량이 낮은 일반용의 용액중합 SBR에 대하여 그 특징을 열거한다.

① 무색 또는 담황색의 투명이며 순도가 높고 겔을 포함하지 않는다.

② 다듬질 촉진효과가 거의 없으므로 무우니점도의 조정은 불가능하지만, 가공시

의 점도의 살포는 없다.

③ 가공성은 대략 양호하며 유화중합 SBR에 비하여 가소적 성질이 강한 것이 특징이다. 표면피, 수축 다이스웰 등이 양호하며 로울바닥 압출에 이 특징을 살리고 있다.

④ 가황속도는 NR이나 BR보다 늦고 SBR보다 빠르다. 입상은 잘 형성되어 가황성도 양호하다.

⑤ 유화중합 SBR보다도 충전제나 프로세스오일의 고충전이 가능하다.

⑥ 인장강도는 BR에 비하여 매우 높으나 유화중합 SBR보다는 다소 낮다.

⑦ BR에 가까운 저온특성을 나타낸다.

⑧ 유화중합 SBR과 거의 같은 정도의 습면스키드 저항성을 나타낸다.

⑨ 응력완화시험의 결과에 의하면 용액중합 SBR의 노화특성은 절단시의 경우 BR과 매우 유사하며 연속의 경우 BR과 유화중합 SBR의 중간에 위치한다(그림 7-2 참조).

이와 같이 결합스티렌량이 낮은 용액중합 SBR은 큰 결함이 없으며 균형을 갖춘 특성과 가공성을 가진 전형적인 일반용 고무라 하겠다.

(2) 가 공

결합스티렌량이 낮은 용액중합 SBR은 일반용고무이며 유화중합 SBR과 다른 가공법이 특히 요구되지는 않는다. 각종 용도에 따라 사용할 수 있는 것은 물론 디엔(diene)계 고무와 블랜드하여 그 특성을 살려서 사용하는 방법도 쓰고 있다. 문제는 앞의 절에서 설명한 특성을 충분히 고려하여 그 특성을 살려 나가도록 하는 일이다.

프로세스오일 충전제의 선택기준은 모두 유화중합 SBR의 경우와 마찬가지이다. 유화중합 SBR에 비하여 고충전한 것이 특징이며, 승용차 타이어레드배합물에서 50%(토탈 오일)의 프로세스오일을 포함하는 경우도 드물지는 않다. 다만 대형의 타이어레드의 칩카트와 오일레벨과의 사이에는 상관성이 있으며 용액중합 SBR블랜드물에서는 15% 이상의 오일레벨은 안했으나, 이 원칙에 따르는 한 용액중합 SBR이면 30% 정도의 블랜드가 가능하다는 것이 확인되었다. 이것은 용액중합 SBR의 큰

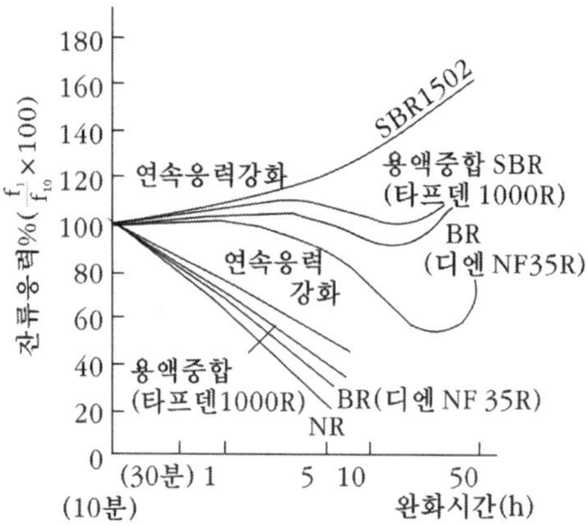

〈그림 7-2〉 각종고무의 내열노화성

시험조건 : 연속, 단속응력완화 130℃ 25% 신장
배합 : 폴리마 100, 가황 1.6, 가황촉진제 CZ 1, 산화아연 4.7, 스테아린산 1.9, 노화방지제 C 1, 노화방지제 D 1, HAF 블랙 40

특징이다.

유화방지제, 점착제, 가황활성제, 스폰지용 발포제 및 발포조제 등 모두 유화중합 SBR의 경우와 마찬가지의 생각으로 사용할 수가 있다.

실용배합에는 폴리마제社의 기술자료를 참고해야 한다.

용액중합 SBR의 가공공정기술에서의 특징은 그 가소적 성질의 강도에 있다. 이 점에 배려를 하는 한 종래의 수법을 그대로 사용할 수 있다. 예를 들면 용액중합 SBR은 로울 혼합시 역로울에 빳기기 쉬운 경향이 있으나 이것을 피하기 위해 프론트로울의 온도를 약간 낮게 유지하면 좋다. 충전제의 분산불량이 인정되었을 때에는 양을 늘리던가, 저온다듬질을 하면 좋다. 칼렌더가공시 에어로오드하기가 쉬운 것은 BR과 마찬가지이며 탈포로올의 사용이 필요한 경우가 있다. 압출기로서는 피이드로울러가 붙어 있는 것이 바람직하며 이것도 BR의 경우와 마찬가지이다. 인터로킹을 잘 하기 위해서는 L/D가 큰 압출기를 사용하고 콜드피이드방식에 의한 것이 가장 바람직하다. 몰드플로우 특성에 뛰어나며 열안정성도 좋으므로 사출성형은 매우 쉽다. 접착에 대해서도 유화중합 SBR의 경우와 마찬가지로 방안이 적용된다. 특별한 곤란은 없으며 결합 스티렌량이 높은 용액중합 SBR의 가공기술도 일반용 용액중합 SBR의 경우와 거의 같다.

(3) 용 도

용액중합 SBR은 유화중합 SBR과 마찬가지로 대부분의 고무제품에 사용할 수 있는 외에 플라스틱블랜드용 소재로서도 적당하다. 대표적인 용도는 다음과 같다.

타이어, 벨트, 호스, 전선, 창틀고무, 방진고무, 각종 공업용품, 총, 고무신발, 로울바닥, 형바닥, 인포스폰지, 플라스틱 SBR은 그 시험방법이 KS M6517(합성고무 SBR의 물리시험방법)에 제정되어 있다. ISO에서는 2002(유기산물), 203(비누성분), 2058(휘발성분), 2453(결합스티렌), 2322(가황특성 평가)가 규정되어 있다.

4) 아크릴로니트릴 부타디엔 고무(Acrylonitrile-Butadiene Rubber, NBR)

NBR은 2원공중합체이며, 아크릴로니트릴(CH_2=CHCN) 60～75%와 부타디엔(CH_2=CH-CH=CH_2) 25～40%을 공중합시킨 합성고무로서 내유성 고무의 총칭이다. 다른 명칭으로서는 니트릴고무(nitri1e butadiene rubber)라고 일반적으로 부르고 있으며 비결정성 불규칙성 고무이다. 그밖에 소련에서는 SKN, 옛날에는 Buna-N GR-A 등의 이름도 있었다.

현재 시판중인 NBR은 아크릴로니트릴의 함량이 30～40%인것이 대부분이다. 원료단위체 가운데 아크릴로니트릴은 주로 프로필렌과 암모니아로부터 소하이오(Sohio)법으로 합성되며, 일부는 아세틸렌과 시안산으로부터의 직접합성법(直接合成法)도 있다.

NBR에 제조공정은 SBR의 제법과 매우 유사하나 이의 생산규모가 적고 품종이 다양하므로 SBR과 같은 연속중합방법을 선택할 수가 없다. 따라서 보통 1기의 중합반응기 내에서 중합을 완료하는 벳치중합방법을 채택하고 있다.

(1) 제조방법

가. 원 료

ㄱ. 단위체(monomer)

① 부타디엔 : BR, SBR과 같음.

② 아크릴로니트릴 : 아크릴계 합성섬유용 원료와 같은 것이 사용이 된다.

ㄴ. 중합용 부원료

① 중합 개시제 : 온법중합 무기과산화물(예 : 과황산염)
냉법중합 레독스계 개시제(예 : 히드로퀴논 퍼옥시드와 환원제 2가의 철염)

② 중합도 조정제 : 장쇄아로킬멜캅탄 등

③ 유화제 : 음이온계계면활성제, 로진산비누, 지방산비누 등

④ 전해질 : 염화나트륨, 인산나트륨, 황산나트륨 등

⑤ 중합정지제 : 히드로퀴논류, 디메틸디티오카-바민산 염류 등

NBR의 제조공정은 SBR과 마찬가지로 수상(水相)의 라디칼 유화중합법(乳化重合法)에 의해 제조되고 있고 제법은 부타디엔, 아크릴 로니트릴 용수와 함께 유화제 중합촉매 등을 반응기에 넣고 일정한 온도, 압력, 시간 등의 조건하에 교반하면서 중합을 행한다. 목적하는 중합전화율(重合轉化率)에 도달하면 중합정지제를 가하여 반응을 중지한다. 미반응 원료를 회수하는 한편, 중합체를 응고, 세척, 건조 등의 후처리 공정을 거쳐 제품화 한다.

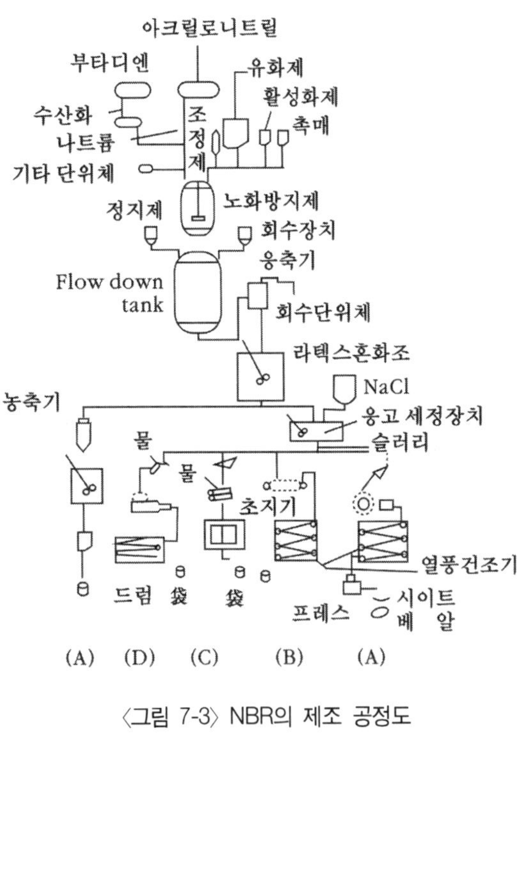

〈그림 7-3〉 NBR의 제조 공정도

중합온도도 25～50℃의 고온과, 5～10℃의 저온 등, SBR과 동일한 유형이나 냉법 제조방법이 대부분이다. 〈그림 7-3〉은 NBR의 제조공정도이며 〈표 7-10〉은 NBR의 유화중합의 한 예이다.

〈표 7-10〉 NBR의 유화중합의 예

부타디엔	65
아크릴로니트릴	35
순수	250
알킬벤젠설폰산 나트륨	0.60
축합알킬나프탈렌설폰산 나트륨	3.0
t-도데실메르캅탄	0.50
과황산 칼륨	0.27
시아노에틸화 디에탄올아민	0.15
수산화 칼륨	0.10
중합온도(℃)	10
중합시간(hr)	20
중합률(%)	95

*Cold NBR에서도 중아크릴로니트릴 함량의 것임.

(2) 종 류

NBR은 CR과 함께 비교적 오래전부터 개발된 것으로 이의 특성, 특히 내유성(耐油性)과 내열성(耐熱性)을 이용한 용도로 응용되고 있다. NBR을 처음 개발한 것은 독일로서 Buna N이라 명명되었고 아크릴로니트릴(AN)량이 약 26%이었다. 곧이어 AN 36%의 Buna NN이 제조되었고, 그 후 Perbuna라고 개칭되었다. 제조업체로는 미국의 굳이어社가 상품명으로 Chemigum, 굳 리치社의 Hycar, 파이버 스톤社의 FR-N캐나다의 폴리社가 Krynac, 일본합성고무의 JSR N 일본 Zeon社의 Nipol 등으로 시판되고 있다.

NBR은 SBR과 달리 종류가 많아 SBR과 같은 계통적 분류법은 채택하고 있지 않다.

이것은 오로지 NBR이 특수한 성능의 고무이므로 사용자의 요구에 부응하여 어떠한 품종도 만들 수 있다는 것을 의미한다. 일반적 분류방법은 아크릴로니트릴(AN)의 함유량에 의한 분류로서 〈표 7-11〉은 이에 의한 것이다. 시판되는 NBR 은 AN량이 15~50℃의 것으로 분류, 무우니점도에 의한 분류, 또한 첨가한 안정제의 오염성 여부에 의한 분류 등이 있다. NBR라텍스는 업자의 크기가 0.06~0.2 미크론으로, pH가 9.5내외, 전고형분이 40~60℃이다.

〈표 7-11〉 주요 NBR

결합 AN 량		Hycar	JSR	Krynac	Chemigum
극고	45~50	1000×88 1000×132		806	N-206
고	36~42	1001, 1031 1041, 1051	N220S N220S H	801 805	N-3, N-5 N-300, N-325
중고	31~35	1041, 1642A 1052J, 1072 1312, 1432J	N230S N230S L N235S	800, 803 804, 807 808, 809	N-6, N-6B, N-7, N-8, N-600
중저	25~30 18~24	1043, 1053 1014	N240S	802	
폴리블랜드		1203J	NV70 NV72	805, 870	K400, 450

(3) 특 성

NBR의 대표적 특징은 내유성이라 할 수 있으나 이 내유성도 결합 아크릴로 니트릴의 양에 따라 큰 차이가 있다. 내유성 외에 다른 특성도 어느 정도 AN량과 상관되는데 그 관계는 다음과 같다.

가. 일반적으로 AN량이 많을수록

① 내유성(耐油性)이 증가하고(즉 가솔린이나 기름 속에서 잘 녹거나 부풀지 않으며)

② 내마모성(耐磨耗性)이 향상되며

③ 내열노화성(耐熱老化性)이 좋고

④ 인장응력(引張應力), 인장강도(引張强度), 경도가 증대되며

⑤ 반발탄성(反撥彈性)이 적어지며

⑥ 내한성, 저온특성이 나으며

⑦ 가스 투과율(透過率)이 적어지고

⑧ 내화학약품성이 향상되며

⑨ PVC, 페놀수지 등과의 상용성(相容性)이 좋다.

한편 AN량 적으면 이와 반대의 현상을 나타낸다. 그리고 온법과 냉법 중 후자는 가공성 물성이 우수하나 접착면에서는 hot rubber가 우수하다.

분자량이 수천의 액상의 것에서 수십만의 품종까지 생산되고 있는데 액상 NBR을 제외하면 무우니점도는 20~140정도의 사이에 있다.

나. 무우니점도가 크면

① 강도가 다소 대

② 압축영구변형 소

③ 반발탄성 다소 대

④ 가공성 열

다. 콜드러버는 핫러버에 비교하며

① 가공성 우(優)

② 강도 대

③ 접착제로서 열(劣)

라. 저전화율 NBR은 가공성이 뛰어나다.

마. 오염성쪽이 일반적으로 내노화성(耐老化性)이 뛰어나다.

바. 디비닐 벤젠의 효과

① 가공성 우

② 강도 저하

사. 아크릴산 메타크릴산의 효과

① 스코치 빠름

② 강도증대

③ 압축영구 변형 대

입상(立狀)은 용해하기 쉽다.

분상(粉狀)은 수지블랜드가 쉽다.

아. 폴리염화비닐

① 가공성이 양호

② 정적(靜的) 오존균열저항 대

③ 단단함

④ 내열성 열

NBR의 분류제인자의 성질에 주는 영향을 〈표 7-12〉에 표시한다.

〈표 7-12〉 NBR의 분류 제인자와 특성 및 관계

분류인자	특	성
아크릴로니트릴량(15～50%)	아크릴로니트릴량이 크게 되면	
	1) 내유성 대	2) 내마모성 양호
	3) 내열노화성 양호	4) 가스투과성 소
	5) 인장응력, 인장강도, 경도 대	
	6) 폴리염화비닐 등의 수지와 상용성 대	
	7) 내한성 떨어짐 8) 반발탄성 소	
분자량, 무우니점도 (수천～수10만)	무우니점도가 크게 되면	
	1) 강도 다소 대	2) 압축영구변형 소
	3) 반발탄성 다소 대	4) 가공성 떨어짐
중합온도(온, 냉)	온법과 냉법에 비교하여	
	1) 가공성 뛰어남 2) 강도 대	
	3) 접착제로서 떨어짐	
중합전화율(고, 저)	저전화율 NBR은 가공성이 뛰어남	
노화방지제(오염, 비오염)	오염성쪽이 일반적으로 내노화성이 뛰어남	
제3 모노마	디비닐벤젠의 효과	
	1) 가공성 뛰어남	2) 강도 저하
	아크릴산, 메타크릴산의 효과	
	1) 스코치 빠름	2) 강도 증대
	3) 압축영구변형 대	
형상(괴, 립, 분)	입상은 용해하기 쉽다.	
	입상은 수지브랜드가 쉽다.	
다른 모노마와와 혼합 (폴리염화비닐, SBR)	폴리염화비닐	
	1) 가공성 양호	2) 정적 오존균열저항 대
	3) 경도 대	4) 내한성 떨어짐
	SBR	
	1) 가공성 양호	2) 내유성 떨어짐

한편 단점으로는 굴곡균열저항성(屈曲龜製抵抗性)이 나쁘고, 내오존성이 좋지 않으며, 분자 중의 AN기 때문에 전기절연성이 나쁘고, 비결정성 중합체이므로 보강성(補强性) 충전제를 필요로 하며, 케톤 또는 에스테르에는 사용할 수 없고, 미가황고무시이트의 점착성(粘着性)이 불충분하다. 제반 성질을 고려하여 용도에 적합한 다음 NBR의 선택이 이루어져야 한다.

끝으로 특수 NBR로서 디비닐벤젠으로 일부 가교된 것이 있는데 Hycar 1042×2, Krynac 804, 808 등이 이에 속하며, 이의 특징은 가공성, 특히 칼렌더 또는 압출시의 수축이나 팽창을 감소시킨다.

(4) 용 도

니트릴고무는 가솔린 호스, 연료 탱크 등과 같이 내유성이 요구되는 분야에 많이 이용된다. NBR라텍스는 내유성, 내열성 접착성 등을 이용하여 접착제, 종이가죽 직포의 처리, 부직포의 바인더 등에 사용하고 있으나 종류는 매우 다양하다.

또 카르복시화 NBR은 시판품으로 Hycar1702가 있는데 이는 페놀수지와의 상용성이 매우 좋기 때문에 접착제로 사용되며, Hycar 1032 Chemigum N-625 등은 내금속부식형(耐金屬腐蝕型)으로 오일시일 등에 사용하면 적합하다. 한편 NBR 70에 대하여 PVC 30을 블랜드한 Krynac 850, 870 및 JSR NV 72 등이 있는데 이는 내열성, 내수성, 내유성이 좋고, 작업중 색안정성에도 우수하다. NBR의 시험방법은 KS M 6642(합성고무 NBR의 시험방법)에 의해 규정되고 있다.

(5) 가공법

NBR용 배합제 및 배합법은 가소제 등 일부의 배합제를 제외하고는 천연고무, SBR 등과 마찬가지이다. 〈표 7-13〉에 일반적인 배합지침을 나타낸다.

가. 다듬질

NBR은 여러 가지의 무우니점도의 품종이 시판되고 있으므로 무우니점도만으로 판단하면 반드시 마무리를 필요로 하지 않으나, 고무우니점도 NBR을 다듬질하는 것이 가공성, 가황물성에서 특징이 있는 배합물을 얻을 수 있는 경우가 있으며 그 때문에 다듬질을 하게 된다.

NBR의 다듬질은 저온로울러로 하는 것이 원칙이며, 고온다듬질을 하면 폴리마겔이 발생하여 가공성, 가황물성으로 여러 가지의 단점이 생긴다. 따라서 가급적 냉한 로울을 사용할 필요가 있다.

나. 혼 합

다듬질 로울러기에 의한 혼합에서는 다듬질과 마찬가지로 냉각한 로울러를 사용하는 것이 중요하다. 혼합순서로서는 유황을 다른 배합제보다 먼저 혼입하는 것이

유황의 분산, 나아가서는 가황물(加黃物)의 외관, 가황물의 물성(物性)에 필요하다. 유황의 혼입후는 활성충전제 만큼 빠른 단계에서 혼입한다. 따라서 밴버리 혼합기의 구조, 냉각수 등에는 충분한 배려를 하는 것이 바람직하다.

〈표 7-13〉 배합지침

배합물의 특징	요구성능	가황제	노화방지제	가소제	충전, 보강제
고인장강도 고인열강도 내마모성	인장강도 250kg/㎠ 이상	유황의 분산, 혼합법에 주의, 가황도, 인장응력을 최적한 범위로 하는 가황촉진제의 종류·양을 조절	특히 관계없음	내인열에는 레딘형이 좋다.	고급카본블랙, 특히 차넬블랙, 비카본계에서는 화이트카본 마그네시아의 다량배합
내열성	연속 100℃ 단시간 120℃정도	라튬계 무유황배합	목적에 맞는 노화방지(NR로 뛰어난 품종 반드시 좋지만은 않다)로 휘발성 적은 품종	불휘발성	
저경도	경도 30이하	유황계, 무유황계	액상	에스텔형과 파크티스의 병용	소량의 서멀블랙
내한성 고탄성	NBR의 종류에 따라 다르다.	유황계 타이트큐아가 무유황계	특히 관계없음	내한성가소제(예) DOA, DBS, TO-90-L	파네스블랙
내균열성		적정가황	NBC가 가장 좋다. 파라페니렌디아민계 안티오디너트와 왁스의 병용, PVC의 혼합	레딘형과 에스텔형의 병용	특히 관계없음
저영구변형		소량유황(0.3phr전후)으로 튜램배합	내열성의 항과 같음	에스텔형	파네스블랙
칼렌더가공	시팅, 토핑 프리쿠션	특히 관계없음	레딘형	필요에 따라 액상 NBR과 페놀 수지형 타키파이아병용으로 점착성향상 일반적으로는 에스텔형	시팅에는 하이스트랙차카본블랙, 프리쿠션에는 차넬블랙과 표면, 탄산칼슘의 병용
압출가공		특히 관계없음 스코치에 주의	특히 관계없음	에스텔형	하이스트랙차카본블랙 클레이 탄칼, 서먼블랙, 산화아연, 에보분
에보나이트		유황 35~40phr 알데히드아민계 촉진제	특히 관계없음	특히 관계없음	

혼입순서는 활성충전제 등이 먼저 투입하는 것이 원칙이며 유황과 가황촉진제 이외를 혼입하고, 유황은 방출직전이나, 벳치오프로울로 혼입한다. 마스타벳치로서 혼입하는 것은 보다 바람직하다. 촉진제는 로울러로 혼입하는 것이 보통이다. 스톡 온도는 밴버리 혼합기에서의 방출시 130～150℃이상이 되지 않는 것이 좋은 조건이라 하겠다.

배합제의 투입순서를 비롯하여 혼련(混練)조건은 배합 혼합기계에 의해 좌우되므로 단계적으로 연구하는 것이 가장 중요하다.

다. 압 출

압출조작, 압출성형에 적합한 배합 등은 SBR 등과 같다. 유일하게 주의할 점은 압출기내의 다듬질에 의한 발열이 큼으로 스코치가 일어나지 않도록 하는 것이며, 바렐, 스크류는 수냉(水冷)하여 35～65℃정도 헤드와 다이는 가열하여 100℃전후로 한다.

압출기를 신설하는 경우에는 수지용의 스크류에 가까운 얕은 홈의 구조를 위하는데, 그 설계와 배합은 조작에 따라 가장 적당한 조건이 다르다.

라. 칼렌더작업

시이팅(sheeting), 겹침(doubling), 압착(topping), 코팅(coating), 프릭션닝(frictioning) 작업 등은 원칙적으로는 SBR과 같으며, 로울온도 등도 배합에 따라 대폭으로 바뀐다. 스톡은 저온도 로울측에 점착하므로 그 일 예를 나타내면 아래와 같다.

Top roll 80℃

Middle roll 70℃

Bottom roll 95℃

마. 폴리마 블랜드

NBR은 아크릴로니트릴과 부타디엔의 공중합 비율이 여러 가지로 다른 것을 알 수 있는데, 이것들의 블랜드에 따라 적당한 아크릴로니트릴량으로 하는 것도 실용되어 있다. 그러나 동일의 아크릴로니트릴량을 가진 대략 균일한 폴리마와 비교하면 파괴특성 내유성 동적특성 등이 뒤떨어진다.

NBR은 또 경제성, 가공성 어떤 종류의 내한성 등을 개선할 목적으로 NR SBR BR 등의 일반고무와 혼용이 된다. 또 내 오존 균열성을 향상하기 위해 EPDM, CR

등과의 블랜드도 한다.

SP값에서도 예상되는 것처럼 NBR은 다른 고무에 비하여 합성수지와의 친화성이 뛰어나 있다. 대표적인 예는 폴리염화비닐, 페놀수지 등으로서 혼용이 알려져 있다.

폴리염화비닐이란 니트릴량이 낮은 NBR을 제외하고는 모든 비율로 상용(相溶)하며, NBR쪽이 많은 경우에는 내오존성이 뛰어난 가황고무로서 또 폴리염화비닐의 중량이 NBR 100부에 대하여 40부 이상 될 필요가 있으며, 이 혼합물은 매우 고농도의 오존까지 견딜 수가 있다.

페놀수지와의 혼용은 내충격성 향상을 위해 사용이 된다.

5) 클로로프렌 고무(Polychloroprene Rubber, CR)

CR은 클로로프렌의 단독중합체이며 제조 역사는 합성고무 중에서도 가장 오랜 역사를 가지며 노틀담대학교 수 파우더 J씨의 연구를 듀퐁사 카로더스 및 엘마볼튼씨가 협력하여 1931년 처음에 듀퓨렌이라는 명으로 발매되었으나 1963년 네오프렌(Neoprene)으로 명칭을 바꾸었다. CR은 일반 합성고무가 특질 성능을 발휘하는 합성고무이다.

(1) 제조방법

CR의 제조공정은 NBR과 큰 차이가 없으며 클로로프렌단위체(화학명 : 2-chloro-1,3-butadiene)를 중합시켜 만든 것인데, 아세틸렌을 원료로하는 방법과 부타디엔을 원료로 하는 방법이 공업화되어 있다. 이러한 제조방법은 다음과 같다.

가. 아세틸렌을 원료로 하는 방법

(반응식)

$$C_2H_2 \rightarrow CH_2=CH-C\equiv CH \xrightarrow[(\text{염산})]{+HCl} CH_2=C(Cl)-CH=CH_2 \xrightarrow{\text{emulsion중합}}$$

$$\left[CH_2CH=\underset{\displaystyle Cl}{\underset{|}{C}}-CH_2 \right]_n$$

그 공정은

① 아세틸렌을 염화 제1구리와 염화암모늄 소위 Neiuw1and 촉매 속에 도입하여 모노비닐아세틸을 합성한다. 이 반응 속에 디비닐아세틸렌이 다량 부생하므로 이것을 안정화하여 분리하고 순수한 모노비닐아세틸렌을 분리한다.

② 이어 모노비닐아세틸렌과 염산을 염화 제1구리의 염산용액 속에 도입하여 클로로프렌을 합성한다. 클로로프렌은 비점 50.4℃의 액체이다.

나. 부타디엔을 원료로 하는 방법

이 공정은 다음과 같으며 Distillers社의 특허이다.

① 부타디엔의 염소화에 의한 디클로로부텐의 합성

② 1,4-디클로로부텐-2→3,4디클로로부텐-1에 대한 이성화

③ 3,4-디클로로부텐-1의 탈염산반응이 이루어지며 클로로부텐모노마를 합성한 것이다.

(염소화공정)

$$\underset{\text{부타디엔}}{CH_2=CH-CH-CH_2} + \underset{\text{염소}}{Cl_2} \rightarrow \underset{\text{3,4-디클로로부텐-1}}{CH_2=CH-CHCl-CH_2Cl}$$

$$\underset{\text{1,4-디클로로부텐-2}}{CH_2Cl-CH=CH-CH_2Cl}$$

(이성화공정)

$$\underset{\text{1,4-디클로로부텐-2}}{CH_2Cl-CH=CH-CH_2Cl} \rightarrow \underset{\text{3,4-디클로로부텐-1}}{CH_2=CH-CHCl-CH_2Cl}$$

(탈염산공정)

$$\underset{\text{3,4-디클로로부텐-1}}{CH_2=CH-CHCl-CH_2Cl} \xrightarrow{-HCl} \underset{\text{2-클로로-1,3-부타디엔 (클로로프렌모노마)}}{CH_2=CH-CCl=CH_2}$$

공업화되어 있는 클로로프렌 고무는 유화중합법(乳化重合法)에 의해 제조되고 있다. 매체(媒體)로서 물을 사용하며 유화제에는 올레인산 나트륨, 나프타린설폰산나트륨 및 포르말린 축합물(縮合物), 로진산비누 등의 음이온 활성제외에 테트라 알킬암모니아염 등이 양이온 활성제로 사용된다. 촉매로서 과황산염, 과산화물, 아조화합물 등을 사용하는데 중합속도가 너무 빠르므로 중합조절제로서 메르캅탄을 사

〈표 7-14〉 CR의 유화중합의 예

클 로 로 프 렌	100
순 수(純水)	150
로 진 산 비 누	5
나프탈린설폰산 나트륨	0.7
과 황 산 칼 륨	0.2~1.0
황	0.6

용한다. 중합온도는 일반적으로 30~50℃에서 하고 있다. 그리하여 중합한 유화중합물에서 클로로프렌 고무를 추출하여 건조시켜 제품으로 한다. 중합 예를 소개하면 〈표 7-14〉와 같다.

(2) CR의 특성

폴리클로로프렌의 분자구조는 $\left[\begin{array}{c} \quad\quad Cl \\ \quad\quad | \\ -CH_2-C=CH-CH_2- \end{array} \right]_n$ 의 형을 가지며 주성분은 *trans*-1,4 및 1,2결합도 포함하고 있다.

CR은 염소화합물이며 다른 합성고무에 비하여 비중은 약 1.25로 크고, 또 난연성물질(難燃性物質)이다. 클로로프렌 고무는 천연고무 및 다른 합성고무에 비하여 결정성이 큰 경향이 있다.

CR은 가격면에서 NR SBR보다 고가이나 이들 범용고무에서는 찾아볼 수 없는 특징을 가지고 있는데 이를 정리하면 다음과 같다.

① 내후성(耐候性), 내오존성, 내열노화성이 우수하며

② 내유성과 내약품성도 좋고

③ 난연성(難燃性)이 특징이며

④ 가스 투과율이 적고

⑤ 접착력(고무풀로 사용할)이 강력하며

⑥ NR과 거의 비슷한 물성을 보이며, 특히 무충전배합물로도 강력한 물성을 나타낸다.

⑦ 특히 결점이 되는 점이 거의 없다.

이러한 특징으로는 원료 탄성체 특히 G형은 저장안정성이 좋지 않으며 가황물은 햇빛에 약하기 때문에 명색배합물을 얻기가 곤란하다. 또 분자 중에 염소가 발생하므로 전기절연성이 NR SBR보다 다소 열세이다.

다른 고무와의 성질의 관련성을 〈표 7-15〉에 제시한다.

〈표 7-15〉 각종 고무의 성질비교

항목 / 종별	기계적 성질				내노화성					내약품성			수용제성		
	탄성	내마모성	내굴곡균열성	저온특성	실외폭로	오존	일광	열	염	수	산	알칼리	지방족용제	방향족용제	염화물용제
CR	5	5	5	5	6	5	6	5	6	5	5	5	5	2	1
천연고무	6	5	4	6	4	1	3	2	1	4	4	5	2	1	1
SBR	4	6	4	5	4	2	3	3	1	4	4	5	2	1	1
부틸고무	1	4	5	5	6	5	6	4	1	5	5	6	3	3	2
니트릴고무	4	5	3	5	4	2	3	4	1	5	4	4	6	4	3

(주) 6…우수, 5…대단히 좋다, 4…좋다, 3…보통, 2…나쁘다, 1…대단히 나쁘다.

〈표 7-16〉 클로로프렌고무의 가공방법

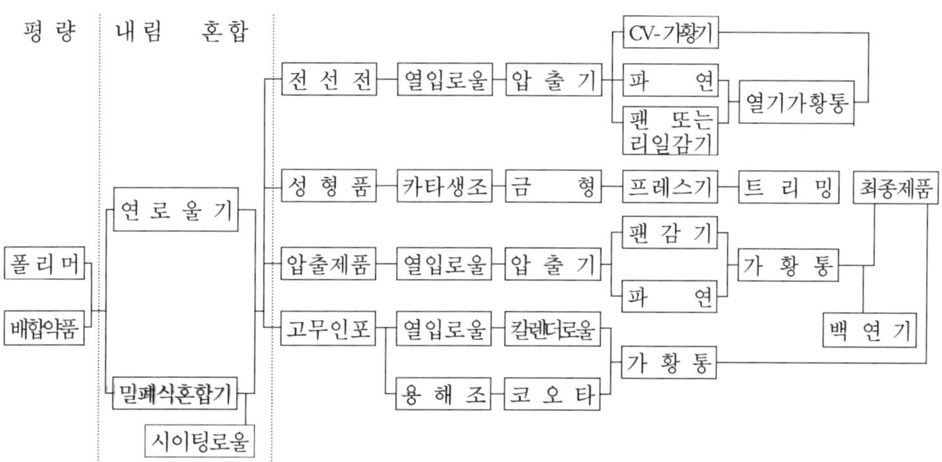

○배치의 크기는 천연고무의 10%감

○로울온도는 30~40℃로 유지
○뱅크는 소량으로 항상 회전이 되도록 로울 간극을 조정한다.
○혼합후의 배합물은 가급적 빨리 냉각한다.

○"타는 것"을 방지하기 위해 열입로울 때에 ZnO 및 가황촉진제를 가하는 것이 좋다.

○프레스가황 : 충분히 가황을 할 수 있도록 제조시의 형상에 주의하고 반드시 "에어 빼기"를 한다.
○압출 : 일정량을 연속적으로 공급하는 구전두부의 온도에 주의, 충분한 탱크안에서 감는다.
○칼렌더 : 충분한 열입 및 연속적 적절량의 공급, 적절한 온도관리가 필요

○오픈스팀의 가황기에서는 가열후의 감압은 서서히 할 것.
○고온도의 가황

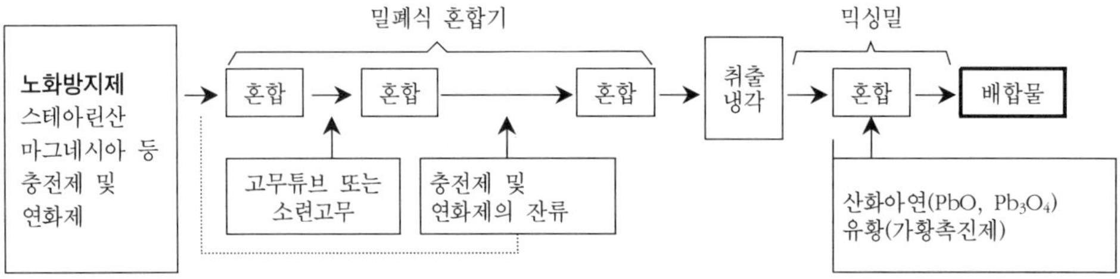

〈그림 7-4〉 압사이드다운법의 플로우시이트

(3) 가 공

클로로프렌 고무를 가공하는 경우 〈표 7-16〉과 같이 고무의 다듬질을 하여 충전제, 연화제, 산화아연, 유황 및 가황촉진제를 배합하여 다른 일반고무와 마찬가지로 혼련(混練)로울기로 하는 방법과 밀폐식으로 하는 밀폐식 혼합기로 하는 방법이 있다.

일반적으로는 혼합로울기로 하는데 고무칩을 로울에 걸어 배합하여 끝나기까지 대체 30～40분 정도 걸린다.

밀폐식 혼합기로 혼련하는 경우에는 보통 쓰이는 압사이드다운법에서도 가황제나 가황촉진제는 혼합기 내에 넣지 않고 배합물을 꺼낸 후 필요에 따라 냉각하고 나서 혼합로울기로 배합하여야 한다. 때로는 밀폐식 혼합기 내에서 혼련(混練)의 최종단계에서 배합하는 일도 있으나 혼합기 내의 온도가 높으므로 스코치할 위험이 있는데다가 혼합기 내의 벽이나 로울러 사이에 부착하여 남은 가황계 배합약품 때문에 다음배치에 스코치할 위험성이 있다. 〈그림 7-4〉는 압사이드다운법의 플로우시이트이다.

압사이드다운법의 혼련방법에 비하여 혼련의 발열도 적고, 스톡의 온도도 낮으므로 스코치타임도 길게되어 가공의 안정성이 있다.

배합제에서 설명한 것과 같이 마그네시아는 클로로프렌 고무에게는 안정성의 역할을 하므로 혼합로울러나 밀폐식 혼합기 모두 혼련의 경우 빠른 단계로 첨가하는 것이 좋다.

(4) CR의 종류

종류는 22종의 탄성체와 약 13종의 라텍스가 시판되고 있다. 시판품에는 듀퐁社의 네오프렌이 많이 통용되므로 네오프렌을 중심으로 소개하기로 한다. 이는 대별하여 다음과 같이 3가지로 분류된다. 이외에 독일 바이엘社의 바이프렌(Baypren), 일본전기화학社의 덴카클로로프렌(Denka chiloroprene)의 스카이프렌(Skyprene), 프랑스 Distugil社의 부타클라(Butaclor) 등이 있다.

가. 황변성(黃變性) 타입

보통 G형이라 불리우는 일반고무로 비교적 고온에서 중합하며 중합시에 안정제로 황이 첨가되어 있는데, 이는 이 황이 분자구조 내에 들어가 있는 타입이다. 가황은 금속산화물이 사용된다. 가공성으로는 가소화 효과가 크고, 점착성이 높으며, 가황시의 틀흐름(mould flow)이 좋고 가황속도(스코오치 빠름)가 빠르다. 가황물의 특성으로는 인열저항(引裂抵抗)과 반발탄성(反撥彈性)이 우수한 특징을 가지고 있다.

① 네오프렌 GN : 가장 먼저 사용된 것으로 가황속도가 빠르며 가황물은 인열성(引裂性)이 좋으면서도 높은 탄성을 나타낸다. 이의 생고무는 저장도중 점차 열화가 일어나며, 점도가 낮아지며, 가황시 스코오치 경향을 보인다. 보관시 밀폐된 곳에 저장하여야 함은 물론 입고 후 먼저 오염된 것부터 사용하여야 한다.

② 네오프렌 GNA : 물리적 특성은 GN과 비슷하며 카본블랙 배합에 사용되는 오염성고무이다.

③ 네오프렌 GRT : GN 또는 GNA보다 내결정화도(耐結晶化度)가 높다. 오염성의 안정제가 함유되어 있지 않으며, 용도는 마찰이 많은 시이트, 점착성이 요구되는 곳에 사용된다.

④ 네오프렌 GT : GRT보다 고점도이며 내림촉진제 GT-25를 사용하여 점도를 조절할 수 있다.

나. 비황변성 타입

황이 변성되어 있지 않는 것으로 W형이라 한다. G형보다 저온에서 중합된다. G형에 비해 저장안정성이 좋고, 로울러에 점착되지 않는다.

가황은 금속산화물과 가황촉진제 또는 황과 가황촉진제와의 혼합물로 행한다.

가황속도는 혼합물로 자유로이 채택할 수 있으며, 가황물의 물성은 일반적으로 G 형보다 압출영구줄임률이 적고 내열성도 좋으나 반발탄성(反撥彈性)과 인열저항(引裂抵抗)이 다소 좋지 않다. 이들의 특징은 〈표 7-17〉에 나타나 있다.

〈표 7-17〉 W형의 특성

네오프렌	바이프렌	덴카 클로로프렌	특 징
W	210	M-40	일반용으로 저장성이 좋고, 압출영구줄임이 적다.
WM-1	211	M-30	저점도의 W, 압출이 좋다.
HWV	230	M-120	고점도의 W, 유전이 용이
WRT	110	SS-40	우수한 내결정성을 가짐
WX	-	S-40	W와 유사하나 결정화성은 W와 WRT의 중간
WB	214	EM-40	우수한 압출성, 다른 클로로프렌의 가공성 향상을 위하여 WB 20～40%를 혼합

(5) 용 도

주로 전선 및 케이블의 피복, 공업용 호스나 벨트, 구두 뒤축, 고형 타이어, 접착제용, 건축용 등으로 구분되며 장갑이나 피복제품도 네오프렌 라텍스로부터 제조한다. CR의 시험방법은 KS M 6630(합성고무 CR의 시험방법)에 규정되어 있다. 또한 ISO에서는 2475(평가방법)이 규정되어 있다.

6) 부타디엔 고무(Butadiene rubber, BR)

$$CH_2=CH-CH=CH_2 \xrightarrow{\text{중합}} \underset{\text{IR}}{-\!\!\left[CH_2-CH=CH-CH_2\right]\!\!-_n}$$

BR의 공업적 생산은 1932년 금속나트륨을 촉매로하여 내림에서 시작이 되었다. 이것과 병행하여 독일에도 금속나트륨을 촉매로 하는 BR Buna의 생산이 시작되었다. 그 후 독일 미국에서 라디칼촉매에 의한 유화중합 BR, 또는 미국에서는 알핀촉매에 의한 알핀 BR 등의 연구를 해 왔는데 어느 것이나 SBR에 비하여 가공성이 현저하게 떨어져 물성도 충분하지 않기 때문에 대규모의 생산단계에 달하지 못하였다.

1956～1960년에는 Philips Petroleum社, Goodrich Gulf社, Shell社, 브리디스톤타이社는 ZeiglerNatta형의 입체규재성 촉매에 의한 고 *cis*-BR을, 또 Firestone tire & Rubber사는 리튬촉매에 의한 저 cis-BR을 발표하였다.

이러한 BR는 종래의 것에 비하여 가공성이 뛰어나며, 또 가황고무는 탄성이 풍부하고 저발열성이며 내마모성, 내한성, 내그룹랙성에 뛰어난 타이어 및 공업용원료고무로서 확고한 지위를 구축하고 있다. 이 중에서 ZieglerNatta형의 촉매로 얻어지는 BR은 90～98%의 시스인-1,4결합을 가지고 있으므로 고 *cis*-BR이라 부른다. 이 밖에 특수한 촉매에 의한 *trans*-BR, 1,2-BR 등도 발표되었다.

〈표 7-18〉에 각종 BR의 미크로구조를 나타낸다.

또한 부타디엔을 알칼리튬을 개시제로 N-헥산 등의 비극성 탄화수소계 용매를 사용하여 40～130℃에서 중합하면 1,2-결합이 적고, 시스형과 트랜스형이 혼합된 폴리부타디엔이 생성된다. 이때 용매에 따라서 각 결합 형태의 생성률이 달라지나, 대체로 반발탄성, 내마멸성, 낮은 온도에서의 특성 등이 좋다.

〈표 7-18〉 각종 BR의 미크로구조의 일례

제 법	미 크 로 구 조		
	cis-1,4(%)	*trans*-1,4(%)	1,2(%)
금속 Na 촉매	10	20	70
유화중합(50℃)	15	62	23
(5℃)	10	72	18
알핀촉매	10	70	20
Ziegler-Natta형 촉매	98	1	1
Li 촉매	35	57	8

주) 부타디엔 분자는 다음의 3 가지의 형식에 따라 중합한다.

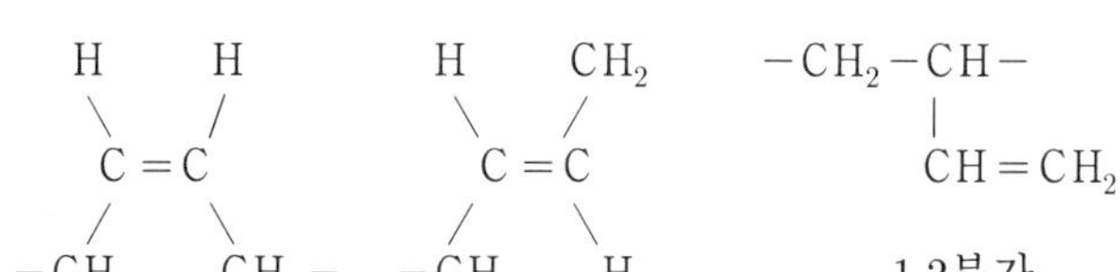

cis-1,4부가 *trans*-1,4부가 1,2부가

폴리부타디엔은 에멀션중합(5℃)으로 자유 라디칼의 반응에 의하여 제조할 수도 있는데 이 때에는 트랜스형의 함유량이 많아진다.

부타디엔을 적은 양의 스티렌이나 이소프렌과의 혼성중합시킨 것을 알핀(A1fin) 고무라고도 한다.

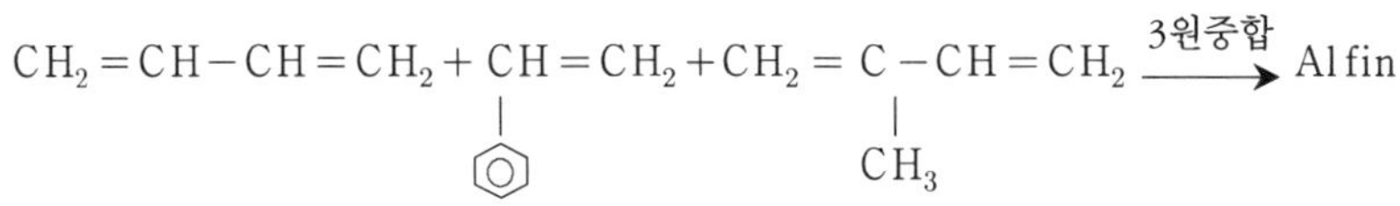

이 중합에서는 염화알루미늄-금속나트륨-이소프로판올-프로펜의 4성분계로 된 알핀 촉매를 사용하며, 1,4-디히드로나프탈렌 등을 분자량 조절제로하여 헥산이나 펜탄 등의 용매 중에서 혼성중합시킨다. 이와 같이 만든 중합체는 *trans*-1,4 구조가 70%이상이 되며, 내마멸성 등이 우수하다. 적당한 촉매를 사용하여 *trans*-1,4 구조가 90%정도 되게 하면 천연 구타-페르카와 같은 성질을 가지게 된다.

(1) 종 류

BR제조회사는 세계적으로 약 20개사 이상으로 우리나라도 80년 4월부터 약 25,000톤 규모로 생산되고 있다. BR도 SBR과 마찬가지로 오일마스터벳치 카본블랙 마스터벳치 등이 었으며 〈표 7-19〉는 BR에 관한 것이다.

〈표 7-19〉 BR의 성상

상 품 명	제 조 회 사	무우니점도	유무	오 일
K BR 01	한국합성고무	40～50	없음	
JSR BR 01	일본합성고무	45	없음	
JSR BR 21	일본합성고무	25	없음	
JSR BR 31	일본합성고무	25	있음	나프텐계 37.5 고방향족계
Ameripol CB 220	굳 리 치	40	없음	
Ameripol CB 220	굳 리 치	55	없음	

(2) 일반적 특징

처음에 시판되었던 BR은 내림작업이 나쁘고 원료 탄성체의 콜드 플로우(cold flow)가 크고, 또 취급이 좋지 않았으나 최초의 BR은 가공성과 저장성이 문제를 해결할 수 있는 고무로 개량되었는 바, 이의 특성을 살펴보면 다음과 같다.

① 중합형식으로 볼 때 겔분, 회분이 적고 투명성이 좋기 때문에 플라스틱의 블랜드용으로 사용 가능하다. 즉 내충격성을 개선시킨다.

② 열가소성이 좋고 내림작업을 하지 않아도 된다.

③ 압출작업시 성형성이 좋고, 틀흐름성이 좋아 트랜스퍼 또는 사출성형에 적합하다.

④ NR, CR, BR, NBR 등과 용이하게 블랜드할 수 있고 블랜드물의 특징과 BR의 특성을 상호 겸비할 수 있다.

⑤ 고충전제를 투과하여도 물성의 저하는 적다.

⑥ 내마모성이 우수하며

⑦ 반발탄성이 매우 좋고

⑧ 내한성 저온에서도 물성이 좋고

⑨ 동적 용도에 있어서 내부발열이 적다.

⑩ 내노화성이 NR, SBR보다 좋다.

⑪ 타이어의 경우, 설상 또는 수상에서 견인력이 크므로 스노우타이어용으로는 적합하다. 한편 단점으로는 콜드 플로우가 있기 때문에 타이어, 특히 heavy duty용 타이어로서는 부적합하다. 오늘날 BR단독으로 사용하는 것보다도 SBR 또는 NR과 블랜드하여 사용하고 있다.

6-1) 고(高) *cis*-부타디엔 고무(고 *cis*-BR)

고 *cis*-BR은 미세구조가 다른 *cis*-1,4가 약 35% *trans*-1,4가 52% 비닐결합량이 약 13%이며, 현재 미국, 영국, 프랑스, 일본, 스페인 등에서 공업화되고 있다.

(1) 고 *cis*-BR의 제조방법

고 *cis*-BR의 촉매특허는 세계각국에서 수 많은 출원이 있었는데, 오늘날 공업적으로 사용하는 것은 〈표 7-20〉에 나타내는 Ti계, Co계, Ni계의 3개로 대별한다.

〈표 7-20〉 공업적으로 생산되는 고*cis*-BR

촉매계(특허소유자)	미크로구조			최초의 기업화
	cis-1,4 (%)	*trans* -1,4(%)	1,2(%)	
Ti계(Phillips Petroleum) TiI_4-$Al(C_2H_5)_3$, $TiCl_4$-I_2-$Al(C_2H_5)_3$	90～93	4～2	6～5	1960년 Philllips Petroleum사(미국)
Co계(Montecatini, Goodrich, Gulf, Shell) Co 화합물-$Al(C_2H_5)_2Cl$	96～98	2～1	2～1	1962년 Goodrich-Gulf사(미국)
Ni계(브라디스톤타이어) Ni 화합물-$BF_3(C_2H_5O)_2$-$Al(C_2H_5)_3$	96～98	2～1	2～1	1965년 일본합성고무(일본)

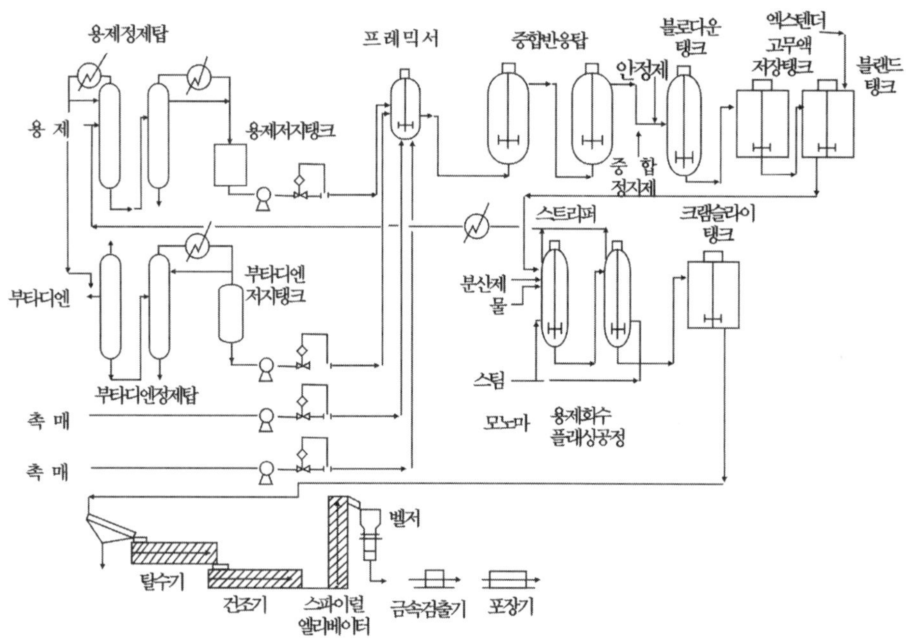

〈그림 7-5〉 BR 제조공정의 일례

제조공정은 각사에 따라 다소 차가 있으나, ① 단량체의 정제, ② 중합반응, ③ 미반응 단량체용제의 회수, ④ 마감공정으로 크게 나눈다. 어느 촉매계에 있어서도 유기 알루미늄 화합물을 사용하여 미량의 수분에 의해 촉매가 분해되기 때문에 중합반응은 거의 무수의 상태에서 하게 된다. 또 중합반응이 진행하는데 따라 계내에 점도가 심하게 상승하기 때문에 수송, 열제거 등이 기술상의 문제가 된다. 제조공정의 일 예를 〈그림 7-5〉에 표시한다.

(2) 고 *cis*-BR의 일반적 성질

가. 인장특성

cis-BR은 NR과 달리 실온에서는 고도로 신장하여도 결정화가 되기 어려우며, 순고무가황물의 인장강도는 SBR과 마찬가지로 강도는 크지만 NR나 SBR에 비하여 또한 강도적으로 뒤떨어져 있다. 그러나 *cis*-1,4구조가 많을수록 신장에 의한 결정화는 크게 되므로, 고 *cis*-BR만큼 가황물의 인장강도로 전달 때의 신장도 크게 된다. 동적 특성이 넓은 온도영역에서 NR보다 넓으며, 내마모성이 뛰어나다. 그리고 저온특성 등이 좋다.

(3) 용 도

가. 자동차 타이어

BR의 탄성, 내마모성, 저발열성, 내노화성 및 내그우프크랙성 등에는 뛰어나 있으므로 트렛용 고무소재로서 바람직하지만 가공성, 내치핑성, 내카팅성 및 제동성능인 점에서 문제가 있으므로 현상에서는 NR 또는 SBR과의 블랜드 사용이 널리 채용되고 있다. *cis*-BR은 BR과 SBR을 블랜드하면 그 특성을 살려 가공성을 개선할 수가 있다. BR블랜드 배합에서는 카본블랙과 연화제의 배합량을 어느정도까지 많게 하여도 가황물의 특성이 저하하지 않고 내치핑, 내카팅성을 개량하여 코스트를 절감하는 데 유리하다.

또 *cis*-BR는 NR에 비하여 가황되돌림이 적고 저발열성(低發熱性)과 동시에 내열적(耐熱的) 피로저항이 뛰어나 있으므로 카카스용 고무소재로서도 적합하다. 한편 BR배합타이어는 고온에서 젖은 노면에서의 제동성능에는 다소 문제는 있으나 저온특성이 뛰어나 있으므로 빙상 및 설상에서의 견인력은 양호하다.

나. 신 발

cis-BR은 반발탄성, 동적탄성률 및 스냅네스가 높고 가열 때의 인열강도, 내마모성, 내노화성 및 저온특성이 뛰어나며, 영구변형이 적어서 신발용 고무재료로서 적

합하지만, 로울작업성이나 간접가황 때의 "늘어짐"에 문제가 있어서 배합상 작업상 주의를 요한다.

다. 고무인포

cis-BR은 탄성이 뛰어나므로 고무인포에 소프트로 우연한 감촉을 주며, 내노화성, 내수성이 뛰어나므로 고무인포용 재료로서 적합하다.

라. 공업용품

cis-BR은 내마모성 동적탄성률 내노화성 및 저온특성에 뛰어나며 영구변형이 작으므로 콘베어고무벨트의 카바고무, 가스키트, 진동댐퍼, O링 기타 BR의 특성을 이용한 공업용품에 사용되고 있다.

마. 기타의 용도

기타 BR의 특성을 이용한 용도로서는 바닥재료, 골프공, 전선케이블 및 플라스틱의 개질재(블랜드에 의한 내충격성, 내한성의 개량향상) 등이 있다.

6-2) 저시스-부타디엔 고무(저(低) *cis*-BR)

저 *cis*-BR은 Firestone씨에 의해 개발된 일반용 고무이다. 중합촉매(重合觸媒)는 유기리튬이며, 탄화수소용제를 사용한 용액중합법에 의해 제조되고 있다.

저 *cis*-BR은 화학구조의 면에서 고 *cis*-BR과 다른 몇 가지의 특징을 가지고 있으며, NR나 SBR를 비교하면 같은 BR로서 공통점도 많다. 이 특이한 분자구조와 물성의 관계에 대해서도 몇 개의 연구 보고가 있는데 아직 정설은 아닌 것 같다.

BR은 NR나 SBR과 마찬가지의 일반용 고무이며 배합가공상의 방법도 거의 마찬가지이다. 더구나 BR은 다른 고무와 블랜드하여 사용하는 일이 많으므로 그 특성을 충분히 이해하면서 배합설계를 하는 것이 가공기술상의 요점이라 하겠다.

(1) 종 류

시판되고 있는 저 *cis*-BR의 대표적 종류를 〈표 7-21〉에 표시하였다 디엔 NF35R과 디엔 NR55R의 상위점은 무우니점도 뿐이며, 수요의 주체는 디엔 NF35R이다.

유전(油展)의 것은 50% 또는 37.5%의 오일을 함유하고 있으며, 저 *cis*-BR의 하이로딩 특성을 고도로 활용하고 있다

〈표 7-21〉 시판 저 *cis*-BR

상 품 명	[무우니점도 ML_{1+4}(100℃)]	비 중	엑스텐더	용 도
디엔 NF 35 R	약 35	0.89		고무용
NF 55 R	약 55	0.89		
NF 35 A	약 35	0.89		플라스틱용
NF 55 A	약 55	0.89		
500	약 30	0.92	방향족유 50%	고무용
531	약 42	0.91	방향족유 37.5%	
솔프렌 235	약 35	0.89		고무용
201	약 55	0.89		플라스틱용

(2) 성 질

BR은 NR나 SBR에 비하여 로울조작성이 나쁘며, 또 낮은 인장강도, 인열강도를 나타내기 때문에 다른 고무와 블랜드하지 않고 사용하는 경우는 드물다. 그러나 BR도 뛰어난 특징이 많으므로 다른 고무와 블랜드하여 BR의 특징을 살리는 사용법이 광범위하게 적용되고 있다. 저 *cis*-BR의 장점은 다음과 같다(표 7-22참조).

① 무색 또는 담황색 투명이며 순도가 높고 겔(Gel)을 포함하지 않는다.

② NR, SBR, NBR, CR 등 다른 고무와 블랜드가 가능하다. 그 결과 서로 단점을 없애고 장점을 살리는 가용법이 가능하다. NR이나 SBR에 대해서는 고 *cis*-BR보다 저 *cis*-BR쪽이 상용성이 풍부하다고 보고되어 있다.

③ 초벌반죽의 효과가 없으므로 무우니점도의 조정은 불가능하지만, 반면 점도 때의 점도는 살포가 없다.

④ 가황의 형태는 민감하며 또한 가황성도 양호하다.

⑤ 충전제나 프로세스오일을 대량으로 첨가하여도 물성의 저하가 적고 경제적이다.

⑥ 반발탄성이 크고, 저발열성이며, 영구신장도 작다.

⑦ 내마모성이 뛰어나다. 현재에서는 거의 승용차 타이어렛에 블랜드되어 있다.

⑧ 타이어렉의 그룹, 크래킹저항의 개선에 크게 기여한다.

〈표 7-22〉 일반용 고무의 물성

물성항목 \ 폴리마		저 *cis*-BR	NR	SBR 1502
무우니점도	ML_{1+4}(100℃)	63	35	52
무우니스코치	min, *MS* ts(121℃)	30	21	26
경도	(JIS)	65	65	65
300% 인장응력	kg/㎠	87	130	120
인장강도	kg/㎠	150	290	270
신장	%	420	550	600
인열강도	kg/cm	48	110	55
영구신장	%	2	12	8
피코마모저항	지수	150	100	103
반발탄성	%	67	55	52
게만비틀림시험	℃, T_2	-70	-30	-20

단, NR 141℃20min 프레스가황, 기타 141℃ 30min 프레스가황
배합 : 폴리마 100, 유황 1.7, 가황촉진제 CZ 1.0, 산화아연 5, 스테아린산 2, 노화방지제 D 1, 방향족유 5, HAF 블랙 45

⑨ 동적특성이 뛰어나 있다.

⑩ 저온특성이 뛰어나 있다. 장점은 저 *cis*-BR과 고 *cis*-BR과의 가장 큰 상위점이며, 특히 장시간 저온시험을 하면 그 차는 현저하게 된다.

⑪ NR보다 내노화성 내유성이 뛰어나 있다.

⑫ 설상(雪上), 빙상에서의 견인력이 크다.

이와 같이하여, 저 *cis*-BR은 많은 장점을 가지고 있는데, 앞에서 설명한 것 이외에도 내칩카트특성, 스키드저항성 등 몇 개의 결점이 있으므로 다른 고무의 블랜드나 배합제의 적정한 선택에 의해 균형이 잡힌 고무제품을 만드는데 주의해야 한다.

(3) 가 공

저 *cis*-BR은 다른 고무와 블랜드하여 사용하는 일이 많으며 함유율도 50%이하의 경우가 많다. 따라서 부자재의 배합결정에 있어서 다른 고무의 영향이 대단히 크다. 또 저 *cis*-BR에 미치는 부자재의 효과도 SBR의 경우 대단히 유사하므로 SBR에 대하여 얻은 지식을 그대로 사용할 수 있는 경우가 많다.

저 *cis*-BR을 블랜드하는데 있어서 특히 유의할 배합기술상의 포인트는 하이로딩(프로세스오일, 충전)과 소유황, 다촉진제의 가황계이다.

일반적으로 저 *cis*-BR의 블랜드율은 50%이하이므로 가공특성도 블랜드하는 고무

의 성질에 크게 지배된다.

즉 종래의 가공법에 의하면 좋다. 저 *cis*-BR을 사용하는데 있어서 특히 유의해야할 점은 로울블랜드 공정이므로 아래에 포인트를 열거한다.

① 폴리마블랜드에서는 로울감아 붙임성이 뛰어난 NR나 SBR에서 감아가며 끝에 BR을 블랜드한다.

② 가황제를 제외한 모든 배합제를 가한 후에 BR을 블랜드한다.

③ 저 *cis*-BR의 경우에는 로울온도를 가급적 높게 가능하면 70℃이상으로 유지한다.

④ 역(逆)로울에 잡히는 것을 피하기 위해 로울표면의 온도를 약간 낮게 유지한다.

(4) 용 도

저 *cis*-BR은 다른 고무와 블랜드하여 대부분의 고무제품에 사용되고 있는 외에, 플라스틱 블랜드용 소재로서는 사용하고 있다. 대표적인 용도를 아래에 명시한다.

타이어, 벨트, 호스, 전선, 창틀고무, 방진고무, 각종 공업용품, 각종 신발, 고무인포플라스틱, ISO에서는 2476(가황특성평가)이 규정되어 있다.

7) 부틸고무(Isobutylene-Isoprene rubber, IIR)

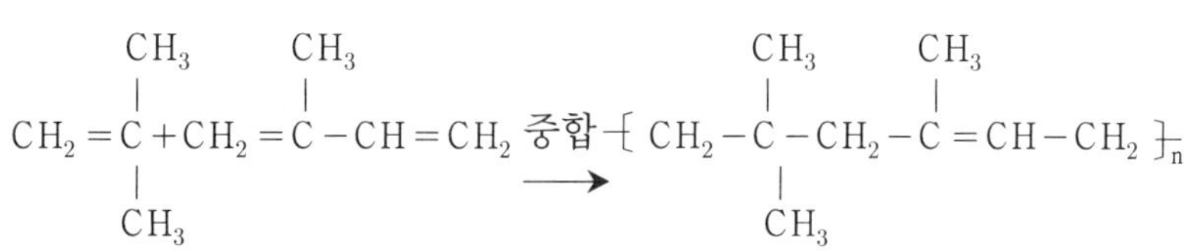

(IIR)

부틸고무는 이소부틸렌과 소량의 이소프렌을 액상저온(液相低溫) 이온중합(프리델크래프트계 촉매)시킨 고무로 불포화결합(不飽和結合)이 적으므로 내열, 내오존, 내노화성 또는 전기절연성이 뛰어나서 기체를 잘 투과시키지 않는다. 부틸고무의 제조기술을 Esso Research and Engineering Co.에서 개발한 광범위한 기본 특허를 누르고 있으며 거의 Esso의 기술에 의해 생산되고 있다.

(1) 부틸고무의 제조방법

부틸고무는 이소부틸렌에 소량의 이소프렌을 공중합(共重合)한 것이다. 중합반응은 우선 탈수와 수분, n-부텐을 완전히 제거하고, 분리한 순도 90%이상의 이소부틸렌에 1.5～4.5%의 이소프렌의 혼합물과 중합반응을 조정하기 위해 건조된 순수한 메틸클로라이드 등의 용제를 －30℃로 하고, 중합촉매(重合觸媒)로서 단위체에 대하여 0.1～0.2%의 무수 염화알루미늄($AlCl_3$)을 첨가하여 중합반응기에 넣고 약 －100℃의 저온에서 용액중합을 한다.

이 중합반응은 순간적으로 일어나면서 폴리마가 형성되는데, 반응은 발열반응이며, 온도는 생성물의 물성에 큰 영향을 주므로(예를 들면 온도와 분자량과는 반비례의 관계에 있다.) 반응온도를 －95～－100℃로 유지하기 위해 중합반응기를 둘러 싼 캬케트 내에 액화에틸렌을 통하게하여 이러한 기화열에 의해 반응열을 제거한다. 반응열(反應熱)을 흡수하여 기화한 에틸렌의 응축(凝縮)에는 프로필렌을 사용하고, 프로필렌의 응축에는 물을 사용하는 3단 냉각을 한다. 이 반응에 의해 메틸클로라이드와 미반응 탄화수소의 혼합물 중에 대단히 미세한 폴리마의 입자가 서스펜드한 슬러지가 생성되는데, 이것은 반응기의 저부에서 연속적으로 공급하는 원료, 촉매용액(觸媒溶液), 화학적 작용에 의해 반응기의 상부로 밀어올려 반응기 상부에서 오버플로우하여 에바포레이터 상부에 들어간다. 중합기(重合器)는 용량 약 5㎥의 스테인레스강제이며, 반응액(反應液)은 약 5톤/시간의 속도로 주입시키므로 체류시간이 약 1시간정도이나, 중합반응은 거의 순간적으로 진행된다. 전화율(轉化率)이 약 70% 달하였을 때에 반응을 중지하고 미반응 단위체는 용제와 함께 회수, 재사용된다.

반응액은 반응기 내의 상부로부터 주입되고, 일부는 도출과 동시에 대부분은 면의 파이프 중에 낙하되어 순환된다. 파이프의 외측 자켓에는 액화(液化)에틸렌으로 충전되어 있으므로 이의 기화열(氣化熱)로 중합열(重合熱)을 제거하여 반응온도를 일정하게 한다. 중합된 고무는 즉시 용제로부터 추출되어 슬러지로 되기 때문에 이것을 반응기 밖으로 몰아 연속적으로 물을 가하고 다음 단계과정의 반응기 내의 열탕(熱湯) 중에서 flash하여 미반응 단위체와 용제를 회수한다. 고무분에 대하여

스테아르산 아연 1%와 노화방지제 0.2%를 슬러지에 첨가하여 고무의 응집을 방지함은 물론 안정화시킨다.

얻어진 입자(粒子)의 고무슬러지를 분집기에 이송하고 감압하(減壓下)에 단위체와 용제를 완전 제거하고 100~150℃에서 건조하여 포장한다(그림 7-6은 IIR 의 제조공정도이다).

그리고 IIR의 분자구조는 〈그림 7-7〉과 같고, 〈표 7-23〉은 이의 중합 예이다.

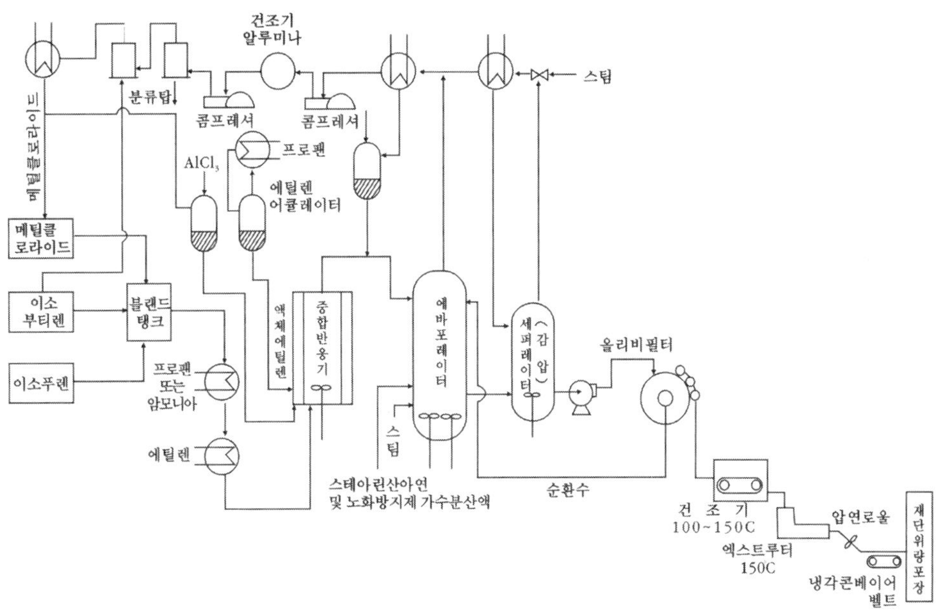

〈그림 7-6〉 부틸고무의 제조공정도

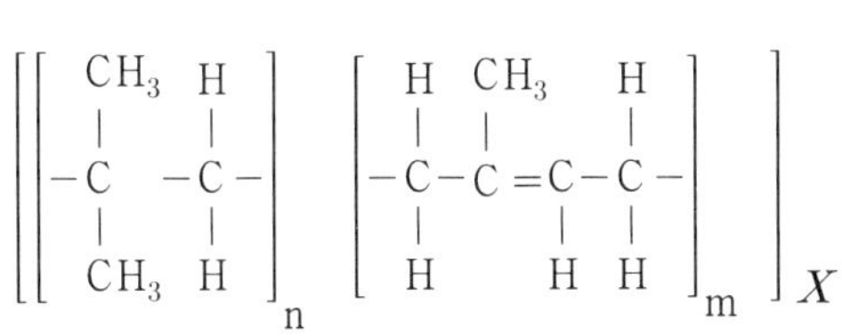

(Isobutylene) (Isoprenes)

〈그림 7-7〉 IIR의 구조

〈표 7-23〉 IIR의 중합 예

이소부틸렌	20.6
이소프렌	0.47
염화알루미늄(무수)	0.2
메틸클로이드	78.1

(2) 종 류

부틸고무는 불포화도(이소프렌량)와 무우니점도(분자량) 및 오염성의 유무(安定劑)에 따라 분류된다. 제조회사는 미국의 엑손(Exxon)계의 에소(Esso)社가 세계 총생산의 대부분을 차지하며, 이 외에 캐나다의 폴리社(Polysar) 페트로텍스社(Petrotex), 일본부틸 등이 있으며, 시판의 것을 정리하면 〈표 7-24〉와 같다.

〈표 7-24〉 부틸고무의 종류

Esso butyl	Polysar butyl	Petrotex butyl	불포화도 (몰%)	무우니점도	안정제
035	100	D5	0.6~1.0	41~49	오 염 성
065	-	D5NS	0.6~1.0	41~49	비 오 염 성
-	101	-	0.7	70	무
077	-	-	0.8	60~70	비 오 염 성
078	-	-	0.8	70~89	〃
150	200	-	1.0~1.5	41~49	오 염 성
165	-	-	1.2	41~49	비 오 염 성
215	-	-	1.5	41~49	오 염 성
217	-	-	1.5	61~70	〃
218	-	F8	1.5~2.0	70~89	〃
268	301	F8NS	1.5~2.0	70~89	비 오 염 성
325	400	G5	2.0~2.5	41~49	오 염 성
365	402	G5NS	2.0~2.5	41~49	비 오 염 성
	450	-	2.2	75	〃
	600	-	3.0	45	〃

가. 할로겐화 부틸고무

할로겐화 부틸고무는 부틸고무에 할로겐(염소 또는 브롬)을 도입한 것이다. 때문에 가황속도가 빠르고, 또 다른 고무와의 상용성이 좋다. 할로겐화 부틸고무는 일반 부틸고무에 비하여 내열성이 좋고 다른 디엔고무와의 블랜드가 용이하며 가황속도가 빠른 장점을 가지고 있다. 가황은 디아민, 티오우레아(thiourea), 디메르캅탄(dimercaptan)을 사용하여 비스페놀(bispheno1)화하는 방법, 산화아연을 이용하는 방법 등이 있다.

제조회사는 염소화 부틸고무가 에소社, 브롬화 부틸이 폴리社에서 생산되고 있다.

나. 폴리이소부틸렌

부틸고무가 개발되기 전의 전신으로 1870년경 부터 개발 사용되고 있다.

가황이 불가능하므로 보통의 고무제품으로는 사용할 수 없고, 주로 접착제, 시일런트, 왁스와 폴리에틸렌의 개질제(改質劑), 아스팔트의 블랜드 등에 사용되며, 고무용으로는 NR, SBR 등에 배합되어 내노화성, 내코로나성, 내오존성, 전기적 성질 등의 개선에, 또 저분자량의 것은 점착부여제(粘着賦與劑)로 사용되고 있다.

종류는 분자량이 15,000정도의 점착성 가소물에서 100,000～200,000의 고무상 탄성체가 있다.

(3) 특 성

IIR는 기체투과성(氣體透過性)이 적고, 또 불포화도가 적기 때문에 다음과 같은 여러 가지 특성을 가지고 있다.

① 내후성이 우수하므로 특별한 산화방지제를 필요로 하지 않으며,

② 내열성, 내열노화성, 내오존성이 좋으며

③ 내화학약품성 특히 산화제에 강하다.

이중결합이 적기 때문에 화학적으로 안정하다고 하나, 가황이 늦어 충분한 가황을 하기 위하여서는 고온과 강력한 가황촉진제를 사용하여야 하며, 또 장시간의 가황이 요하는 단점도 가지고 있다. IIR의 특징은 이 외에도 다음과 같은 장점을 가지고 있다.

① 전기적 성질 특히 전기절연성과 내코로나성, 내수성이 우수하며,

② 고온에서 물성, 인열, 굴곡균열저항성이 우수하고,

③ 반발탄성이 적은 단점을 가지고 있으나, 반대로 충격흡수성(衝擊吸收性)이 크므로 충격방지제(衝擊防止劑 : shock absorber)로 유효하다.

④ 탄성체가 결정화하지 않으므로, 매우 낮은 온도(－50℃이하)에서도 유연성을 가진다.

한편 단점으로는 가황이 늦다. 그러나 황 외에 퀴노이드(quinoid)가황, 수지가황 등 새로운 가황계가 개발(開發)되어 큰 문제는 아니다. 또 내림작업에 의한 가소화를 기대할 수 없고 다른 디엔고무와의 상용성이 나쁘며, 금속이나 다른 고무에 대한 접착이 좋지 않고 내유성도 나쁘다.

(4) 부틸고무의 가공법

부틸고무는 혼련로울기, 밴버리혼합기(Banbary Mixer)라도 초벌반죽에 의한 가소도의 변화는 거의 없다. 따라서 일반적으로 초벌반죽조작은 하지 않는다. 본질적으로 부틸고무는 초벌반죽을 필요로 하지 않으므로 일반적으로는 30~40℃의 냉연(冷練)로울로 혼합하는데, 고점도(高粘度) 부틸고무의 경우에는 75℃정도가 적합하다. 혼합중에 고무가 뒤의 로울에 취하게 되는 경우에는 뒤의 로울온도를 앞의 로울보다 약간 높이 하는 것이 좋으며, 또 로울의 회전비는 1.00~1.25이하로 하는 것이 좋다. 부틸고무는 그것 자체로 대단하게 허리가 강하므로 로울에서 흘러 떨어지든가 튀기가 쉽다. 따라서 로울간극을 가급적 좁게 한 냉각로울에 우선 소량의 부틸고무를 가하면 혼합이 쉽게 된다. 밴버리혼합기를 사용할 때는 135~－140℃로 가황촉진제를 제외한, 모든 배합물(配合物)을 투입하고, 이것에 부틸고무를 가하여 온도를 올려 160~180℃로 완전히 분해한 후 냉각로울로 촉진제를 첨가한다. 이 경우, 우선 배합제를 투입하고 이어 부틸고무를 투입하여 램을 상하로 충분히 양자를 접촉시키면서 혼련(混練)하면 균질하게 되고, 특히 산화아연의 분산은 양호하게 된다. 부틸고무와 카본블랙의 혼합물을 일정 조건하에서 가열혼합(소위 열처리)하면, 가공성 특히 압출압연성(押出壓延性)이 개선되며, 가황시이트에 기포가 들어가지 않는다는 특징이 생긴다. 또 물성면에서는 인장응력, 인장강도가 향상하고 체적 고유저항이 증대한다. 카본블랙으로서는 챠넬블랙과 같이 표면에 산소를 흡착하고 있는 것만이 열처리의 효과를 받는데, 이 이외의 카본블랙 또는 무기충전제의 경우에도 열처리조제, 예를 들면 Po1yc(폴리 p-디니트로소벤젠), GMF(p-퀴논디옥심), Elastoper(N-메틸-N, 4니트로소아니린) 등의 사용에 따라 마찬가지의 효과를 얻을 수 있다.

부틸고무 배합물은 허리가 강하기 때문에 추출작업이 매우 곤란하다. 이 강한 허리를 떨어뜨리기 위해서는 카본블랙 20% 또는 무기충전제 30%이상을 첨가할 필요가 있다. 일반적으로 압출속도는 천연고무에 비하여 늦지만, 충전제와 가소제(프로세스오일, 왁스 스테아린산아연 등)의 균형에 의해 적당한 속도를 얻을 수가 있다. 가소제로서는 평상 10%이하의 사용으로 충분하지만 고점도 부틸고무는 25%정도 사용할 수가 있다.

부틸고무의 압연작업(壓延作業)은 고온으로 처리함으로써 기포의 발생이 적고, 수축이 적은 활면(滑面)이 얻어진다. 부틸고무의 배합물은 천연고무 등이 다른 고무와 달리 온도가 낮은 쪽의 로울에 감기는 성질이 있다. 가소제(可塑劑)는 겉표면을 좋게 할 뿐만 아니라, 섬유에도 도와주므로 중요하다. 충전제는 적어도 15%를 요하며 많을수록 부드럽게 압연이 되는데 카본블랙이 가장 하기 쉽다.

(5) 부틸고무의 가황방법 및 가황고무의 성질

가. 가황방법

부틸고무의 가황에는 유황, 퀴논옥심, 레딘에 의한 세 가지 방법이 있다. 유황가황은 미가황물의 작업성이 양호하며 물리적 성질도 뛰어나서, 자동차의 튜브를 비롯하여 가장 일반적으로 사용되고 있다. 그 기본배합은 TT(튜램설피이드) 1.0phr + M(방향족티아졸) 1.0phr의 병용이며, 때에 따라서는 D(그아니딘)가 병용이된다.

퀴논옥심가황은 유황가황보다 온도범위가 넓고 가황도 빠르지만 스코치시간은 대단히 짧다. 유황가황에 비하여 내오존성, 내열성, 내수성이 뛰어나며, 또 인장력이 크기 때문에, 전선의 절연피복이나 타이어의 큐아링백 등에 사용이 된다. 이 가황의 결점으로서는 인장강도가 낮은 점, 내굴곡성이 나쁜 점이다. 퀴논옥심으로서는 GMF(p-퀴논디옥심)과 Dibenzo GMF(p, p-디벤조일퀴논디옥심)이다.

렌딘가황은 페놀포름알데히드수지(보통 12phr)와 할로겐화물(보통 8phr)에 의해 하며 내노화성, 내오존성, 저압축영구변형의 가황고무가 얻어진다. 촉진제로서는 염화제일주석, 염화제이철, 또는 네오푸렌, 하이파론, 취소화(臭素化)부틸고무도 사용되며, 전자는 촉진효과가 커서 사용량은 적어도 된다. 렌딘가황은 특히 에어백용에 좋다고 한다. 또 GMF가황을 병용하여도 놀랄만한 내열성 고무를 얻을 수가 있다.

나. 가황고무의 성질

① 전기적 성질 : 부틸고무는 〈표 7-25〉와 같이 전기적 성질이 다른 것에 비하여 뛰어나다.

〈표 7-25〉 전기적 성질

종 류	내전압 (V/mil)*	체적고유저항 (Ω · ㎝)	유전율 (1,000cps)**	역 률 (100cps)
부틸고무	400~600	10^{16}	2.3	0.002
SBR	500~700	10^{15}	2.7	0.005
천연고무	400~600	10^{15}	2.5	0.005
CR	400~600	10^{12}	6.7	0.025
NBR	100~300	10^{10}	>10.0	0.10

* mil : 1/1,000in, ** cps : cycle per sec.

〈표 7-26〉 기체투과성

종 류	산 소	질 소	수 소	탄산가스	공 기
부틸고무	6	11	15	14	13
천연고무	100	100	100	100	100
SBR	73	60	18	72	65
CR	17	24	27	25	30

주) 천연고무의 기체투과성을 100으로 하였다. 숫자가 작은 것일수록 기체투과성이 나쁘다.

② 기체투과성(氣體透過性) 및 충격흡수성(衝擊吸收性) : 부틸고무는 이소부틸렌 분자쇄에 붙어 있는 메틸기의 입체장해에 의해 천연고무와 같은 탄성체에 비하여 열운동이 적어서인지, 기체의 투과성이 현저하게 적다. 〈표 7-26〉에 각종 고무의 기체 투과성을 제시한다.
또 메틸기가 주쇄(主鎖)의 회전을 곤란하게 하여 내부마찰이 커지기 때문인가 반발탄성이 여러 가지 고무 중에서 최저이며, 양호한 충격흡수성을 갖추고 있는데 이것은 메틸기가 주쇄의 회전을 곤란하게 하여 내부마찰이 커지는 것으로 생각된다.

③ 내오존성 : 부틸고무에 대한 오존의 작용은 이중결합을 절단하며 따라서 부틸고무의 불포화도는 내오존성에 가장 영향을 주어 불포화도가 많아지는데 따라 내오존성이 떨어지는데 그래도 천연고무보다는 훨씬 뛰어나 있다. 각종 고무의 내오존성을 비교하여 〈그림 7-8〉에 표시하였다. 이것에 의하면 부틸고무가 가장 좋고 CR, SBR, 천연고무, NBR의 순으로 나쁘게 된다.

④ 내열성 : 부틸고무의 내열성은 가황방법에 의해 영향을 받으며 퀴논옥심가황

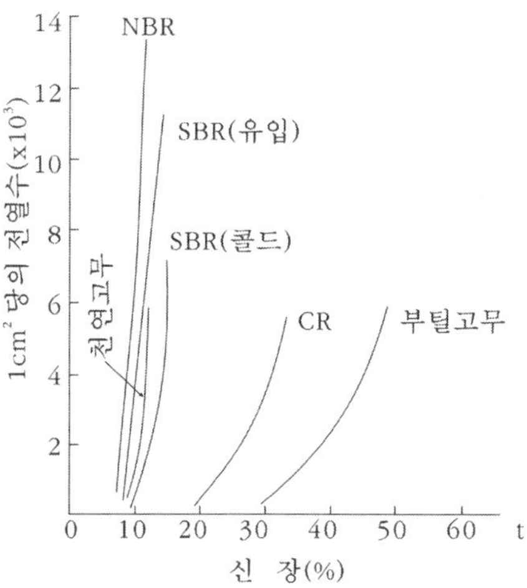

〈그림 7-8〉 내오존성

또는 렌딘가황이 유황가황보다 뛰어나다. 유황가황의 경우는 역으로 불포화도가 많아짐에 따라 내열성은 향상하는데 렌딘가황의 경우는 역으로 불포화도가 적은 쪽이 뛰어나다.

⑤ 내화학약품성 : 부틸고무는 거의 모두의 무기 및 유기의 산, 알칼리에 대하여 저항이 있으며, 천연고무나 다른 합성고무보다는 훨씬 뛰어나다. 단, 진한 황산에는 침식을 당한다. 한편 유기용제에 대해서는 알코올, 알데히드, 케톤, 에스텔 등의 극성용매(極性溶媒)에는 저항을 나타내지만, 탄화수소계 용제에는 팽윤(膨潤)하며, 특히 그 경향은 파라핀에 대해서는 심하다. 지방산이나 동식물유에 대해서는 상기의 중간에서 다소 팽윤하는 정도이다. 〈표 7-27〉에 각종 고무의 내용제성의 비교를 제시한다.

〈표 7-27〉 각종 고무의 내용제성의 비교

용 제	부틸고무	천연고무	SBR	NBR
탄화수소(방향족을 제외)	6	7	7	2
방향족탄화수소	7	7	7	6
알코올류	1	2	2	2
알데히드	1	6	7	7
케톤류	2	6	7	7
유기산	1	2	3	2
에스텔류	4	6	6	6
에텔류	4	6	6	6
할로겐화 탄화수소	7	7	7	6
니트로화 탄화수소	2	2	4	7
메르캅탄	7	7	7	7
석유계 용제	7	7	7	4
콜탈계 용제	7	7	7	4
동식물유	2	6	6	1

(주) 1 ⟷ 7
최고 최저(상용불가)

(6) 용 도

부틸고무의 제1용도는 인너튜브이다. 〈표 7-26〉에 제시와 같이 기타의 고무에 비하여 기체투과성이 매우 작기 때문에 인너튜브용으로 전체의 70%이상을, 전선용으로 2%를, 나머지가 기타 공업용 건축재료에 사용된다. 그러나 사용량으로는 전체 합성고무 중의 6% 정도에 불과하다.

8) 에틸렌-프로필렌(EPM, EPDM)

IISRP의 매뉴얼에 등록된 에틸렌, 프로필렌 고무는 140종 정도이지만 그 대부분은 EPDM이며 EPM은 전체의 약 12%를 차지한다. EPM은 에틸렌과 프로필렌을 Ziegler Natta계의 촉매를 사용하여 랜덤공중합시켜 얻은 고무이며, 이것은 주사슬 분자 중에 이중결합을 갖지 않는 포화고무, 즉 비디엔계 고무이기 때문에 유황의 가황이 불가능하다. 따라서 과산화물에만 의지하여야 하기 때문에 작업상 불편하다. 또 불쾌한 냄새나 기타의 이유로 용도가 제한되어 있다.

EPDM은 유황으로 가황할 수 있도록 불포화 결합을 가진 제3성분(예를 들면 diene류)단위체를 에틸렌과 프로필렌과 함께 공중합시킨 3원공중합체(三元共重合體)이며, 시판되고 있는 제품은 프로필렌 함량이 15~50㏖%정도이다. 일반적으로 프로필렌 함량이 30㏖%이하되면 결정하가 되기 때문에 기계적 강도가 향상된다. 현재 이것이 주류가 되어 있고 제3성분의 종류에 따라, 가황속도, 브랜드성 등의 차이가 보이는데 불포화기가 주쇄(主鎖)가 아니라 측쇄(測鎖)이므로, 특성은 EPM과 마찬가지로 내오존성, 내후성, 내열성 등의 뛰어난 성질을 나타낸다. EPM은 그 구조의 분자 중에 이중결합을 갖지 않으므로 내노화성, 내오존성, 내열성이나, 가황제로 유기과산화물을 사용하여야 하며 일반적으로 널리 사용되는 황을 사용할 수 없다. 한편 EPDM이 디엔성분을 많이 함유한 것은 NR, SBR 등과 가황이 가능하다. 물론 디엔성분이 많으면 EPM, EPDM 본래의 특성, 즉 내열성, 내오존성이 떨어지는 것은 당연하다. EPDM에 사용되는 제3성분으로는 1,4-헥사디엔, 디시클로펜타디엔 등이 있다.

(1) 제조방법

EPM은 에틸렌($CH_2=CH_2$)과 프로필렌($CH_2=CH-CH_3$)과의 혼합가스를 상압(常壓) 또는 약간의 가압하에서 공중합(共重合)시킨다.

제조 방법의 일례로서 〈그림 7-9〉에 플로우시이트를 명시한다. 균일한 조성을 가지고 있기 때문에 촉매, 용매, 중합 등의 조건이 잘 이루어져 중합되어야 한다. 촉매로서는 소위 Ziegler Natta촉매가 사용이 된다. 촉매계에 따라 반응속도, 분자량, 분자량분포, 폴리마의 구조에 미치는 영향이 크므로 그 경제성도 포함하여 여러 가지 연구를 하고 있다. 수많은 특허가 나와 있으므로 $VOCI_3$, AIR_2X, VCL_4, $VOCL_3$, AIR_3 등 바나듐 화합물을 여러 가지 알미늄화합물과를 조합시킨 것을 사용하고 있다.

용매에 대해서는 포화방지족 및 방향족탄화수소, 할로겐화 탄화수소를 사용하고 있는데 이것들을 생성폴리마를 잘 녹이는 동시에 원료나 촉매와 반응하지 않는 것이 조건으로 되어 있다.

중합조건으로는 －20~70℃의 온도로 반응시키는데, 반응액이 고점도(高粘度)가 되면 중합열의 제거가 곤란하게 되기 때문에 제조공정도에 명시한 것과 같이 중합조를 몇 기나 연결하여 사용한다.

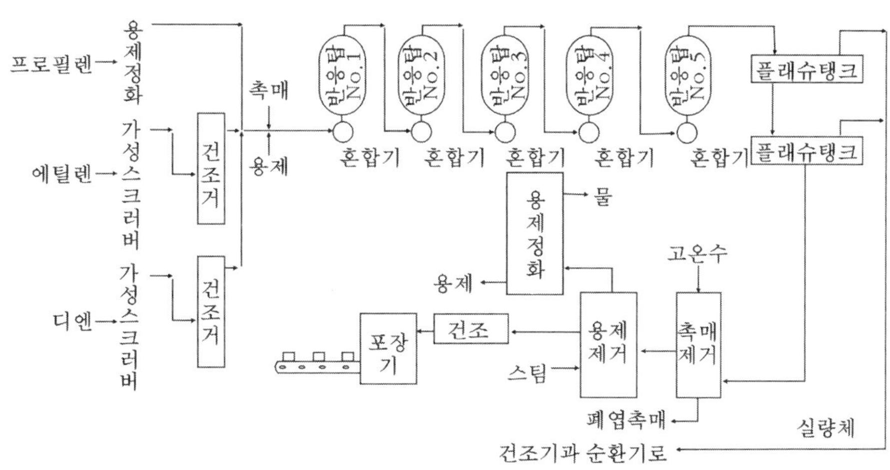

〈그림 7-9〉 EPDM 플로우시트

(2) EPDM의 종류

현재 공업적 규모로 EPDM을 시판하는 제조업체는 듀퐁사(상품명, Nordel), Enjay Chemical사(Vistalon), 유니로얄사(Royalene), 몬테에디신사(Dutral), 일본합성고무(주)(JSR EP), 삼정사(Mitsui EPT), 우사(Espren) 등이 있다. 〈표 7-28〉은 시판 EPDM의 회사별 특징에 관한 것이다.

〈표 7-28〉 주요 EPDM

상 품 명	무우니점도 ML1+4(100℃)	비 중	제조회사
Royalene 301	50~65	0.865	Uniroyal(미국)
Royalene 501	55	0.865	
Royalene 502	90	0.865	
Nordel 1040	55	0.85	Du Pont(미국)
Nordel 1070	86	0.85	
Nordel 1145	66	0.85	
Vistalon 2504	35~45	0.86	Enjay Chemical
Vistalon 4608	57~67	0.86	
Vistalon 3708	45~55	0.86	
삼정 EPT 1045	45	0.87	삼정석유화학(일본)
삼정 EPT 2070	70	0.86	

(3) EPDM의 특성

EPDM은 IIR과 마찬가지로 분자내에 불포화도가 적고 비극성인 것이 큰 특징이다. 여기서는 NR, SBR 또는 CR, IIR과 비교하고 이의 특징을 논하였다.

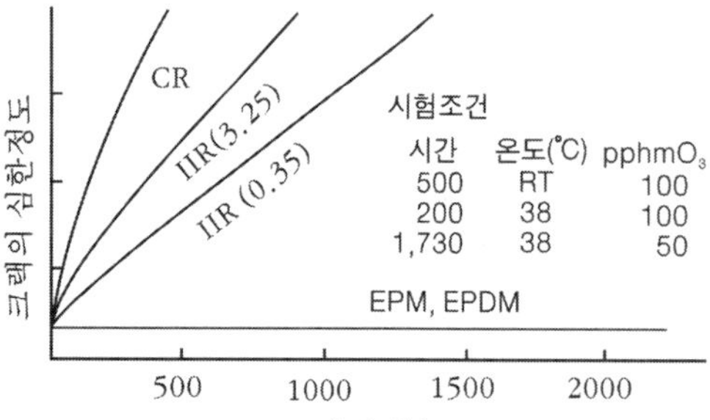

〈그림 7-10〉 EPDM, CR, IIR의 내오존성

① 내오존성 IIR, CR보다 우수하며(그림 7-10),

② 내후성이 우수하여 거의 열화하지 않으며,

③ 내열노화성에 우수하여 배합을 잘 선택하면 150~170℃의 상용에도 가능하며,

④ 내한성, 저온특성이 좋아 −55℃

에서도 가소성이 있고 배합에 의해 −65℃까지도 사용가능하며,

⑤ 내약품성, 특히 극성용제, 무기약품에 대한 저항성이 좋고,

⑥ 내수증기성이 좋으며,

⑦ 내전기성이 매우 좋아 내코르나성에는 IIR보다 우수하며,

⑧ 반발탄성이 크고 압축영구줄임률이 적고,

⑨ 다양한 착색 더욱이 색안정성이 좋으며,

⑩ 비중이 여타 고무 중에서도 가장 적다.

EPM과 EPDM의 내열노화성에 대해서는 매우 다른 거동을 나타낸다고 하여 EPM은 일반적으로 인장응력의 저하를 가져오는 연화형의 노화성을 나타내는데 대하여 EPDM은 경화형의 노화를 나타내며 신장의 감소가 심하다. 그러나 다른 고무와 비교하면 〈표 7-29〉와 같이 양호한 내열성을 나타낸다.

〈표 7-29〉 각종 고무의 내열성 비교

종 목 / 항 목	EPM (펄옥시드가황)		EPDM (유황가황)		CR (내열배합)		IIR (퀴노이드가황)	
	인장강도 kg/㎠	신장 (%)	인장강도 kg/㎠	신장 (%)	인장강도 kg/㎠	신장 (%)	인장강도 kg/㎠	신장 (%)
오 리 지 날	66	650	102	570	160	540	53	530
2 일 후	76	440	109	250	82	180	43	280
4 일 후	63	310	104	170	56	60	43	220
7 일 후	66	280	105	110	61	0	46	180
1 0 일 후	78	230	107	90	측정불능		38	160
1 5 일 후	83	180	91	70			30	140

EPM은 또 전기적 성질이 뛰어나 있다. 각종 고무의 전기적 성질을 〈표 7-30〉에 명시한다.

〈표 7-30〉 각종 고무의 열적, 전기적 성질

종 별	EPM	NR	SBR	IIR
비 열(cal/g·℃)	0.63	0.57	0.58	0.54
열 전 도 율(cal/cm·sec℃)	4.6×10^{-4}	5.5×10^{-4}	4.8×10^{-4}	4.2×10^{-4}
열 확 산 계 수(㎠/sec)	8.4×10^{-4}	6.6×10^{-4}	8.8×10^{-4}	8.5×10^{-4}
선 팽 창 계 수(cm/cm·℃)	1.8×10^{-4}	1.8×10^{-4}	2.3×10^{-4}	2.7×10^{-4}
체 적 저 항 률[(Ω cm(20℃)]	5×10^{16}	2×10^{15}	3×10^{15}	7×10^{16}
유 전 율[1KC:(20℃)]	2.3	2.4	2.3	2.4
유 전 정 접[1KC:(20℃)]	0.0015	0.0025	0.0010	0.0030

한편 가공면에서는 상당한 문제를 내포하고 있는 바, 주요 문제는 가황속도가 늦다는 것이다. 그러나 최근 강력한 촉진제의 개발과 새로운 제 3성분의 도입으로 상당한 개선점을 가져다 주었다. 예컨대, Royalene 505는 새로운 제 3성분계로서 에틸리덴 노르보네이트를 다량으로 공중합시킨 것으로 가황속도가 SBR과 동일하며, 다른 디엔계의 고무와 블랜드도 용이하다. 그러나 로울러 작업성이 나쁘며, 미가황 생지의 점착성이 없으며, 접착성이 좋지 않으며 블루움이 용이하게 발생되는 등의 단점을 가지고 있으나 이러한 점은 곧 개선되리라 추정된다. EPDM과 각종 고무의 특성 비교는 〈표 7-31〉과 같다.

〈표 7-31〉 EPDM과 각종 고무의 물성비교

	EPDM	NR, IR	SBR	BR	IIR	CR
비중	0.865	0.93	0.94	0.91	0.92	1.25
내후성	E	F	F	E	E	E
내오존성	E	P	F	E	E	G
내열성	E	F	F-G	E	E	G
내한성	E	E	F-G	P	P	F
내산성	G-E	G	G	E	E	F
내알칼리성	G-3	G	G	E	E	F
내유성	P	P	P	P	P	G
내수증기성	E	G	G	E	E	P
내마모성	G	G-E	G	F	F	E
인열강도	G	G-E	F	G	G	G
압축영구줄임률	G	E	E	F	F	G
동적특성	G-F	E	G	P	P	G
내기체투과성	P-F	P-F	G-F	E	E	G
내염성	P	P	P	P	P	G
전기적특성	E	G	G	E	E	P-F
색안정성	E	G-E	G-E	G-E	G-E	P
점착성	P	E	F-G	F	G	G
접착성	P	G	G	G	P-F	G
가황속도	느림	빠름	빠름	빠름	느림	중간
유전성	E	G	F-G	F-G	P	F
카본블랙첨가성	E	G-E	G	G	P	F-G
콜드 클로우	E	IR : P NR : E	E	P	F	G

E : Excellent(우), G : Good(양), F : Fair(가), P : Poor(불가)

(4) 가공법

가. 혼 련

EPM, EPDM은 다른 고무와 같이 로울, 밴버리혼합기에 의해 쉽게 혼련할 수가 있다. 더구나 일반적으로 합성고무에서는 초벌혼합 회수, 시간에 따른 점도의 감소는 작으나 EPM, EPDM은 더욱 초벌혼합의 효과가 작다. 이와 같이 초벌혼합 효과가 적은 합성고무 비품성(非品性)고무에 공통적으로 필요한 다량의 보강제(補强劑), 충전제(充塡劑), 프로세스오일을 첨가하고 더구나 분산성(分散性)을 좋게 하는 데에는 로울작업에 어느 정도 주의하지 않으면 혼합은 되어도 분산불량에 의해 충분한 보강성(補强性)을 얻을 수가 없다.

로울혼합에서의 EPDM은 점착성(粘着性)이 약해서 로울에 감기는 성질이 나쁘므로 로울간격을 최초에는 좁히고 충전제의 첨가와 함께 서서히 간격을 넓혀 가도록 하는 조작순서가 좋다.

로울온도 조건으로서는 50℃전후가 좋다. 배합순서(配合順序)로서는 로울혼합에서는 상기와 같은 비교적 얇은 밴드형성 후 ① 충전제(프로세스오일인 충전제와 혼합하여 동시에 첨가한다), ② ZnO, ③ 가황촉진제, 가황제, ④ 스테아린산의 순으로 첨가하고 최후에 제분을 하여 콤바운드 한다.

밴버리혼합기에 의한 혼련(混練)은 로울에 감기는 성질 등의 문제도 없고 보다 쉽게 혼련할 수가 있다. 밴버리혼합기의 온도는 폴리마 자체가 안정하므로 고온에서도 할 수가 있으나 대체로 130~150℃가 적당하다.

나. 압출가공

EPM, EPDM 압출배합물은 다른 일반 고무배합물 보다도 다이스웰이 작고 압출가공하기 쉽다. 압출배합물의 무우니점도는 ML_{1+4} 100℃로 60정도 이하의 것을 권장하고 있으며, 압출전 배합물에 열을 넣을 필요는 없고 보통의 콜드피이드압출 100℃=120~150으로 되어도 대단히 표면적이 좋은 양호한 압출물을 얻을 수도 있으며, 압출가공성은 충전제에 따라 차가 인정되어 무우니점도만으로 규정할 수가 없다. 카본블랙 종류의 사이에서는 거의 차는 없으나 보강성이 작은 카본 스트랙쳐가 적은 것은 다이스웰, 표면피가 뒤떨어진다. 스톡온도가 너무 높으면 스크듀나 배럴

내벽에서 슬립을 일으켜 물려 들어가는 양이 감소하여 압출량도 저하한다. 그 때문에 스크류는 수냉(水冷)한 쪽이 좋은 결과를 가져온다. 일반적인 압출조건으로 서는 다이온도 100~120℃ 배럴온도 65℃정도이고 스크류는 수냉으로 한다.

다. 칼렌더가공

EPM, EPDM은 적정배합에서 고충전 배합까지 뛰어난 칼렌더 특성을 가지고 있으며, 넓은 온도범위(60~130℃)에 걸쳐 부드러운 시이트를 만들 수가 있다. 저충전 배합물에서는 점착성이 약하여 조작하기 어려운 경우도 있으나 이 경우에는 비교적 점도가 낮은 폴리머를 베이스로 하든가 고온으로 조작하는 편이 좋다. 저온에서는 수축이나 기포의 혼입 등의 문제가 생기는 일이 있다. 고충전 배합물의 로울에서의 박리는 고온으로 하는 편이 쉽다.

라. 사출성형

고무가공의 고속화 연속화에 따라 사출성형이 왕성하게 되었다. 사출성형에 필요한 배합물의 성질은 몰드플로우(mold flow)가 좋을 것, 고온으로 안정할 것, 고온가황으로 가황되돌림이 없을 것, 가황속도가 클 것 등의 조건이 필요하게 되는데, EPDM은 특히 내열성이 좋고, 고온으로 안정하기 때문에 다른 고불포화(高不飽和) 고무보다는 고온가황에 적합하며, 또 제3성분을 바꿈으로써 가황속도도 빠르며, 사출형성에 가장 적합한 고무라 하겠다. 고충전배합(高充塡配合)에서는 EPDM는 그린스트렝스(Green Strength)가 작으므로 주입 때에 물려 들어가는 성질 등이 약간 문제가 일어나지만 그 밖에는 문제가 없고 두꺼운 것도 200℃에서 1~1.5분 있으면 충분하다.

(5) 용 도

EPM, EPDM은 뛰어난 내오존성, 내후성, 내열성, 내약품성, 전기적 성질을 가지고 있으므로 이 점을 이용하여 타이어, 전선, 자동차부품이나 가혹한 사용조건이 요구되는 공업용품에 널리 쓰인다. EPDM의 주요한 용도는 〈표 7-31〉에 명시한다.

〈표 7-31〉 EPM, EPDM의 용도

분 류	용 도	세 목
타 이 어	자 동 차	하이트사이드월, 카버스텝, 튜브
	자 전 거	
방 수 시 트	건 축	주누핑, 노반사이트
전 선	케 이 블	동력케이블
	코 드 류	구출선(口出線), 부싱류
자 동 차 부 품	자 동 차	창틀고무, 삼각창고무, 와이퍼브레이드, 라디에이타 호스, 카피터 호스, 호당고무, 부쯔류
인 포	고 무 인 포	레자용 고무볼트인포, 매트인포, 우의용 인포
	벨 트	내열콘베어벨트
	로 울	내약품용로울(화학공업용)
공 업 용 품	호 스	내열 호스, 내약품 호스, 세탁기 호스, 일반 호스
	패 킹	내열패킹
	선 박	방현재(防舷材)

9) 우레탄고무(Urethane rubber, U)

우레탄고무는 엄밀히 말하면 폴리우레탄고무(PUR)인데 많은 폴리마와 마찬가지로 중합체(Polymer)를 의미하며 폴리를 생략하여, 보통 우레탄고무(약기호 UR) 또는 우레탄엘라스토마(Urethane elastomer)라 한다.

우레탄고무는 「이소시아네이트를 폴리에스텔 또는 폴리에텔과 반응시켜, 이것을 글리코올이나 아민으로 가교하여 얻은 고무」라고 요약하고 있으나 정의로서는 보편성도 정확성도 없다.

우레탄고무의 정의로서는 합성고무의 일반이 최종 고무제품의 직접원료인 것처럼 우레탄고무도 「저장안정성이며, 우레탄고무제품을 제조하는 직접원료가 되는 우레탄수지의 일종이다」라는 것이 도리어 타당한 것이다.

그러나 한편에서는 고무나 엘라스토마라는 용어는 광의로 해석하여 고무탄성을 가진 원료고무에도 최종고무에도 일률적으로 적용하고 있다. 이 의미에서는 우레탄고무의 상기 정의는 물론 협의의 우레탄고무라는 것이다.

가. 우레탄의 생성

$$\underset{\text{이소시아네이트}}{RN=C=O} + \underset{\text{알코올}}{HOR} \rightarrow \underset{\text{우레탄}}{RNH-\overset{\overset{O}{\|}}{C}-OR'} \quad (-NH-\overset{\overset{O}{\|}}{C}-O\ :\ \text{우레탄기})$$

나. 요소(尿素)의 생성

비대칭형 요소의 생성

$$RN=C=O+R'NH_2 \rightarrow RNH-\overset{\overset{\displaystyle O}{\|}}{C}-NHR$$

아민 비대칭형 요소

우레탄고무의 최초의 것으로 저명한 바이엘社 블콜란(Vulkollan)은 동사의 Müller 들이 1953년에 발표 폴리에스텔과 1.5 나프틸렌디이소시아나이트를 출발원리로서 불안정한 액상중간 생성물을 만들어, 이것에 가교제 기타의 조제를 첨가 원료우레탄고무가 아니라 광의의 우레탄고무이다.

(2) 우레탄고무의 분류

우레탄고무는 종류가 다양하므로 대별하여 폴리에스텔형(AU)과 폴리에테르(EU)로 분류되기도 하는데, 우레탄고무를 화학구조적으로 크게 나누면 쇄상구조형(鎖狀構造形)과 망상구조형(網狀構造形)으로 나눈다. 전자를 다시 분류하면, 저장안정성이 좋은 열가소성(熱可塑性) 프레폴리마(prepolymer)와 불안정한 액상(液狀) 프레폴리머 〔이것을 프레폴리머라 하지 않고 아덕트(adductive product) 또는 프레믹스(premix)라 하여 구별하는 설도 있다〕로 나눈다.

성형법에 의해 분류하면 저장안정성이 좋은 프레폴리머를 원료로 하여, 보통고무와 같이 로울로 초벌혼합을 하고 이것에 가교제 기타의 첨가제(添加劑)를 혼합하고 나서 성형가공을 하는 소위 미라블타입과, 열가소성을 물질을 가열응용하여 열가소적으로 성형하는 열가소성타입과 그리고 출발원료로서 폴리올 및 디이소시아네이트를 준비하여 최종 우레탄고무의 제조현장에서 미리 안정적인 액상아덕트를 만들어, 이것에 즉시 가교제(架橋劑) 기타의 조제를 혼합하여 주형성형하는 열경화성 주형타입의 세 가지로 크게 나눌 수가 있다.

아는 바와 같이 각종 타입의 제품을 각국이 각각 개발하고 있다.

(3) 아덕트(adduct) 및 프레폴리머(prepolymer)의 생성

폴리오일과 디이소시아네이트를 반응시키는 경우, 양 성분의 혼합비율을 규정하는 것은 매우 중요하다. 평상 이 비율을 R로 나타내고 R의 상위에 따라 각종의 폴리우레탄화합물이 된다.

$$R = \frac{\text{NCO의 수}}{\text{OH의 수}} = \frac{\text{디이소시아네이트의 몰수}}{\text{폴리올의 몰수}}$$

예를 들면 글리코올과 아디핀산과의 반응생성물에서 말단에 수산기(OH)를 가진 분자량 약 2000의 쇄상(鎖狀)폴리아디핀산 에스텔 2몰에 3몰의 디이소시아네이트를 작용시키면

$$HO-CH_2-CH_2-O-CO-(CH_2)_4-CO-O-CH_2-CH_2-O-$$
$$CO-(CH_2)_4-CO-OCH_2-CH_2-CH_2-OH$$

(이하 HO～OH로 나타낸다.)

2몰에 3몰의 디이소시아네이트를 작용시키면

$$\begin{array}{ccccc} & HO\sim\ \sim\sim OH & & HO\sim\ \sim\sim OH & \\ & + & & + & \\ OCN-R-NCO & & OCN-R-NCO & & OCN-R-NCO \end{array}$$

$$OCN-R-NH-\overset{\overset{O}{\|}}{C}-O\sim\sim O-\overset{\overset{O}{\|}}{C}-NH-R-NH-\overset{\overset{O}{\|}}{C}-O\sim\sim O-\overset{\overset{O}{\|}}{C}-NH-R-NCO$$

말단에 이소시아네이트기(N-C-O)를 가지고 우레탄기($NH-\overset{\overset{O}{\|}}{C}-O$)로 연결하는 쇄상고분자(鎖狀高分子)의 폴리우레탄디이소시아네이트가 생성한다. 말단에 우레탄기가 있으므로 저장성은 불안정한 아덕트이다. 이 반응에 3몰보다도 과잉의 디이소시아네이트를 첨가하면 유리(遊離)의 디이소시아네이트가 잔존하므로 더욱 불안정하게 된다.

다음에 글리코올에 당량의 상기 폴리우레탄디이소시아네이트를 작용시키면 말단에 수산기(OH)를 가진 저장안정성의 쇄상(鎖狀) 폴리우레탄올이 생성한다. 이것은 프레폴리머에 해당한다.

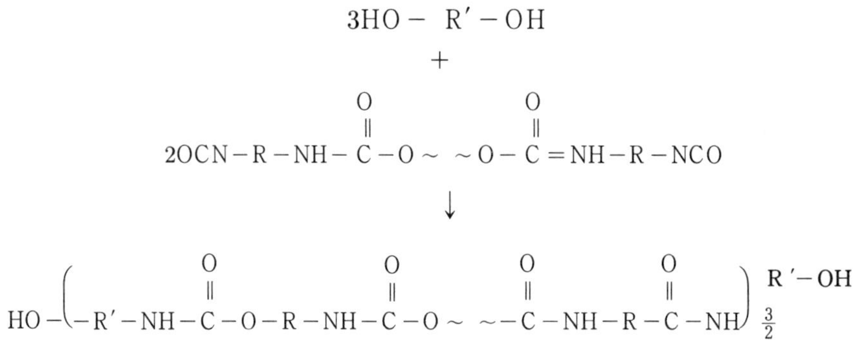

이러한 종류의 반응생성물은 상기와 같이 저장안정성이 있고 파렛트상으로 성형할 수가 있으며, 또 열가소성(熱可塑性)이기도 하다. 우레탄고무의 분류에서는 미라블 또는 열가소타입에 속한다.

(4) 쇄의 연장

우레탄디이소시아네이트(아덕트)에 쇄(鎖)의 연장제로서 이관능성의 물, 글리코올, 디아민, 아르노알코올 등을 작용시키면 분자쇄가 연장된다.

가. 물의 경우

1몰의 물은 2몰의 우레탄디이소시아네이트(urethanediisocyanate)와 반응하여 대칭형 요소결합을 형성하고 탄산가스를 방출한다. 물은 이 경우, 쇄의 연장제로서만이 아니라 가교제로서도 작용한다.

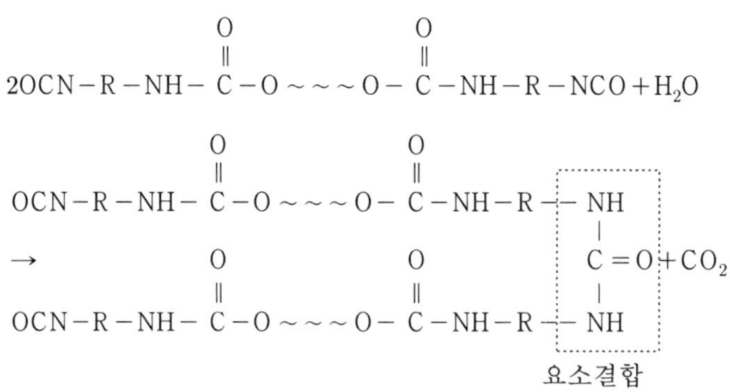

나. 글리코올의 경우

1몰의 글리코올을 2몰의 우레탄디이소시아네이트와 반응시키면 우레탄결합으로 쇄가 연장한다.

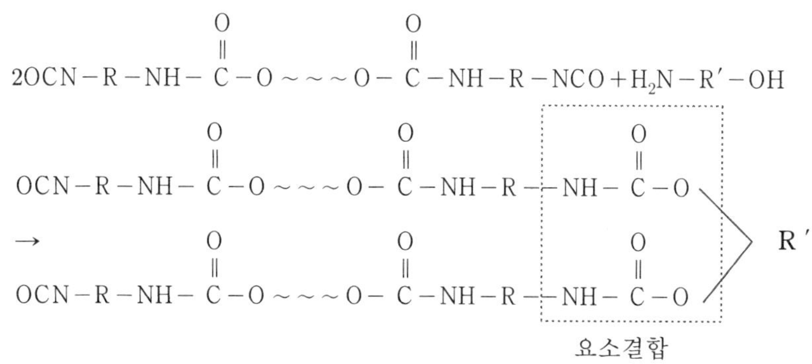

일반식으로 간단히 표시하면

$$HO-R-OH+OCN-R'-NCO \longrightarrow \left(O-R-O-\overset{O}{\overset{\|}{C}}-NH-R'-NH-\overset{O}{\overset{\|}{C}} \right)$$

glycol　　diisocyanate　　polyurethane

또 3몰의 글리코올을 2몰의 우레탄디이소시아네이트에 적용시키면 상기 저장안정성 프레폴리마 생성인 곳에서 예시한 것과 같이 우레탄결합으로 쇄가 연장하여 말단에 수산기(OH)를 가진 우레탄디올이 된다.

다. 디아민(diamine)의 경우

물의 경우와 마찬가지로 요소결합으로 쇄는 연장하는데 탄산가스는 방출하지 않는다.

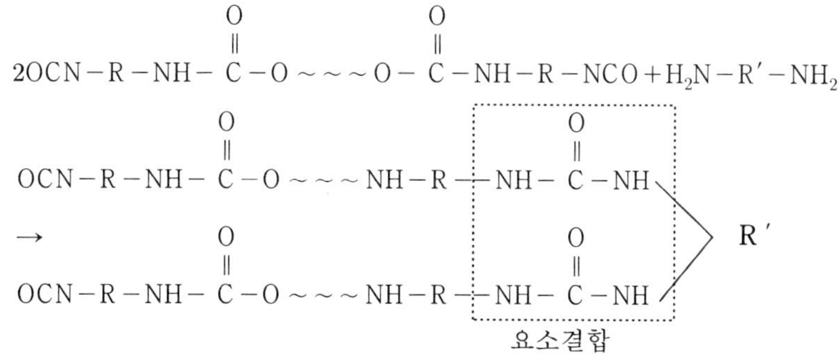

(5) 가 교(架橋)

가. 아덕트의 경우

쇄가 연장한 우레탄디이소시아네이트에 트리메틸프로판, 글리세린, 헥사트리올과 같은 3관능성 알코올(트리올)을 작용시키면 하기와 같이 우레탄가교에 의해 분지구조가 망상화(網狀化)한다.

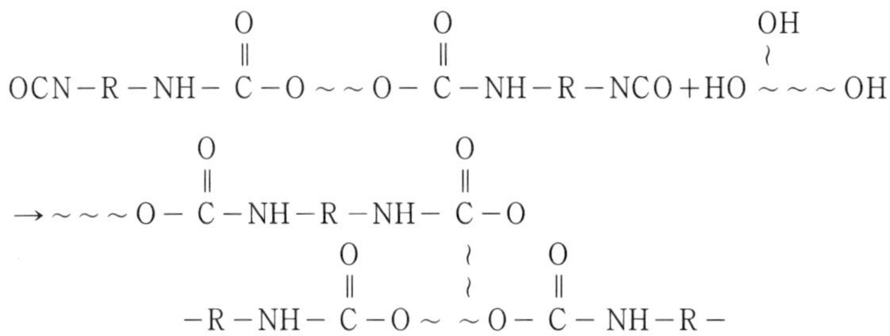

우레탄가교

① 우레탄기와 이소시아네이트기

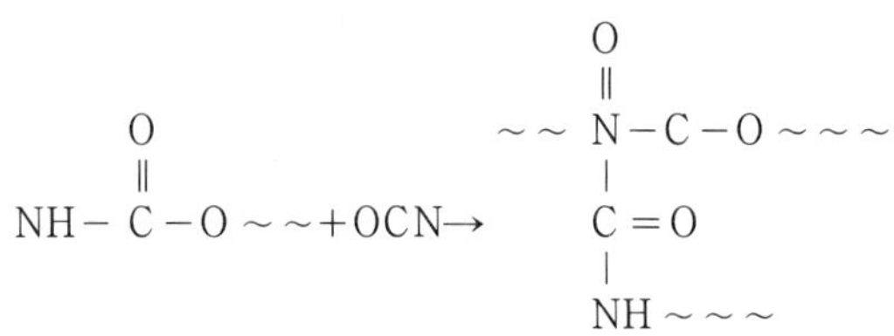

아로파네이트가교

② 요소기와 이소시아네이트기

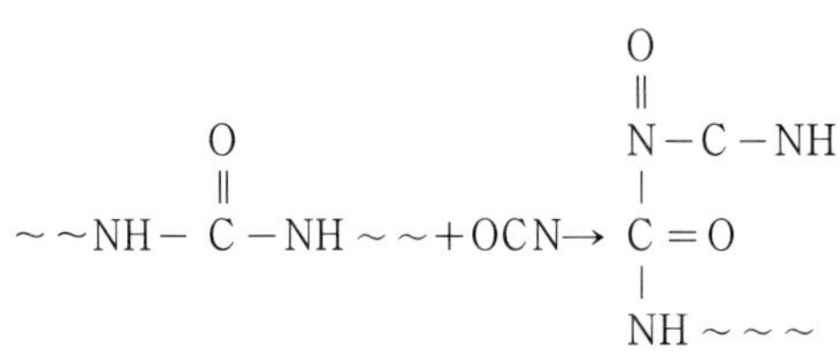

뷰렛반응

③ 아미드기와 이소시아네이트기

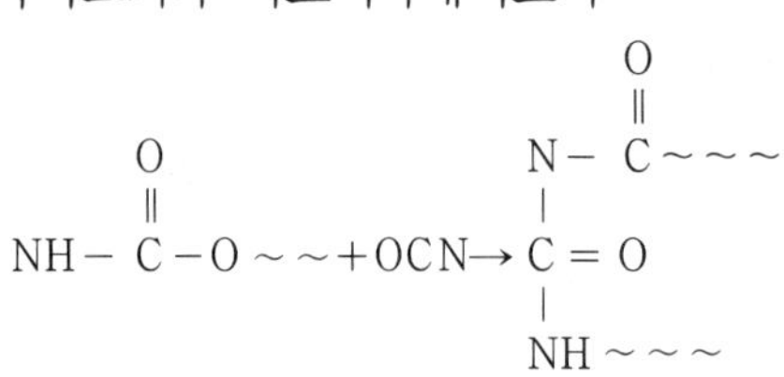

아로파네이트가교

이와 같은 방법으로 가교가 차례로 형성되므로 가교구조는 거의 균일한 폭의 망목구조(網目構造)가 된다. 따라서 종래의 고무와 같이 고무탄화수소분자의 쇄의 길이가 불균일하며, 유황에 의한 가교도 불규칙한 간격으로 고무분자사이에 분포하는 망목구조에 비하면 훨씬 물성이 뛰어난 것이 된다는 것을 알 수가 있다.

여기에서 조금 다루고 싶은 것은 폴리에스텔을 기본으로 한 브르코란의 물성은 폴리에텔 기본의 우레탄고무보다 뛰어나다는 것이 인정되는데 폴리에스텔은 가수분해하는 약점이 있었다. 그러나 이 결점은 헥산디올과 아디핀산을 주성분으로 하는 적당한 폴리에스텔을 합성한 것과 가수분해 방지제를 개발한다는 것으로 극복했다고 한다. 이 가수분해 방지제는 카르보디이미드 또는 카르보디이미드 변성유기(變性有機)실리콘화합물이며, 카르본산을 신곳이 흡수하고 카르본산의 가수분해촉진작용 을 억제한다. 이 약품은 브르코란에도 우리판에도 사용한다.

나. 프레폴리머(prepolymer)의 경우

말단에 수신기(OH)를 가진 프레폴리머는 과잉의 디이소시아네이트 또는 폴리이소시아네이트로 다음과 같이 가교한다.

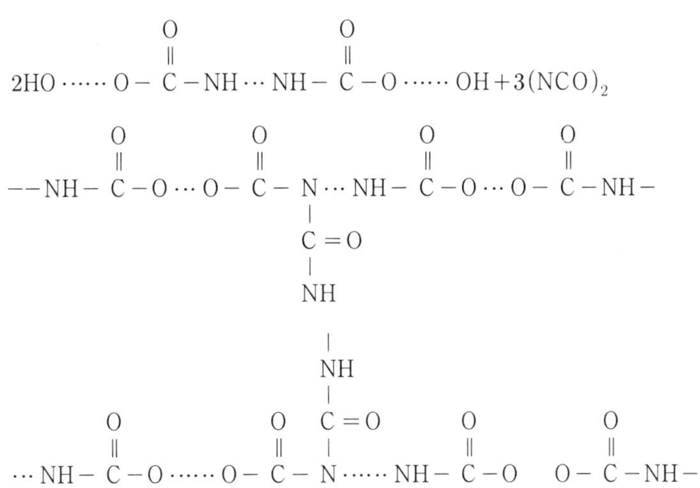

(6) 우레탄고무의 형성가공법

가. 주형(注型)타입

주형타입의 대표적인 것은 바이엘사의 상기 브르코란이다. 브르코란의 가공법을 크게 나누면 주형법과 프레스법(별명 水架橋法)의 2종이 된다. 또 주형법은 금형을 정량(定量)해 두는 정적주형법(靜的注型法)과 금형을 회전하여 원심력을 이용하는 동적주형법(動的注型法)으로 나눈다.

주형법에 사용하는 주원료는 에틸렌글리코올의 아디핀산에스텔(데스모팬 2000)과 1,5나프틸렌디이소시아네이트(데스모듈15)이다. 그밖에 부틸렌글리코올, 트리메틸프로판 및 부틸렌글리코올에 어떤 종류의 반응억지제(反應抑止劑)를 첨가한 것의 2종을 가교제로서 사용한다. 때로는 반응촉진제(反應促進劑)를 사용하는 일도 있다.

표준배합은 1몰의 데스모팬 2000에 대하여 1.7~3(~4)의 데스모듈 15, ~0.45~2.7(~3.7)의 가교제이다. 이 표준배합비율은 가교제를 바꿀 때에도 항상 유지할 필요가 있다. 즉 몰비는 일정하게 유지하여야 한다. 데스모팬을 100중량부(重量部)로하여 환산하면 데스모듈 18%가 표준배합이므로 데스모듈을 18% 이상 50%까지 임의로 가감하여 약간 품질이 다른 제품으로 할 수가 있다. 양 주성분의 배합비율에 응하여 가교제 기타의 조제를 적절히 선정하는 것인데 이러한 양은 데스모팬 100%에 대하여 대략 2~3분이다.

수가교법(水架橋法)에서는 데스모팬 2001을 사용하고, 이 100%에 대하여 데스모듈은 항상 18%로 가교제로서 사용하는 물의 양도 정해져 있으므로 일정품질의 브르코란 밖에 만들어지지 못한다.

두 개의 제법 모두 준비작업으로서 미리 데스모팬을 120~130℃로 용융시킨 상태대로 진공에서 주의깊게 탈수를 한다. 잔류수분은 0.01~0.03%이기를 바란다. 다음에 탈수한 데스모팬을 반응조에 취하여 125~130℃로 용융상태로 유지하고, 이것에 데스모듈 15를 뒤섞어 혼합하여 진공에서 반응시킨다. 이 반응은 약간 발열하는데 약 10분에서 중지한다. 반응생성물은 쇄상(鎖狀)의 아덕트이다. 즉시 가교제를 투입하여 수십초 뒤섞어 유동성을 유지하고 있는 동안에 정적주형법에서는 약 120℃로 예열한 금형에 주입한다. 이 유동물의 가사시간(可使時間, 포트라이프)은 수십초 내지 수분이라는 짧은 시간이다. 금형으로 주입한 유동물은 수분 내지 수십분에서 고화하므로 이형(離型)하여 약 120℃의 가열로 약 일주야 열처리한 후 꺼내어 실온(29~30℃)에서 약 6~9일간 반응하여 망상화반응(網狀化反應)을 완결시켜 제품으로 한다.

원심법(遠心法)에서는 유동물(流動物)을 약 120℃로 예열한 원심기의 회전통체의 내주(內周)에 주입하여 원심력으로 판을 성형하든가 또는 회전통체에 장전한 금형에 주입하여 성형한다. 고화되는 것을 기다렸다가 원심기로 꺼내어 열처리를 하고나서 실온에서 숙성하는 것은 앞에서의 설명과 같다.

수가교법에서는 물이 이소시아네이트와 반응하여 탄산가스를 발생하여 유동물은 기포체가 된다. 이것을 잠시 가온하여 기상의 수지상(樹脂狀)으로 된 것을 로울로 혼합하여 시이트상으로 하고 성형한 금형에 넣어 약 150℃에서 약 30분간 프레스가황을 한다. 성형물은 약 120℃에서 6~12시간 열처리를 한 후, 실온에서 약 1주간 숙성한다. 로울이나 프레스로 기포는 완전히 소실한다.

주형법에 의한 성형품의 치수정도를 높이는 데에는 주형 후에 연마마감을 하는 것은 두말할 필요가 없다.

이상은 손작업에 의한 브르코란제조법의 개략인데, 금형으로 주입하기 직전, 유동물(流動物)의 출구(nozz1e)에서 가교제를 자동적으로 평량하여 혼합시키는 자동주입기를 사용하면 생산에 편리하다.

나. 미라블타입

바이엘社에는 미라클타이프의 원료는 우레탄고무로서 우레탄 600 및 601과 우레탄 640의 두타입이 오래전부터이다. 어느 것이나 본체는 저장 안정성의 프레폴리머이다.

우레탄 600은 데스모듈 TT이며, 우레탄 640은 과산화물로 가교한다. 이러한 작업법, 배합법의 요점을 일괄하여 설명한다.

① 작업법 : 모든 재료의 배합물은 항상 로울을 사용하여 만든다. 금형에 의한 성형은 일반적으로 보통의 프레스로 하는데 때로는 트랜스퍼 머신으로 하는

일도 있다. 재료 모두 틀에 채우는 생지가 동일치수가 되도록 생지를 압출성형하는 일이 많다. 우레탄 600은 640에 비하여 압출성이 좋다. 가교는 항상 열공기(4~6기압) 중에서 한다.

② 배합법 : 증량용충전제(增量用 充塡劑)는 거의 배합을 하지 않으나 염색(炎色) 충전제는 보조적으로 중요하다. 일반적으로 보강성 카본블록은 원료 100중량부에 대하여 20~40% 배합한다. 그러나 20~60중량부 일때는 100중량부까지 배합하는 일도 있다.

우레탄 640은 비교적 분자쇄가 길므로 과산화물에 의한 가교도 보통의 유황 기타의 가교제에 의한 반응과 같이 분자쇄에 따라 진행한다. 이것에 반하여 우레탄 600은 말단에 수산기(OH)를 가진 비교적 짧고 몇 개인가 분기한 분자쇄에서 성립하며, 이 수산기가 2 관능성의 데스모듈 TT에 부가하므로 여기에서는 분자의 연장반응을 따르지 않으나 연장한 큰 분자가 가교한 구조가 된다. 최량의 결과를 얻는 데에는 데스모듈 TT에 대한 우레탄 600의 양적비율이 화학당량에 합치하여야 한다. 그러나 쇼아경도나 영률은 매우 다량의 데스모듈 TT와 함께 가교제 30/10(하이드 로키논디옥시에틸)는 병용함으로써 상당히 높일 수가 있다.

③ 작업성과 가교물의 특징 : 〈표 7-32〉에 그 특징을 표시한다.

〈표 7-32〉 작업성과 가교물의 특징

항 목	이소시아네이트가교	과산화물가교
실온에서의 배합물의 안정성	엄격히 제한된다.	양
열에 의한 배합물의 스코치	심하다.	거의 없다.
가교온도	130~140℃ 특수의 경우 150℃까지	150~160℃ 특수의 경우 170℃까지
열공기가교물의 표면	완전히 양호	가교부족하기 쉽다.
가교물의 경도	높다(쇼아 A75~85도에서 쇼아 D 약 70도까지)	중정도(쇼아 A 약 50~85도)
가교물의 인열강도	비교적 크다.	매우 적다.
고온에서의 영구변형	비교적 크다.	대단히 작을 경우가 많다.

다. 열가소성타입

평상의 열가소성 합성수지와 마찬가지로 사출성형, 압출성형, 프로몰딩, 칼렌더링, 진공성형 등으로 소위 열가소적 성형가공을 할 수가 있다.

열가소성이지만 반복작용사이클은 상당히 제한이 된다.

제조 각사가 여러 가지로 품질이나 성형법 및 응용의 개발에 정진하고 있으므로 자세한 것은 각 사의 카탈로그나 설명서를 참조하기 바란다.

라. 발포체(발포형, 發泡形)

폴리우레탄의 최도 용도는 발포제품이다. 우선 충분한 양의 adipic acid를 넣으 말단에 카르복실기가 남도록 adipic acid와 글리세린을 축합시키는데, 이 폴리에스테르의 산가(酸價, acid value)를 14~40이 되게 한다. 대표적인 처방은 글리세린 3.8몰, adipic acid 2.5몰, 무수프탈산 0.5몰로 되어 있다. 다음 산가가 40, 수분함량이 1.3~1.8%인 폴리에스테르를 diisocyanate로 처리하면 카르복실산 및 물과 반응하여 중합체를 만들며, 이때 이산화탄소가 방출되는데, 이 이산화탄소가 발포역할을 한다.

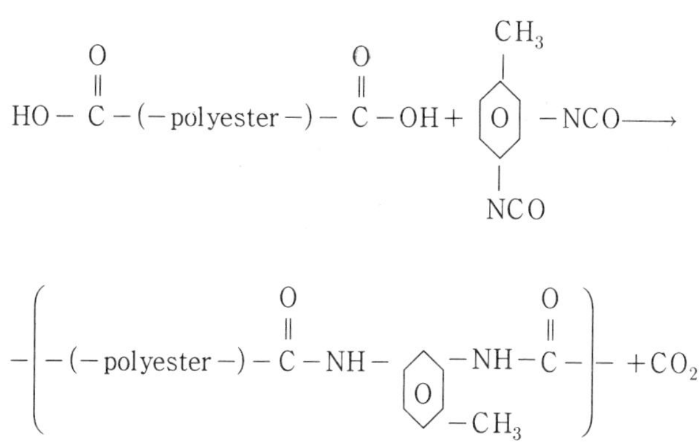

사용하는 약품의 처방을 달리하거나 가소제를 가하든가 하면 경질 또는 연질발포제품을 얻을 수 있다. 신발소재는 겉창소재로 많이 쓰인다. 또한 연질발포제품은 큐션, 베개, 가구류 등에 사용되고, 경질발포제품은 주로 절연제나 경량구조제로 쓰인다.

(7) 종 류

제조법에 의한 프레폴리머(prepolymer)형과 one shot형으로, 가공면에서는 주입성형형(注入成形型), Millable형 및 열가소성형(熱加塑性型)으로도 구분된다.

시판품으로 폴리에스테르의 대표적인 것은 Bayer社의 Vulcollan과 Adiprene은 주입성형용(注入成形用)이나 Vulcollan은 불안정한 프레폴리머이어서 시판되고 있지 않다. Adiprene은 안정한 것이므로 사용자가 적당한 가교제를 가하고 주입 성형하면 된다. One shot법을 사용하는 것은 원가적인 면이나 공정일수면에 유리하나 반응이 까다롭고 복잡하므로 실용화에 어려움이 따른다.

Millable형은 조성이 밝혀져 있지 않으나, 보통의 고무와 같이 내림작업이 가능하므로 특수한 주형기를 필요로하지 않는다. 일반적으로 유기과산화물로 가교시키거나 이소시아네이트와 황을 사용하는 것도 있다. 열가소성형(熱加塑性型)은 가교를 하지 않는 것이므로, 압출과 사출용으로 사용하며 우레탄플라스틱이라 한다.

(8) 특 성

기계적 성질(機械的 性質), 인열강도(引裂强度) 등이 우수하며, 고무상 탄성을 잃지 않고도 고경도(高硬度)를 유지하는 독특한 탄성체(彈性體)이다.

〈표 7-33〉 브리코란의 기계적성질과 열적성질(실온과 표준상대온도에서의 값)

항 목	단 위	시험규정	브르코란타입						
			18/40	18W	18	25	30	40	50
비 중	g/㎤	DIN 53550	1.26	1.26	1.26	1.26	1.26	1.26	1.26
인 장 강 도	kg/㎠	DIN 53504	300	300	300	300	300	300	300
신 장	%	DIN 53504	600	650	650	600	450	400	400
200%인장응력	kg/㎠	DIN 53504	7	10	15	50	70	100	140
300%인장응력	kg/㎠	Elatt 2	50	100	70	150	175	210	250
영 구 신 장	%	DIN 53504	5	20	15	30	35	40	40
반 발 탄 성	%	DIN 53512	47	56	53	50	45	44	42
경 도 쇼 아 A	경도단위	DIN 53505	65	70	80	90	93	95	96
인열강도(Graves)	kg/cm	DIN 53515	25	75	55	70	70	90	90
침 인 열 강 도	kg/cm	DIN 53506	60	110	90	105	110	120	130
마 찰 손 실	vol%	DIN 53516	50	35	40	60	60	60	60
열 전 도 도	㎉/mh℃		1.25	0.25	0.25	0.25	0.25	0.25	0.25
선 팽 창 계 수	10^{-6}/℃	20~50℃	200	210	180	210	220	180	190
		20~100℃	190	190	180	190	190	160	190
비 열	cal/℃g		0.45	0.45	0.45	0.45	0.45	0.45	0.45

내노화성, 내오존성, 내유성, 내용제성에도 좋은 효과를 보이나, 내열성(耐熱性)은 그렇게 좋지 않다. 고하중(高荷重)을 받았을 경우, 90~130℃에서 곧 소성 유동상태(塑性 流動狀態)이며, 150~200℃에서는 용융된다.

이 고무의 단점은 내수성, 내습성이 나빠, 특히 폴리에스테르형은 가수분해를 일으킨다.

우레탄고무의 최초의 것은 브르코란에는 그 주원료인 데스모펜 2000과 데스모듈 15와의 배합비율 및 가교제의 종류에 따라 7종류의 타입이 있다(표 7-33참조).

〈표 7-34〉 용도 일람표

<table>
<tr><th>구분</th><th>품 명</th><th>구분</th><th>품 명</th></tr>
<tr><td>자동차 부품</td><td>볼죠인트, 스파크린케(도아고정쇠),
베어링, 몬트피스(와이어코드의 휩조인트)
플레이트스프링(스프링의 수판)
캐프링
변속기의 전달부 및 카바
슬리브패킹
O-링
V-링
U-링
스테아링패킹, 사이렌트블록 기타의 각종부폄, 범퍼</td><td>공업용 부품</td><td>공작기계의 찌꺼기 제거용 와이퍼(스크래퍼)
스틸해머의 베드플레이트
공기스프링 볼베어링용 커버
볼밸브 엘리베이터
엘리베이터용 부품
그라인더의 프리쿠션 변속용
로울러
믹서의 방진방음치자
공기브레이크
차륜의 방진장치
부슈</td></tr>
<tr><td rowspan="2">토목광산용품</td><td rowspan="2">소암기용글립
소암기용링패킹
콘베어벨트의 가이드로울
리프트의 로프받이와 가이드로울
운반차의 소릴드타이어
공기해머의 하수관
샌드펌프라이닝
샌드펌프의 날개 광산차용 배퍼
리프트트랙의 타이어(중량차용)</td><td>방적용 부품</td><td>피카 프킹밴드
펄레러 로울</td></tr>
<tr><td rowspan="2">기타</td><td rowspan="2">자동차 타이어(저속고중량차)
해머, 냉장고박스
구두의 겉창, 안창재, 가죽코팅필름용
타이프라이터용 부품
전자계기부품, 계산기부품
방진용 스폰지
숫돌, 샌드페이퍼
판, 봉, 파이프
판상, 구상, 특수형 다이어플램
벨로우, 타이밍벨트
테이프레코더용, 턴벨트
기타의 벨트류, 탈곡기로울
구두창, 구두의 턱, 안창재료</td></tr>
<tr><td>공업용부품</td><td>캐플링(로드가 작은 것)
레일(에스컬레이터용, 크레인용)
로울, 금속의 교정로울
케이블로울, 가스키트</td></tr>
</table>

시험이나 실용의 결과에서 산소나 오존에 대한 내노화성(耐老化性)도 양호하다는 것을 알고 있다.

(9) 우레탄 고무의 용도

용도는 공업용 로울러, 벨트, 솔리드 타이어, 타이페드 신발창 등이며 용도일람표 〈표 7-34〉에 게재한다.

10) 클로로설폰화 폴리에틸렌(CSM)

폴리에틸렌의 뛰어난 내후성(耐候性)을 유지하면서 엘러스토머화할 수가 있으면 고무의 최대 결점이라 생각하는데 내후성의 뛰어난 탄성체를 얻을 수 있으리라는 예상하에 많은 연구가 진행되었다. 그 결과 클로로설폰화 폴리에틸렌이 개발되어 1952년 du pont社에서 Hypa1on S2로서 시판을 개시하였다. 하이팔론은 그 후 많은 타입이 개발되었는데 뛰어난 내후성, 기타의 특성에 의해 독특한 사용분야를 개척하고 있다. ASTM의 약칭은 CSM이다.

(1) 조성 및 종류

가. 조 성

이 합성고무는 폴리에틸렌에 SO_2와 Cl_2를 부가시켜서 탄성을 주어, 금속산화물로 가교하는 것으로 〈그림 7-11〉과 같은 구조식으로 생각된다.

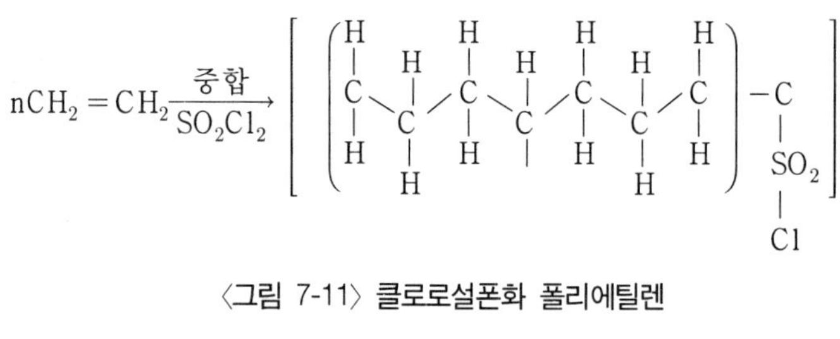

〈그림 7-11〉 클로로설폰화 폴리에틸렌

폴리에틸렌의 엘라스토머화에 있어서 가장 유효한 수단은 그 결정구조를 파괴하기 위해 염소를 도입하는 일이다. 기초물(基礎物)이 되는 폴리에틸렌의 구조, 분자량, 염소함유율, 잔존하는 결정의 황분자의 불규칙성 등에 따라 연질고무상에서 경질플라스틱상까지 여러 가지 상태의 것이 얻어진다. 염소화폴리에틸렌은 다우케미칼社의 「타이린」, I.C.I 社의 「하로플렉스」 헥스트社의 「호스타릿」이 있고, 일본에서도 소화전공에서 기업화(企業化)된 「에라스렌」이다. 에라스렌은 중저압 폴리에틸렌의 현탁염소화법(縣獨鹽素化法)에 의해 제조되며 401AE, 401A가 엘라스토머타입이다. 염소화폴리에틸렌은 주쇄(主鎖)에 이중결합을 포함하지 않기 때문에 대단히 강력한 촉진제를 다량 사용하지 않으면 가황이 안된다. 클로로설폰화 폴리에틸렌은 염소화 폴리에틸렌에 가황점으로서 다시 클로로설포닐기를 도입하고 있으므로 다른 고무와 마찬가지로 가공, 가황이 된다.

제법의 상세는 발표되어 있지 않으나 분자량 약 2만의 폴리에틸렌에 직접 SO_2Cl을 도입하여 제조한다.

나. 종 류

현재 CSM의 시판품은 하이팔론뿐이며 20, 30, 40, 40S, 40HV, 45의 각 타입이 있으며 비교 일람표를 〈표 7-35〉에 명시한다.

(2) 가공가황

가공법은 다른 고무와 마찬가지이다. 로울 위의 거동은 열가소성(熱加塑性) 레딘과 비슷하며 저온에서 허리가 강하며, 고온에서는 연화(軟化)한다. 초벌혼합효과는 없다. 로울은 충분히 냉각하고 MgO는 다른 충전제(充塡劑)와 혼합첨가하여 분산을 좋게 한다. PbO는 마스터벳치로 하여 가한다. 밴버리 혼합기의 충전률은 70~75%가 좋고 105℃이하에서 꺼낸다. 그리고 폴리머를 최후에 첨가하는 압사이드다운법이 유효할 때가 있다. 혼합생성사의 보존에는 수분을 피한다. 열을 넣었을 때의 감아붙이기는 좋으나 생성시의 발열에 유의해야 하며 중단할 때는 끊어 떨어뜨려 방냉한다. 압출은 고온 피이드가 일반적이며, 압출 후는 급속냉각이 바람직하다. 칼렌더작업에 대해서는 60~90℃의 범위에서 저온칼렌더에는 스테아린산, 왁스를 사용하고, 고온칼렌더에서는 폴리에틸렌, FEF카본 등을 사용한다.

〈표 7-35〉 하이팔론 각 타입의 비교 일람표

타입 / 항목	20	30	40 40S, 40HV	45
주된특성	도료에서 유연한 하지로의 도포, 타종의 고무에 블랜드하여 개질에 적용한다.	도료로서 굳은 하지에 도포, 내유성은 최대이다.	가공성양호, 고무물성도 좋다. 압출성형, 칼렌더에 적합하다. 일반용 타입	40보다 연생지점도가 낮고 제품은 높은 경도, 고인장응력, 저온특성양호
화학성분				
Cl양(%)	약 29	약 43	약 34.5	약 25
S양(%)	약 1.25	약 1	약 0.9	약 1
폴리머 성상				
색, 형상	백색 칩	백색 칩	백색 칩	백색 칩
취기	없음	없음	없음	없음
비중	1.12	1.28	1.18	1.11
무우니점도(ML)@100℃	약 30	약 30	45, 55, 115	약 40
저장안정성	우(優)	우(優)	우(優)	우(優)
용액특성	케톤방향족에 가용			
용해성			난용	난용
점도	중	저	대단히 고	~
가공특성			중	
압출	가~양	가~양	우	우
성형	양(良)	양	우	우
칼렌더	가~양	가~양	우	우
고무물성				
경도	45~95	60~95	40~95	40~95
인장강도(kg/㎠)				
카본배합	210까지	250까지	280까지	280까지
인장강도(kg/㎠)				
순고무배합	100까지	180까지	280까지	250까지
색안정성	우	우	우	우
저온특성	양	불가	양	양
인열강도	가	양	가	양
각종의 저항성				
마모	우	우	우	우
화학약품	우	양	우	우
압축영구변형	가	불가	양	양
내염	가	대단히 양	양	가
내열노화	대단히 양	양	대단히 양	대단히 양
내오존	우	우	우	우
내석유	가	우	양	가
내풍화	우	우	우	우

가. 가황법

다른 고무와 같으며 몰드가황은 150℃×20분 정도의 조건이 보통이다. 흐르는 것이 불량한 것은 고온에서 생지연화(生地軟化) 때문에 공기압출력의 부족에 기인하는 일이 많다. 오픈스팀가황으로 고온급속가황을 하면 형이 무너지는 것을 막고, 천천히 가황하면 형이 무너지는 원인이 된다. 열공기가황은 수분이 빨리 없어지기 때문에 가황이 매우 늦다. 이것에 반하여 온탕가황(溫湯加黃)은 매우 양호한 결과를 얻을 수가 있다.

(3) 물 성

가. 일반물성

인장강도, 신장, 경도 등은 다른 일반용 고무와 대개 같다. 충전제, 연화제를 변량함으로써 경도는 40~95의 범위에서 자유로 조절이 된다.

나. 특수고무 물성

① 내후성 : 내일광성, 내오존성 내산화성에 대해서는 각종 고무 중에서 뛰어나다.

② 내열성 : 130~145℃정도까지는 평상 배합에 가능하나 150℃가 되면 특수배합을 한다. 〈표 7-36〉에 시험예를 명시한다.

③ 사용내열배합 : 앤톡스 2phr+NBC 1phr사용

④ 내염성 : 할로겐화 폴리머의 특징인 자기소염성을 가진다.

⑤ 저온특성 : 평상배합에서는 －18℃에서 경화하는데 저온용 배합을 하면 －40℃정도까지 가소성(加塑性)을 유지한다. 취화온도를 －50~－60℃정도까지 내릴 수 있다.

⑥ 내화학약품성, 내유성 : 공업용 기기에 사용할 때 특히 필요한 성질이다. 다른 디엔계 합성고무보다 뛰어나며 평상의 알칼리, 산, 소금은 물론 황산, 초산, 크롬산과 같은 산화성의 약품에도 견딜 수가 있다. 그러나 고온의 농초산(濃硝酸), 농크롬산에 저항성이 없고 개미산, 초산의 유기산에 약하다. Cl의 도입 때문에 내유성에도 뛰어나 있다. 〈표 7-36〉에 내유성의 일 예를 제시한다.

⑦ 전기특성 : NR정도는 아니지만 저전압(600V이하)의 용도에는 절연물로서 사용이 가능하다. 직류고유저항 $1\times10^{14}\Omega$/㎝정도, 1,000cps에서의 유전율 8~10, 역률 5~7% 절연내력 500V/mi1정도이다. 내열, 내오존성 때문에 침식에 대하여 뛰어난 저항성을 가지고 있다.

〈표 7-36〉 고온시에서의 하이팔론의 내유성

유(油)의 종류 / 침지시간 / 물성변화치	ASTM No. 3 오일 중	
	@121℃×70h	@150℃×70h
인장강도(%)	−15	−50
신장(절단치)(%)	−23	−53
경도변화율	−15	−21
용적변화(%)	+28	+48

(4) 용 도

① 내후성 : 기타 전기의 특성을 이용하여 광범위하게 사용한다. 전선, 전기부품 : 내후성, 착색 안정성, 내열성, 내오존성을 이용하고 있다. 자동차용 점화케이블, 고압용 케이블, 기타 특수케이블, 내열성 전선피복 케이블코넥터 등

② 공업용 고무제품 : 내후성 내약품성 내열성을 이용하여 호스, 벨트, 라이닝, 공업고무로울 등에 사용한다. 대표적 실예로써 66Be' 황산용 호스, 150℃의 부식성, 염의 운반용 벨트, 그 외 에스컬레이터 사이드 카바에도 사용한다.

③ 자동차용부품 : (도아시일가스켙 H고무)의 카바고무, 각종 연결호스, 스파크 플러그 부츠 등

④ 건재 : 내수성 지붕덮개 재료인 루우핑용, 여러 가지 색깔의 카텐월 가스켙, 바닥타일 등

⑤ 고무인포 : 내후성, 내수성, 강인성의 이용이다. 기포(나일론, 테트론, 비닐론)에 고무를 깔아서 트랙용 타포린, 대형 텐트시이트, 에어하우스용 고무인포, 야적용 시이트 등

(5) 다른 고무와의 블랜드

NR을 비롯하여 다른 고무와의 상용성(相溶性)이 좋고 하이팔론의 특성을 심하게 손상하지 않고 블랜드를 할 수가 있다. NR, SBR을 블랜드함으로써 원가절감 과 작업성의 향상을 얻을 수가 있다. 또 PVC와의 블랜드로 내마모성, 내충격성을 향상시킬 수가 있다.

11) 아크릴 고무(Acryl Rubber : AMC, ANM)

이 고무는 아크릴산 알킬에스테르를 함유하는 중합체의 총칭으로서 폴리아크릴레이트라는 별명을 가지고 있으며 비결정성 탄성체이다.

이 고무의 개발은 오래되었으나 이의 활용이 부진한 것은 가공성이 매우 나쁘고, 가격이 고가이었기 때문이다. 최근에는 가공성의 향상으로 이에 수요가 증대되고 있다. 플로오르 고무 다음가는 내열, 내유성 고무로 앞으로 활용 증대가 예상된다.

① 아크릴산(Acrylic acid) : $CH_2=CHCOOH$

② 아크릴산에스테르 : $\left(CH_2 - \underset{\underset{COOR}{|}}{CH} \right)_n$

(1) 원료의 제조방법

아크릴고무의 주원료로서 아크릴산에틸 및 아크릴산부틸이 사용되며 이것에 2-클로로에틸비닐에테르나 아크릴로니트릴 기타의 단위체를 공중합시킨다.

중합은 일반적으로 유화중합에 의하는데 일부에 현탁중합(縣濁重合)도 하게 된다. 중합조건, 중합용부재료, 후처리법 등은 원칙적으로 SBR이나 NBR과 마찬가지인데 제조방법이 세밀한 점에서는 각 제조회사 고유의 색이 짙다.

〈표 7-37〉에 이러한 제조회사와 상품명을 나타낸다.

(2) 종 류

아크릴고무는 대별하여 구형과 신형이 있는데, 구형의 고무는 염소를 포함하는 ACM(아크릴산 알킬에스테르와 아크릴로니트릴의 공중합체)로 분류된다. ANM이 ACM보다 내수성이 다소 향상된 외에는 물성의 큰 차이가 없고, 가공성도 거의 동

〈표 7-37〉 제조회사 상품명 무우니점도

제 조 회 사	상 품 명	무우니점도
일본 오일시일	녹크스타이트 1095	55
	녹크스타이트 1165	55
동아 페인트	토아크론 601	25
	토아크론 701	25
	토아크론 2026	35
Montecatini Edison	ELAPRIM	
S.P.A	AR 152	40
	AR 153	52
B.F.Goodrich Chemical	HYCAR	
Company	4021	55
	4021~45	45
	4041	40
	4042	40
American Cyanamid	CYANACRYL	
Company, Rubber Chemicals	R	47
Department	L	45
Thiokol Chemical co.	THIACRIL	
Chemical Division	44	48*
	76	58*

* ML_{1+3}(100℃)

등하다. 신형은 이의 화학조성이 알려지지 않았으나, 가공성이 현저히 개선된 외에 내수성, 내한성 및 금속부식성이 개선되었고 가공시간도 단축되었다.

(3) 특 성

아크릴고무의 대표적 특징은 내열, 내유성이나 고무 중에 이중결합을 가지고 있지 않으므로 CSM과 마찬가지로 내후성(耐候性)과 내오존성에도 좋다. 130℃정도에서 연속사용이 가능하고, 내열성은 불소고무 실리콘고무 다음으로 우수하나, 탄성이 부족하고, 물성이 좋지 않다.

건조 열기 또는 기름 중에도 탁월한 성능을 보여 170~180℃의 고온에서 －28~－30℃에 불과하다. 내수성(耐水性), 내수증기성(耐水蒸氣性)도 나쁘고, 에틸렌글리콜 또는 고방향족계의 기름에 내유성이 좋지 않는 결점도 있으나, 신형 탄성체는 이 점을 상당히 개선하였다.

가공성에서는 신, 구형별 차이가 있으나 신형은 구형에서 야기되었던 로울러의 점착화경향, 금형의 방열 등을 해결하였다. ANM의 어떤 종류의 것을 제하고 가공

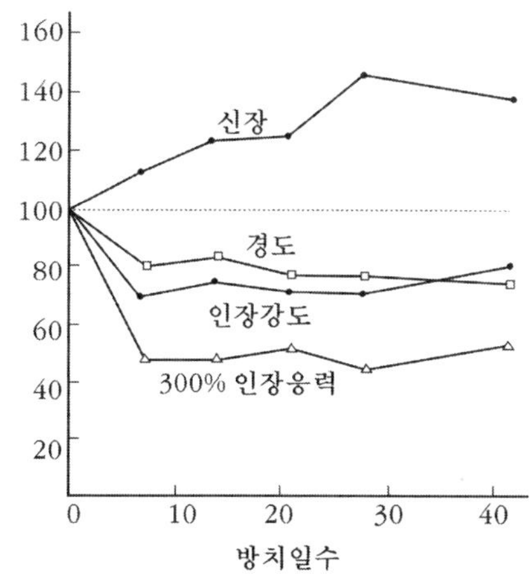

〈그림 7-12〉 TETA 배합의 저장안정성

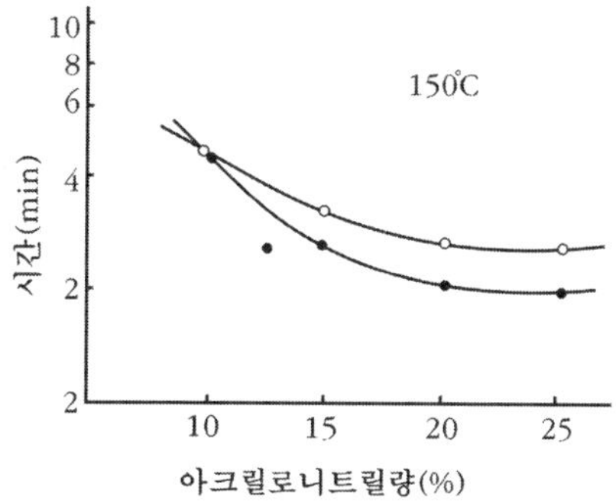

◦ : 스코치시간 • : 가황시간
고무 : 100% 스테아린산 : 1.0%
HAF 카본 : 50% 유황 : 0.5%,
TETA : 1.0%

〈그림 7-13〉 공중합체조성비의 가황속도로의 영향

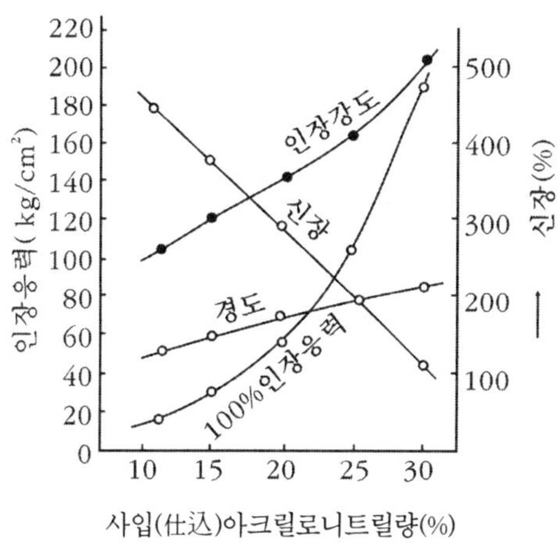

〈그림 7-14〉 공중합체조성비와 각종특성

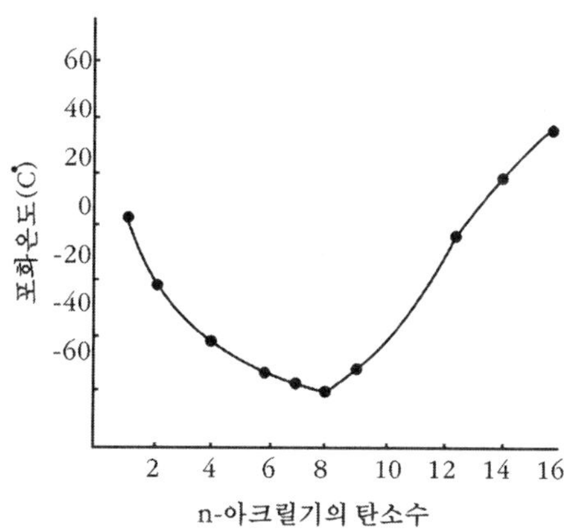

〈그림 7-15〉 아크릴산에틸·아크릴산부틸조성의 내한성, 내유성에 미치는 영향

성이 좋지 않다.

(4) 가황 및 가황물 특성

가황계 배합제는 배합제의 항에서 후에 설명하는 것과 같이 폴리머의 종류에 따라 다르다.

함염소(含鹽素) 단위체의 종류와 가황물의 특성과의 관계, 다른 비함염소단위체

(非含鹽素單位體)의 종류의 영향 등의 연구, 특허를 볼 수가 있는데 여기에서는 아크릴산부틸과 아크릴로니트릴과의 공중합물의 연구를 인용한다. TETA배합의 저장안정성과 공중합체 조성비의 가황속도의 영향을 〈그림 7-12〉와 〈그림 7-13〉에 표시하였다. 아크릴로니트릴량이 증가하면 스코치시간, 가황시간 모두 단축한다. 또 배합물의 저장안정성의 데이터의 일 예를 〈그림 7-13〉에 제시한다.

인장시험의 결과에서도 조성이 크게 영향하는데 아크릴산부틸과 아크릴로니트릴의 공중합물에서는 아크릴로니트릴의 비율이 늘면 인장응력, 인장강도, 경도가 증대하고 신장은 저하한다(그림 7-14 참조).

아크릴산에틸과 아크릴산부틸의 비율은 내한성이나 내유성에 영향이 있으며, 아크릴산부틸의 비율이 늘면 내한성은 개선되는데 내유성은 저하된다.

아크릴산 알킬에스텔의 알킬기의 탄소수와 포화온도의 관계를 〈그림 7-15〉에 표시한다. 또 아크릴산부틸과 아크릴로니트릴 공중합물에서는 아크릴로니트릴의 비율이 늘면 내한성이 저하한다.

(5) 가공법

로울조작성은 상품명에 따라 상당히 차가 있는데, 로울면에 점착하기 쉬운 경우에는 아래의 주의를 요한다.

① 로울간격을 적당하게 한다.

② 로울온도를 낮게 할 필요가 있으나 너무 낮게 하면 스톡이 지나치게 단단해진다.

③ 최초에 보강제를 혼입하고 그 혼입이 끝나기까지는 잘라 뒤엎는다.

④ 가황제로서의 아민을 선택하는 한편 혼입은 배합제를 최후로 하고 서서히 가한다.

로울합의 배치량은

60in 혼합로울기 22~27kg

70in 혼합로울기 45~55kg

를 표준으로 한다.

벤버리 혼련(混練)은 방출할 때의 스톡온도를 약 15℃로 하고 가황제는 오픈밀로 혼입한다.

압출시의 다이온도는 약 80℃, 압연시의 칼렌더온도는 50℃정도로 한다.

가황은 평상의 고무제품에 가황온도로 좋으나, 영구변형 등을 작게 하기 위해 가황 후 열처리(2차 가황)를 하는 일도 많다. 열처리조건은 150℃×24시간, 180℃×5시간 등이 그 예이다. 열처리를 생략하고 생산성을 향상하기 위해 고온가황을 실시하는 경우도 있으며, 그 조건은 200℃×30분, 230℃×15분 등이다. 〈표 7-38〉에서 가황물의 냉각에 물을 사용해서는 안되며 공냉(空冷)을 한다. 몰드의 점착은 몰드의 도금처리, 실리콘계의 이형제를 사용하여 막는다.

〈표 7-38〉 아크릴고무의 고온가황

항 목		1			2	
아크릴고무		100.0			100.0	
스테아린산		1.0			1.0	
FEF 블랙		40.0			55.0	
Plasticizer TP-90B		-			20.0	
트리에틸렌・테트라아민		1.5			1.5	
가황촉진제 DM		2.0			2.0	
		114.5			179.5	
가황온도(9℃)	155*	204	232	155	204	232
가황시간(min)	30	30	15	30	30	15
가황물 일반특성						
인장강도(kg/㎠)	126	123	121	112	123	84
신장(%)	300	240	230	310	230	290
경도(Duro A)	70	67	67	82	67	55
압축영구변형 ASTM-B 법** 149×70h(%)	42	44	41	65	60	71
위화온도 ASTM-D746	−12.2	−9.5	−9.5	−12.2	−48.3	−42.8
합 격(℃)	−15.0	−12.2	−12.2	−15.0	−51.1	−45.6
불합격(℃)	−16.1	−14.7	−15.0	−16.1	−49.7	−46.6
Tb						
침지시험						
에어・테스트튜브(177℃×70h)						
인장강도변화율(%)	−44	−23	−24	−47	−40	+1
신장변화율(%)	−23	−25	−48	−23	−4	−27
경도변화(포인트)	+10	+10	+16	+7	+19	+32
180°굴곡	합격	합격	합격	합격	합격	합격
ASTM No. 3유(149℃×70h)						
인장강도변화율(%)	−13	−16	−9	−6	−11	+29
신장변화율(%)	−6	−17	−26	0	+13	−14
경도변화(포인트)	−9	−4	−2	−7	+3	+18
용적변화(%)	+16.1	+14.7	+14.1	+15.3	−2.0	+4.8
180°굴곡	합격	합격	합격	합격	합격	합격

* 에어・오픈 중에서 149℃×24h 열처리

** 2㎜의 시이트를 쌓아서 측정

12) 실리콘 고무(Silicone Rubber : Si, Q)

(1) 조성과 제조방법

일반고무가 －C－C와 같은 탄소－탄소결합을 주사슬로 가진 화합물인데 대하여, 실리콘 고무의 주사슬은 규소원자와 산소원자가 서로 결합한 실록산결합(Si-O-Si)를 골격으로 하고 나머지는 규소원자가에 유기치환기를 결합시킨 폴리머를 갖는데, 이것을 일반적으로 규소수지 또는 실리콘이라 한다.

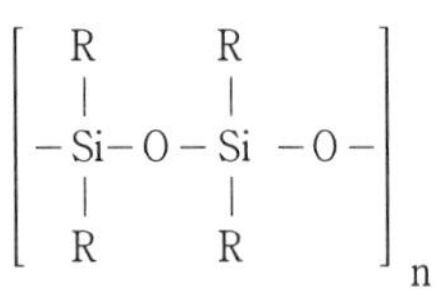

〈그림 7-16〉 실리콘 고무의 일반식

실리콘은 구조적으로 선상(線狀)폴리마인 오일고무와 3차원 망상(網狀)폴리머인 와니스와의 3종류로 크게 나눌 수가 있다. 그의 일반식은 〈그림 7-16〉과 같이 되어 있으며, R은 유기치환기(有機置換基)로, 메틸, 페닐, 비닐, 불화알킬, 니트릴 등의 기(基)가 들어가서 여러 가지의 실리콘 고무가 얻어진다.

실리콘고무는 디메틸실록산 단위를 주성분으로 한 고점도의 폴리실록산(실리콘생고무)에 실리카 등의 무기충전제(無機充塡劑)를 배합한 것이며, 이것에 가황제나 촉매를 첨가하여 가열 또는 상온에서 가황시키므로 내열성(耐熱性), 내수성(耐水性), 내유성(耐油性), 내코로나성, 전기특성 등의 뛰어난 고무상탄성체가 된다.

직접법에 의한 실리콘모노마(오가노클로로실란)의 제조를 위한 반응식은 다음과 같다.

$$SiO_2 + C \longrightarrow Si + CO_2$$

$$Si + CH_3Cl \xrightarrow{Cu} CH_3SiCl_3,\ (CH_3)_2SiCl_2, CH_3SiHCl_2,\ (CH_3)_3SiCl$$

$$Si + C_6H_5Cl \xrightarrow{Cu} (C_6H_5)_2SiCl, C_6H_5SiCl_2$$

$$CH_3SiHCl_2 + C_6H_6 \longrightarrow CH_3C_6H_5SiCl_2$$

$$CH_3SiHCl_2 + ClCH = CH_2 \longrightarrow (CH_2 = CH)(C_6H_5)SiCl_2$$

$$CH_3SiHCl_2 + CH_2 = CHCF_3 \longrightarrow (CF_3CH_2CH_2)(CH_3)SiCl_2$$

(2) 실리콘 고무

실리콘생고무를 일반적으로 디메틸실록산단위($(CH_3)_2SiO$)를 주성분으로 하고 있으며, 이것은 디메틸클로로실란을 가수분해하여 생기는 환상(環狀)디메틸실록산을 산 또는 알칼리로 가열 개환중합시켜서 제조한다.

$$(CH_3)_2SiCl_2 + H_2O \longrightarrow [(CH_3)_2SiO]_{3\sim 9},\ HO[(CH_3)_2SiO]_nH$$

디메틸실록산 4량체의 알칼리에 의한 중합기구

$$[(CH_3)_2SiO]_4 + KOH \xrightarrow{\text{개조}} HO(CH_3)_2Si-O-[(CH_3)_2SiO]-Si(CH_3)_2OK$$

$$HO(CH_3)_2Si-O-[(CH_3)_2SiO]-Si(CH_3)_2OK + n[(CH_3)_2SiO]_4$$

$$\xrightarrow{\text{개환중합}} HO(CH_3)_2Si-O-[(CH_3)_2SiO]_{4n-2}-Si(CH_3)_2OK$$

실리콘 제조공정도는 〈그림 7-17〉과 같다.

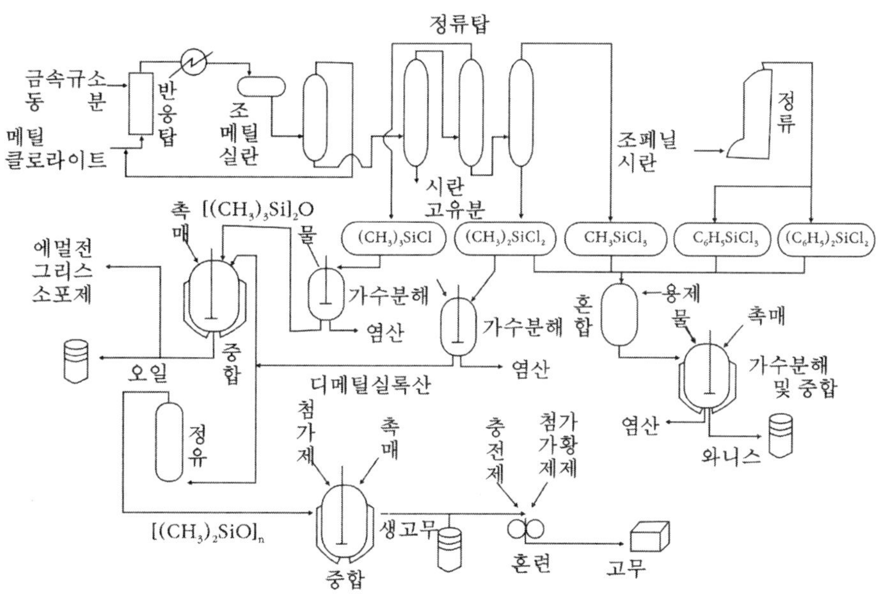

〈그림 7-17〉 실리콘 제조공정(직접법)

디메틸실록산 단위와 다른 디올카르노실록산 단위와의 공합체는 각각의 황산실록산을 적당한 비율로 공중합함으로써 제조할 수가 있다.

실리콘고무는 일반적으로 상온에서 다소 유동성을 가진 무색의 탄성체이며, 점도는 약 10^3이며, 1분자당 평균 10개의 디올카르노실록산 단위로 되며, 평균분자량은 약 10^5~10^6이다. 현재 실리콘생고무로서의 특징을 가진 다음의 각종의 것이 실용되고 있다.

1액형 RTV고무는 공기(엄밀히는 습기)에 닿으면 축합(縮合)을 일으켜서 가황하는 타입이며, 주로 내열접착제, 시랜트, 내후성(耐候性) 코오팅제로 사용이 된다. 탈초산(脫醋酸)타입의 1액형 RTV고무의 가황기구를 다음에 명시한다.

$$(CH_3COO)_2Si(CH_3)[OSi(CH_3)_2]_n-OSi(CH_3)(OOCCH_3)_2+H_2O \longrightarrow$$

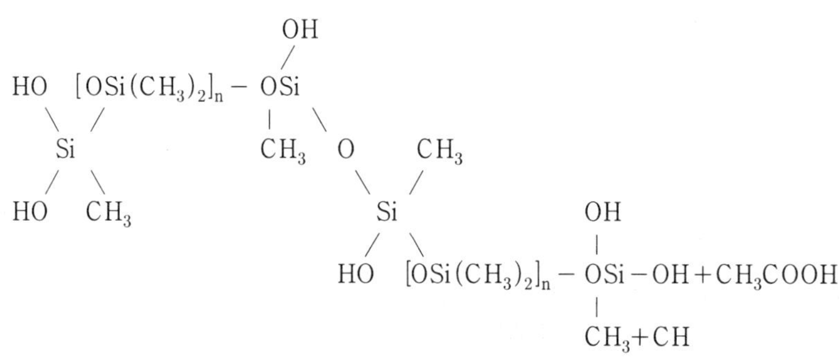

초산기 이외로 상온에서 가황하는 반응기(反應基)로서 SiONC, SiNRR, $SiOTi(OR)_2$ 등이 이용되고 있다.

2액형 RTV고무는 촉매를 혼합하고 습기에 닿으면 가황하는 타입이며, 수축률이 매우 낮으므로 정밀한 형취제(形取劑), 인재(印材)로 사용되는 외에 내열절연용 시일, 충전제로서 중요하다. 그 가황기구는 다음과 같다.

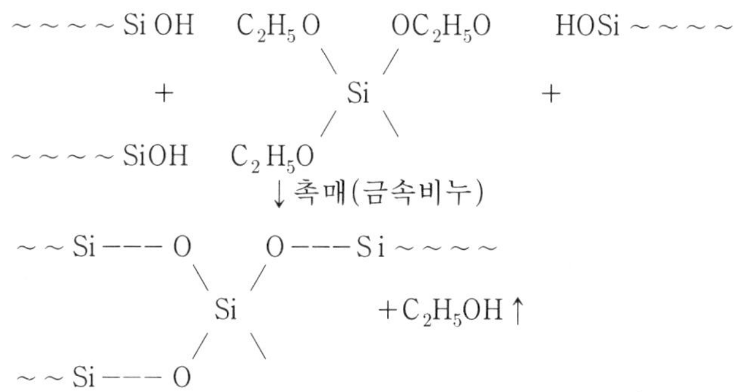

2액형 RTV고무는 일반적으로 포트라이프가 짧으므로 포트라이프가 길고, 저온 100도 이하에서 단시간에 가황하는 2액형 저온가황형(LTV) 고무가 최근 소개되어 있다. 그 반응기구는 다음과 같다.

$$\sim\sim\sim\sim SiH + CH_2 = CH - Si \sim\sim\sim\sim$$
$$\xrightarrow{Pt.} \sim\sim\sim Si - CH_2 - CH_2 - Si \sim\sim\sim\sim$$

(3) 종 류

기본적인 것은 규소(硅素)의 옆사슬에 모두 메틸렌기로 이루어진 폴리메틸실록산 (polydimethyl siloxane, $-(-\underset{CH_3}{\overset{CH_3}{\underset{|}{\overset{|}{Si}}}}-)-$)이 있으나, 두께가 두꺼운 경우 압축영구줄음률이 크고, 또 기타의 결점을 가지고 있으므로 현재는 메틸기의 일부를 비닐기로 치환된 비닐실리콘고무(VSi)가 가장 일반적인 실리콘고무다. 이의 특성은 두께가 두꺼운 고무의 가황을 용이하게 하고 저압축영구(低壓縮永久)줄음률과 초내열성(超耐熱性)의 배합물을 얻는다.

또 메틸기의 일부를 페닐기로 치환된 페닐(phenyl)실리콘고무(PSi)는 내한성(−90℃)이 우수한 특징을 가지고 있다.

끝으로 비닐실리콘고무의 옆사슬에 플로오르화(fluorinated)알킬기를 도입한 플루오르화 실리콘고무(FVSi)는 내유, 내용제, 내약품성에 우수한 성능을 발휘하며, 내한성도 좋다.

이 외에도 상온에서 가황할 수 있는 소위 말하는 실온가황(room temperature vulcanization, RTV)형이 액상 또는 페이시트상으로 개발되어 실일런트, 풋팅(putting), 접착제 등에 이용된다.

• 현재실용되고 있는 실리콘생고무의 종류 몇 가지를 예를 들어 본다.

① 디메틸실리콘 생고무 : 초기부터 실용화되고 있는 일반용이며 비중은 약 0.98, 굴절률 1.4035이며, 평상 12~14%의 미반응탄성체(휘발성분)를 함유하고 있다.

② 메틸비닐실리콘 생고무 : 이 생고무는 극히 소량의 가황제라도 가황이 되고, 압축잔류변형이 대단히 양호하며 2,4-디클로로벤젠퍼옥시드를 사용하면 상압열공기가황(常壓熱空氣加黃 : H.A.V)이 된다. 비닐기의 함유량은 메틸비닐실록산 단위로써 일반적으로 0.01~10몰% 정도이다.

③ 메틸페닐비닐실리콘 생고무 : 이 생고무는 메틸비닐실리콘 생고무의 특징을 갖추고 페닐기의 도입에 의해 저온특성의 개선을 필요로 한 것이다.

이상의 실리콘생고무에 충전제를 배합하는 공정에 대해서는 다음에 설명한다.

④ 실온가황형(RTV) 실리콘고무 : 일반의 실리콘고무는 가열가황을 할 필요가 있으나, RTV형 고무는 실온방지 만으로 고무상탄성체에 가황을 한다. RTV형 고무는 유동성 페이스트상, 비유동성 페이스트상에서 파테상의 것까지 있는데 크게 나누어 가교제를 이미 배합하여 가트릿지나 튜브에 넣어 있는 1액형 RTV고무와 촉매를 사용시에 혼합하여 가황시키는 2액형이 있다. 과산화디터셔리부틸에 의한 메틸기와 비닐기간의 가황은 다음과 같다.

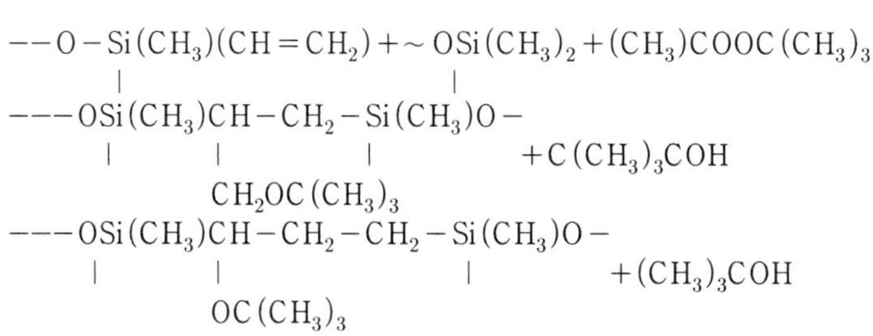

(4) 가공방법

실리콘고무 콤파운드는 실리콘생고무에 충전제를 로울 또는 니이더 등의 혼합기로 잘 혼련한 것이며 보통 성형가공을 하기 전에 가황제를 콤파운드에 배합하여 사용한다.

① 초벌혼합 : 실리콘고무 콤파운드는 방치해 두면 서서히 가소화 되돌림을 일으켜서 가공하기 어렵게 되므로, 가공전에 초벌혼합을 할 필요가 있다. 초벌혼합은 보통의 혼합로울기로 좋으나, 초벌혼합이 과도하여 점착을 일으키지 않을 정도로 충분히 한다.

② 압축성형 : 압축성형기는 30~100kg/㎠의 압력이 걸리면 120~180℃의 온도를 작동하는 것이 적당하다. 성형조건은 가황제의 종류와 성형품이 형상에 따라 다르다. 가황제의 성형조건을 〈표 7-39〉에 표시하였다.

프레스성형을 한 성형품은 과산화물의 분해물을 포함하고 있으므로 이러한 유해의 휘발분을 제거하기 위해 일반적으로 사용하는 온도보다 조금 높인 온도로 4~24시간 정도의 후가열처리를 할 필요가 있다. 그것은 밀폐상태에서 고무가 가열되면 과산화물의 분해물인 유기산의 촉매작용에 의해 고무가 열화하기 쉽기 때문이다.

〈표 7-39〉 가황제의 종류와 성형조건

가황제	프레스 조건 \ 성형품의 두께(㎜)	1이하	1~5	5~10	10~25	25~50
과산화벤조일 과산비스 2,4-디클로로-벤조일	온도(℃)	120~125				
	시간(min)	10	10~15	15~30	30~60	60~120
	압력(kg/㎠)	30~50				
과산화디크밀	온도(℃)	155~160				
	시간(min)	10	10~15	15~30	30~60	60~120
	압력(kg/㎠)	30~50				
과산화디터셔리부틸	온도(℃)	165~170				
	시간(min)	10	10~15	15~30	30~60	60~120
	압력(kg/㎠)	30~50				

③ 사출성형 : 실리콘고무는 일반적인 합성고무보다 유동성이 좋으므로, 사출성

형을 하기 쉬우며, 저압 30~60kg/㎠로 운전이 가능하다. 사출조건은 고무의 품종, 사출압, 온도 등에 따라 바뀌는데 일반적으로 사출시간은 3~12초, 성형 사이클은 25~120초로 충분하다. 성형품은 압출성형의 경우와 마찬가지로 후 가열처리를 한다.

(5) 가 공

실리콘고무 콤파운드는 실리콘생고무에 충전제, 안료, 가황제 등을 균일하게 분산시킨 것이다. 실리콘고무 가황품의 특성은 앞의 설명과 같이 실리콘생고무의 특성만이 아니라 충전제나 가황제에 따라 크게 영향을 받으며, 일반적으로 실리콘고무 콤파운드의 형상으로 고무성형 공장에 공급되고 있다.

① 가황제 : 실리콘고무의 가황방법에는 유기과산화물, 지방산 아조화합물, 방사선 등에 의한 여러 가지 방법이 있는데, 가장 일반적으로 유기과산화물을 사용하고 있다. 〈표 7-40〉에 주요한 과산화물의 특성을 표시하였다.

과산화물에 의한 실리콘고무의 가황기구는 다음과 같이 생각된다.

〈표 7-40〉 가황제 종류의 특징

가황제		특 징	목적, 용도
명 칭	구 조		
과산화벤조일 (B.P.O.)	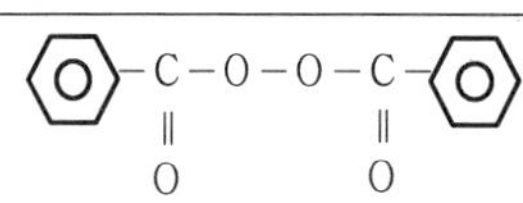	결정, m.p. 106℃ 안가(安價), 일반용	일반가압성형물 침지 도포용
과산화비스2,4디클로로벤조일(2,4 D.C.B)	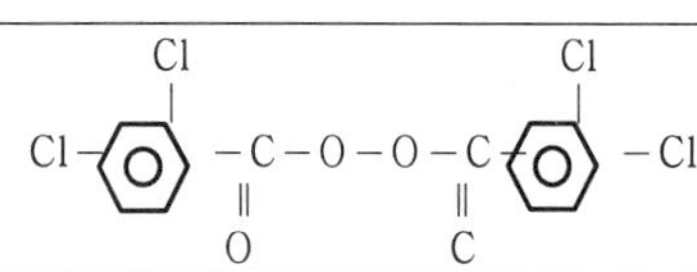	결정, 상압열기가유용	일반가압성형물 침지 도포용
과산화디크밀 (D.C.P.)	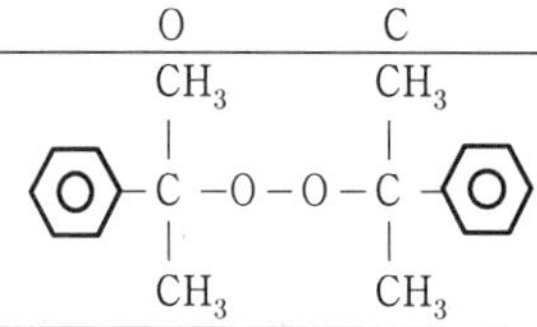	결정, 후육(厚肉)성형용 압축영구 변형이 양호	후육가압성형물 도전성 고무용
과산화디터셔리부틸(D.T.B.P)	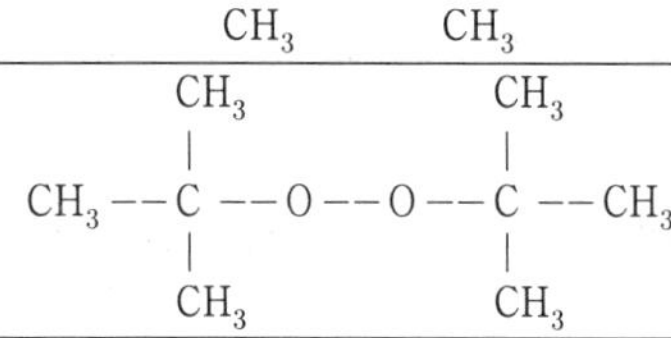	액상, 휘발성, 후육성형용, 압축영구변형이 양호	가압성형물 2차가황불요형용 접착용

(과산화벤조일에 의한 메틸기간의 가황)

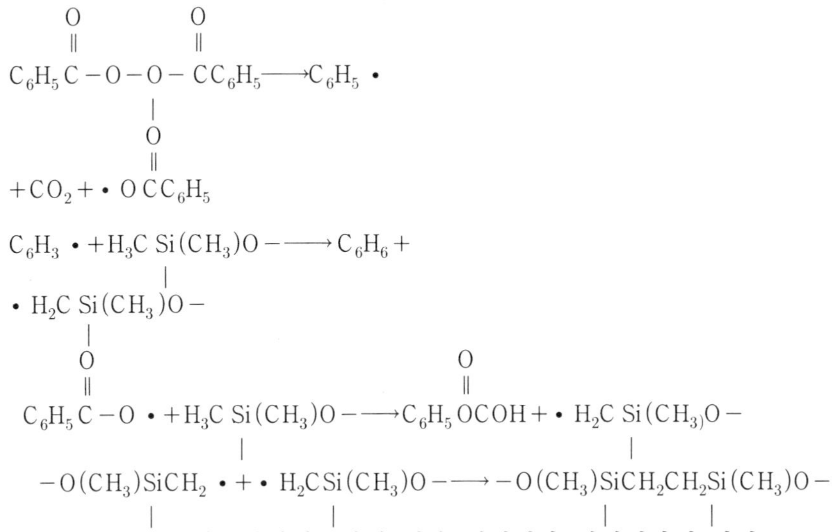

(과산화디터셔리디부틸에 의한 메틸기와 비닐기간의 가황)

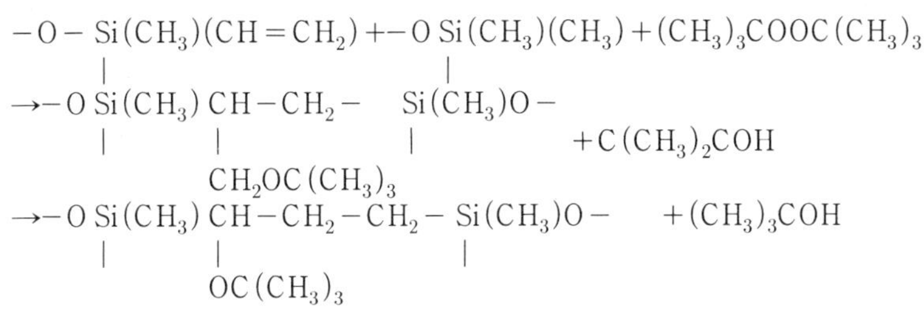

신장을 문제로 하지 않고 절연을 주로 문제로 하는 용도의 경우에는 더욱 수명은 연장하는 것이다.

(6) 특 성

① 내열성 : 실리콘고무의 최대 특징은 내열성이 매우 뛰어나 있다는 것이다. 180℃로 연속 사용할 수가 있다. H종의 고무절연재료로서 유일한 것이다. 〈표 7-41〉에 추정내열수명을 명시하고 있는데, 이것은 실리콘고무의 신장이 50%가 되기까지의 수명이며, 신장을 문제로 하지 않고 절연을 위주로 사용하는 경우는 수명은 연장될 수 있다. 또 온도와 변형관계를 〈그림 7-18〉, 〈그림 7-19〉에 나타내었다.

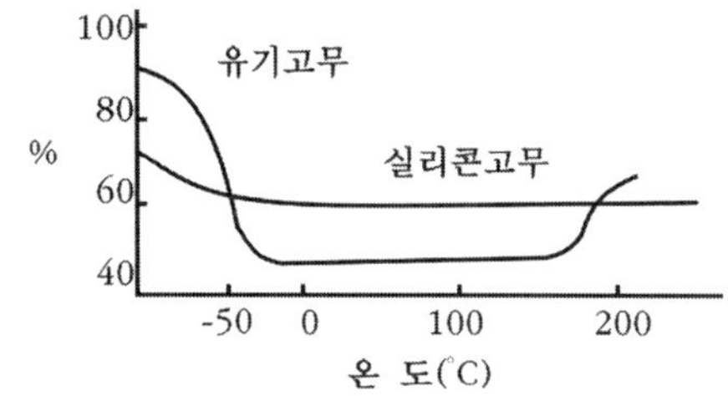

〈그림 7-18〉 온도에 의한 경도 변화

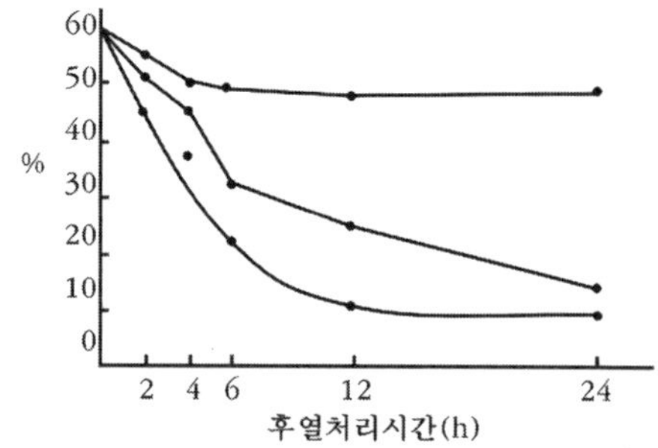

〈그림 7-19〉 압축영구변형에 미치는 후열처리의 효과

② 내한성 : 실리콘고무는 본질적으로 통기성이 적으므로 온도변화에 의한 특성의 변화가 적고 내한성이 매우 뛰어나 있다. 메틸페닐실리콘고무의 경우에 있어서는 가장 내산성이 좋고 약 －90℃까지 고무상탄성을 잃지 않는다.

③ 압축 영구변형 : 비닐메틸실리콘고무와 D.C.P 또는 D.T.B.P를 조합하면 압축영구변형이 매우 뛰어난 성형물을 얻는다. 또 압축영구변형은 후가열처리를 충분히 할수록 좋게 되어 넓은 온도범위에서 양호한 압축영구변형을 나타낸다.

④ 내유성 내용제성 : 일반의 실리콘고무는 알코올 아세톤 디에텔 등에 대해서는 10~15% 용적이 증가할 뿐인데 가솔린, 벤젠, 톨루엔, 사염화탄소 등의 용제나, 연료유에서는 약 150~200%나 팽윤한다. 그러나 일반의 합성고무와 같이 변질이나 용해 등을 일으키는 일은 없고 유한으로 멈추며, 용제가 휘발하면 원래의 물성을 나타낸다. 참고로 용해작용의 경향을 나타내는 용해도 파라미터와 각종 고무의 팽윤도를 체적 증가율로 나타내면 〈그림 7-20〉과 같이 된다.

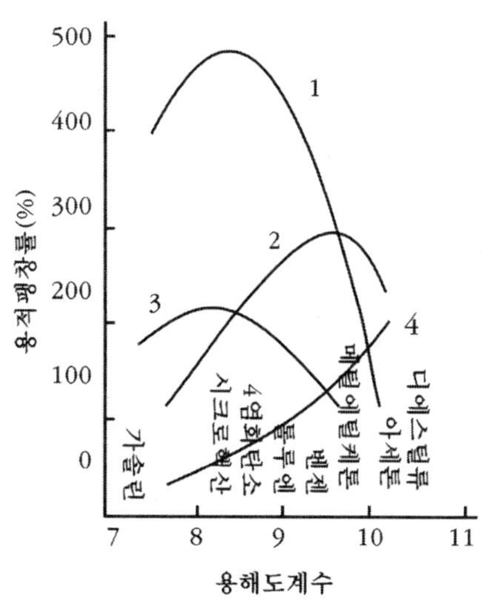

〈그림 7-20〉 실리콘고무의 용적팽창률

⑤ 내수성, 내약품성 : 내수성은 상온상압

에서는 약 1%, 150℃의 열수 중에서는 5시간 침지해도 약 3%의 용적증가로 멈춘다. 그러나 실리콘 중합체가 강산이나 강알칼리 반응시에는 해중합을 일으켜 분해하는 경향이 있다.

⑥ 내구성, 내오존성, 내코로나성 : 일반의 합성고무보다 산화나 자외선에 강하기 때문에 내후성이 대단히 좋으며, 내오존성, 내코로나성도 뛰어나다.

⑦ 전기특성, 일반물리특성 : 실리카를 배합한 콤파운드는 특히 전기특성이 양호하며, 절연파괴의 강도 20~30kV/㎜, 체적고유저항은 1016~1017Ω · ㎝이다. 일반물리특성에 대해서는 〈표 7-41〉에 명시한다.

〈표 7-41〉 실리콘고무의 일반특성

특성치 / 종류	경 도 (JIS)	인장강도 (kg/㎠)	신 장 (%)	인열강도 (kg/cm)	압축영구변형 (115℃22h) (%)	최저사용가능온도 (℃)	최고사용가능온도 (℃)
일반성형 고무	30~80	35~85	100~500	7~15	20~50	−56	260
압출용 고무	50~80	50~100	200~500	13~20	20~50	−56	260
고강도 고무	40~80	60~100	300~500	30~40	20~40	−56	260
내열용 고무	40~80	35~100	100~400	7~20	20~60	−56	300
내한용 고무	40~80	50~110	100~600	10~30	40~60	−90	260
2차가황불요 고무	40~80	30~80	100~300	7~15	5~20	−56	260
고무테이프,글래스테이블용 고무	30~80	35~70	100~500	10~20	40~80	−56	260
내용제용 고무	50~80	35~80	100~300	-	30~90	−50	250

(7) 기타의 특성

① 열전도도 : 실리콘고무의 열전도도는 약 0.495×10cal/㎝.c.sec 또는 약 0.006 watts/in/°F/in 또는 3BTU/sq.ft/°F/in/h의 값이 보고되고 있다.

② 가스투과율 : 다른 합성고무나 플라스틱에 비교하여 일반적으로 가스나 증기의 투과율은 좋다. 공기의 투과율은 약 800～2000×10^{-9}㎠/㎤/sec/atm이다.

③ 체팽창계수 : 약 6.5×10^{-4}㎤/㎤ ℃이다. 〈그림 7-20〉에 용적 변화율을 표시하였다.

(8) 용 도

① 전기기계 공업 : 고무테이프 고무글래스테이프 RTV고무 등이 H종의 건식 트

랜스, 텔레비젼의 플라이백트랜스, 차량모터의 절연재로서 사용이 된다. 또는 불연성유 트랜스의 패킹, 브성에 좋다. 차량 등의 히터 단말 시일, 스팀아이론의 시일 또는 패킹에는 RTV고무나 고무파운드가 실용되고 있다. 실리콘고무 피복선은 H종으로서 주로 고온용의 콘트로올전선, 각종 모터, 난방기기의 내연구출선, 점화선용 전선(點火線用電線), 항공기용 전선(航船空機用電線), 해저케이블, 냉장고의 등에 이용된다.

② 자동차 공업 : 자동차, 버스, 지프, 덤프차, 트럭 등에 사용되고 있는 주요한 사용소개로는 스파크플러스 이그니션코드, 디스트리뷰터, 휠실린더 등의 부쯔선, 점화전용코드, 실린더라이너, 토오크컨버터, 클러치 등의 O-링, 엔진블록 등의 가스켙, 트랜스미션, 드라이브피니온, 기타 베어링 부분의 오일시일유 등이다.

③ 항공기 공업 : 주요한 사용소재(使用素材)로서 문, 창문, 엔진실 등의 시일, 다크론 등에 사용하고 날개의 보호피복재(保護被服材)로서 사용하는 외에, 난방용 가열관 등의 가압 열공기관접속부(加壓熱空氣管接續部)의 각종 계기 및 스위치부조, 수압이나 유압계부분의 O-링, 기타 고무피복전선, 케이블이 사용된다.

④ 플라스틱 가공 방법 : 화학기계공업, 폴리에틸렌 등의 라미네이트용 로울, 아교부착 로울, 연속가황실링 로울, 제지용 로울, 프린트 로울, 인쇄 로울 등의 고무로울에 유효하다.

또 플라스틱화장판의 쿠션시이트, 히이트 실러패트에 실용화하고 있다. RTV고무는 플라스틱류의 형뜨기 모형으로 사용하며 버튼, 미술품의 복제, 전기용 플라스틱 부품의 모형으로서 유효하다. 화학기계관계에서 열판의 리이드선, 화학장치의 가스켙, 시일, 다이아프램, 타광기(打光器)의 소키트카바 등에 실용화되고 있다.

(9) 의료품, 기타

실리콘고무는 의료적으로 독성이 거의 없으므로 항생균제제(抗生菌製劑) 홀몬, 왁찐, 혈청관계의 고무전, 수혈관, 수두증 치료용 고무관 등의 각종 의료용 고무관,

성형의료 때의 주입물, 인공지방, 인공 연골, 치과용 쿠션패트, 유아용 젖꼭지, 쥬우스 등의 자동판매기 속의 액체수송관 등에 사용되고 있다. 기타 식품용 로울, 콘베어벨트, 테이프레코더용 벨트, 커피포트나 차류의 패킹에 사용되고 있다.

13) 플루오르고무(Fluoropropylene mononmer, FPM)

산화불소의 구조를 가지고 있으므로 고온의 기름이나 연료에 잘 견디고, 엘라스토머의 특성을 갖는 탄성이다. 실리콘고무와 같이 초내열성이 좋은 편이고, 초내식성의 탄성체이다.

(1) 플루오르고무의 종류

종류를 보면 플루오르화아크릴레이트계, 트리플루오르화에틸렌클로라이드와 플루오르화비닐리덴과의 공중합체(共重合體), 플루오르화폴리에스테르계, 헥사플루오 르화 프로필렌과 플루오르화비닐리덴의 공중합체 등이 있으나, 후자를 제외하고는 결점이 많아 현재에는 거의 사용되지 않는다.

헥사플루오르화계의 플루오르고무는 1956년에 듀퐁社에서 Vition이란 상품명으로 시판되었다. 그 후 3M社에서도 동일한 탄성체의 개발에 성공, F1uorue1이라는 상품명으로 시판을 시작하였다.

플루오르화아크릴레이트계 고무는 $CH_2=CH-COOCH_2-CF_2-COF_3$, 또는 $CH_2=CH-COOCH_2CF_3$을 유화(乳化) 중합하여 제조하며, 이때 과황산칼륨을 촉매로 사용한다.

플루오르화비닐리덴계 수지는 $CF_2=CH_2$와 $CF_2=CFC_1$ 또는 $CF_3CF=CF_2$을 혼성 중합시킨 것인데, 레독스계 촉매를 사용한 서스펜션 중합 또는 할로겐 치환이나 과산화아세틸을 촉매로 사용하여 벌크 중합 등으로 제조한다.

플루오르화폴리에스테르계 축합 중합체의 제조 반응을 예로 들면 다음과 같다.

$$ClOC(CH_2)_4COCl+HOCH_2(CF_2)_3CH_2OH$$

$$\longrightarrow[-OC(CH_2)_4CO-OCH_2(CF_2)_3CH_2O--]_n$$

또 플루오르화 고무에서는 테트라플루오르에텐(TEFRON)과 트리플루오르니트로소메탄의 혼성 중합체가 있는데, 이것을 니트로소고무라고도 하며, 내용제성, 내유성, 내한성이 매우 좋다.

화학구조적으로 분류하면 다음 5종류로 크게 나눌 수가 있다.

가. 함불소(含弗素) 아크릴레이트 중합체

3M社가 공군의 의뢰를 받아 저온에서 내연료유성의 폴리머를 개발 중 불소화아크릴레이트계의 폴리머가 제스텔타입의 엔진윤활유에 뛰어난 저항성이 있는 것을 발견, 그 결과 Po1y FBA(후 FLuoro rubber lF4라 개칭)의 실용화가 되었다.

그 저온특성을 개량한 것이 2F4이다. 그러나 가공이 어렵기 때문에 다른 불소고무의 가공성이 개량됨에 따라 일반적으로는 사용하지 않게 되었다.

나. 불화(弗化)비닐에틸렌, 6불화프로필렌 공중합체

전불소고무 사용량의 약 90%를 차지하고 있다고 추정이 된다. 구조식을 테플론과 비슷하게 하여 내유, 내열성을 갖게하여 쇄상분자(鎖狀分子)에 가용성을 주기 때문에 메틸렌기를 분자간 응집력완화를 위해 공간용적이 큰 3불화메틸산을 도입한 구조를 가지며 ASTM약칭에 의하면 FKM이다. 6불화프로필렌량은 70%까지 어떠한 비유에서의 중합도 기능하지만, 많아짐에 따라 인장강도가 감소하는 반면, 가교의 척도인 신장의 회복률은 크게 된다. 실용적으로 30~70%가 적당하다. 3M社의 F1uore1은 2140, 2141의 두 타입이며, 후자는 전자의 가공성을 개량한 타입이다. Du pont社의 Viton은 A타입이 개발되고 있다. Viton B가 대표적인 타입이며 내액체성(耐液體性), 열안정성(熱安定性)이 뛰어나 있다.

다. 불화비닐리덴, 3불화염화에틸렌 공중합체

3M社의 Ke1-F E1astomer로서 시판되고 있으며, 3700, 5500의 두 타입이 있다. 3700은 저온특성을 개량한 타입이다.

공중합체 중 3불화염화에틸렌과 불화비닐리덴과의 비율은 몰%로 하고 20~69 : 80 : 31의 범위의 것이다.

라. 함불소 규소고무

규소고무의 내열성과 불소고무의 내유성을 겸비시키는 목적이며, 규소고무의 메틸기 대신에 불화알킬기를 도입한 것으로 Dow社에서 LS53으로 발표되었다.

마. 함불소 폴리에스텔고무

Hook社에서 F1uoropolyester로서 발표된 것이며 염화아디프플루오르펜타디올의 폴리에스텔이다. 다른 불소고무에 비교하여 천연고무에 가까운 성질을 가진다.

(2) 주요한 불소고무 물성

각종 불소고무의 물성치(物性值)의 대표 예를 〈표 7-42〉에 제시한다.

〈표 7-42〉 각종 불소고무의 물리적 성질의 예

물성 \ 종류 타입	불화 폴리에스텔고무	Silastic LS 53	Fluorel rubber 1F4	Fluorel rubber 2F4
인장강도 (kg/㎠)	148	77	91	67
신장 (%)	420	185	400	300
경도 (쇼아A)	65	60	60	65
취화온도 (℃)	−72	−68	−11	−38
압축*(%) 영구왜곡	크다	22	30	55

물성 \ 종류 타입	Kel F elastomer 3700	Kel F elastomer 5500	Fluorel elastomer	Viton A	Viton B
인장강도 (kg/㎠)	221	246	140	154	158
신장 (%)	360	385	215	460	390
경도 (쇼아A)	60	60	70	68	74
취화온도 (℃)	−51	−51	−34	−40	−45
압축*(%) 영구왜곡	45	65	17	29	27

* B법 121℃×70h

(3) 가공가황법

가. 배 합

불소고무는 배합제로서 금속산화물, 가황제, 충전제, 가공조제가 필요하다.

① 금속산화물 : 불소고무를 고온에 놓았을 때 유리하는 불소화수소, 기타의 산

성물질을 중화하는 역할 및 가교반응중(架橋反應中) 불화수소를 중화하여 반응을 진행하는 촉매로하여 작용한다. 마그네시아(低活性)가 주로 사용되며, 리서지는 내산성이 필요할 때에 사용이 된다. 산화칼슘은 물 제품의 스폰지화를 방지하여 압축영구변형을 개량한다.

② 가황제 : 불소고무는 높은 에너지의 방사선 조사(照射), 유기과산화물에서도 가교할 수 있으나 실용적이 아니다. 실제는 지방족폴리아민의 유도체가 가교제로서 사용이 된다. 가교반응으로서 ㉠ 금속산화물에 의해 탈불화 수소반응(脫弗化 水素反應)이 일어나서 이중결합이 생기고, ㉡ 폴리아민이 이중결합에 작용하여 디아민 가교를 생성한다. ㉢ 다음에 불화수소를 잃고 이민(imine)구조로 바뀐다. ㉠의 반응으로 부생(副生)한 물이 반응계 중에 있으면 반응은 고정하고 어느 한도 이상 반응하지 않는다. 따라서 가교를 진행하기 위해 반응계 중의 물을 제거해 줄 필요가 있다. 즉 post cure가 필요하게 된다. 폴리아민을 사용하면 스코치하기 쉬우므로 블록화 유도체, 예를 들면 헥사메틸렌디아민의 카르바민산염, N N'-비스(신나밀리덴-1,6, 헥시렌디아민) 등이 사용이 된다. 저온에서는 불활성이며, 가황온도로 활성유리아민을 방출하여 가교반응하는 기구를 이용한다.

③ 충전제 : 수축을 적게 하고 인장응력을 늘이며 단단함을 높이기 위해 사용된다. 소량으로도 가황생지(加黃生地)의 점도, 가황물의 단단함을 높게 하는 경향이 크기 때문에 평상 다른 고무에 첨가하는 양보다 적게 사용이 된다.
MT블랙은 가공특성과 가황물성의 밸런스가 잘 잡기 위해 널리 사용이 된다. 광물성 충전제로서 황산바륨을 MT와 같은 부피로 사용하면 특성을 거의 바꾸는 일이 없이 사용할 수가 있다.

④ 가공조제 : 불소고무에는 일반의 가소제는 사용할 수가 없다. 내열성, 내화학약품성을 저하시키기 위해서이다. 만일 사용하여도 5phr이하로 멈추는 것이 좋다. 많이 사용하면 2차 가황중 가소제의 휘발에 의한 수축이 크다. 가황물의 경도를 내리는 데에 유효한 가소제는 불화 실리콘오일로 10phr까지는 강도를 내려 배합생지 점도를 현저하게 저하시켜 가황중의 수축을 증대시키지

않는다. 가소성을 가함으로써 내한성(耐寒性)을 향상시키려고 하는 시도는 고온 2차가황 또는 열노화중에 가소제가 휘산해 버리므로 현재까지의 점에서 성공하고 있지 않다. 바이톤 LM은 가황물에 대한 영향이 다른 가소제보다 적으므로 최적량이라 생각되며, 바이톤 AAHV B의 폴리에틸렌을 2~4phr정도 사용하면 좋다. 단, 할로겐화 탄화수소 중에서의 내팽윤성(耐膨潤性)을 나쁘게 한다.

⑤ 표준배합 : 바이톤에 대하여 표준배합을 〈표 7-43〉에 표시한다.

〈표 7-43〉 바이톤의 표준배합

배합약품 \ 종류	일반배합	내산배합	후물용 배합
바이톤	100	100	100
MT블랙	20	20	20
MgO(저활성)	15	—	—
PbO	—	15	—
CaO(시약급)	—	—	15
다이아크 3	2~3	2~3	2~3

나. 혼 련

일반고무용 반죽로울기로 쉽게 기공을 할 수가 있다. 로울에 잘 붙어서 초벌반죽효과가 없으므로 붙으면 즉시 배합제를 가한다. 로울온도는 가급적 낮추는 것이 좋고 금속산화물, 충전제, 가소제의 순으로 가하며 나중에 가황제를 가한다. 분산을 빨리하게 하여 효과를 보기 위해 미리 배합제를 혼합해 둔다. 예를 들면 마그네시아와 카본블랙을 혼합하면 좋다. 일정시간 성숙한 후 냉각로울사이를 제분하고 다시 반죽하면 분산을 보다 완전하게 된다. 벳치사이즈가 너무 크면 발열 때문에 로울에 점착하는 경향이 있으며 다른 고무보다 벳치사이즈를 적게 할 필요가 있다.

다. 가공 및 가황

압출(押出)은 일반 고무용 압출기를 사용하며 쉽게 작용할 수가 있다. 배럴이나 스큐류를 비교적 저온(66℃ 이하)으로 해두면 생지(生地)의 강성(剛性)이 늘어 공기의 혼입을 최소한으로 멈출 수가 있다. 또 바이톤 B에 다이아크 No.3을 사용하면 가소화효과와 가공안정성이 있기 때문에 압출배합에 적합하다.

칼렌더작업은 반죽한 따뜻한 생지를 38℃의 로울에 감지 않고 그대로 분출하면 가장 좋은 결과가 얻어진다. 평활한 칼렌더시이트를 만드는 데에는 고온(93~120℃)으로 작업할 필요가 있는데 바이톤 AHV를 사용하면, 미가황생지의 강도가 크기 때문에 생지가 조각이 나지 않아 좋다. 또 압출이나 분출 가운데 어느 것이나 바이톤 LM의 사용도 생각할 수가 있다.

① 가황 : 다른 고무와 마찬가지로 성형가황을 할 수가 있다. 그러나 1차 가황과 2차 가황의 두 공정이 필요하다. 1차 가황은 프레스가황 150~160℃로 30분 정도가 일반적이다. 제품의 형상을 정하는 것이 주 목적이며, 가황반응적으로 보면 일부분이 진행하고 있는데 지나지 않다. 대부분의 가황반응은 2차가황(오픈가황)으로 완성한다. 이 반응의 결과 물이 생기므로 물을 반응계 밖으로 제거해 줄 필요가 있다. 2차 가황을 하면 압축영구변형은 현저하게 개량이 된다. 2차가황은 일반적으로 200℃정도의 순환기류 중에서 24시간 정도 하게 된다. 물가황은 기포화하기 쉬우므로 소위 라이즈를 취할 필요가 있다.

2차가황을 하고 있지 않는 바이톤스크랩은 다시 반죽하여 새로 반죽한 생지에 20%정도 가하여 사용할 수가 있다

라. 가황물의 성질

불소고무의 일 예로써 주로 바이톤의 각종 성질에 대하여 설명한다.

① 강도 : 표준배합의 쥬로미터 강도는 약 70인데 배합에 의해 50~95의 각각의 강도가 있는 것을 제조할 수가 있다. 온도상승에 의한 강도는 내려가서 120~260℃사이에서는 실온에 비교하여 15포인트만 부드럽게 된다.

② 인장강도, 신장 : 평상온도에 충분한 값이 있으며 24℃에서 인장강도 140(kg/㎠, 150~300(%) 정도, 150℃에서는 인장강도 kg/㎠, 신장 75~150%정도이다. 제품의 내구력(耐久力)은 절단시의 신장의 값으로 추정할 수가 있다.

최고의 내압축영구변형성(耐壓縮永久變形性)은 오픈 2차 가황을 함으로써 얻어지는데, 2차 가황의 온도는 예측되는 실용온도보다 고온에서 하는 것이 좋고, 가교의 안정성을 늘리고 시험중에 가해지는 응력에 의한 파괴에 대한 저

항력을 늘릴 수 있다.

내열성이 뛰어나 있는 것도 불소고무의 최대 특징의 하나이며 분자내의 C－F 결합 에너지가 크기 때문이다. 각 온도에서의 연속사용의 한계시간 예를 다음에 제시한다.

230℃ 3000시간 이상

260℃ 1000시간 이상

290℃ 240시간 이상

320℃ 48시간 이상

불소고무를 300℃이상으로 가열하면 분해생성물의 양이 상당히 증가하여 불소화수소와 비슷한 독성을 가지므로 주의하기 바란다.

저온취화점(低溫脆化点)은 －45℃전후인데 －54C까지의 동적온도, 예를 들면 O-링의 정적 시일기능은 그 이하의 온도라도 충분히 유지된다.

③ 내액체성 : 실용화되어 있는 고무 중 최고의 저항성을 가지고 기름, 연료유, 윤활제, 대부분의 광산(鑛酸), 기타의 고무에는 용제로서 사용하고 있는 지방족(脂肪族), 방향족계(芳香族系), 탄화수소(炭化水素), 4염화탄소(四鹽化炭素), 벤젠, 톨루엔, 크시렌 등에 대하여 뛰어난 저항성을 가진다. 단 저분자량의 에스텔, 에텔류, 케톤류, 일부의 아민류, 클로로설폰산에는 사용하지 않는 편이 좋다.

④ 전기특성 : 직류저항 2×1013 ohm/㎝정도 유전율(誘電率) 15전후, 역률(力率) 약 5%, 절연내력(絶緣耐力) 1밀리당 500V 정도이다.

⑤ 내열성 : 다량의 불소를 함유하고 있으므로 연소가 어려우며, 자기소염성(自己消炎性)을 가지고 있다.

⑥ 기타의 특성 : 비열 0.395, 열전도율 5.44×10^{14}cal/㎝, sec · ℃(38℃)에서 N_2 가스 0.0054× 10^{-7}cc/㎠/㎝/sec/atm이다.

플루오르고무의 대표적 특징은 내열성과 우수한 내유, 내약품성인 바, 내열성은 실리콘고무 이상으로 300~350℃에서도 사용가능하다. 그러나 고온에서 물성의 저하가 심하므로 용도에 따라 제약을 받는다.

내한성은 좋지 않아 −18~−20℃정도이다. 내유성, 내후성, 내오존성은 어느 고무 보다 좋으며 내약품성도 진한 알칼리를 제외하고는 많은 약품에 대해 저항성을 가 지고 있다.

결점은 값이 비싸며, 케톤, 에스테르에 저항성이 약하고 반발탄성도 좋지 않다.

마. 용 도

고온내액체성(高溫耐液體性)이 뛰어난 불소고무는 우주기기, 항공기기, 자동차, 화학공업, 전기기기 등의 분야로 사용 확대하고 있다. 항공기 및 미사일의 부품, 가스켙, 고무인포, 내화벽의 시일, 케이블도장, 타이어의 밸브, 스팀시일, 급유계통, O-링 등에 사용한다. 자동차용에는 원가의 관계도 있어서 다른 고무에서는 도움이 되지 않는 경우가 있다.

14) 다황화(多黃化) 고무(Polysulfide rubber, thiokol)

다황화물계 고무는 「폴리설피이드(polysulfide)」라고 하는데, 주쇄(主鎖)에 유황을 포함하는 합성고무이다. 이 합성고무는 최초 1931년에 Patrick의 특허를 바탕으로 미국의 Thiokol Chemical Corp.에서 공업화되고 Thiokol A라는 상품명으로 시판되었다. 그 후 Perduren(독일), Vulcap1as(영국), Sovprene(소련), 히타콜(일본) 등의 상품명으로 각국에서 생산되었는데 현재에는 거의 Thiokol Chemical Corp. 만이 제조하여 판매하고 있기 때문에 Thiokol이 다황화물계(多黃化物系) 고무의 대명사로 되어 있다.

이와 같이 다황화물계 고무는 합성고무 가운데에서는 매우 오랜 부류에 속하는 것인데, 다른 합성고무와 같이 큰 발전을 수행하지 못한 것은 물리적 성질과 가공성이 그다지 뛰어나 있지 않았기 때문일 것이다. 그러나 최근에는 이와 같은 결함도 개선되고 각종의 새로운 용도를 찾아 내고 있으며 금후의 발전이 기대된다. 다황화고무는 알칼리성 폴리설피이드와 적당한 알칼리 하라이드(alka1i halide)의 축합 중합으로 제조하는 선 모양 중합체이다.

$$nRCl_2 = nNa_2S_x \rightarrow (-R = S_x -)_n + 2nNaCl$$

(1) 다황화물계 고무의 제조방법

다황화물계 고무의 제조방법은 여러 가지가 있는데 그 중 대표적인 것은 양말단기(兩末端基)에 할로겐기(일반적으로 Cl)을 가진 유기 디할로겐화합물인 알킬디하라이드(alkyl dihalide)와 다황화 알칼리와의 축합반응(縮合反應)에 의한 방법이다.

$$nCl-CH_2-CH_2-Cl-CH_2-CH_2-Cl+nNa_2S_x \rightarrow (CH_2-CH_2-S_x-)_n+2nNaCl$$

(x : 1.0에서 5.0까지 변화한다)

이 경우 다황화알칼리를 과잉하게 사용하면 고분자량의 고무가 되며, 다황화알칼리를 적게 사용하면 저분자량의 액상물질(이것은 말단에 할로겐기를 가지고 고분자화할 수가 없다)이 된다.

실제의 제조법에 대해서는 Thioko1 A를 예로하여 설명한다. 원료로서는 2염화(二鹽化)에탄(에틸렌디클로리드 : $Cl-CH_2-CH_2-Cl$)과 4황화(四黃化)나트륨(Na_2S_4)의 수용액 중에 미량의 수산화마그네슘, 젤라틴 등의 보호 콜로이드, 계면활성제(界面活性劑) 등을 첨가하여 분산시켜 50~90℃로 가열 교반하면서 2염화에탄을 가하여 반응시킨다. 이와 같은 조작으로 얻어진 생성물은 입자경이 3~15μ의 라텍스이기 때문에 이것에 산을 가하여 응고시켜 이 응고물을 로울에 걸면서 수세(水洗)하여 시이트상으로 하여 제품으로 한다. 이와 같은 제조방법은 다황화물계 고무의 공업적 제조방법으로서 가장 일반적인 것이다.

이 밖에 다황화물계의 고형고무의 제조방법으로서는 디올레핀(dio1efin)과 디멜캎탄(dimercaptane)의 반응 유황을 포함하는 환상화합물(環狀化合物)의 개환중합반응(開環重合反應) 디멜캎탄의 신화 등이 있다.

가황이 가능한 액상의 다황화물계 고무는 하나의 방법으로서 고분자량을 가진 다황화물의 환원에 의한 해중합에 의해 만들어 진다.

$$(-CH_2-CH_2-O-CH_2-O-CH_2-CH_2-SS-CH_2-CH_2-CH_2-O-CH_2$$
$$-O-CH_2-CH_2-SS-)_n+2H \rightarrow -CH_2-CH_2-O-CH_2-O-CH_2$$
$$-CH_2-SH+HS-CH_2-CH_2-O-CH_2-O-CH_2-CH_2-SS-$$

그러나 현재 시판되어 있는 가황 가능한 액상고무는 고분자량의 다황화물을 수황화나트륨과 아황산나트륨으로 처리하여 제조한다.

$$-R-S-S-R- + NaSH + Na_2SO_3 \rightarrow -RSNa + HSR \mp Na_2S_2O_3$$

실제의 제조에서는 주원료로서 디클로에틸퍼멀(dichloroethyl formal, $Cl-CH_2-CH_2-O-CH_2-O-CH_2-CH_2-CH_2-Cl$)이 사용이 되며, 기타의 유기 디할로겐화합물도 사용한다. 이와 같이하여 제조되는 액상고무는 분자량이 낮고 말단에 티올기(-SH)를 가지고 있다.

원료로는 여러 가지 다황화나트륨과 유기 2염화물(有機 二鹽化物)이 이용되며, 이에 따라 성질이 약간 다른 다황화 고무들을 제조할 수 있다. 중합체를 라텍스 모양으로 얻기 위하여 적은 양의 수산화마그네슘이나 계면활성제(界面活性劑) 등의 분산제(分散劑)를 넣어 주는 것이 보통이며, 이 라텍스는 산으로 응결시킨 다음 물로 씻어 준다.

단위체 하나에 2분자 이상의 황이 함유되면 탄성을 가지게 되며, 4분자 이상이 되면 고무로서의 성질을 가지게 된다. 고형고무와 액상고무외에 이것들과 거의 같은 방법에 의해 제조되는 다황화물계 고무라텍스도 있다.

고형고무 및 고무라텍스로서 현재까지 시판된 다황화물계 고무의 제조방법과 상품명을 〈표 7-44〉 및 〈표 7-45〉에 표시한다.

〈표 7-44〉 다황화물계 고무라텍스의 제조법과 상품명

상 품 명	제 조 법	입자경(μ)
Thiokol MF	$ClCH_2CH_2Cl$와 $ClCH_2CH_2OCH_2CH_2Cl$의 혼합물을 다황화알칼리와 반응시킨다.	2~6
MX	$ClCH_2CH_2Cl$와 $ClCH_2CH_2CH_2CH_2Cl$의 혼합물을 다황화알칼리와 반응시킨다.	4~8
WD-2	$ClCH_2CH_2OCH_2OCH_2CH_2Cl$과 $ClCH_2-\underset{\underset{Cl}{\vert}}{CH}-CH_2Cl$의 혼합물을 다황화알칼리와 반응시킨다.	8~15
WD-6	Thiokol MX의 반응의 반응일 때, 소량의 트리클로로프로판을 가하여 반응시킨다.	2~6

또 최근에는 에틸렌설피이드(ethylene sulfide)나 프로필렌설피이드(polyalkylene sulfide)고무를 제조할 수 있다고 알려져 있다.

〈표 7-45〉 고형다유화물계 고무의 제조법과 상품명

조 성	제 조 법	상 품 명
$(-CH_2CH_2S_4-)_n$	$ClCH_2CH_2Cl$과 4황화 알칼리를 반응시킨다.	Thiokol A(미국) Resinit(소련) Ethanic(벨기에) 히타콜(일립) 치오나이트(고하전공)
$(-CH_2CH_2OCH_2CH_2S_2-)_n$	$ClCH_2CH_2OCH_2CH_2$와 2황화알칼리를 반응시킨다. 또는 $HSCH_2CH_2OCH_2\ CH_2SH$의 산화	Thiokol B(미국) Perduren G(독일) 그리이이토(주우전공)
$(-CH_2CH_2OCH_2CH_2OCH_2CH_2S_4-)_n$	$ClCH_2CH_2OCH_2CH_2OCH_2CH_2Cl$과 4황화알칼리를 반응시킨다.	Thiokol E(미국)
$(-CH_2CH_2OCH_2OCH_2CH_2S_4-)_n$	$ClCH_2CH_2OCH_2OCH_2CH_2Cl$과 4황화알칼리를 반응시킨다.	Perduren H(독일)
$(-CH_2CH_2S_\chi CH_2CH_2OCH_2CH_2Sx-)_n$	$ClCH_2CH_2Cl$과 $ClCH_2CH_2OCH_2$ CH_2Cl의 혼합물을 다황화알칼리와 반응시킨다.	Thiokol F(미국)
$(-CH_2CH(OH)-CH_2-Sx-)_n$	글리세롤-α, γ-디크롤히드린과 다황화알칼리와 반응시킨다.	Vulcaplas(영국)
$(-CH_2CH_2S_2CH_2CH_2OCH_2OCH_2$ $CH_2-S_2-)_n$	$ClCH_2CH_2Cl$와 $ClCH_2CH_2OCH_2$ OCH_2CH_2Cl과 2황화알칼리와 반응시킨다.	Thiokol FA(미국)
$(-CH_2CH_2OCH_2OCH_2CH_2-S_2-)_n$	$ClCH_2CH_2OCH_2OCH_2CH_2Cl$과 2황화알칼리를 반응시킨다.	Thiokol ST(미국)
$(-CH_2CH_2S_2CH_2CH_2OCH_2OCH_2$ $CH_2-S_2-)_n$	$ClCH_2CH_2Cl$, $ClCH_2CH_2OCH_2$ OCH_2CH_2Cl과 3황화물을 2황화알칼리와 반응시킨다.	Thiokol PR-I(미국)*

* 말단에 -SH기가 있고 가교결합을 포함.

(2) 다황화물계 고무의 종류

다황화물계 고무는 앞에서 설명한 것과 같이 옛날에는 각국에서 제조해 왔으나 현재에는 미국의 Thiokol Chemica1 Corp.에서 대부분 제조되고 있다. 현재 시판되고 있는 Thiokol Chernical Corp.의 고형, 액상 및 라텍스상의 다황화물계 고무의 종류와 일반적인 성질을 〈표 7-46〉에 표시한다.

고형고무 중에 Thiokol-A, FA는 가교결합(架橋結合)이 존재하지 않고 말단은 불분명하므로 Thiokol ST, PR-1은 말단에 티올기를 가지며 가교결합도 존재하는 것으로 생각한다.

〈표 7-46〉 고형다유화물계 고무의 종류와 일반적 성질

성질 \ 종류	Thiokol A	Thiokol FA	Thiokol ST
외관	밝은 갈색 고체	밝은 갈색 고체	암갈색 고체
비중	1.60	1.34	1.25
함유수분(%)	0.5	0.5	0.5
유황수	5	2~1.8	2.2~2.25
안정성	E	E	G
인장강도(psi)	1,080	1,210	1,250
신장(%)	190	380	310
경도(쇼아A)	78	78	70
내약품성			
유기용제	E	F	F
방향족계용제	E	F	F
희산 및 알칼리	E	F	P
내오존, 산소노화성	E	F	F
응력완화성	P	P	P
저온시에서의 휨성(°F)	10	−47	−64
사용가능온도범위(°F)	0~150	−50~250	−60~250
가공성	F	G	G

이의 dry rubber에는 A, FA, ST의 3가지가 있고, 액상에는 LP-2, LP-3, LP-31, LP-32, LP-33 등 점도별(粘度別)로 시판되고 있다. 또 라텍스로서 MX, WD-2 등이 있는데 주로 포(布)의 코팅용으로 사용된다. 내유성이 가장 좋은 것은 A이고, 그 다음이 FA이며, ST는 구조적인 면으로 볼 때도 황의 함량이 적고 내유성(耐油性)도 좋지 않다. 그러나 가공성(加工性), 내한성(耐寒性)에서는 ST, FA가 A보다 좋다. 압축영구(壓縮永久) 줄음률은 ST를 제외하고는 나빠 70℃에서 100%이라는 수치를 보인다. 내열성(耐熱性)은 A, FA가 80℃정도 ST는 내한성(耐寒性)은 A가 −10℃, FA가 −40℃, ST는 −50℃이다.

액상고무인 Thioko1 LP계열은 말단에 티올기를 가지며 다음에 표시와 같은 분자구조이다.

$$HS-(C_2H_4-O-CH_2-O-C_2H_4-S-S)_n-C_2H_4-O-CH_2-O-C_2H_4-SH$$

고무라텍스 가운데 Thiokol MX는 Thioko1 A, Thioko1 WD-2는 Thioko1 FA와 같은 폴리마 이며, 또 어느 고무라텍스도 말단은 불분명하다.

(3) 다황화물계 고무의 가황과 가공

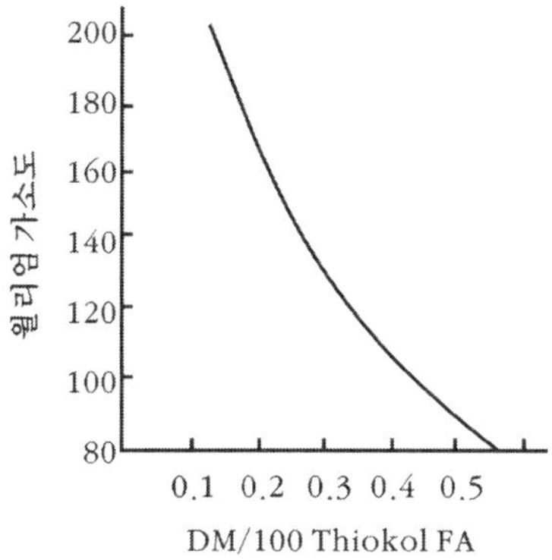

〈그림 7-21〉 Thiokol FA의 benzothiazyl disulfide(DM)에 의한 가소화

고형의 다황화물계 고무는 다른 고무와 마찬가지로 로울 위에서 초벌혼합을 하여 가소화하여 산화아연, 산화납 등의 가황제, 충전제, 보강제 등을 배합하여 약 140℃로 가열함으로써 가황할 수가 있다. 이 경우 대개는 그 기계적 성질을 개선하기 위해 NR, 다른 합성고무가 병용된다.

고형의 다황화물계 고무는 단지 로울로 초벌혼합을 하여도 가소화되기가 어려우나 벤조티아질 디설피이드(benzothiazyl disulfide), 테트라메틸튜램 디설피이드(tetramethlthiuram disulfide) 등의 유기디설피이드 또는 멜캅탄을 소량 가하여 초벌혼합을 하면 〈그림 7-21〉과 같이 쉽게 가소화(可塑化)되며 가공하기 쉽게 된다. 이것은 다황화물계 고무 중의 디설피이드결합(-S-S-)이 절단되기 때문이라 생각한다.

고형의 다황화물계 고무의 금속산화물에 의한 가황기구에 대해서는 아직 정설은 없으나 일반적으로는 이 고무의 제조시에 대부분의 경우, 다량의 다황화나트륨을 사용하기 때문에 그 말단이 티올기(-SH)가 되어 있으며 금속산화물이 다음과 같이 반응을 한다고 생각하고 있다.

$$HS\sim\sim R\sim SH + ZnO + HS\sim\sim R\sim\sim SH \rightarrow HS\sim\sim R\sim\sim SZnS\sim\sim R\sim SH + H_2O$$

$$HS\sim\sim R\sim SZnS\sim\sim R\sim\sim SH \rightarrow HS\sim\sim R\sim\sim S\sim R\sim SH + ZnS$$

또 가황제(加黃劑)로서 금속산화물 외에 유황을 사용할 때는 다음과 같은 반응을 생각할 수가 있다.

$$HS\sim\sim R\sim SZnS\sim\sim R\sim\sim SH + S \rightarrow HS\sim\sim R\sim\sim SS\sim\sim R\sim\sim SH + ZnS$$

다음에 액상의 다황화물계 고무의 가황에 대하여 설명한다. 액상의 다황화물계 고무는 말단기(末端基)에 티올기를 가지고 있기 때문에 이것과 반응하는 화합물, 즉 과산화납, 과산화아연과 같은 금속과산화물 cumene hydroperoxide와 같은 유기 과산화물, 플프랄디이소시아네이트, 에폭시화합물 등을 가황제로서 사용하여 가황할 수가 있다. 이러한 가황제를 사용하는 경우의 가황기구는 다음과 같다.

금속과산화물의 경우

$$2RSH + PbO_2 \rightarrow -R-SS-R- + PbO + H_2O$$

$$2RSH + PbO \rightarrow -R-S-Pb-S-R- + H_2O$$

$$-R-S-Pb-S-R + PbO_2 \rightarrow -R-SS-R- + 2PbO$$

$$-R-S-Pb-S-R + S \rightarrow -R-SS-R- + PbS$$

유기과산화물의 경우

$$2RSH + [O] \rightarrow -R-SS-R- + H_2O$$

p-quinone dioxime의 경우

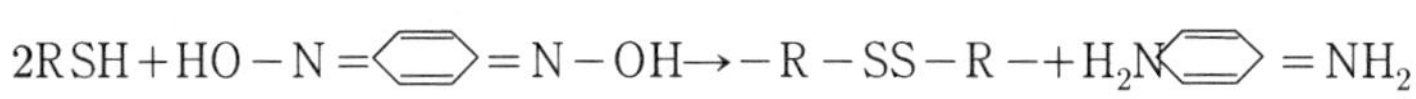

플프랄의 경우

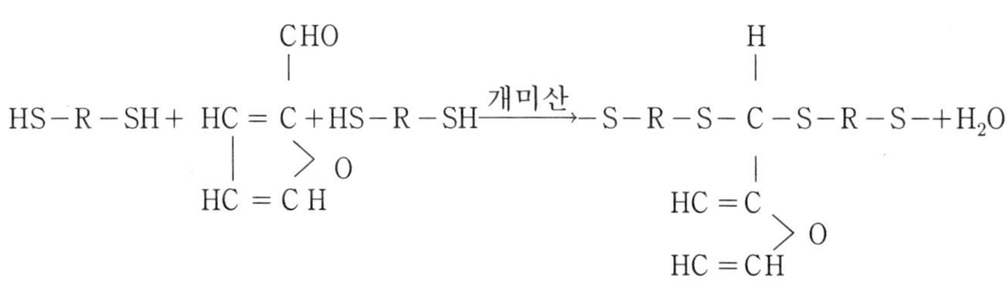

에폭시화합물의 경우

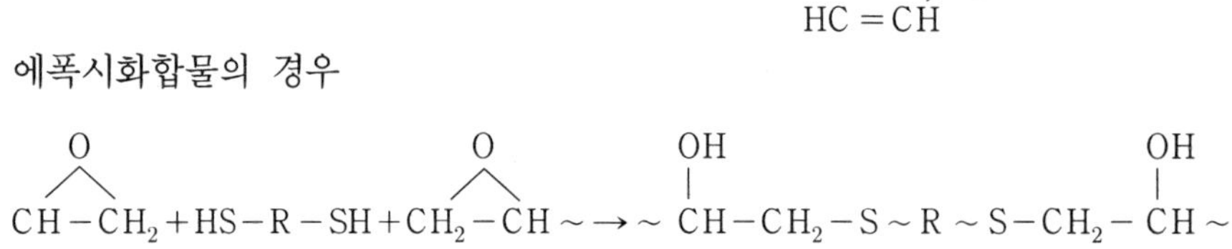

액상고무인 Thiokol LP-2에 대하여 주요한 가황제에 의한 가황조건을 〈표 7-47〉에 표시한다.

〈표 7-47〉 Thiokol LP-2의 가황조건

가황제	촉매	가황온도(°F)	가황시간
과산화납	-	0~200	5min~48h
쿠멘하이드로퍼옥사이드	DPG(디페닐개미산아니딘)	0~100	10min~8h
산화아연	헥사메틸렌테트라민	50~250	8h~48h
p-키논디옥심	DPG	70~250	8h~48h
과산화아연	암모니아	70~150	1일~2일
코발트염	-	70~150	4h~1일
플프랄	개미산	70~100	1일~3일

이와 같이 다황화물계 고무의 가황은 다른 고무의 경우와 달리 망상(網狀)구조의 형성이 아니고 단지 말단을 연결시켜, 분자량의 증대에 지나지 않는 것이라 추론된다.

(4) 다황화물계 고무의 성질

다황화물계 고무의 분자구조는 2황화물고무의 기본구조인 $(\text{-R-S-S})_n$라는 단위가 되풀이 되고 있다는 것이 여러 가지의 연구결과에서 분명하게 되었는데, 4황화물고무에 대해서는 정설이 없고 $(\text{-R-S-S-S-S-})_n$와 $(\text{-R-S-S-})_n$인 구조의 양쪽을 생각하면 기타 유황이 쇄상(鎖狀)으로 늘어선 구조도 제안되어 있다.

또 많은 경우 이러한 다황화물계 고무의 말단은 티올기(-SH)라고 추정하고 있다.

일반적으로 말하여 다황화물계 고무는 NR이나 그 밖의 합성고무에 비교하여, 특히 내유성(耐油性), 내용제성(耐溶劑性), 기체의 불연성이 뛰어나 있으며, 그밖에 내오존성, 내코로나성, 내노화성 등도 양호하지만 물리적 성질이 뒤떨어지고, 또 가공을 할 때 악취를 발생하는 결점이 있다. 이 고무는 유황함량이 증가할수록 내유성이나 내용제성이 풍부하나, 물리적 성질이 뒤떨어지고 탄소수가 많을수록 물리적 성질은 개선이 되지만 내유성, 내용제성이 나쁘게 되는 경향이 있다. 또 가공성, 물성이 나쁘고, 내열, 내한성이 나쁘다는 단점을 가지고 있다. 이와 같은 경향에 대하여 제시한 것이 〈표 7-48〉 및 〈표 7-49〉 이다. 〈표 7-48〉 은 유황함량과 각종의 용제에 의한 팽윤도(膨潤度)를 〈표 7-49〉는 $\{-(CH2)_n-Sx-\}_m$의 메틸렌기 및 유황함량과 성질의 관계를 나타낸다.

〈표 7-48〉 다황화물계 고무 중 유황함량과 용제에 의한 팽윤도

다황화물계 고무의 종류	유황(%)	팽 윤 도(%)		
		벤젠	메틸에틸케톤	4염화탄소
Thiokol A	85	18	12	7
Thiokol PR-1	55	68	23	29
Thiokol FA	47	100	33	40
Thiokol ST	40	127	49	48

〈표 7-49〉 다유화물계 고무 중의 메틸렌기 및 유황의 수화 성질관계

다황화물계 고무의 조성	형 상	경 도 (쇼아A)	연화온도 (℃)	겉보기융점 (℃)	비 중	팽윤도 (벤젠중) *Vs/Vo**
$(CH_2CH_2S_4)_n$	단단하다	93	60	111~118	1.311	1.023
$(CH_2CH_2CH_2S_4)_n$	단단하다	91	76	78~80	1.291	1.040
$(CH_2CH_2CH_2CH_2S_4)_n$	부드럽다	8	-7	-	1.202	하락
$(CH_2CH_2CH_2CH_2CH_2S_4)_n$	물엿상	2	-	-	1.200	하락
$(CH_2CH_2S_2)_n$	단단하다	89	60	104~108	1.275	1.052
$(CH_2CH_2CH_2S_2)_n$	단단하다	86	67	72~74	1.265	1.096

* *Vo*, *Vs*는 팽윤전 및 후의 체적을 나타냄.

가. 내구성, 내용제성

유황함량이 많은 다황화물계 고무일수록 내유성, 내용제성이 뛰어나 있으며, 이 경향은 〈표 7-50〉에 표시한 대로이다.

〈표 7-50〉 Thiokol A의 내유성, 내용제성(1/4×1/6×4in의 시험편을 실온에서 1개년 침지시키고 길이의 증가에서 용적팽윤율(%)을 산출한 것)

용 제	팽윤율 (%)	상태	용 제	팽윤율 (%)	상태
모타가솔린	1.0	양호	Drop oil(적하유)	13.8	양호
80:20 가솔린:벤젠(용량)	3.0	양호	면실유(棉實油)	0.0	양호
50:50 가솔린:벤젠(용량)	6.3	양호	아세톤	2.5	양호
벤젠	25.0	형이 무너짐	메틸알코올	1.3	양호
캐로신	0.8	양호	4염화탄소	8.8	양호
SAE No. 30 모타유	0.5	양호	3염화탄소	붕괴	—
No. 4 연료유	3.5	양호			

나. 내산성, 내알칼리성, 내수성

다황화물계 고무의 내산성, 내알칼리성은 NR보다도 뒤떨어져 있으며 농황산, 초산에 의해 분해하는데 염산이나 약알칼리에 대해서는 안정하다. 또 수분의 흡수는 적고 NR의 약 1/5정도라 한다.

다. 기체의 불투과성

〈표 7-51〉 Thiokol F의 수소가스투과도

온도(%)	투과도(cc/㎝/㎠/min)×10⁶
14	1.14
25	1.92
34	2.97
42	3.98

다황화물계 고무의 기체투과율은 1기압의 수소에서는 NR의 약 1/30(투과율, Thiokol A 4.5~8.8(NR 208~250)이며, 헬륨은 수소보다도 더욱 투과하기 어렵다고 한다. 특히 Thiokol F에 대한 수소의 투과율을 〈표 7-51〉에 표시한다.

나. 내노화성, 내오존성

다황화물계 고무는 이중결합을 가지고 있지 않기 때문인지 장기간에 걸쳐 일광이나 오존에 노출되어도 노화가 잘 안되며, 또 토양 속에 매몰하여 방치하여도 열화는 보이지 않는다고 한다.

마. 전기적 성질

다황화물계 고무의 전기적 특성은 NR과 큰차이가 없으며, 예를 들어 전기저항은 체적고유저항에서 4/10~1×Ω · ㎝, 표면저항에서 1~2×Ω · 1kg에서의 유전률은 6~8이다.

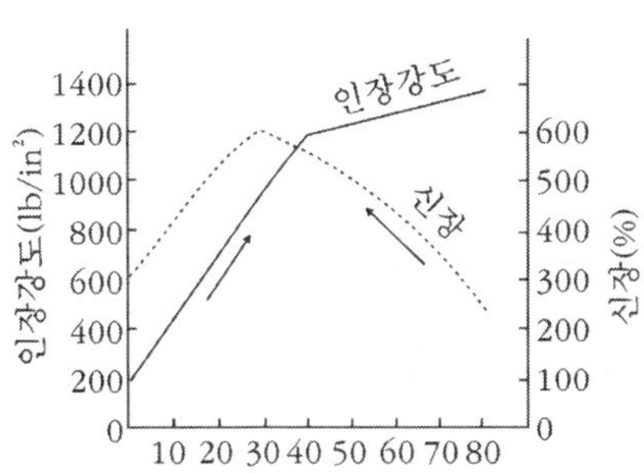

〈그림 7-22〉 Thiokol FA에 미치는 카본블랙의 영향

다황화물계 고무에 사용하는 충전제로서는 카본블랙이 가장 뛰어나 있는데 그 밖에 산화아연, 산화티탄, 탄산칼슘 등도 사용이 된다. 〈그림 7-22〉, 〈표 7-52〉 및 〈표 7-53〉에는 각종의 다황화물계 고무의 배합과 물리적 성질의 관계를 나타낸다.

고형의 다황화물계 고무는 가공에서 로울작업을 필요로 하는데 이것에 대해서는 액

〈표 7-52〉 각종의 Thiokol의 배합과 성질

배합의 종류	No. 1	No. 2	No. 3	No. 4
Thiokol A	100	-	-	-
Thiokol B	-	100	-	-
Thiokol D	-	-	100	-
Thiokol ST	-	-	-	100
카본블랙(SRF)	-	60	60	60
카본블랙(MPC)	25	-	-	-
스테아린산	0.50	0.50	0.50	0.50
산화아연	10	10	10	-
과산화납	-	-	-	1.50
DM(benzothiazyldisulfide)	-	-	0.30	-
DPG(diphenly guanidine)	-	-	0.10	-
TT(tetramethylthiuram disulfide)	0.25	0.25	-	-
가황시간(min)/온도(°F)	50/287	30/287	50/297	30/287
100% 인장응력(lb/in^2)	395	589	515	540
300% 인장응력(lb/in^2)	745	1,185	1,135	-
인장강도(lb/in^2)	790	1,820	1,185	1,160
신장(%)	350	320	300	190
경도(쇼아A)	73	77	76	73

상의 다황화물계 고무는 로울작업을 필요로 하지 않기 때문에 가공조작이 간단하게 된다는 특징이 있으며, 광범위한 용도를 개척하고 있다.

〈표 7-53〉 Thiokol LP-2에 대한 충전제의 효과
(기초배합 Thiokol LP-2 100, 스테아린산 1, 과산화연 8에 충전제를 가한다)

충 전 제	첨가량(부)	인장강도 (lb/in^2)	신장(%)	경도 (쇼아A)
카본블랙(SRF)	30	575	460	53
	50	870	470	61
카본블랙(Thermax)	50	385	420	46
	90	790	490	62
산화티탄	100	620	540	60
	150	600	570	70
유화아연	100	570	490	52
	150	600	320	69
탄산칼슘	50	455	490	52
	100	475	590	63

LP의 대표적 특징은 실온에서 간단히 가황을 할 수 있음은 물론, 이외 가황 후의 수축률은 영이다. 내후성, 내오존성, 내유성, 내가스투과성, 내한성에도 좋다. 용

도에는 시일제로, 또 전기특성이 좋으므로 에폭시수지와의 상용성(相溶性)을 이용한 풋팅재 또는 플라스틱용 시일런트 접착제 등에 사용된다.

다황화물계 고무는 기계적 성질은 양호하다고 할 수가 없으나 수분이나 기체의 투과에 대한 저항성이 크고, 내노화성, 내오존성 등 뛰어나 있으므로 액상고무를 잘 이용하여 건축, 토목, 항공기, 자동차 철도차량, 전기, 선박용 등의 각종 시일링제, 특히 탄성시일런트로서 사용이 된다. 〈표 7-54〉에는 대표적인 시일링재의 배합을 표시한다.

(5) 도료, 접착제

액상 또는 라텍스상의 다황화물계 고무는 유동성(流動性)이며, 가공이 쉽기 때문에 도료나 접착제의 비히클로서 이용이 되며 경우에 따라서는 에폭시 수지나 페놀수지에 모두 병용한다. 〈표 7-54〉 및 〈표 7-55〉에는 대표적인 도료나 접착제의 배합을 표시한다.

〈표 7-54〉 Thiokol LP-2의 공기건조도료의 배합예

Thiokol LP-2	100	100	가황촉진제 A		
카본블랙 Furenex	-	50	유황	2.3	1.75
Statex B	25	-	폴리초산비닐(Vinylite	3.45	2.65
Sterling 105	25	-	VYHH)을 20% 녹인		
과산화납	3	3	메틸에틸케톤		
톨루엔	-	27	가황촉진제 B		
시크로헥사논	104	-	디페닐그아니딘	0.72	0.55
메틸에틸케톤	104	98	메틸에틸케톤	2.88	2.22

〈표 7-55〉 Thiokol LP-2의 접착제의 배합예

Thiokol LP-2	100	100
카본블랙(SRF)	30	-
페놀수지*	10	10
스테아린산	1	1
가황촉진제**	20	20

* Durez 10694 또는 Bakelite 6741

** 산화연 7.5, 후티탈산디부틸 6.75, 스테아린산 6.75의 혼합물

(6) 가황제

다황화물계 고무는 분자 중에 다량의 유황을 포함하고 있으므로, 유황대신에 NR이나 SBR, NBR 등의 합성고무의 가황제로서 사용할 수가 있다. 이 경우에는 유황에 의한 가황과는 달리 블루밍할 우려가 없는 것이 특징이다. 가황제로서는 주로 황산고무가 사용이 되며, VA 7인 상품명으로 시판하고 있다. VA 7에 의한 가황기로 아직 불분명하지만 〈표 7-57〉에는 NR과 NBR에 관한 가황시험의 결과를 표시했다.

〈표 7-56〉 Thiokol LP/에폭시 수지배합물의 여러 가지 성질

Thiokol LP/에폭시 수지비	100/0	100/100	100/200	0/100
경도(쇼아 A)	35	70~50	90~98	100
인장강도(psi)	-	1,500~2,200	6,000~8,000	8,000~11,000
신장(%)	400	30~60	10~12	0~3
충격강도(ft-lb)	-	50~70	30~50	1~5
체적수축(%)	5	3.4	4.5	6
유전율(%)	7.5	4.0	3.8	3.5
체적고유저항(Ω · ㎝)	10^{9}	10^{12}	10^{18}	10^{14}

〈표 7-57〉 VA-7를 사용한 NR 및 NBR의 가황조건과 가황물의 성질

고무	NR100	NR 100	NBR 100
카본블랙(SAF)	40	40	50
산화아연	5	5	5
스테아린산	3	3	1
산화방지제	2	2	1
Paraflux 2016(연화제)	2	2	-
Circosol 2XH(연화제)	2	2	-
Tveds 스티렌부타디엔수지	0.4	-	-
유황	0.5	-	-
Mortex(가황촉진제)	-	1.5	-
VA-7	-	1.5	1.25
TP-90(연화제)	-	-	20
MBTS(가황촉진제)	-	-	2
Vultrol(n-nitrosodiphenylanmine 가황촉진제)	-	-	1
Methyl Zimate	-	-	0.5
	298°F에서 30분 가황	310°F에서 8분 가황	
300% 인장응력(lb/in²)	1,225	1,150	1,300
인장강도(lb/in²)	3,900	4,100	2,550
신장(%)	530	600	600
경도(쇼아 A)	65	63	60

(7) 기타의 용도

지금까지 설명한 용도외에 다황화계 고무는 에폭시수지나 페놀수지를 병용하여 성 형품이나 적층판(積層板)의 제조, 보호코팅, 라이닝, 내코로나성을 이용하여 네온등이나 스파크플러그의 도선, 치과의가 사용하는 치형용의 바터에 쓰인다. 또 이액 상중합체를 산화제와 혼합하면 많은 양의 가스를 발생시키면서 연소되므로, 고체연료, 로케트추진제 등으로 쓰인다.

(8) 다황화물계 고무의 용도

다황화물계 고무는 앞에서 설명한 것과 같은 여러 가지의 성질을 가지고 있기 때문에 특수한 분야에서 사용되는 일이 많다.

가. 내유성 내용제성을 요구하는 제품

다황화물계 고무는 어느 것이나 내유성, 내용제성에 풍부하기 때문에, 가솔린 등의 연료유나 기타의 기름호스, 도료스프레이용 호스, 인쇄용 로울, 연료탱크의 내장, 내유성의 필름이나 패킹, 연료탱크 등의 내유성 시일링재, 기타 내유성고무 제품에 사용된다.

〈표 7-58〉 Thiokol LP-2의 시일링재의 배합예

배합의 종류	No. 1	No. 2	No. 3	No. 4
Thiokol LP-2	100	100	100	100
스테아린산	1	1	1	1
SRF 블랙	30	-	-	-
Calcene	-	20	20	-
Manico brown	-	3	-	-
밴카라	-	2	-	-
황화아연	-	-	10	-
산화티탄	-	-	-	80
경화제 C-5*	15	15	15	15
로오로디적 성질	Fluid	Thixotropic	Thixotropic	Thixotropic
색	흑색	적색	황갈색	크림색

* 과산화납 7.5, 스테아린산 0.75, 프탈산디브틸

나. 시일링재

15) 기타 합성고무

(1) 프로필렌옥사이드 고무(Propylene oxide Rubber, POR)

프로필렌옥사이드 고무(POR)는 프로필렌옥사이드와 가황의 가교점이 되는 제 2 성분과의 개환공중합체(開環共重合體)이다. 그 구조는 다음과 같다.

CH_3 $\qquad\qquad$ CH_3
| $\qquad\qquad\qquad$ |
$CH-CH_2 \rightarrow -[-CH-CH_2-O-]_n-$
\ /
O
프로필렌옥사이드(POR)

제 2성분으로서는 불포화(不館和)에 에폭시옥사이드를 사용하고 있다. 부타디엔모노옥사이드, 아릴그리시딜에텔, 그리시딜아크리레이트, 비닐시크로헥센모노옥사이드, 2-메틸-5,6에폭시헥센-1이 사용되고 있는데, 아릴그리시딜에텔(AGE)의 예가 가장 많고 그 폴리마 속의 함유량은 6~10%이다.

알키렌옥사이드의 개환중합(開環重合)은 매우 오래전부터 연구해 왔으며 1933년 H.Staudinger에 의해 에틸렌옥사이드의 개환중합이 발표되고 있다. 그 후 염화철에 프로필렌옥사이드를 배위시킨 불용성(不溶性)콤플렉스를 촉매로 하여 고분자량 의 프로필렌옥사이드가 얻어지며 이어서 디에틸아연-수계 등의 촉매계가 차례로 발견되었다. 현재도 또한 많은 촉매계가 특허 출원되고 있다. 이러한 촉매계를 크게 나누면, 유기아연화합물을 포함하는 계, 유기알루미늄화합물을 포함하는 계, 유기마그네슘화합물을 포함하는 계 및 그외로서 주석, 지르코늄, 인, 안티몬, 카드뮴, 알칼리토류 금속 등의 금속화합물을 포함하는 계가 된다. 공업적으로는 아직 기업화되어 있지 않다. General Tire & Rubber사(미국)가 Dynagen의 상품명으로 시작샘플을 내고 있다.

POR은 화학조성 및 분자구조적으로 보아 탄성이 높고 내한성, 내후성이 뛰어나며 내유성도 일반용 합성고무보다 뛰어나 있다.

POR의 일반물성을 〈표 7-59〉에 표시한다. 인장특성은 다른 고무에 비하여 다소 떨어지는데, 인열강도는 보강제효과에 따라 천연고무상당의 강도를 나타내고 있다. 반발탄성 및 발열성은 천연고무에 가까운 값을 나타내며 SBR, EPT, CR보다 뛰어나 있다. 저온특성에 뛰어나며 −35℃의 저온까지 탄성률은 거의 변화하지 않는다. 내오존성, 내후성에 뛰어나며, 내열성은 천연고무, SBR 등의 디엔계 고무보다 뛰어나 있는데 EPDM보다 뒤떨어진다. 내유성은 CR, NBR보다 뒤떨어지는데(지방족의 기름에 대해서는 양호), 가수분해에 대해서는 강하고 물, 에틸렌글리콜에 대해서는 약간 팽윤(膨潤)할 뿐이다.

이상과 같은 특성에서 보아 그 용도는 공업재료의 분야로 이용할 것을 생각하게 된다.

〈표 7-59〉는 POR과 다른 고무들의 물성을 비교한 것이다.

(2) 에피클로로히드린 고무(Epichlorohidrin Rubber)

에피클로로히드린 고무는 에피클로로히드린의 단일폴리마(CHR)와 에틸렌옥사이드와의 몰비 1 : 1의 공중합체(CHC)가 있다. 그 구조는 아래와 같다.

〈표 7-59〉 일반적 성질

항 목	POR	SBR	NR	EPT	CR
가황시간(min)	30	30	30	30	30
가황온도(℃)	144	149	142	160	149
실온(24℃)에서의 인장특성					
인장응력(p.s.i)	1225	1675	1800	1450	2000
인장강도(p.s.i)	2675	4100	4150	2800	2800
신장(%)	580	560	530	430	390
경도(shore A)	62	67	64	70	68
인열(pi)	30	170	500	110	215
100℃에서의 인장강도					
인장응력(p.s.i)	1350	1700	1260	1410	1290
인장강도(p.s.i)	1500	2100	3100	1450	1290
신장(%)	330	360	620	310	300
인열(pi)	215	295	275	65	110
반발탄성(Goodyear Healey)					
R(%) at 0℃	55	45	52	49	34
〃 at 24℃	14	55	68	60	54
〃 at 100℃	76	65	77	68	64
발열(Goodrich Flexometer)					
ΔT(℃) at 32℃	13.3	27.2	8.8	28.3	38.9
〃 at 100℃	2.8	15	3.9	14.4	23.9

단 NBC : Nickol dibutyl dithiocanbamate
PBNA : Phenyl-2-naphthylamine
TMTM : Tetramethyl thiuram monosulfide
CBS : Cyclohexylbenzothiazol sulfenamide
MBT : Mercaptobenzothiazole
Na-22 : 2-Mercaptoimidazole

CHR 및 CHC는 1965년에 처음으로 잡지에 발표되어, 새로운 타입의 특수합성고무로서 개발되어 있다. 공업적으로 아직 생산되어 있지 않으나 Hercules Powder社와 그의 라이센스를 받은 Goodrich Chemical社가 파이롯플랜트스케일로 반공업적으로 생산하며, 시장개발을 하고 있다.

〈표 7-60〉에 앞에서 언급한 3사의 상품명을 나타낸다.

〈표 7-60〉 CHR의 상품

사 명	CHR	CHC
Hercules Inc.	Herclor H (ML_{1+4} 40)	Herclor C (ML_{1+4} 44)
Gookrich Chem. Co.	Hydrin 100 (ML_{1+4} 35~75)	Hydrin 200 (ML_{1+4} 80~120)
名일본제온(주)	Gechron 1000 (ML_{1+4} 50~70)	Gechron 2000 (ML_{1+4} 90~120)

중합법(重合法)에 대해서는 주로 Hercules Powder社의 Vandenberg들에 의해 연구되고, 그 후 많은 중합촉매(重合觸媒)가 발표되고 있는데, 유기알루미늄화합물계 주제이다.

CHR, CHC의 구조

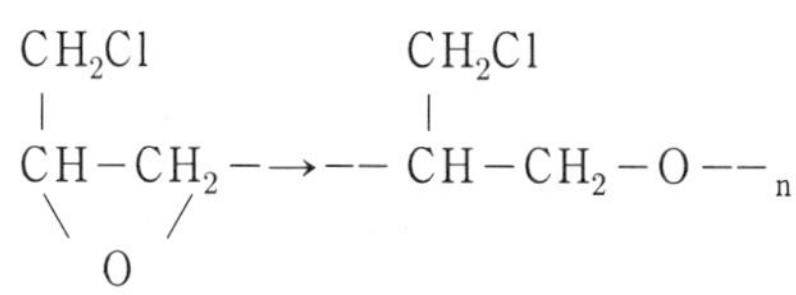

에피클로로히드린 CHR

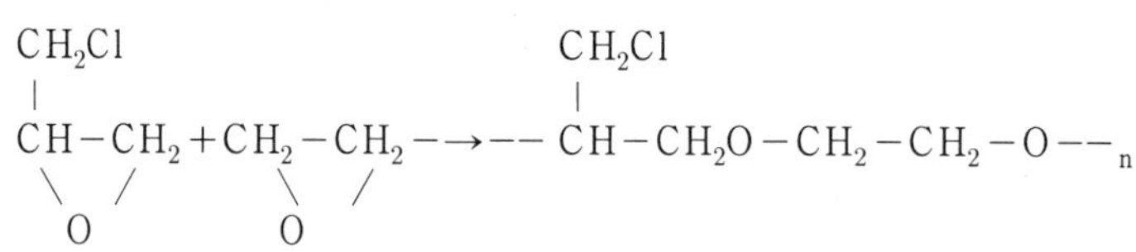

에피클로로히드린 에티렌옥사이드 CHC

Vandenberg의 특허의 실시 예(트리에틸알루미늄-수소촉매)의 하나를 소개한다. A1(CH_2)$_3$ 0.46부에 소정량의 물을 가하여 30℃에서 18시간 반응시킨 후 에틸에텔 94%, n-헵탄 6%의 혼합용매 35부에 에피클로로히드린 10부를 가하여 30℃에서 19시간 반응시키면 〈표 7-61〉에 표시한 결과가 얻어진다. 또 공중합체의 중합예를 〈표 7-62〉에 표시한다.

〈표 7-61〉 CHR의 중합예

$H_2O/Al(C_2H_5)_3$(몰비)	0	0.1	0.5	0.7
수율(%)	12	37	82	89
에텔불용분(%)	67	88	95	96
μ_{sp}/c^*(dℓ/g)	3.9	3.6	3.2	3.3

* 0.1% 시크로헥산 용액

〈표 7-62〉 CHC의 공중합예

모노마 중량부	에틸렌 옥사이드 49	에피클로로 히드린 51	에틸렌 옥사이드 10	에피클로로 히드린 90
중합시간(시간)	6		27	
공중합물				
수율(%)	22		18	
η_{sp}/c^*(dℓ/g)	11.4		9.2	
조성(중량 %)	86	14	40	60
아세톤 가용부(%)	100		83	
물 가용부(%)	75		불용	
형상	단단한 고무상		스나피한 고무상	

※중합조건 : 트리이소부틸알미늄/아세틸아세톤/물=1.0/0.5/0.5(몰비)로 n-펜탄, 디에틸에텔(70 : 30)의 혼합용매중, 톨엔 40중량부, 반응온도 30℃

* 0.1% α-클로로나프탈린용액으로 100℃에서 측정

기타 알칼리토류 금속화합물, 염화철-알키렌옥사이드착제(錯體), 알콕시옥사이드계, 염기성촉매계 등의 촉매계가 있다.

또 유황가황할 수 있는 CHR, CHC로서 불포화에폭시화합물, 예를 들면 아릴그리시딜에텔(AGE)과의 공중합 또는 3원공중합체(三元共重合體)가 연구되어 있다. 3원공중합체를 예를 들면, 에피클로로히드린-에틸렌옥사이드-AGE의 종합반응에서 그것들의 공중합 또는 단일중합반응보다는 중합활성이 저하하므로 소량의 테트라하이드로프랜을 첨가하면 중합속도 및 전환율을 올리는 효과가 있다.

CHR은 그 조성을 표시한 것과 같이 측쇄에 클로로메틸기를 가진 포화지방족폴리에텔이며, 염소함유량 38%로 난연성(難燃性)폴리마로 비중이 크다. 방향족용제나 케톤용제에 잘 녹아 가공성, 특히 압출가공성, 성형점착성이 뛰어나며 몰드플로우가 양호하다. 〈표 7-63〉에 CHR, CHC의 원료고무의 성질을 나타낸다. 초벌혼합특성은 천연고무와 마찬가지의 로울초벌혼합효과는 크며, 특히 저온 때의 초벌혼합효과는 현저하다.

〈표 7-63〉 CHR, CHC 원료고무의 대표적 성질

항 목	CHR	CHC
중합도(중량평균)	Ca 5,000	Ca 20,000
에피클로로히드린(%)	100	68
염소함유량(%)	38.4	26.0
산소함유량(%)	17.0	23.4
비중(g/cc)	1.36	1.27
η_{sp}/c(dℓ/g)	1.4~2.0	3.0~6.0
M_{1+4}, 100℃	35~75	80~120
용제	톨루엔, 아세톤, 메틸렌클로라이드	톨루엔, 아세톤, 메틸렌클로라이드
회분(%) (Sulfate ash)	0.2	0.02~0.04
겔 (%)	nil	none
가공성	excellent	Good

CHR의 가황기구에 대해서는 정설은 없으나 폴리머측쇄의 클로로메틸기에 의해 가교를 하게 되는 것이라 생각하며, 가황제의 조합은 클로로프렌과 마찬가지로 생각되고 있다. 가황제로서는 지방족아민, 방향족아민, 폴리머아민 등의 폴리아민류가 사용이 된다. 가교반응은 비스알킬화반응이라 생각하며 안정제가 필요하다. 안정제로서는 연화합물(鉛化合物)이 일반적으로 사용되고 있다.

CHR, CHC는 순고무가황물의 인장강도는 30~40kg/㎠이며 카본블랙, 화이트 카본 등의 보강제의 보강효과는 크다. 카본블랙 가운데에는 FEP급의 카본이 성질의 벨런스 위에서 보아 바람직하다.

CHR CHC 가황물은 내열성 내오존성이 대단히 뛰어나 있으며, 고(高) 니트릴고무나 다황화고무와 같은 정도의 내유성을 가지며 내가스투과성에 뛰어나 있다. CHR은 탄성에 기인하는 여러 가지 성질이나 저온물성에 문제가 있다. CHC는 내유성, 내가스투과성, 난연성 등 클로로메틸기에 기인하는 여러 특성은 CHR에 비하여 저하하는데 탄성, 저온특성은 CHR에 비해 뛰어나 있다. CHR, CHC의 가황물의 여러특성은 〈표 7-64〉 및 〈표 7-65〉에 표시한다.

또 에피클로로히드린(ECH)-에틸렌옥사이드(EO)-아릴글리시딜에텔 원공중합체(元共重合體)는 그 배합표와 같이 평상의 유황가황이 되며, 그 가황물성은 CHC, CHR에 비하여 인장특성, 인열강도가 향상한다. 카본블랙량이 적은 경우 그 경향이 현저하다.

상술한 여러 특성에서 보아 CHR, CHC는 자동차항공기용 부품, 전선, 케이블의

〈표 7-64〉 CHR, CHC의 가황물(NA-22처방)의 특성

1) 배　　합				
	CHR		CHC	
폴리머	100		100	
스테아린산아연	1.0		0.75	
Philblack A	50		50	
연모	5		5	
NBC(노화방지제)	2.0		2.0	
2-메르캅트이미다졸 (NA-22)	1.5		1.5	
2) 배합고무의 성질				
가베다이평점	15		14	
배합고무무우니치 (ML_{1+4}, 100℃)	68		105	
무우니스코치(min)	7		8	
3) 가황물특성				
항　　　　목	CHR		CHC	
	노화전	노화후	노화전	노화후
200%M(lb/in^2)	2,250	-	1,960	800
인장강도(lb/in^2)	2,305	2,145	2,190	825
신장(%)	230	115	270	205
경도(쇼아 A)	82	83	78	68
Bashore 탄성(%)	＜10	-	37	-
압축변형(%)(100℃까지 70시간)		12		11
발열성, 내부/외부(°F)**	172/49	-	156/32	
굴곡균열성장(굴곡회수/in생장)	65,000	-	9,000	
굴곡시험(DeMattia) (균열시작의 굴곡회수)	＜250,000	-	225,000	-
인열저항 lb/in				
80°F	204	-	247	-
212°F	106	-	104	-
산소투과율(cc/㎠/sec/atm/㎝) at73°F, 순고무배합시	3.9×10^{-9}		21×10^{-0}	

* 순환공기오픈으로 300°F×7일간 노화

** Goodrich Flexomeler, 71°F에서의 ΔT, 하중 143psi, 스트로크 0.125in, 30분 후의 값

피복재료(被服材料) 및 벨트, 호스, 가스켈, 시일재 등의 공업용품 등에 용도가 기대된다.

또 그 점착성, 내가스투과성의 특징을 살린 특수분야로의 이용이 생각된다.

(3) 에틸렌 비닐아세트산 고무(Ethylene-Vinylacetate Rubber, EVM)

에틸렌($CH_2=CH_2$)과 비닐아세트산($CH_2=CHCOOH$)을 공중합시킨 것으로 개발은 1942년이었으나 실용화는 1960년 이후이다. 초기에는 왁스의 개질제(改質劑)로서,

〈표 7-65〉 ECH-EO-AGE 3원공중합체의 성질

항 목	CHR ECH (100)	CHC ECH-EO (70~30)	3원공중합체 ECH-EO-AGE (80-14-6)	ECH-EO-AGE (70-24-6)
물리적 성질				
압축변형(%)	25	15	32	17 (13)*
200% 인장응력(psi)	1,610	1,660	1,600	1,500 (1,000)
인장강도(psi)	2,670	2,890	3,100	3,750 (3,800)
신장(%)	405	400	305	450 (570)
인열강도(lb/in, 200°F)	185	60	390	405
ΔT(°F)	68	52	83	71 (43)
영구변형(%)	5.7	0.9	2.7	1.1 (0.9)
레디리엔스(%)	56.9	65.8	49	55 (69)
경도(shore A)	90	85	92	80 (70)
게만연결온도(℃)	-31	-46	-43	-47
내용제성 (온실에서의 7일간의 팽윤, %)				
톨루엔	132	142	137	153
n-헥산	1.3	3	2.8	3.4
아세톤	214	171	157	154
물	108	13	4.4	11
초산에틸	223	185	188	172
트리클로로에틸렌	91	157	139	181
황산(2%)	1.9	14	3.6	21
가성소다	0.9	2.5	2.1	4.3
에틸알코올	5.6	12	9.6	15

* 30 parts IRB No. 2 black 배합

배 합

CHR. Rubber 100, IRB No.2 black 30, Dyphos 5, Age Rite resin D l, NA-22 1.5
가황조건 307°F×30분

CHC. Rubber 100, IRB No.2 black 30, Red lead 5, Zinc Stearate 1, NA-22 1.5. NPC 1
가황조건 307°F×30분

3원공중합체. Rubber 100, IRB No.2 black 50, Zinc Oxide 3, Stearic acid 1. AO 2246 0 5, Sulfur 0.8. Monex 0.55
가황조건 307°F×30분

주) Dyphos : dibasic lead phosphite
AgeRite Resin D : polymerized trimethyldihydroquinoline
NA-22 : 2-mercaptobenzothiazole
NBC nickel dibutyl dithiocarbamate
Monex : tetramethylthiuram monosulfide
AO 2246 : 2, 2'-methylenebis (4-methyl--6-tert--butylphenol)

최근에는 hot melt 접착제, 탄성플라스틱의 용도에 이용되는 소위 말하는 플라스틱 분야에 속한다.

그러나 비닐아세트산의 함량이 많은 것은 과산화물로 가교가능(架橋可能)하여 신고무라 한다. 이의 특징은 내열노화성으로 170~180℃, 어떤 경우 200℃에서도 사용가능하다.

내후성, 내오존성은 실리콘고무와 동일하며, 내수성, 내수증기성도 양호하다. 이

외에 다른 고무와의 상용성(相溶性)이 좋기 때문에 블랜드에 효과를 발휘하며 접착성도 우수하다. 결점은 영구신장률이 크고 내한성과 내용제성이 좋지 않다.

(4) 고무상 염소화 폴리에틸렌(CM)

폴리에틸렌을 염소화하여 얻는 염소화폴리에틸렌은 별명을 CPE라고 하나 본질적으로는 에틸렌을 클로로설폰화한 하이팔론(Hypa1on)과 매우 유사한 성질을 가지고 있다. CM은 염소함량(鹽素含量)에 따라 고무상에서부터 플라스틱까지 각종이 있다. 고무상의 것은 염소가 30~40%이다.

CM의 특징은 전술과 같이, 하이팔론과 동일하게 내후성, 내오존성, 내열성, 내약품성에 탁월한 성능을 보인다.

하이팔론 보다 우수한 점은 기계적 강도(機械的 强度), 특히 인열저항(引裂抵抗), 굴곡구열저항성(屈曲龜裂抵抗性)이 좋다. 그러나 이 보다 불리한 점은 압축영구줄음률이 크고 반발탄성이 적으며 가소성이 나쁘다.

(5) 니트릴 이소프렌고무(NIR)

NIR은 이소프렌에 아크릴로니트릴을 공중합시킨 것으로, 폴리사社의 Krynac 833이 시판되고 있다. 결합 AN양은 31%로 중고 NBR에 상당하는 비오염성(非汚染性)의 코드 러버이다. 따라서 내유성(耐油性)은 중고 NBR과 비슷하다. 그러나 기계적 성질, 특히 순고무배합물의 인장강도가 매우 좋고 천연고무에 대응하는 강도(250kg/㎠이상)를 얻는다.

가공성이 NR와 유사하고, 내림작업효과가 크며, 내림 촉진제의 사용도 매우 유효하다.

(6) 라텍스(Latex)

일반적으로 수분을 주성분으로 하는 액체 중에 미립자의 고무가 에멀션(emulsion) 상태로 분산된 것을 라텍스라고 한다.

라텍스는 천연고무 외에 합성고무 전반에 걸쳐 여러 종류가 있다. 여기서는 주요 응용제품, 예컨대 침지제품(浸漬製品), 폼러버(foam rubber), 케스트제품, 압출제품,

또는 접착제, 결합제 등을 대상으로 한 라텍스에 관하여 설명하기로 한다.

가. 천연라텍스

가장 널리 이용되는 것은 원심분리법(遠心分離法)에 의한 농축라텍스(centrifuged latex)이다. 이는 약 60%의 건조고무분(dry rubber content, DRC)을 함유하고 있으나 겔화, 안정화 등이 제품별 또는 상표별로 다소 차이가 있다.

한편 적당한 크리밍제(crearning agents)를 사용하여 고무유액에서 고무입자를 분리 농축한 것을 크림화 라텍스(creamed)라고 하며 DRC가 65~70%이다. 그러나 시간이 경과함에 따라 점도의 변화가 크다.

이상 2가지 농축라텍스에는 이의 보존제(保存劑)로 암모니아가 0.6~0.7% 첨가되어 있다. 라텍스를 가공할 때에 암모니아가 산화아연의 안정성을 저하시키며, 탈암모니아를 위한 후처리가 필요로 하며, 또 작업환경을 나쁘게 하기 때문에 암모니아 라텍스(low ammnia latex, LA latex)라고 하며 현재에는 펜타클로로 카르보르산 나트륨(Santobrite), 붕산, 디알킬디티오카르밤산아연 등을 2차 보존제로 첨가한 LA라텍스도 있다. 이 밖에 증발방법(蒸發方法) 또는 전기경사방법(電氣傾斜方法)에 의한 농축라텍스가 생산되고 있으나, 우리 나라에서는 크게 활용되고 있지 않다. 우리나라에서는 천연고무 라텍스의 시험방법 및 품질규격으로서 KS M6615(천연고무 라텍스)가 있다. 이 규격은 원칙적으로 ASTM D 1076을 참고로 해서 작성된 것이다. 품질규격에 대해서는 그밖에 ISO 2004 및 BS 4355가 있다. ISO, BS에서는 시험방법이 따로 규정되어 있으며, ISO는 각 시험항목마다 123(샘플링), 124(전고형분), 126(건조고무분), 125(전알칼리분), 705(밀도), 506(휘발성 지방산 수), 498(건조필름의 조제), 1652(점도), 2005(슬러지분), 706(응고분), 127(KOH 수), 35(기계안정도), 1802(붕산)으로 되어있고, 암모니아보존 원섬분리, 크립 천연고무 라텍스의 규격은 2004에, 증발법 라텍스의 규격은 2027에 규정하고 있다. 또한 BS에서는 1672에 규정하고 있다. 또 라텍스 공통으로 976(pH), 1409(계면장력), 1652(점도)가 규정되어 있다.

나. SBR 라텍스

중합온도에 따라 고온중합형 SBR라텍스(중합온도 50~70℃)와 저온중합형 SBR라텍스(10℃ 이하)로 구분된다. 저온중합형 SBR라텍스는 입자경(粒子經)이 크고 또한 크고 작은 입자(粒子)가 섞여 있으면 DRC가 높은데 반하여 점도가 고온중합형보다 높지 않다. 다시 말하면 가공성이 좋기 때문에 널리 이용되고 있다. 상품명으로는 JSR 0561, Nipo1 4850, Naugatex 2105 등이 시판되고 있다. 한편 합성라텍스에 획기적 변화를 일으킨 카르복실화 라텍스에 관하여 소개하기로 한다. 이것은 한마디로 소량의 카르복실산이 단위체에 가하여져 있는 라텍스로 상품화한 것은 SBR, BR, MBR, NBR 등이다. 카르복실화하는 부분은 중합체 전체의 약 15% 이상이라고 하며, 이 이상이 되면 탄성이 감소되어 수지화(樹脂化)하는 경향을 나타낸다.

이러한 종류의 라텍스는 일반 라텍스에 비하여 겔강도가 높고, 또 화학적 안정성이 좋기 때문에 미가황고무상태에서의 강도, 배합안정성 등이 개선되었다. 또한 카르복실화 라텍스는 황 가황방법 이외의 가황제, 즉 금속산화물이나 또는 축합형(縮合型) 페놀수지 등으로 무황 가황이 가능하다. 이렇게 얻어진 가황고무의 물성은 일반 라텍스보다 우수한 성질을 나타낸다.

시험방법은 KS M 6516(합성고무 SBR 라텍스의 시험방법)에 규정하고 있다. ISO에서는 2008에 휘발성 불포화물 및 잔류 스티렌량의 정량을 또 3136에 결합 스티렌량의 측정방법을 규정하고 있다.

다. 폴리클로로프렌(CR) 라텍스

CR라텍스는 중간위치의 내유성과 높은 내약품성을 나타내는데, 현재 상품화되고 있는 것은 일반용으로 Neoprene 601-A, Denka LM-50, Skyprene LA-502가 있고, 가공성을 향상시키며, 가황고무의 동적 물성과 내한성을 가량한 것으로는 Neoprene 750, Neoprene 650이 있다. 한편 접착제용으로 Neoprene 572, Denka LA-50 등이 있고, 카티온형으로 Neoprene 950, Denka LK-50 등이 있다.

시험방법은 KS M 6717(합성고무 CR라텍스의 시험방법)에 규정하고 있다.

라. 아크릴로니트릴 부타디엔(NBR) 라텍스

내유성, 내약품성을 요구하는 곳 또는 코팅을 포함하는 광의(廣義)의 접착용 소재(接着用素材)로 이용되고 있다. SBR과 마찬가지로 결합 니트릴량, 고형분, 입자경, 유화제의 종류에 따라 분류된다. 대별하면 니트릴량이 35~45%의 고(高) 니트릴

라텍스와 25~33%의 중(中) 니트릴 라텍스 및 20~25%의 저(低) 니트릴 라텍스로 구분된다. 고 니트릴 라텍스는 피막(皮膜)의 강도, 내유성, 접착성 등이 좋으나 탄성이 좋지 않다. Hycar 1551, 1561 등이 이에 속한다. 중 니트릴 라텍스는 고 니트릴의 단점을 다소 개선한 것이며, Hycar 1512, 1562가 이에 속한다.

그밖에 카르복실화 NBR, 예컨대 Hycar 157l, Cros1ene NA-10, Lacstar 1570B 등이 있으나 이들의 특징은 SBR라텍스에 기술되어 있으므로 생략한다.

우리나라에서는 KS M 6514(합성고무 NBR 라텍스의 시험방법)에서 그 시험방법을 규정하고 있다. ISO에서는 3899에서 잔류 아크릴로 니트릴량, 3900에서 결합 아크릴로 니트릴량의 측정방법이 규정되어 있다.

마. 기 타

아크릴에스테르계 라텍스는 아크릴산, 메타크릴산의 단독 또는 공중합체, 부타디엔과 아크릴산 또는 메타크릴산의 공중합체로 대별되며 용도는 코팅, 결합제, 도료의 전색제, 마무리용 도장제, 섬유용 결합제 등에 이용된다.

부타디엔과 메틸메타크릴산 공중합라텍스(MBR)는 접착, 결합, 섬유처리에 사용하면 독특한 성질을 나타내기 때문에 이의 활용범위가 넓다. MBR라텍스의 종류는 Croslene 2M-30, 36, 38 등이 있으며, 모두가 카르복실화 되어 있다.

이 외에 니트릴 이소프렌공중합 라텍스, 스틸렌 부타디엔 레진 라텍스가 있는바, 후자는 천연고무 또는 SBR라텍스의 보강용 경화제(補强彈用 硬化劑)로 혼용되고 있다. 단독으로 사용할 때에는 도료의 전색제, 코팅의 결합제로 사용된다.

한편 스틸렌·부타디엔·비닐피리딘 라텍스(VPL)는 주로 합성섬유, 특히 타이오코드함침처리(含浸處理)에 이용되며, 끝으로 부틸고무, 합성 천연고무, 반응성 폴리부타디엔 라텍스 등이 있다.

16) 가황불요의 합성고무

1964년 경부터 발표되기 시작하여 열 엘라스토마(thermoelastomer), 열가소성고무(thermoplastic rubber) 등으로 불리었다.

(1) 가황불요의 합성고무의 구성

〈표 7-66〉 가황불요의 합성고무의 예

안(案)부드러운 블랙(S.S.)	단단한 블랙(H.S.)	문헌의 예
EPDM EPM	폴리에틸렌 폴리프로필렌	1)
	폴리스티렌	2)
폴리부타디엔 폴리이소푸렌 $-\left(-\overset{CH_3}{\underset{CH_3}{Si}}-O-\right)-$	$-\left(-\overset{CH_3}{\underset{CH_3}{Si}}-C_6H_4-\overset{CH_3}{\underset{CH_3}{Si}}-O-\right)_n-$	3)
$-(-CH_2)_4-O-)-_n$ $-\left(-CH_2-\underset{CH_3}{CH}-O-\right)_n-$	폴리스티렌 폴리염화비닐 폴리메틸메타크리레이트	4)
폴리에스텔 폴리에텔	$-\underset{O}{\overset{}{\underset{\Vert}{C}}}-NH-C_6H_4-CH_2-C_6H_4-NH-\underset{O}{\underset{\Vert}{C}}-$	5)

가급적으로 결정화하여 분자사이의 강한 응집력 때문에 가황고무의 가교점 역할을 하는 단단한 시크멘트부분(hard segment 또는 hard b1ock)과 무정상(無晶狀)이고, 고무상쇄의 부분인 부드러운 시그멘트부분(soft segment, soft block)으로 성립한다. 각각을 H.S.부분, S.S.부분에서 아래에 간략하게 기록하면 〈그림 7-23〉과 같은 종류가 있다.

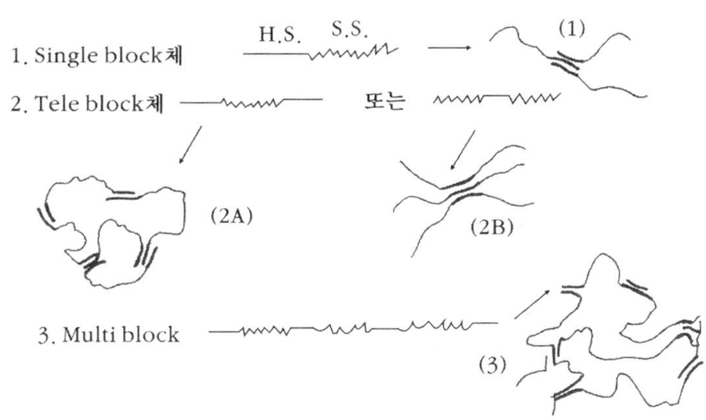

〈그림 7-23〉 가황불요 합성고무의 종류

그림에서 삼가 H.S.가 모인 곳을 나타내고 있다. 일반적으로 (2A)형이 큰 강도를 가지고 있다. 〈그림 7-23〉은 H.S.와 S.S.의 예를 나타낸다.

(2) 가황불요의 고무 제조방법

각종의 중합방법을 사용하여 가황불요의 합성고무는 여러 가지의 방법으로 제조가 된다. 그 대표 예만을 다음에 기록한다(표 7-66 참조).

가. 싱글 블록형(그림 7-23 (1))의 제조

가장 간단하지만 실제적 의미는 없다. 예를 들면 스틸렌 60g을 벤젠 1.4kg에 녹여서 secBuLi 0.003몰로 40℃로 중합하면, 폴리스틸렌([η] =0.24dℓ/g)의 리빙쇄가 생긴다. 거기에 이소프렌 450g을 가하여 중합시키면 [η] =1.32dℓ/g가 된다. 또한 이 방법으로 점감형(漸減形) 블록(tapered b1ock)형의 것을 얻을 수가 있다. 일단은 S.S.인데 차차 단단한 성분이 섞이기 시작하여 마침내 다른 말단은 H.S.인 것이다.

나. Tapered Block(2A)형의 제조

특허에서는 위의 예와 같이 Li계 촉매로-폴리스틸렌(PSt)-Li(그 분자량 0.2~10만), 이어 부타디엔 또는 이소프렌은 0.5~50만의 분자량으로 중합시켜서, PSt－PI－Pi(또는 PSt－PB－Li)로 한 후, Br－R－Br을 가하면 리빙쇄는 카플링하여 PSt－(P－I－PI)－PSt, PSt－(PB-PB)－PSt가 된다.

이 －R－은 $-(CH_2)_n-$ 또는 $-CH_2-C_6H_4-CH_2-$ 등이다. 또 스틸벤젠 Li체 $C_6H_5-\underset{|\atop Li}{CH}-\underset{|\atop Li}{CH}-C_6H_5$로 우선 부타디엔을 양측에 생장시 스틸렌으로 정지시킬 수도 있다.

다. Multi Block(3형)의 제조

리빙중합으로(상술의 방법) 스틸렌과 부타디엔을 교대로 가하면 좋다. 특허에 의하면 H.S.는 분자량 0.5~5만 정도, Tg는 적어도 50℃이상, S.S.는 분자량 5~50만 정도는, Tg는 높아도 10℃이상, 양 시그멘트의 Tg의 차는 100~125℃이상 이어야 한다. 또 델레 블록으로 H.S.가 전체를 차지하는 중량비는 15~40%이다.

지금까지의 합성고무의 대표적인 것과 그 물성을 〈표 7-67〉 및 〈표 7-68〉에 요약하여 표시하였다.

〈표 7-67〉 합성고무의 종류

이 름	기 호	단위체	촉 매 (중합형식)	화 학 구 조
디엔계 고무				
스틸렌-부타디엔고무	SBR	스틸렌 부타디엔	레독스 촉매(에) 알킬리튬(용)	$(-CH_2-CH=CH-CH_2-)_n(-CH_2-CH-)_m$ 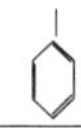
부타디엔고무	BR	부타디엔	레독스 촉매(에) 알킬리튬(용) 지이글러 촉매(용)	$(-CH_2-CH=CH-CH_2-)_n$
알핀고무		부타디엔 스틸렌	알핀 촉매(용)	$(-CH_2-CH=CH-CH_2-)_n(-CH_2-CH-)_m$ 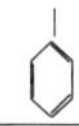
		부타디엔 이소프렌	알핀 촉매(용)	$(-CH_2-CH=CH-CH_2-)_n(-CH_2-C=CH-CH_2-)_m$ CH_3
합성천연고무	IR	이소프렌	지이글러 촉매(용) 리튬, 알칼리튬(용)	$(-CH_2-C=CH-CH_2-)_n$ CH_3
니트릴고무	NBR	부타디엔 아크릴로니트릴	레독스 촉매(용)	$(-CH_2-C=CH-CH_2-)_n(-CH_2-CH-)_m$ CN
아크릴로니트릴-이소프렌고무	NIR	이소프렌 아크릴로니트릴	레독스 촉매(용)	$(-CH_2-C=CH-CH_2-)_n(-CH_2-CH-)_m$ CN_3 CN
클로로프렌고무	CR	클로로프렌	과황산칼륨(에)	$(-CH_2-C=CH-CH_2-)_n$ Cl
올레핀계 고무				
부틸고무	IIR	이소부틸렌 이소프렌	염화알루미늄(용)	CH_3 $(-CH_2-C-)_n(-CH_2-C=CH-CH_2-)_m$ CH_3 CH_3
에텐프로펜고무	EPM (EPR)	에텐 프로펜	변성 지이글러 촉매(용)	$(-CH_2-CH_2-)_n(-CH_2-CH-)_m$ CH_3
	EPDM (EPT)	에텐 프로펜 디엔	변성 지이글러 촉매(용)	$(-CH_2-CH_2-)_n(-CH_2-CH-)_m$ 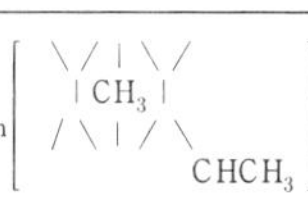 CH_3
아크릴고무	ACM	아크릴산에스테르 2-클로로에틸비닐에테르	과황산칼륨(에)	$(-CH_2-CH-)_n(-CH_2-CH-)_m$ $COOR$ OCH_2CH_2Cl
	ANM	아크릴산에스테르 아크릴로니트릴	과황산칼륨(에)	$(-CH_2-CH-)_n(-CH_2-CH-)_m$ $COOR$ CN

이 름	기 호	단위체	촉 매 (중합형식)	화 학 구 조
플루오르고무(FPM)				
플루오르화 아크릴레이트 고무		3-트리플루오로메틸-1, 1-디히드로퍼플루오로프로필아크릴레이트	과황산칼륨(에)	$(-CH_2-CH-)_n$ $\quad\quad\quad\quad|$ $\quad\quad COOCH_2CF_2CF_2OCF_3$
플루오르화 비닐리덴 고무		플루오르화 비 닐 리 덴 삼플루오르화염화에텐	레독스 촉매(서) 할로겐화 치환과 산화아세틸(벌)	$(-CF_2-CH_2-)_n(-CF_2-CFCl-)_m$
플루오르화 폴리에스테르 고무		아디필플로라이드, 헥스플루오르펜탄디올	(축)	$[-OC(CH_2)_4COOCH_2(CF_2)_3CH_2O-]_n$
니트로소 고무		사플루오르화 에텐 삼플루오르화니트로소메탄	(벌, 용, 서)	$(-N-O-)_n(-CF_2-CF_2)_m$ $\quad|$ $\quad CF_3$
에테르, 티오에테르 고무				
히드린고무	CHR	에피클로로히드린	유기금속(용)	$(-CH-CH_2-O-)_n$ $\quad|$ $\quad CH_2Cl$
	CHC	에프클로로히드린 에텐옥사이드	유기금속(용)	$(-CH-CH_2-O-)_n(-CH_2-CH_2-O-)_m$ $\quad|$ $\quad CH_2Cl$
그 밖의 탄성체				
다양화 고무	T	다황화알칼리 유기이염화물	(축)	$(-R-S_x-)_n$
우레탄고무	U	폴리에스테르글리콜, 디아소시아네이트	아민계(첨)	$(-PS-O-\underset{\underset{O}{\parallel}}{C}NH-R-NH-\underset{\underset{O}{\parallel}}{C}-O-)_n$ PS : 폴리에스테르
		폴리에스테르글리콜, 디이소시아네이트	아민계(첨)	$(-PE-O-\underset{\underset{O}{\parallel}}{C}NH-R-NH-\underset{\underset{O}{\parallel}}{C}-O-)_n$ PE : 폴리에테르
실리코운 고무	Si(Q)	디메틸클로로실란	가수분해(축)	$[-Si-(CH_3)_2-]_n$

* 중합형식에서 (에)는 에멀션중합, (용)은 용액중합, (서)는 서스펜션중합, (벌)은 벌크중합, (축)은 축합중합, (첨)은 첨가중합을 각각 나타낸 것임.

〈표 7-68〉 각종 고무의 물성비교

고무의 종류 (ASTM 약호)		천연고무 (NR)	스틸렌-부타디엔고무 (SBR)	부타디엔 고 무 (BR)	클로로프렌 고 무 (CR)
주요 특성		모든 고무중 촉감이 가장 좋음. 기계적 성질이 우수	천연고무보다 내마모성, 내노화성이 양호, 값이 싸다.	NR보다 탄성이 좋고 내마모성이 우수	내후, 내오존, 내열, 내약품, 내노화성이 평균적으로 우수
순 고 무 비 중		0.92	0.93~0.94	0.91~0.92	1.15~1.25
배합고무의 물리적 성질 및 내성	경도(쇼아 A)	30~90	40~90	40~90	40~90
	인장강도(kg/㎠)	70~280	50~230	50~230	60~260
	신장률(%)	100~600	100~500	100~500	100~500
	반발탄성(%)	A	B	B	A
	상용온도(℃) 최고	60	90	90	100
	최저	−40	−35	−45	−30
	내마모성	B	A	A	B
	내굴곡균열성	A	B	C	B
	내오존성	D	D	D	B
	내압축영구줄음률	B	B	B	B
	내가스투과성	C	C	C	B
	내염성(耐炎性)	D	D	D	B
	전기절연성(Ω · ㎝) 체적고유저항	10^{10}~10^{15}	10^{10}~10^{15}	10^{14}~10^{15}	10^{10}~10^{12}
배합고무의 내유 및 내용제성	윤활유	D	D	D	B
	휘발유	D	D	D	C
	지방족탄화수소	D	D	D	B
	방향족탄화수소	D	D	D	D
	함염소용제	D	D	D	D
	알코올	A	A	A	A
	케톤	B	B	B	C
배합고무의 내산 및 내알칼리성	물	A	A	A	A
	묽은산	B	B	B	A
	진한산	D	D	D	C
	알칼리	B	B	B	A
주 요 용 도		자동차 타이어, 산업 · 트럭 타이어, 신발, 호스, 벨트, 공기스트링, 일반용 및 공업용품	자동차 타이어, 자동차 부품, 신발, 고무방수포, 운동용품, 벨트 등 공업용품 및 일반고무 제품	자동차 · 항공기용 타이어, 신발, 방진고무, 고무롤 벨트, 호스 등의 공업용품	전선피복, 콘베어 벨트, 방진고무, 창틀고무, 접착제, 고무방수포 및 일반 공업용품

(A : 우수 B : 양호 C : 가 D : 불가)

니트릴 고 무 (NBR)	부틸고무 (IIR)	에틸렌-프로필렌고무 (EPDM)	클로로설폰화폴리에틸렌고무(CSM)	아크릴고무 [ACM] [ANM]	플루오르 고 무 (FPM)	실리콘 고 무 (Q)
내유, 내마모, 내노화성 양호	내후, 내오존 내가스투과성 양호	내노화, 내오존, 극성액체에 대한 저항성, 전기적 성질 양호	내노화, 내오존, 내약품, 내마모성 양호	고온에서의 내유성 양호	최고의 내열, 내약품성	고도의 내열성과 내한성
1.0~1.20	.91~0.93	0.86~0.87	1.11~1.18	1.09~1.10	1.80~1.82	0.95~0.98
40~90	35~90	40~90	50~90	40~90	60~90	30~80
50~250	50~150	50~200	70~200	60~140	70~150	30~90
100~500	100~600	100~500	100~500	190~400	100~300	100~500
B	C	B	B	C	C	A
100	120	140	130	160	220	200
−25	−40	−40	−25	−10	−25	−75
A	C	C	A	C	B	C
B	A	B	B	B	B	C
D	A	A	A	A	A	A
B	C	B	C	C	B	B
B	A	C	B	C	B	D
D	D	D	B	D	A	C
10^{2}~10^{10}	10^{2}~10^{18}	10^{12}~10^{15}	10^{14}	10^{8}~10^{12}	10^{15}~10^{18}	10^{11}~10^{15}
A	D	D	B	A	A	B
B	D	D	C	C	A	D
A	D	D	B	B	A	D
D	D	D	D	D	B	D
D	D	D	D	D	A	D
A	A	A	A	D	B	C
D	B	A	C	D	D	C
A	A	A	A	C	A	A
B	A	A	A	C	A	B
D	B	B	B	D	A	D
B	A	A	A	D	C	B
오일실, 가스켙, 내유호스, 콘베어벨트, 인쇄 틀, 방적용 top roll 등 내유제품	자동차타이어용 튜브, Curing bag, 루우핑, 전선피복, 창틀고무, 증기호스, 콘베어벨트 등	전선피복, 자동차의 웨더스트립, 증기호스, 콘베어벨트 등	내후성, 내식성 도료, 탱크라이닝, 고무방수포, 내식성 팩킹, 내열내식성롤 등	자동차의 트랜스밋숀, 크랭크샤프트 관계의 패킹 및 실 등	내열, 내유, 내화학약품을 필요로 하는 미사일, 로켓트 등의 팩킹, 화학공정의 내식팩킹, 타이어프랠 등	팩킹, 가스켙, 오일시일 등, 내열, 내한용 Sealent, 의료용, 전기 절연용 제품

17) 각종 고무의 물성 비교

고무를 가공할 때 원료고무에 가황제, 보강제, 충전제, 연화제, 기타 다른 각종 부자재를 첨가한다. 이처럼 고무의 실용배합에서 그 물성을 지배하는 가장 중요한 것은 원료 고무이다.

또 경도 Hs 60인 일반적인 배합에서는 부피의 약 3분의 2를 원료고무가 차지하므로 다른 성분에 비하면 압도적이다.

따라서 많은 배합제와의 복합 재료인 배합고무는 각 배합제가 고무 분자에 대하여 화학적 또는 물리적인 여러 가지 작용으로 고무의 물성을 수정하는 역할을 한다. 또 원료고무의 상품 및 등급에 의한 차이, 가교 형태와 밀도에 따라서도 물리적 성질은 크게 변화한다.

제8장 재생고무

8-1. 재생고무

재생고무란 가황 찌꺼기고무에 기계적 및 화학적 처리를 하여 고무가 가지고 있는 탄성을 감소시켜, 고무상의 가소성 및 점착성을 가지게 한 것이며, 소위 리클레임드 러버(Reclamied Rubber), 또는 리클레임 또는 리크라고 말하고 있다. 그리고 재상고무의 가격이 싼 것과, 가공성이 뛰어나고 있으므로 원료고무의 일부와 바꾸어 사용하든가 또는 재생고무만으로 원료고무대신에 사용할 수가 있는 것이다. 예를 들면 재생고무 100에 대하여 배합제를 750혼련한 재생고무 12%라는 고무도 혼합할 수가 있다. 즉 원료고무와 대단히 비슷한 성질을 가지며, 재생고무만으로도 고무제품의 원료가 되는 것이다.

고무를 탈황하여 재생한다고 하는데 정확하게는 고무분자의 중합에 의한 것이며, 결코 결합유황은 탈회되는 것은 아니다. 즉 재생고무의 고무분은 원료와 같은 것이 아니므로 인장강도, 탄성, 영구변형, 굴곡균열 등의 여러 성질이 원료고무에 뒤떨어지는 것이다. 예를 들면 타이어 재생고무 중의 약 50%의 비고무성분인 카본블랙 등의 충전제, 산화아연, 연화제, 가황촉진제, 노화방지제 등은 재생고정에 의해 별다른 변화를 받는 일이 없이 남아 있는데, 나머지의 약 50%의 고무탄화수소가 재생고무보다 상당히 뒤떨어져 있다. 그렇다면 재생고무의 고무탄화수소가 어느 정도로 원료고무보다 뒤떨어져 있는가는 실험의 결과 약 60%, 즉 30%라는 것이 된다(생고무분 30%라 한다). 바꾸어 말하면 타이어재생고무 100부를 가지고 원료고무 30부와 바꿀 수가 있다. 즉 원료고무 70, 타이어재생고무 100으로 원료고무 100에 필척하는 성능을 가질 수가 있게 된다.

재생고무는 원료고무의 일부와 바꾸어 사용할 수 있다고 하나 그것에는 한도가 있으며, 원료고무 %가 큰 배합에 있어서는 일부를 재생고무로 바꾸어 놓으므로서 원료고무만의 것과 같은 성능을 얻을 수는 없다. 그 이유는 타이어 재생고무로 말하면 사용재생고무의 30%만이 원료고무와 바꿀 수가 있으며, 나머지의 70%는 배합제로 보아야 한다. 원료고무 %가 큰 고무는 배합제가 적고, 더구나 양질의 충전제를 사용하므로 재생고무의 70%는 고무에 혼합되어 발휘하는 성능점에서 뒤떨어지게 되기 때문이다. 그렇다면 몇 %정도의 고무에서 원료고무대신 재생고무로 바꿀 수가 있는가에 대한 연구의 결과, 대체로 원료고무 40%이하의 고무이면 타이어 재생고무로 상당한 다량의 원료고무로 바꿀 수가 있다는 것을 알고 있다. 그러나 재생고무는 가격과 가공성인 점에서 뛰어날 뿐만 아니라, 많은 특징을 가지고 지고 있으므로 재생고무의 사용량은 해마다 증가하고 있다.

재생고무가 뛰어난 경제성과 가공성을 충분히 연구하고 나서 원료고무의 일부 또는 전량을 대용함으로써 천연고무, 합성고무 및 유전합성고무의 사용량을 감소시킬 수가 있다.

1. 재생고무구조

가황에 의해 고무분자 상호간에 생긴 유황의 가교가 고무를 가소성에서 탄성으로 변화시킨 것이므로 이 가교로서 있는 유황을 제거하여, 고무분자를 원래처럼 자유의 상태로 할 수가 있다면 당연히 탄성화(彈性化)한 고무는 또 원래의 가소성이 있는 고무로 복귀할 것이다. 그러나 그와 같은 참된 의미의 탈황은 아직 경제적으로는 완성되어 있지 않다. 즉 약간의 산화를 수반한 고무분자의 해중합(解重合)이 재생고무의 가소화는 물리적 및 화학적 처리에 의한 가황고무분자의 해집합(解集合) 및 해중합이 그 주원인이라 생각하고 있다.

가황고무분자는 열과 재생유와 로울조작과의 세 개의 인자에 의해 재생되는데, 재생유는 분자간의 결합을 느슨하게하여 로울조작에 의한 고무분자의 해중합을 쉽게 한다. 그러나 열을 가해도 흔적(痕迹)의 산소가 없는 경우에는 천연고무에 대하여서는 영향은 없고 설사 200℃로 수시간 가열하여도 분자의 해중합은 일어나지 않는다. 또 소량의 산소가 있으면, 고온에서는 로울작업만에 의해서도 재생할 수가 있다. 또 로울조작은 원료고무를 초벌혼합할 때의 작용과 마찬가지로 기계적 전단력에 의해 고무분자를 해중합, 즉 재생을 한다. 따라서 가황고무는 해중합되어, 소분자의 가황고무와 소분자의 미가황고무로 분리하고 이 미가황고무를 위해서는 가소성이 발휘되는 것이다. 이와 같이 가황고무가 해중합될 때의 화학반응은 Lindmayer에 의하면 다음과 같다.

$$(C_5H_5)_6S(C_5H_8)_6 \rightarrow (C_5H_8)_3S(C_5H_8)_3 + 2(C_5H_8)_3$$

이 가운데 $(C_5H_8)_3S(C_5H_8)_3$은 클로로포름에 불용이며, 이것은 원래의 가황고무에 대하여 51, 65% 및 $2(C_5H_8)_3$은 클로로포름 추출물에 해당하며 이것은 원래의 가황고무에 대하여 48.35%에 해당한다. 이 화학반응이 100%진행한 것을 우수한 재생고무로 한다고 단정하고 있다. 이 클로로포름 추출물이 많을수록, 고무분자는 잘 해중합되어 잘 재생된 것이라 하겠다.

이 재생반응에는 산화가 따르면 이 산의 영향으로 α-methylene linkage를 하게되어 히드로퍼옥시드(－OOH)를 형성한다. 이것은 대단히 불안정한 화합물이므로 고무분자에 해중합을 일으키게 되는 것이다. 천연고무를 예로 하면 다음과 같이 반응한다.

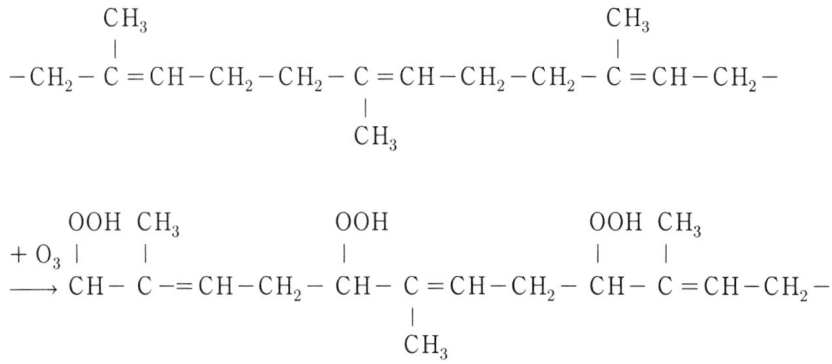

→해중합(解重合)

즉 고무탄소중합분자는 가해진 열과 존재하는 미량의 산소에 의해 라디칼이 생성하며, 이것이 불포화탄화수소(不飽和炭化水素)의 hydroperoxidation을 일으켜 이러한 연쇄반응에 의해 고무탄화수소의 hydroperoxidic가 되는 것으로 이 일련의 반응의 진행이 재생기구이다.

산소는 고무탄화수소의 2중결합에 작용하여 이것을 공격하는데 재생의 기초반응은 천연고무탄화수소의 충분한 산화에 의한 것이 아니고 대단히 미량의 산소에 의해 일어나는 반응이다. 따라서 고무탄화수소의 불포화는 인정될 정도의 감소는 나타내지 않고 재생중에 일어나는 주반응은 2중결합에 산소가 부착하기 때문에 일어나는 것이 아니라 이소프렌결합의 단일결합의 C-C결합인 곳에서 절단되어 일어나는 것이라 생각하고 있다.

이상을 대체 천연고무의 재생기구에 관한 것이며, 천연고무의 경우는 열의 영향이 대단히 크므로, 재생제를 사용하지 않고 열에 의해서도 재생할 수가 있으나 SBR의 경우는 열만으로 고무분자를 절단할 수는 없고 도리어 열에 의해 중합이 진행하여 경화반응을 일으키므로 사용에 의해, 산화의 조건을 적게하여 경화를 줄 이고, 열에 의해 재생을 촉진시키는 것이 된다.

또 SBR의 경우는 천연고무와 달리, 그 중합물의 구조도 다르며, 측쇄말단에 이중결합을 가지고 있기 때문에, 열과 산소에 의해 측쇄상에서 hydroperoxidation이 일어나 이 부분에서 결합쇄의 분열이 일어나 재생반응에 의해 광범위하게 재결합을 일으켜, 중합물은 차차 경화한다. 즉 SBR의 경화작용은 다음과 같은 반응에 의한 것이라 본다.

이것은 생성한 Olefine hydroperoxide의 미산화(未酸化)의 올레핀부분이 가교를 일으켜 이것이 시간의 경과와 함께 가교가 증가하기 때문에 경화를 일으키는 것으로 생각되고 있으며 그 예상구조는 다음과 같다.

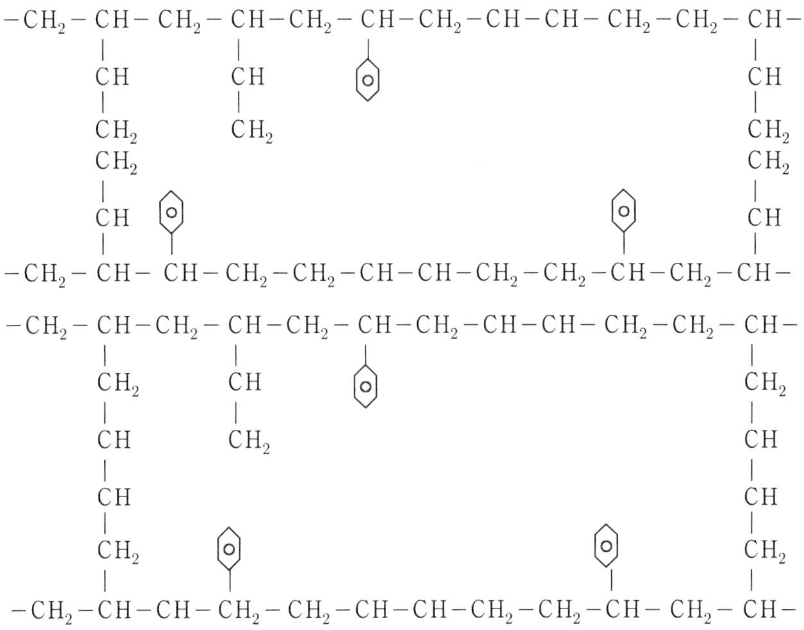

2. 재생고무 제조방법

각종의 재생고무제법 가운데 오래전부터 많이 이용되던 것이 알칼리법과 유법이 적용되었으나 현재는 알칼리법은 재생고무의 원가문제로 사용이 되지않고 있으며, 유법은 여러 가지를 개선하여 쓰이고 있다. 그러나 최근에 방법이나 가장 능률적인 면에서는 열법(熱法)의 일종인 리크라미터법이 이용되고 있다.

1) 고무찌꺼기(스크랩)

한 번 사용하여 폐기된 낡은 고무 및 공장에서 가황공정에서 나온 불량품과 비어져 나온 고무 및 공장검사에서 불합격이 된 가황고무 등을 찌꺼기 고무 또는 스크랩(scrap)이라 한다.

스크랩은 그 종류와 입수방법이 제 2차대전 후 상당히 바뀌었다. 즉 주된 스크랩을 주로 미국에서 No.1~No.3 피이링의 형의 타이어나 적튜브 및 천연튜브, CRS튜브, CRI튜브의 각종 흑튜브를 대량으로 수입해 왔는데 이것들은 현재 거의 자취를 감추고 있다.

일본국 내의 스크랩은 심한 통제의 시대를 거쳐, 타이어스크랩은 두장 부착해서 비이드를 제거하고 2~3개로 절단된 홀타이어로 대부분 바뀌어 왔다. 그리고 국내에서 발생하는 타이어스크랩에도 충분히 조달할 수 없게 되었다. 튜브재생고무는 시가가 비교적 비싼 점에서 수요가 격감하였기 때문에 국내에서 발생하는 튜브블랙만으로 충족하고 있는 상태에 있다. 잡스크랩은 타이어스크랩과 튜브스크랩 이외의 것이며 과거에는 신발스크랩, 특히 작업화가 대부분을 차지하고 있는데, 작업화의 수요의 감소와 함께 그 스크랩도 시장에서 자취를 감춘 잡재생고무의 수요는 줄었다 하여도 타이어 재생고무에 대하여 다량으로 사용되고 있다. 현재의 잡재생고무의 주요재료는 밸룬타이어, 경질스폰지신발 및 창틀 등이다.

재생고무가 내는 인장강도는 사용된 스크랩의 인장강도의 약 1/2이라고 하듯이 스크랩이 현저하게 노화하고 있으면 클로로포름추출물이 많은 재생고무가 되었다 치더라도 인장강도가 뒤떨어진 재생고무가 되므로 주의를 하여야 한다.

2) 찌꺼기고무의 선별과 처리

스크랩의 선별은 재생고무의 제조기술 가운데에서도 상당히 중요한 부분을 차지하고 있는 것인데, 그 선별의 대상인 스크랩이, 주로 특수한 잡물과 튜브에 한하고 있으므로, 현재는 거의 문제가 없어졌다. 그러나 형물(型物) 등의 공장스크랩은 클로로프렌과 니트릴고무 등의 합성고무 선별이 대단히 어려워지기 때문에 합성고무의 스크랩이 혼재(混在)하고 있는 것은 멀리하고 있다. 잡찌꺼기 물건 중에는 공장외에 무조작(無造作)으로 저장되었기 때문에 청결하지 못한 것이 있는데 그와 같은 것은 회전식 수세기로 수세하여 자연건조시키고 나서 선별하는 것이다.

재생고무공장으로 반입하는 스크랩 중 튜브에서의 구전을 제거해 둔다. 타이어스크랩에서는 두장 붙임과 비이드를 제외하여 적당한 크기로 절단한 것이 공장에 반입되므로 선별도 처리가 필요가 없다. 잡물에 있어서는 한정된 종류의 것이기 때문에 특별한 것의 수세 이외에는 공장에 들어오고 나서 특별한 처리를 필요로 하지 않는다.

3) 재생공정

유법재생(油法再生)고무에 대해서는 공정도에 따라 설명한다.

(1) 조 쇄(組碎, cracking)

조쇄(粗碎)와 세쇄(細碎)가 스크랩을 분쇄하는 공정이다. 조쇄는 홈부착 조쇄로울에 의해 스크랩을 거칠게 부스러뜨리는 작업이다. 조쇄로울에서 나온 것은 수평으로 진동하는 채위를 통과하며 소정의 입도(粒度) 이하의 분말은 채의 망눈을 통과하여 세쇄로울로 보내어지고 채를 통과하지 못한 것은 조쇄로울 위로 되돌아와서 다시 분쇄되어 채위로 보내어지는 공정을 되풀이 한다.

(2) 세 쇄(細碎, grinding)

조쇄된 분말을 다시 잘게 분쇄하는 작업이며, 조쇄로울에서와 똑같이 채로 나누어 진다. 여기에서 채를 통과한 것은 소요의 입도의 것을 얻을 수 있게 되어 있다. 즉 스크랩은 연속적으로 조쇄로울에 공급되며 차례 가늘게 분쇄되어 소정의 입도의 것이 세쇄로울에서 얻어지도록 되어 있다. 조쇄와 세쇄의 고정 중간 및 세쇄 직후에 전자철분리기(電磁鐵分離機)를 2~3개소 설치하여 철편을 완전히 제거한다.

(3) 섬유제거

분쇄공정 중 섬유를 포함하는 스크랩에서는 섬유제거를 한다. 그러기 위해서는 채위에서 진동에 의해 표면에 떠오른 섬유를 떠내는 방법, 쟈이로시프터(3~4단으로 된 철망체에 선회운동을 주어 이것에 의해 입자를 크기에 따라 채질을 하는 동시에 섬유를 분리하는 기계)를 사용하는 방법, 정전기응용의 제지장치에 거는 방법 등이 있다.

(4) 혼 유(混油)

세쇄가 끝난 분말에는 재생유를 호파 또는 특수 혼유기로 혼유를 한다. 혼유기는 뒤섞는 장치가 부설되어 있으며 2중의 통으로 되어 있어서 외부를 120~130℃로 가열하여 고무분말에 기름의 침투를 잘 하게 한다.

(5) 탈 황(脫黃)

혼유된 분말은 적당한 상자에 넣어서 탈황통에 넣게 되며 직접 증기를 불어 넣어 탈황시킨다. 탈황의 도중에 공기를 소량 불어 넣는 경우도 있다.

(6) 초벌혼합(rough refining)

탈황통에서 꺼낸 것은 정쇄로울에 잘 물려들어 가도록 하기 위해 믹싱로울에 걸어 짚모양으로 정리해 둔다.

(7) 정 쇄(精碎, refining)

마감공정이라고 하며 로울 간극의 마감을 잘 하는 정쇄로울에 2~7회 통과시켜 재생고무의 입자를 완전히 분쇄한다. 정쇄작업 중 로울의 온도가 심하게 상승하므로 로울의 냉각에 주의한다. 재생고무의 품질의 우열은 이 정쇄로울의 성능에 좌우되는 일이 매우 크다.

(8) 스트레이닝(straining)

정쇄된 것을 압축기에 걸어 20~60메슈의 철망을 통과시켜 금속편, 목편, 토사 등의 협작물은 제거한다. 재생고무 사용목적에 따라서는 이 작업을 생략하는 경우도 있다. 스트레이닝 공정은 정쇄공정에서와 같은 작용을 고무에 준다.

(9) 시이팅 및 짐꾸리기

재생의 각 공정을 거친 것을 정쇄로울로 1㎝에 대해 20~80매의 시이트가 되도록 분출하여 냉각장치를 거쳐 드램에 감아 두께 2~3㎝가 되면, 드램에서 잘라내어 중질(重質) 칼슘 등은 분쇄하여 밀착을 막아서 소정량으로하여 짐을 꾸린다.

유법재생고무의 제조공정도

찌꺼기 고무(스크랩) 선별→수세→건조→조쇄→채선별 · 철편제거→세쇄→ 채선별 · 철편제거→섬유제거→혼유→탈유→초벌혼합→정쇄 · (체절)→스트레이닝→시팅→평량 · 짐꾸리기→제품

4) 유재생(油再生) 방법

유법재생고무의 공정도에 표시한 방법에 따라 제조된다. 분쇄입자가 작을수록 조입자(組粒子)가 없는 양질의 재생고무를 얻을 수가 있다. 일반적으로 타이어스크랩에서 30~40메슈, 튜브 기타 잡스크랩에서 8메슈정도로 본쇄채로 나눈다.

재생재료로서는 파인탈, 토올유, 토올토핑유, 디펜딩, 석유계가소제, 부착부여제, 초벌혼합촉진제 등이 사용되며 스크랩의 종류, 탈황온도, 정쇄로울기의 성능 등에 따라 6~13% 첨가된다.

탈황은 5~20kg/㎠의 증기압(158~214℃)아래 3~8시간, 잡재생고무 및 튜브재생고무는 짧고, 타이어재생고무는 장시간 탈황한다. 또 탈황온도를 높일 수가 있는경우에는 탈황시간을 단축할 수가 있으며, 탈황온도가 높일 수가 없는 경우에는 탈황시간을 길게 하든가 정쇄 회수(精鎖 回數)를 늘려야 한다. 재생은 정쇄로울의 성능과 최고탈황온도에 좌우되므로 정쇄로울기의 성능이 좋지 않는 경우에는 탈황시간을 길게 할 필요가 있다.

5) 알칼리 재생방법

미세한 분말에 대하여 8~10% 가성소오다 용액과 동량의 광유를 재생조제로부터 약 5% 가하여 뒤섞는 기계를 비치한 수평식 이중통(digester)에 넣어 10~15kg/㎠의 증기(183~200℃)를 통하여 약 8~24시간 쪄서 탈황한다. 재생조제에 파인탈이나 식물유를 사용할 수는 없다.

탈황을 끝낸 것은 물통에 넣어 이것에 온탕을 연속적으로 가하여 알칼리가 없어지기까지 충분히 잘 뒤섞어 수세를 한다. 세정을 끝내면 원심분리기에 걸어 수분을

가급적 제거하여 건조선반에 넣고 약 70℃의 열공기를 통하여 4~7시간 건조하여 수분함량 2%정도로 한다. 이상과 같이하여 건조한 탈황분말을 마감로울기로 충분히 잘 정쇄한다. 혼유, 탈황, 초벌 혼합, 정쇄이외의 공정은 유법과 동일하다.

알칼리법에 의한 재생고무는 섬유가 완전히 제거되어 있으며 가소성은 양호하다고 하나 점착성이 결하여 가공성이 불충분하여 유리(遊離)알칼리가 다소 잔류하는 등의 결점이 있다.

6) 기타의 재생방법

이상 2종 외에 많은 재생방법이 있다. 그 중 일반적으로 적용되지 않는 것도 있는데 그것들도 합쳐 설명한다.

(1) 중성법(中性法)

알칼리법과 이 중성법을 합하여 다이케스터법이라 한다. 원래 수평식 이중통으로 재생제를 물용액으로서 사용한다. 외부에 수증기를 불어넣어 가열하여 재생하는 방법이며, 알칼리법이 가성소오다를 사용하는데 대하여 중성법에서는 염화아연의 물용액을 사용한다. 수증기의 온도 및 찌는 시간은 알칼리법과 대체로 같다. 이방법은 지금도 널리 적용하고 있으며 알칼리법에 비하여 다음의 점에서 뛰어나다. 함유섬유(含有纖維)의 파괴 및 수세가 용이하며 물의 혼수가 적고 정쇄작업의 능률이 좋고 가소성이 풍부하고 수축이 적어서 좋다.

(2) 리크라미터법 또는 Dip법

섬유질을 제거한 스크랩분말에 재생제를 가하여 리크라미터라고 하는 특제의 강력한 긴 압축기에 걸어 압축기 내에서의 마찰로 발생하는 열에 의해 연속적으로 재생한다. 열에 의해 가소도가 처음에는 급속히 상승하지만 차차 그 정도가 둔해진다. 그래서 이 방법은 최고의 가소도에 이르기 직전에서 연화에 저항하는 성질을 이용한 것이며, 재생제는 이 과정을 빨리하기 위해 사용된다. 압출기의 온도는 170~180℃의 정도인데 압출되기 전에 급냉이 된다. 작업자가 적어도 되고 재생고무제법 중 가장 능률적이다. 스크랩을 컨베어 위에 올려놓고 조쇄로울에 넣고 나서 최종 제품의 완성까지 약 2시간반을 요한다. 이 Dip에 의한 재생고무는 대단히 부드러우며, 가소성에 뛰어나고 내마모성이 양호하므로 가황속도는 종래의 재생고무보다 다소 떨어진다고 한다.

이 방법은 가장 새로이 개발한 방법이며, 막대한 설비비를 요하며 특허료 및 로얄티도 싸지 않으므로 설치에는 다소 문제가 남아 있다. 이것은 미국의 U.S. Rubber Rec1aiming社의 특허 방법이다.

(3) 밴버리 법

이것은 서모다이나믹법 또는 랭카스타밴버리법이라 하며 보통의 것보다 튼튼하고 부하량이 큰 밴버리믹서가 사용된다. 조쇄한 스크랩에 재생유 기타를 가하여 약 125kg/㎠의 램압으로 약 260℃ 온도로 3~12분의 처리에 의해 재생하고 배출직전에 냉각한다. 이 방법은 니트릴고무와 클로로프렌고무에는 적용이 되지 않는다.

또 탄 고무는 보통으로 스크랩과 같이 분쇄가 되지 않으므로 특히 이 방법이 적합하다.

(4) 팬프로세스(직접증기 알칼리법)

통이화(簡易化)된 알칼리법이며 분말에 탈황조제를 하고 가성소오다용액을 가하여 분산시켜, 가황통에 넣어 직접 증기를 도입하여 재생을 한다. 이것을 꺼내어 건조하여 마무리한다. 본법에서는 알칼리법에 비하여 증기압력도 낮고, 증기시간이 짧아도 되며 도 세정도 생략할 수가 있다.

(5) 산 법(酸法)

이 방법은 섬유를 포함하는 스크랩을 탱크속에서 열희황산(熱希黃酸)으로 처리하고 섬유를 용해 제거하는 방법이며, 황산처리 후 알칼리로 중화하여 가열법에 준한 방법으로 생증기로 가소화한다. 이어서 정쇄와 스트레이닝과 다이제스타법과 마찬가지로 처리한다.

이전에 이 방법은 고무 찌꺼기의 스크랩에 사용해 왔으나 지금은 오로지 생 캔버스에 한하고 있다. 즉 자동차타이어카카스용, 칼렌더토핑파블릭의 찌꺼기, 소위 생캔에서 섬유를 제거하는 것이 목적이며, 약 10%의 회황산액으로 약 90℃로 보통 5~6시간 가열하여 황산에 의해 섬유를 분산시켜 쪄내어 수세를 하고 완전히 산분을 제거하고 건조하여 다듬질을 한다.

(6) 열 법(熱法)

공기나 증기 등의 매체, 기타의 방법으로 열을 가하고 항상 가열함으로써 스크랩을 가소화하는 방법이다. 자전거튜브 또는 작업화와 같은 연질고무에 특히 적용하는 방법이며, 150~160℃정도의 온도로 재생할 수가 있다. 가열을 2~3회로 나누고 그 공정중에 로울로 갈아 차차 부드럽게 하는 방법도 취해진다. 또 250℃정도 의 고온에서 재생하는 방법도 있다. 열법에 의한 재생고무는 품질적으로 뛰어나 있다고는 할 수가 없다.

(7) 용해법(溶解法)

밀폐기 중에서 약 175℃로 스크랩을 석유류에 용해하여 재생하는 방법이다.

(8) 파마법 또는 고압증기법

섬유함유량이 적은 스크랩에 재생유를 가하여 특별히 만든 밀폐용기에 넣고 현저한 고압(55~70kg/㎠)의 증기로 10분간 이상 열처리한 후 저부에 있는 수압 조작의 밸브를 열고 압력을 급격히 내린다. 이것으로 통내의 고무는 분출하여 붕괴한다. 이후의 조작은 보통의 방법과 마찬가지이다.

3. 재생고무의 사용방법

천연고무, 합성고무 및 유전합성(油展合成)고무를 싼 값으로 입수할 수 있는 경우에 있어서도 고무실, 자동차 및 자전거튜브 등의 특수업종 외에 재생고무는 고무공업에 절대로 필요 불가결의 원재료이다. 재생고무의 사용방법이 좋고 나쁨과 사용량의 다소는 고무공장경영의 성적에 밀접한 관련이 있는 것이다. 재생고무를 유효하게 사용하는 데는 이러한 특성, 결점 및 품질관리법 등을 잘 알아 둘 필요가 있다. 또 그 재생고무 중에 함유되는 고무탄화수소의 양(재생고무의 비중)과 품질을 잘 인식해 두고 배합을 세워야 한다. 이와 같은 관점에서 재생고무의 사용방법을 설명한다.

1) 재생고무의 특징

재생고무와 천연고무를 비교하면 다음과 같다.

① 값이 싸고 안정하다.
② 동력의 소비가 적어도 된다.
③ 카본블랙과 산화아연의 배합량이 절약이 된다.
④ 배합제의 혼합시간이 적어도 된다.
⑤ 미가황품의 팽창 및 수축이 적다.
⑥ 스코치의 경향이 적다.
⑦ 가공성을 용이하게 한다.
⑧ 가공중에서의 발열이 적다.
⑨ 열가소성이 낮고 열에 대한 민감성을 적게 한다.
⑩ 프레스가황 및 형물가황(型物加黃)에서 고무흐름이 좋게 되고 상처의 발생을 적게 한다.
⑪ 가황되돌림 적다.
⑫ 가황평담성을 준다.
⑬ 유황의 블루밍이 적다.
⑭ 내노화성이 좋게 된다.
⑮ 내유성이 뛰어나다.

2) 재생고무의 단점

재생고무의 장점에 대해서는 대체로 인식하고 있는 것 같으나 단점에 대해서는 놓치기 쉽다. 결점을 알지 못하기 때문에 대책을 강구하지 못하고 사용함으로써 재생고무에 잘못된 평가를 주는 일이 있어서는 안된다. 재생고무의 단점은 천연고무에 비하여 다음과 같으므로 원료고무 및 기타의 배합제의 선택 및 재생고무의 사용량에 주의하여 재생고무의 단점을 보충하도록 한다.

① 배합제의 분산이 뒤떨어진다.

② 인장강도가 뒤떨어진다.

③ 탄성이 뒤떨어진다.

④ 인열저항이 뒤떨어진다.

⑤ 압축영구변형이 크다.

⑥ 굴곡균열이 크다.

이상의 장점 및 단점은 그 정도는 대소 각각이므로 용도에 따라 각각 취사선택하여 재생고무의 사용량과 배합제의 사용에 따라 최선을 기하게 된다.

3) 재생고무의 품질판정법

재생고무의 품질이 좋고 나쁨의 판정에 있어서는 사용목적이 일정한 경우에는 비교적 간단하지만, 사용목적이 일정하지 않는 경우에는 다각적 관찰에서 보아야 하므로 복잡하다. 재생고무는 그 사용목적에 따라 그 특징과 단점을 취사 선택하는 동시에, 그 품질판정에 대해서도 그 내용을 고려해야 한다. 또 가장 중요한 것은 동일 메이커의 동일 제품은 입하(入荷)마다 품질이 일정하여야 하므로 수입검사(受入檢査)에 있어서 특히 주의를 요한다.

총괄적으로 유법재생고무의 품질을 판정하는 대조항목들은 다음과 같다.

① 비중이 작은 점

② 고무분이 큰 점

③ 회분이 작은 점

④ 조립자가 없는 점

⑤ 금속편의 기타의 협잡물을 포함하지 않는 점

⑥ 질은 치밀하며 원료고무와 잘 혼합하는 점

⑦ 배합약품을 다량으로 배합할 수 있는 점

⑧ 배합제를 잘 분산하는 점

⑨ 점착성이 작은 점

⑩ 섬유분이 작은 점

⑪ 아세톤 배출량이 작은 점

⑫ 클로로포름 추출물이 큰 점

⑬ 가공성이 양호한 점

재생고무의 가공성은 가장 중요한 일이다. 이것을 판정하는 데에는 로울로 일정 조건에서 박통(薄通)을 하고 로울에 점착하기까지 박통회수(薄通回數)의 표면에 평활도(平滑度)와 광택이 나오는 형편을 조사한다. 로울의 온도가 그다지 높지 않는 것이 중요하나 처음부터 로울에 잘 점착한 것도 있으므로 경계를 요한다.

4) 재생고무의 배합을 세우는 방법

재생고무를 배합하는 경우에 잊어서는 안될 것은 재생고무는 각각 가황할 수가 있는 고무탄화수소를 함유하고 있는 점이다. 따라서 재생고무를 필요로 하는 곳에 가황제 및 가황촉진제를 재생고무와 함께 배합하여야 한다. 이것들이 없으면 필요로 하는 물성을 얻을 수가 없게 될 뿐만 아니라, 도리어 재생고무를 사용함으로써 적지 않은 손해를 초래하게 된다. 재생고무를 원료고무의 일부에 바꾸어 혼용하는 경우에 재생고무의 배합에는 다음과 같은 방법이 있다.

(1) 가산법

(2) 치환법

(3) 환산법……고무분환산법

생고무분환산법

재생고무속에 포함되어 있는 고무탄화수소를 재생고무의 고무분이라 하며 그 중 원료고무와 치환할 수 있는 고무분을 재생고무의 생고무분이라 한다.

각종 배합법에 대하여 간단한 대표적인 것인 천연고무, 재생고무, 유황 및 가황 촉진제만으로 〈표 8-1〉에 제시한다. 〈표 8-1〉의 환산법에서 유황량 및 가황촉진량은 고무탄화수소 100부에 대하여 〈표 8-2〉의 기준에 의한 것이다.

〈표 8-1〉 재생고무배합의 일예

구 분	재생고무없음	가산법	치환법	환 산 법	
				고무분환산법	생고무분환방법
천 연 고 무	100	100	80	8	80
타이어재생고무	-	20	20	40	67
유 황	3.0	3.0	3.0	3.1	3.6
가황촉진제CZ	0.6	0.6	0.6	0.63	0.71

가. 가산법 재생고무 배합

가산법은 〈표 8-1〉에 제시와 같은 원료고무 사용의 배합에 단지 재생고무를 가할뿐이며 유황 및 가황촉진제의 배합량은 변화가 없는 방법이다. 이 방법은 재생고무를 다량으로 배합하는 경우는 물론이지만 소량 배합의 경우에도 유황 및 가황촉진제의 양이 부족하여 고무의 물성에 이상을 초래하므로, 이 가산법에 의한 재생고무의 배합법을 채용할 것은 아니다.

〈표 8-2〉 재생고무 배합의 일예

구 분	천연고무	타이어재생고무
유 황	3.0	3.5
가황촉진제CZ	0.6	0.7

나. 치환법 재생고무 배합

이 방법에 의한 것은 재생고무가 비교적 소량 사용되는 경우는 유황 및 가황촉진제의 양의 조정은 반드시 필요하지 않으나(재생고무가 다량 사용되는 경우는 유황 및 가황촉진제의 양을 감량하여야 한다) 재생고무에서 치환하지 않은 경우에 비교하여 이 방법에 의해 배합된 고무가 내는 특성이 상당히 뒤떨어지는 것은 분명하며 이 방법도 채용되어야만 하는 것은 아니다.

다. 환산법 재생고무 배합

이 환산법에는 고무분에 의한 환산배합법과 생고무분에 의한 환산배합법이 있다.

① 고무분 환산방법 : 이 방법은 원료의 일부를 재생고무의 고무분(타이어 재생

고무에서는 50%)에서 치환하여 유황 및 가황촉진제도 재생고무의 고무분에 대한 필요한 양을 계산하여 사용하므로 약간 증양되게 된다(그러나 이 예의 경우와 같이 재생고무의 사용량이적은 경우는 반드시 유황 및 가황촉진제로 증량하지 않아도 좋다). 이 방법에 의한 경우에도 치환법에 의한 경우 정도는 아니지만 재생고무를 혼용하지 않는 경우보다 반드시 고무의 특성이 뒤떨어지기 때문이다.

현재 일반적으로 적용되고 있는 재생고무의 배합방법은 이 고무분 환산법이다. 그러나 유황 및 가황촉진제는 증량되지 않는 것이 많은 것 같다. 이 방법으로 배합되면 재생고무는 원료고무에 비교하여 물성이 뒤떨어지므로 개선되어야 한다고 본다.

② 생고무분 환산방법 : 이 방법이 가장 합리적으로서 최량이다. 이 방법의 근거로서는 재생고무를 원료고무로 치환하는 경우 재생고무 중의 생고무분을 가지고 있는 것을 원칙으로 하기 때문이다. 즉 타이어재생고무 100% 중에 원료고무에 필적하는 것이 30% 포함되어 있으므로 원료고무를 20% 치환하는데, 타이어재생고무를 67% 사용해야만 된다.

유황배합량은 원료고무에 대하여 80×3.0%＝2.40

재생고무에 대하여 67×50%×3.5%＝1.7

가황촉진배합량은 원료고무에 대하여 67×0.6%＝0.48

재생고무에 대하여 67×50%×0.7%＝0.23으로 계산한 것이다.

유황도 가황촉진제도 천연고무에 대한 것보다도 재생고무의 고무분에 대한 쪽이 약간 다량으로 사용되어야 한다. 재생고무를 혼용한 경우, 유황 및 가황촉진제는 위와 같이하여 조정하는데 그 밖에 가산법, 치환법 및 환산법에서도 산화하면, 충전 제 및 연화제로 적당히 조정해야 한다.

이상은 재생고무와 원료고무를 혼용하는 경우의 배합법인데, 재생고무만으로 배합을 만드는 경우에는, 재생고무 중의 고무분(고무탄화수소)를 기준으로 하여 가황제 및 가황촉진제 등을 천연고무에 대한 것보다도 많은 양을 배합한다. 또 산화아연은 고무분에 대하여 2~3% 배합한다. 연화제는 상당히 감량할 수가 있다. 타이어재생고무에서는 가공성이 뒤떨어지므로 그와 같은 경우에는 잡재생고무를 타이어

재생고무의 거의 1/3~1/4량 혼용하면 좋다.

라. 재생고무배합 제작상의 주의

재생고무에서 원료고무의 일부를 치환하는 배합 제작에 있어서의 주의에 대하여 다음에 설명한다.

① 가황속도를 바꾸지 않도록 배합을 세운다.

② 완성된 가황고무에 대해서는 인장강도는 다소 낮아도 좋으나 중간의 신장은 결코 바꾸지 않도록 한다.

③ 경도와 탄성을 일정하게 유지하도록 한다.

④ 영구신장도 가급적 같게 한다.

⑤ 100% 인장응력이 대단히 중요하다.

⑥ 재생고무 중의 유리유황은 0.02~0.03%정도로 하여 대단히 미량이므로 유황배합량을 고려할 필요는 없다.

4. 재생고무의 혼합방법

유법 재생고무에 있어서도 이상적으로는 혼합전에 로울의 간격을 조여 정쇄해 두고 나서 사용하는 것이 가장 좋으나 일반적으로는 천연고무를 처음의 로울에 걸고 분쇄할 때에 로울 간격을 조여 2~3회 작동하고 나서 원료고무에 혼합하면 좋다. 재생고무의 혼용량이 원료고무에 비교하여 소량일 때는, 우선 로울의 간격을 조이고, 먼저 재생고무를 2~3회 박통(薄通)해 두고, 이어서 원료고무와 같이 2~3회 박통하고 나서 로울의 간격을 2~3㎜로 열고 조금씩 원료고무를 감아 섞어서 그것에 먼저 로울에 걸어두었다가 재생고무를 가하여 양자를 잘 혼합한다.

또 재생고무의 혼용량이 원료고무에 비하여 다량일 때는 앞과 반대로, 우선 로울의 간격을 조이고 먼저 원료고무를 2~3회 박통(薄通)해 두고, 이어서 재생고무를 걸어 2~3회 박통하면서 로울간격을 2~3㎜로 열고, 재생고무를 감아 섞을 수 있게 하고 그것에 먼저 로울에 걸어 두었던 원료고무를 가하여 양자를 잘 혼합한다. 이때 원료고무는 잘 혼합하지 않으므로 이 재생고무에 가하면 양자가 잘 혼합하지 않으므로 좋지 않다. 재생고무와 원료고무는 분산혼합하기가 어려우므로 특히 잘 혼합하도록 주의를 한다. 배합제 혼합전의 양자 혼합분산정도는 가황고무의 물성을 심하게 좌우하는 것이다.

재생고무는 제품에 변질이 있는 경우가 있으므로, 제조 후 오랜 시일이 경과한 것은 단단해져 가소성(可塑性)이 떨어져 혼련이 곤란하게 되어 배합제도 잘 분산하지 못하게 된다. 그래서 그와 같은 것은 반드시 잘 정쇄하여 사용하여야 한다. 재생고무는 제조 후, 몇 개월 경과하면 정쇄하여 사용하지 않으면 안된다는 문제가 야기되는데 그 방법으로서 약 3개월을 목표로 하여 두는 것이 타당하다고 본다. 재생조작에 따라 가황고무분자가 해중합(解重合)하여 가소성을 발휘하는 것인데, 시일의 경과와 함께 약간 산화 중합을 했기 때문에 가소성이 뒤떨어져 경화하는 것이다. 단 그 경화의 정도는 재생의 정도와 방법(예를 들면 재생유를 많이 사용하는 정쇄를 적게 하는가, 저온으로 장시간 탈황하는가, 고온으로 단시간 탈황하는가 등)에도 따르므로 일률적이라고는 말할 수가 없다.

재생고무메이커에서는 제조 후 3개월 이상 경과하지 않도록 주의를 하고 있는 곳도 있고, 또 6개월이상 경과를 한 것은 반품하든가, 정쇄하여 사용하도록 하는 곳도 있다.

5. 재생고무의 종류

재생고무의 종류는 하기와 같이 크게 나눌 수가 있다.

1) 타이어 재생고무

2) 튜브 재생고무

천연흑튜브 재생고무

천연적튜브 재생고무

부틸튜브 재생고무

3) 잡재생고무

타이어 및 튜브 재생고무에 속하지 않는 것이 모두 잡재생고무인데, 잡재생고무를 사용재료스크랩에서 분류하면 홀타이어, 경질(硬質)스폰지작업화, 창틀, 실고무, 공업용품 등의 재생고무이며, 또 이것들의 재료는 서로 혼용이 되는 경우도 있다.

재생고무 JIS(K 6313)에 표시되어 있는 품종별 성능을 〈표 8-3〉에 제시한다.

튜브재생고무는 〈표 8-3〉에 있는 3종에 한정한다. 타이어스크랩에는 전량 천연고무 사용의 것에서 천연고무를 거의 혼용하지 않은 것까지 있으며, 특히 후자는 소형 타이어이며 고무질이 떨어진다. 타이어재생고무는 2급으로 나눈다. 이 중 2급품의 비중은 1.25이하로 되어 있는데, 이 원료에는 많은 경우 물성이 떨어지는 소형 헌타이어를 사용하고 있다. 그러나 고무의 비중은 1.18전후로하여 1급품과 대차가 없으나 충전제를 나중에 섞어 넣기 때문에 비중이 크게 되어 개질타이어 재생고무라 하는 것이다. 이 개질된 타이어 재생고무를 잡재생으로 사용하고 있는 일도 있다. 잡재생고무는 전에는 2급품쪽을 많이 제조해왔는데 작업화 등의 신발스크랩이 격감했기 때문에 현재에는 밸룬타이어를 원료한 것을 비롯하여 1급품쪽을 많이 제조하고 있다.

〈표 8-3〉 재생고무 JIS에 의한 성능표

항목별 \ 종 별	튜브 재생고무			타이어 재생고무		잡재생고무	
	천연고무		부틸튜브	1급	2급	1급	2급
	흑튜브	적튜브					
비 중	<1.20	<1.25	<1.20	<1.20	<1.35	<1.35	<1.55
추정고무분(고무탄화수소%)	55	55	55	55	45	40	30
회 분(%)	<20	<30	<20	<15	<20	<40	<45
아세톤추출물(%)	<15	<15	<10	<20	<20	<17	<17
인장시험 kg/㎠	<65	<55	<60	<65	<55	<40	<30
인장시험 %	>350	>300	>400	>300	>250	>150	>120

재생고무의 JIS는 2회 개정되어 제3집의 것이 개정발표하게 되었는데 재생고무 메이커는 표준규격 표시허가의 심사를 받지 않고 있다.

재생고무의 재료는 천연고무가 주로 되어 있는데 타이어스크랩에서는 천연고무에 SBR의 혼용이 된 것이 많고, 또는 현재의 타이어재생고무는 SBR을 전혀 포함하고 있지 않는 것은 없다고 해도 과언이 아니다. SBR의 스크랩은 천연고무의 스크랩과 거의 마찬가지로 쉽게 재생되어 있다.

천연고무의 및 SBR외, 합성고무로서는 부틸고무, 클로로프렌고무, 니트릴고무의 스크랩이 재생되어 있다. 부틸고무의 재생도 간단하며 부틸튜브로서 재생되고 있다. 재생이 곤란한 것은 클로로프렌과 니트릴이다. 동시에 내유성이 강하며 극성이 크기 때문이다. 또한 충분히 열을 걸어 재생할 수 없으므로 특수한 재생재를 사용하여 특수한 조작에 의하고 있다. 특히 클로로프렌에서는 보통의 방법으로 재생유를 가하여 가열재생을 하면 클로로프렌의 염소가 해리하여 나와 클로로프렌의 특성을 가진 재생고무는 얻지 못하게 된다. 클로로프렌은 전혀 열을 가하지 않고 재생유 및 소련촉진제(素練促進劑)를 가하여 약 36시간 방치한 후, 정쇄로울에 약 10회 통함으로써 우량한 클로로프렌 재생고무를 제조할 수가 있다. 현재는 이 클로로프렌 재생고무와 니트릴 재생고무는 극히 약간 시장에 나오는데 지나지 않다. 그것은 원료 스크랩의 정해진 집하(集荷)가 곤란한 것과 그것들의 효과가 아직 일반에게 인정을 받지 못하기 때문이다. 원래의 보통 재생고무의 시험항목만으로는 불충분하며 클로로프렌 재생고무에 대해서는 내노화성과 내유성 시험을, 또 니트릴 재생고무에 대해서는 내유시험도 하여야 한다. 특수용도에 사용하는 재생고무이므로 그 목적을 위한 시험도 잊어서는 안된다.

재생고무의 종류, 품질에 대한 규격은 KS M 6701(재생고무)에 명시되어 있다.

제 9 장 고무의 반응성과 성질

고무는 주로 단위체가 diene 화합물인데 이것이 중합될 때 단위체의 종류, 중합방법, 중합조건 등에 따라 그 구조가 *cis*-형과 *trans*-형의 이성질체(二性質體)가 생긴다. 이때 생성되는 구조가 *cis*-형이냐 *trans*-형이냐에 따라 그 물성의 차이가 크다. 예를 들면 SBR, NR, BR과 같은 디엔 화합물을 중합하면 1,4-결합만으로 되는 것이 아니고 1,2결합과 3,4결합도 생긴다. 또 1,4결합에는 *cis*-구조와 *trans*-구조가 있다.

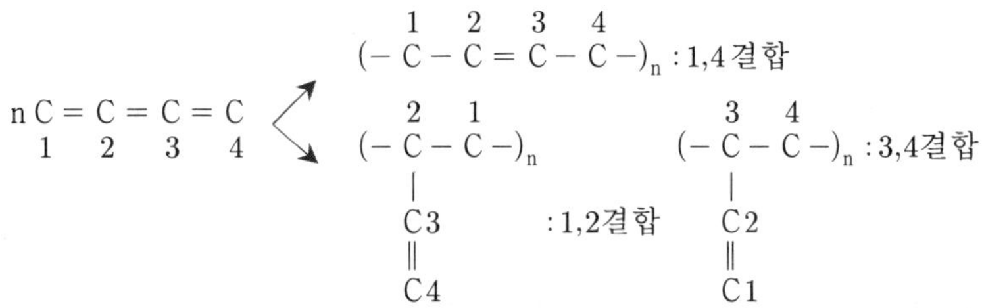

cis-1,4 폴리부타디엔

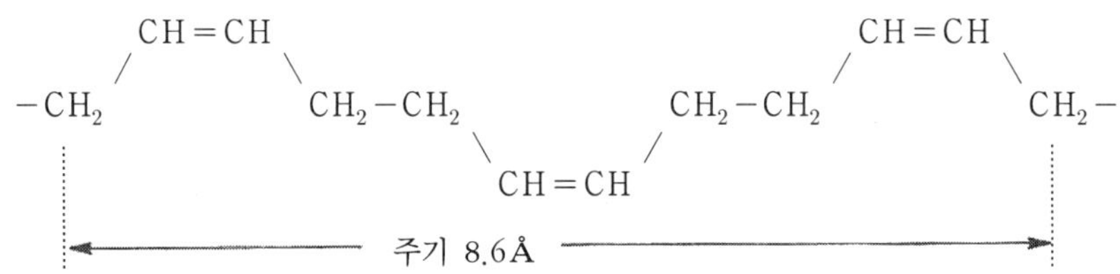

trans-1,4 폴리부타디엔

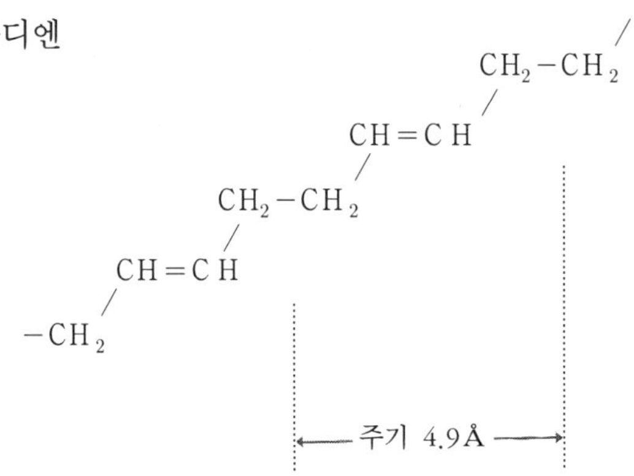

cis-1,4구조는 고무성질을 나타내지만 *trans*-1,4구조는 수지 성질이다. 이것은 NR(*cis*-1,4 폴리이소프렌)과 쿠타페르카(gutta-percha, *trans*-1,4 폴리이소프렌)와의 관계와 같다. 또 *cis*-1,4 폴리이소프렌은 신장시키지 않았을 때는 무정형 이지만 크게 신장시키면 결정화된다. NR을 카본블랙으로 보강하면 높은 인장강도를 나타내는 것은 결정화에 의한 보강효과(補講效果)때문이다. SBR이나 BR 등 랜덤공중합 고무는 당겨서 신장시켜도 결정화되지 않으므로 순고무 가황물의 인장강도는 낮게 나타난다. 그러므로 고무의 물성을 개선하기 위해서 고무원료에 다음과 같은 반응성 등을 갖게 한다.

9-1. 고무의 가황반응

1. 가황이론

Rubber의 가황반응은 다음과 같은 중요성을 가지고 있다고 볼 수 있다.

① 고무와 황간의 화학반응 중 부가반응(附加反應)은 gum의 ethylene형의 탄소 결합부에 행하여 진다.

② 황화고무의 max 가황반응은 약 47%이며 C_5H_8S와 같은 실험식을 갖는 화합물을 구성한다.

③ 황화고무의 최저 S의 화합량에 대해서는 아직 확실한 정설은 없으나 강한 촉진제를 사용하여 0.5%전후의 화합유황(化合硫黃)을 가지고 있으면 이미 황화고무의 특성을 갖는 다는 것

④ 가황반응은 여러 종류의 화합물에 의해 촉진된다.

⑤ 강력한 유기촉진제의 첨가는 황화온도를 저하시킬 수 있다.

⑥ 황화반응의 온도계수는 화합 S로 보아 2.5전후로 본다.

⑦ 황화는 고온에서 현저히 진행되나 상온에서도 진행된다.

⑧ 황화는 유리황을 남기지 않고 완전하게 결합하기는 어렵다.

⑨ 고무에 있어서 유황의 결합은 용적의 수축을 일으킨다.

⑩ 유황의 결합은 시간에 대해 연속적으로 진행된다.

⑪ 유황의 진행과 함께 생긴 황화 gum의 인장력은 점차 증대하고 max va1ue를 나타낸 후 감소한다.

그 외에 여러 가지가 있다. 고무의 황화에 관한 학설은 고무와 유황간의 화합 흡착(吸着), 고용체(固溶體), 분산(分散), 중합설(重合說) 등이 있다. 그러나 대개 화합설로 연구보고되고 있다.

2. 가황(加黃)의 필요성

고무를 가공하여 실용성이 있는 고무제품을 만들기 위해서는 분자 사슬간을 가교하여 결합시켜야 한다. 고무의 화학구조는 앞에서 설명했지만 고무가 될 수 있는 화학구조의 특성을 요약하면 다음 4가지가 있다.

① 긴 사슬 모양의 고분자인 것
② 분자내 사슬단위의 자유 회전성 운동이 클 것
③ 분자 상호작용이 작을 것
④ 적당한 처리로 긴 사슬 모양 고분자의 군데군데에 분자간의 가교가 될 수 있을 것 등이다.

여기서 고무분자는 사슬모양 1개를 취급한다면 당겨서 신장시키고 다시 원상태로 되돌아가는 성질이 있다. 그러나 이러한 사슬 모양의 분자가 무한한 숫자로 접합된 고무 덩어리에서는 이것을 당겨서 신장시키면 분자 자체가 늘어나는 것만이 아니고 분자 사이에 미끄러짐 성질이 생겨 스스로 미끄러져서 늘어나는 것이 된다. 원래 분자는 지그재그로 무질서하여 곳곳에서 덩어리로 엉켜져 있다고 생각하면 된다. 이와 같은 분자의 덩어리가 풀려지는 것을 막는 역할이 몇 가지 있다고 생각된다. 실용성이 있는 고무 탄성을 나타내는 데는 분자사슬간을 서로 결합시켜, 즉 가황(가교)시켜 삼차원적 망상구조(網狀構造)로 만들 필요가 있다.

화학반응으로 일차 결합이 이루어지면 신장시킬 때 인접분자는 결합되어 있으므로 분자간의 미끄러짐 성질이 어렵고 분자가 가진 엔트로피-탄성 효과가 유지되어 당기는 힘이 제거되어도 원래의 상태로 회복된다.

가교(cross-1inking)라 함은 보통 고무공업에서 가황(vuicanization, cure) 이라고 부르는 말을 고분자화학 전반에서 학문적인 입장에서 표현한 용어이다. 황을 사용하지 않고 과산화물이나 아민 등을 사용하는 가교도 최근 많이 이용되고 있어서 가황이란 용어가 엄밀하게 보아 적절하지 못하지만 일반적으로 고무 공업에서는 황을 사용하지 않는 가교까지 포함하여 모두 가황이라는 용어가 사용되고 있는 것이 현실이다.

3. 자유 라디칼(Free radical)

가황의 화학반응 중에는 자유라디칼 반응으로 설명되는 부분이 극히 많다. 그래서 앞절에서도 언급된 바 있지만 자유 라디칼(이하 라디칼이라 한다)이란 어떤 것일까?

유기화합물은 화학적 1차 결합으로 원자가 결합되어 있다. 이것은 전자를 공유하고 있는 결합이므로 공유결합(共有結合)이라고 한다. 가장 간단한 메탄을 예로 든다.

즉 메탄은 CH_4 또는 $H-\overset{\displaystyle H}{\underset{\displaystyle H}{\overset{|}{\underset{|}{C}}}}-H$로 쓰거나 전자의 공유상태를 표시한 $H:\overset{\displaystyle H}{\underset{\displaystyle H}{\overset{\cdot\cdot}{\underset{\cdot\cdot}{C}}}}:H$

로 쓸 수 있다.

여기서 : 표시는 전자 한 쌍을 표시한다. 탄소원자는 비대칭(非對稱) 전자 4개를 가진 C로 표시된다. 또 수소원자는 비대전자 1개를 가진 H · 로 표시한다. 이러한 탄소원자 1개와 수소원자 4개가 결합된 것이 CH_4로 될 때 전자 2개씩으로 된 전자쌍 4개를 가진다. 이와 같이 2개의 전자를 서로 공유한 C-H결합은 안정된 상태가 된다.

여기서 CH_4에 에너지를 가하여 H를 1개 떼어내면

$$H:\overset{\displaystyle H}{\underset{\displaystyle H}{\overset{\cdot\cdot}{\underset{\cdot\cdot}{C}}}}:H \rightarrow H:\overset{\displaystyle H}{\underset{\displaystyle H}{\overset{\cdot\cdot}{\underset{\cdot\cdot}{C}}}}:H \quad + \cdot H \ (\text{또는 } CH_3\cdot + \cdot H)$$

와 같이 공유된 전자는 1개씩 분리되어 CH_3에 1개 그리고 H에 1개씩 된다.

이와 같이 유리된 전자를 가진 원자 또는 원자단을 라디칼이라고 한다. 위 식에서 CH_3기는 메틸 라디칼, H는 수소 라디칼이라고 부른다.

이러한 라디칼은 극히 활성이 풍부하여 반등하기 쉬우므로 라디칼끼리 서로 재결합하거나, 다른 라디칼과 공유결합으로 안정화되고 새로운 라디칼을 발생시키기도 한다. 고무의 내림, 가황, 산화 등 여러 가지 반응이 이러한 라디칼로 설명되는 것이 자주 행하여지고 있다.

4. 황에 의한 가황

가황고무는 용제(溶劑)나 열에 불용부융(不溶不融)이다. 따라서 고무 자체의 가황 메카니즘에 대한 연구 방법은 극히 제한되어 가황 반응의 진행과정을 여러번 반복

추적하는 것은 불가능하다.

그러므로 고무구조와 비슷한 저분자 물질을 모형으로하여 그것에 대한 반응 메카니즘을 추구하고 그 결과로서 고분자 물질인 고무의 경우를 추정하고 있다. 천연고무와 황의 반응은 다음과 같다.

황은 S 고리형 분자이지만 159℃에서 열운동에 의하여 S고리가 열려 실모양의 분자로 되어 사슬모양의 황으로 발달한다.

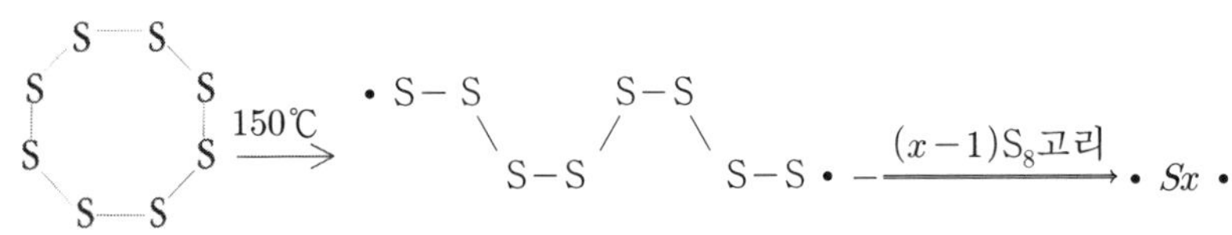

윗 식의 반응에서 개환(開環)된 황은 2가 라디칼(biradical)로 되고 고무의 *α*-methylene의 수소를 끌어당김으로써 황만으로도 천연고무의 가황이 개시된다.

즉,

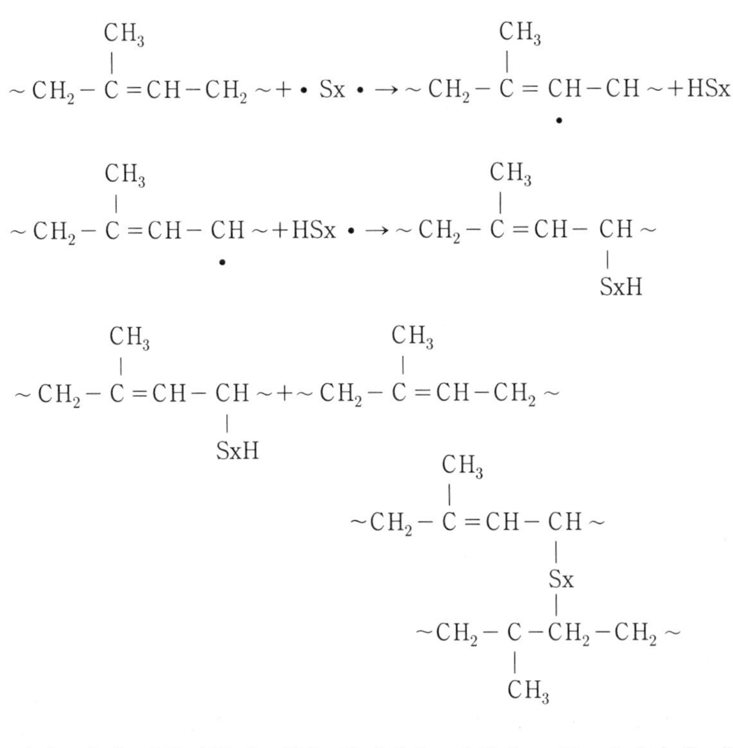

이와 같이 이중결합에 대한 첨가반응 이외에 고무 라디칼에 대한 S의 첨가반응

도 일어난다.

예를 들면

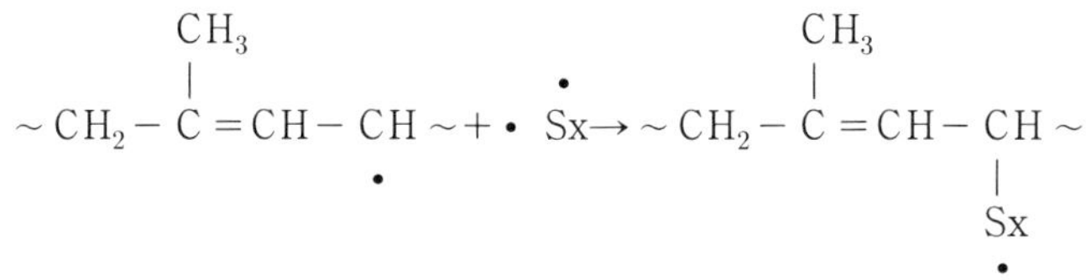

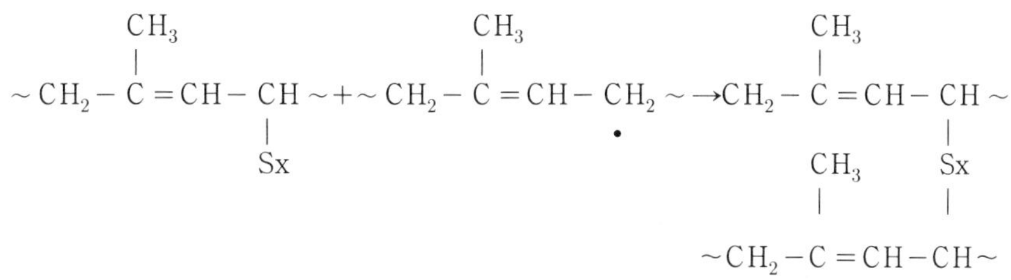

이와 같이 가황반응은 라디칼 연쇄반응이라 생각되지만 사용한 황은 모두 다른 고무 분자간의 가황반응에만 소비되는 것이 아니고 같은 분자 내에서의 가황반응도 일어난다. 이 때에 형성된 가황고무는 물리적 성질을 향상시키는 데에 필요한 것만은 아니다. 실제로 가황고무의 화학구조는 복잡하므로 이외의 여러 가지 반응이 수반 된다

5. 가황 촉진제와 황의 반응

가황촉진제를 AB로 표시하면, 다음과 같이 159℃ 보다 낮은 온도에서도 황의 개환이 일어난다.

$AB \rightarrow A\cdot + \cdot B$

$A\cdot + S_8$(고리)$\rightarrow A-S_8\cdot$

$A-S_8\cdot + nS_8$(고리)$\rightarrow A-Sx\cdot$ (사슬)

$A-Sx\cdot + \cdot B \rightarrow A-Sx-B$

(1)아민계 가황 촉진제와의 반응

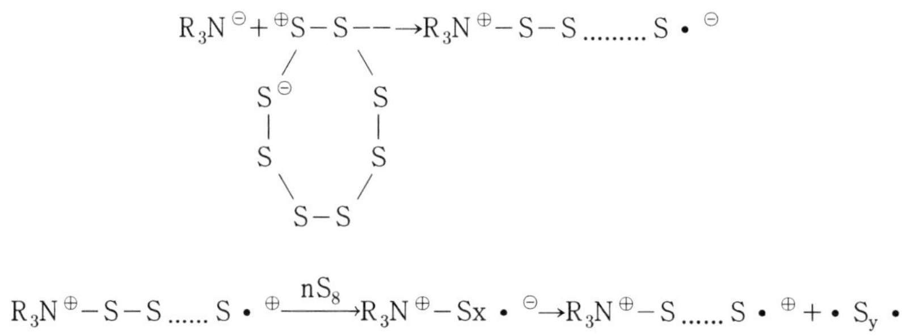

(2)TMTD와의 반응

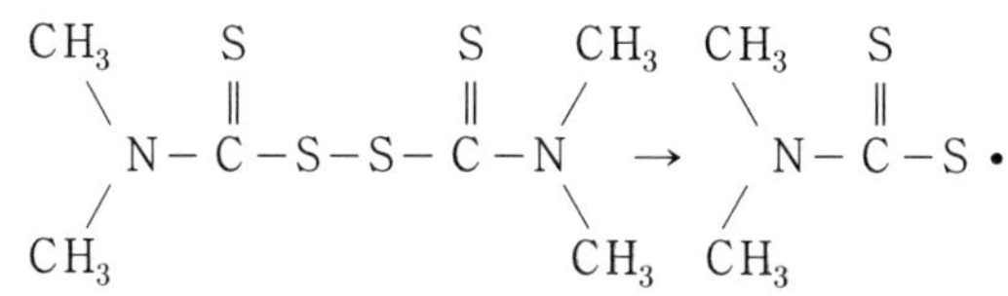

(tetra-metyl thiuram disulfide)

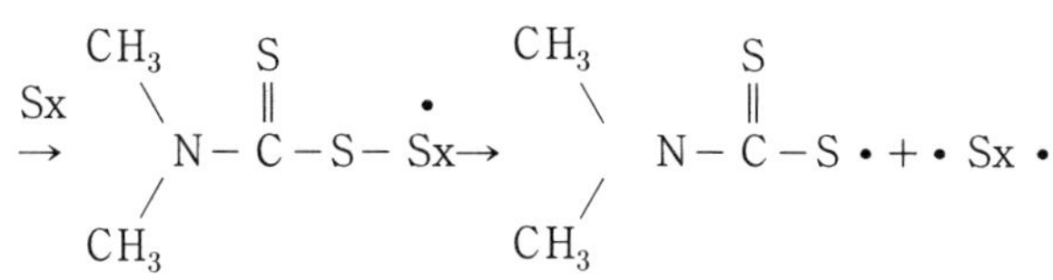

$\cdot S_X \cdot \rightarrow \cdot S_1 \cdot, \cdot S_2 \cdot$ ...... 가황촉진

6. 과산화물에 의한 가황

황을 사용하지 않는 가황방법에는 과산화물에 의한 방법, 금속산화물에 의한 방법, 아민을 사용하는 방법, 기타 셀렌(Se), 텔루튬(Te)을 사용하는 방법 등이 있다.

과산화물은 가열하면 분해되어 다음과 같은 라디칼을 생성한다.

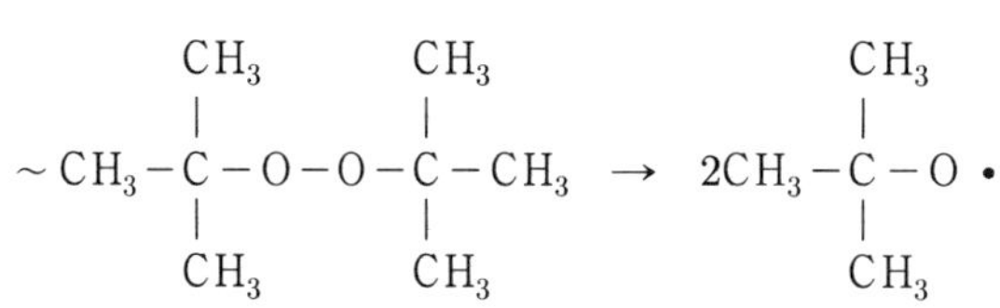

(di-tert-butyl peroxide, DBP)

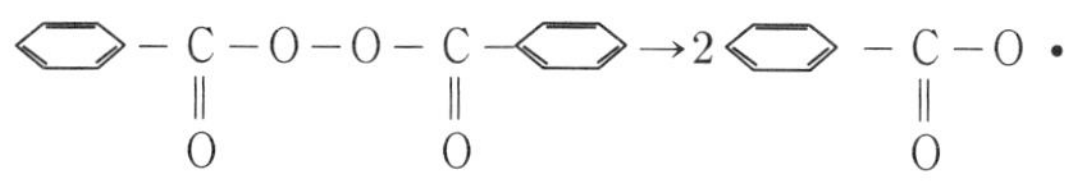

(benzoyl peroxide, BPO)

생성된 라디칼을 R·라 표시하면,

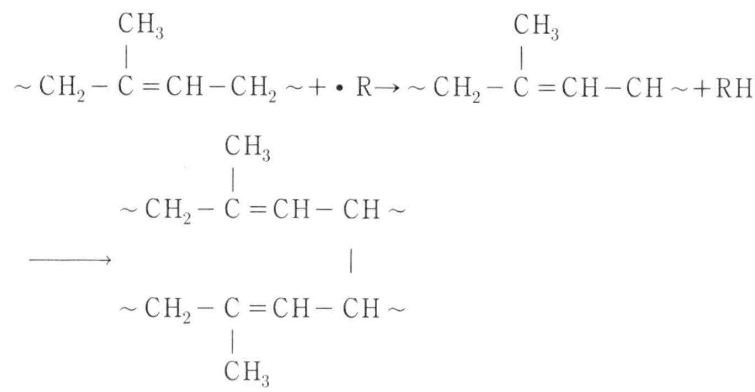

와 같이 천연고무는 가황된다.

폴리부타디엔의 경우는 연쇄반응을 일으켜 1개의 라디칼로 다수의 가교가 이루어진다.

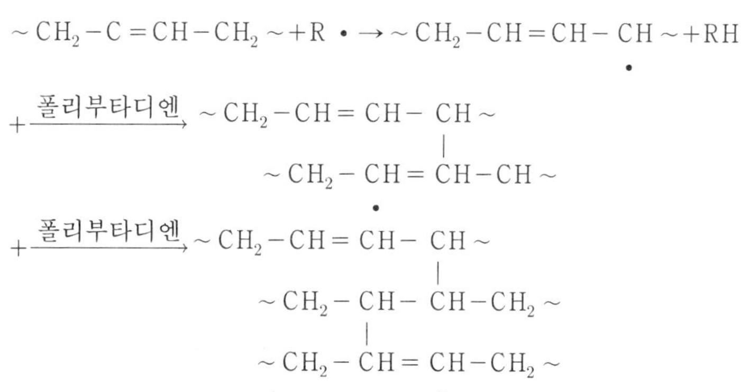

7. 가황고무의 특성

내림작업으로 가소화된 원료고무는 배합제의 혼련, 성형 등의 공정을 거쳐서 가황조작을 실시하는데, 이 조작의 전후에서 고무의 성질은 크게 변화한다. 이 가황의 진행에 따른 성질의 변화는 일반적으로 다음과 같다.

가황고무의 성질은 사용되는 원료고무의 종류에 따라 차이가 있을 뿐만 아니라, 가황방법의 차이에 따라서도 크게 좌우된다. 그러나 현재 공업적으로는 주로 황에 의한 가황방법이 실행되고 있으므로 여기서는 다만 황과 고무와의 가황반응에 관하여 주로 설명하기로 한다.

〈표 9-1〉은 가황고무와 물성관계를 표시한 것이다.

〈표 9-1〉 가황고무의 특성

가	황→	가	황→
유동성	대 소	신장응력	소 대
열가소성	대 소	경도	소 대
접착성	대 소	노화성	대 소
인장강도	소 대	압축 영구 줄음	대 소
인열강도	소 대	반발탄성	소 대
신장률	대 소	팽윤성	대 소

1) 가황에 의한 기계적 성질의 변화

가황고무의 성질은 망상결합의 결목의 수, 즉 고무에 대한 황의 결합량에 따라서 변한다. 〈그림 9-1〉에서와 같이 결합황의 양(고무 100g에 대한 결합황의 g수=가황계수)이 5% 정도까지는 인장강도가 증가하여 극대값을 보인 후 점차로 감소하여 취약한 상태가 계속되다가, 결합황 양이 32% 정도부터 다시 강도가 증가하여 에보나이트(ebonite)로 된다. 결합황 3~5% 부근의 연질(軟質)고무(soft rubber)가 공업적으로 유용한 제품으로 이용되고 있다.

이상은 NR에 황만을 혼련, 가황한 것으로, 여기에 가황촉진제나 조제를 가하면 인장강도의 극대값을 보이는 점이 변하는데 일반적으로 결합황이 5%이하가 된다. 그러나 가황촉진제의 종류가 배합량, 기타 등에 따라 달라지므로 일정한 관계를 찾기는 어렵다.

고무에 황이나 가황촉진제 등을 배합한 배합고무는 배합 비율이 일정한 것이라도 가황온도와 가황시간이 변화하면 결합황 양은 변한다. 일반적으로 가황온도가 높고 가황시간이 길면 결합황 양은 증가한다. 〈그림 9-1〉은 가황과 인장강도와의 관계이다.

일정한 가황온도에서 배합고무를 가황하고 어떤 성질은 측정하면 가황시간에 따라 변화하는 가황곡선이 얻어진다(그림 9-2). 가황곡선은 각종 물성에 대하여 작성할 수 있다. 예를 들면 인장강도, 인장응력, 인열강도는 시간에 따라 상승했다가 하강하고 신장률과 압축영구줄음률은 시간에 따라 감소한다. 경도, 반발탄성 결합황 양은 시간에 따라 증가하고 점차로 일정값에 접근하고 있다.

이러한 성질은 동일 시간에서 모두가 최적치(최고값 또는 최저값)로 되지 않으므로 최적가황시간(가황온도를 함께 고려하면 최적가황 조건)을 결정하기는 곤란하다. 동일 배합고무일지라도 용도가 달라지면 최적가황 조건이 달라지는데 대부분의 경우, 특히 시험배합에서는 인장강도 또는 인장강도와 신장률의 적(항장적)이 최적가황 조건의 판정에 이용된다.

최적가황 조건에서 그 이전의 것을 부족가황(不足加黃, under cuer), 지난 것은 과가황(過加黃, over cuer)이라 하고 그 정도가 심할수록 고무의 성질은 나빠진다. 과가황 상태에는 두 가지가 있는데, 하나는 고무가 경화하여 인장응력이 상승하며 인장강도와 신장률은 저하한다. 이것은 SBR, 기타 합성고무에서 잘 나타나는 현상이다.

다른 하나는 NR에서 잘 나타나는 것으로 고무는 연화되고, 인장응력과 인장강도가 저하하며, 신장률이 커져서 가황부족의 상태와 비슷하게 된다. 이 현상을 가황퇴화(加黃退化, reversion)라 부른다. 배합고무는 가열하므로서 황과 결합되지만 동

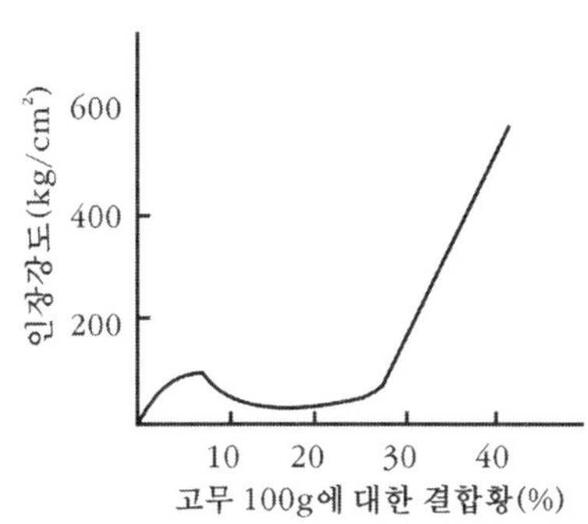

〈그림 9-1〉 고무일황계의 가황곡선

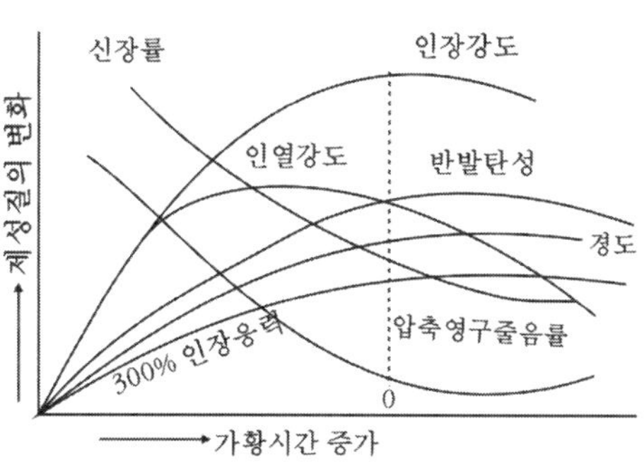

〈그림 9-2〉 가황시간에 따른 제성질의 변화

시에 열분해나 노화가 일어나기 때문인 것으로서 NR은 합성고무 보다 그러한 경향이 크다.

최적가황(最適加黃) 시간을 결정하기 위하여 다음과 같은 식을 이용한다.

$$\text{최적가황 시간} = \frac{4T + 2S = M + H}{9}$$

여기서 T : 최고 인장강도가 되는 가황시간

S : 최저 영구신장 늘음이 되는 가황시간

M : 최고 인장응력이 되는 가황시간

H : 최적 경도가 되는 가황시간

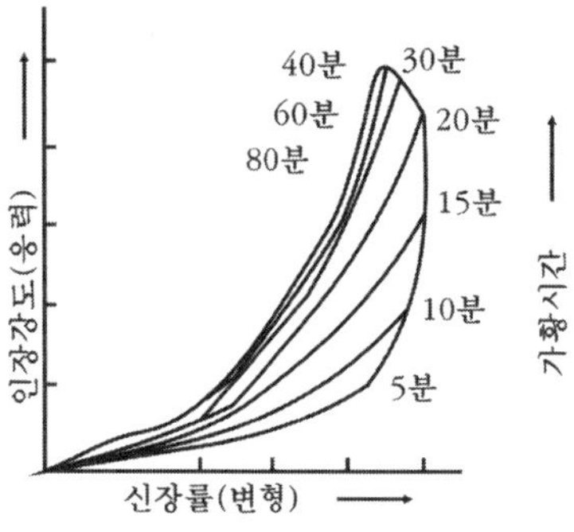

〈그림 9-3〉 응력-변형곡선

가황고무를 인장시험기에 걸쳐서 신장할 때 신장의 비율에 따라 응력을 나타낸다.

일정한 신장에 대한 응력의 크기를 모듈러스(modu1us)라 하고 절단시의 응력을 인장강도라 한다. 응력과 신장을 각각 세로와 가로로 한 그래프를 그리면 응력-변형곡선이 된다. 동일 배합에서 가황시간이 각기 다른 곡선의 일예를 〈그림 9-3〉에 나타내었다. 그림에서 알 수 있는 바와 같이 인장응력은 가황이 진행됨에 따라 증대하고 인장강도와 신장에는 각기 최대점이 있는데 그 시간은 신장이 최대의 것이 현저히 짧다. 곡선의 형은 배합 고무에 따라 여러 가지로 변화하지만 그 경향은 비슷한 상태이다.

고무의 인장강도는 충전제의 종류와 양에 따라 크게 영향을 받고 있다. 충전제를 배합했을 때 어느 배합량까지는 인장강도가 증가되고 그 이상으로 많아지면 다시 감소한다. 이것은 고무 특유의 성질로 다른 고분자 재료에서는 볼 수 없는 현상이다. 이런 성질이 현저한 충전제를 보강제라고 부른다.

보강제는 원료고무와의 조합에 관련되는 것으로 하나의 보강제가 모든 원료 고무에 보강성을 나타낸다고는 할 수 없다.

또한 그들간에 일정한 관계를 찾기도 곤란하다. 각종 원료고무에 카본블랙을 배합할 경우의 보강성을 〈표 9-2〉에 비교하였다

〈표 9-2〉 각종 원료고무에 대한 카본블랙의 보강성

고무종류	인장강도(kg/㎠)		보강비율(b/a)
	순고무배합(a)	카아본블랙 배합(b)	
N R	200~300	300~325	1.1~1.6
S B R	20~30	150~350	5~10
N B R	20~40	150~200	5~10
I I R	210	170	0.8
C R	150~200	200~250	1.3~1.4

고무를 신장하였다가 절단하기 전에 하중을 감소시켜 고무를 수축시켜 가면 고무를 신장할 때와는 다른 곡선을 그리며, 하중을 0으로 해도 신장은 0으로 되지 않는다(그림 9-4). 이 곡선을 히스테리시스(histeresis) 곡선이라 부르고, 면적 OCPHAO는 히스테리시스 손실(損失)로서, 고무에 대하여 소비된 일의 양, 즉 내부에 열로 축적된 일의 양에 대응하고, 고무의 발열, 영구늘음, 피로 등의 원인이 되므로 타이어 트레드 고무, 방진고무 등에는 바람직하지 못한 성질인 것이다.

히스테리시스 손질이나 영구 늘음 가황이 진행함에 따라 감소한다. 가황고무의 성질 중 제일 큰 특징은 탄성이라 할 수 있다. 대단히 큰 신장, 압축 또는 전단력이 작용하여 이상 변형을 받아 거의 완전한 원형으로 되돌아가는 성질인 것이다.

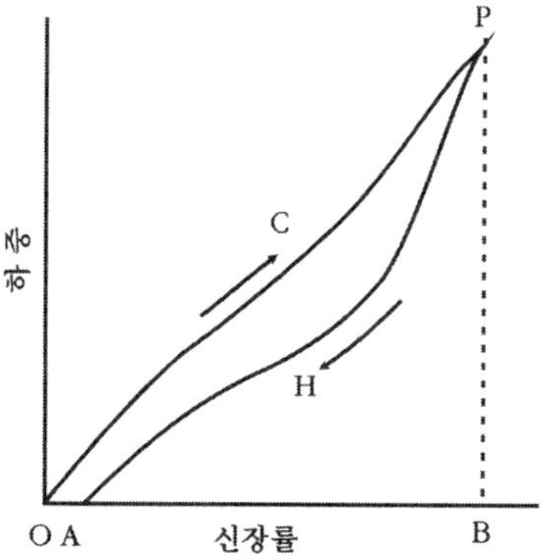

〈그림 9-4〉 Histeresis 곡선

고무 중에도 BR와 NR이 큰 값을 나타내는 것은 분자구조가 다르고, 특히 그의 입체규칙성(立體規則性)에 의한 것으로서 합성고무라도 스테레오 고무(stereo rubber)는 구성상 NR에 비슷한 성질을 나타낸다.

탄성은 모든 고체가 갖고 있는 성질이나, 고무의 경우는 아주 다르다.

고무는 고분자 물질로서 분자의 부분적 열운동(micro-brown 운동)에 의한 고무상 탄성을 나타낸다. 고무를 늘리면 발열하게 되고, 또한 늘여진 고무를 수축시키면 냉각된다. 이 성질은 금속과는 상반되어 이것을 고무의 쥴・톰슨 효과(Joule・Thomson effect)라 부르고 있다.

고무가 잘 늘어나고 줄어든다는 의미는 신장 시키는 데 필요한 힘(Young 율)이 작다는 것과, 외력(外力)을 제거했을 때 원래의 상태로 되돌아가는 범위(탄성변형)가 크다고 하는 것이다. 미가황 고무에서는 영률이 매우 적으나 탄성 한계신장이 대단히 커서, 가소성(可塑性)흐름이 생기기 때문에 늘여진 고무는 외력을 제거해도 전혀 원형으로 돌아가지 않는다.

	탄성률(Young 률)(kg/㎠)	탄성한계 신장(%)
가 황 고 무	10~30	200~500
철	200만 정도	1 이하

고무는 철보다 강도는 적으나, 탄성한계(彈性限界)의 신장(伸張)이 크고 따라서 보유에너지가 큰 것이다(표 9-3). 이것으로 보아 스프링 재료로서의 고무(방진고무)는 스프링보다 분명히 유리하다는 것을 알 수 있다.

〈표 9-3〉 각종 재료의 보유에너지

재 료	보유에너지(kg・m/kg)
주 철	0.113
연 강	0.939
인 청 동	1.244
알 루 미 늄	2.244
스 프 링 동	29.047
목 재	37.338
가 황 고 무	4550.080

고무를 압축했을 경우, 그에 필요한 힘의 크기는 일반 액체와 같은 정도로서 금속과 비교해 보아 탄성률처럼 큰 차는 볼 수 없다. 이것은 고무분자의 간격이 물분자의 그것과 같은 정도라는 것을 나타내는 것이다. 고무는 잡아당겨 늘이는 힘은 적

〈표 9-4〉 각종 재료의 압축률(dyne/㎠)

철	0.6×10^{-12}
유 리	2.7×10^{-12}
에 보 나 이 트	24×10^{-12}
물	46×10^{-12}
경질 가황고무	51×10^{-12}

어서 좋으나 압축하는 데는 큰 힘을 필요로 한다(표 9-4).

반발탄성(反撥彈性)은 급격한 충격에 대한 반발력으로서, 탄성한계 내에서 변형된 탄성체가 외력을 제거했을 때 변형에 가했던 에너지가 회복하는 속도가 클수록 반발탄성은 큰 것이다. 반발탄성은 가황이 진행되어 감에 따라 증가하고 최적가황 부근에서 최대값을 나타낸다.

2) 가황고무의 노화성

고무 및 고무제품은 저장 및 사용도중 물리적 성질이 저하되어, 틈 갈라짐, 때로는 연화되어 부드러워진다. 이러한 현상을 고무의 노화(老化, aging)라 한다. 고무는 공기 중의 수분, 산소(O_2), 오존(O_3), 열, 빛, 가스, 기타 등에 의하여 노화된다. 최근 적외선 흡수 스펙트럼을 사용하여 노화로 인한 분자 구조의 변화가 연구되고 있지만 이들은 화학적으로 볼 때, 열, 오존, 빛의 작용에 의하는 것이 주원인이다. 여기서는 열 및 오존에 의한 노화현상을 주로 설명하고자 한다. 오존 열화에 대한 자세한 내용은 고무 학회지 Vol. 5 No. 1 p.8(1970), Vol. 5 No. 2 p.134(1970) 및 Vol. 16 No. 4 p.217(1981)을 참조 바란다.

9-2. 고무의 열열화(熱劣化)

고무에 열은 장시간 가하면 고무의 성질이 변화되어 인장강도 및 신장률이 저하되고 경화(硬化) 또는 연화(軟化)되며 굴곡 저항이 저하되고 압축영구줄음률이 증대되며, 표면에 점성 또는 균열이 발생되는 등 물성 변화가 나타난다. 이러한 물성의 변화는 원료 고무나 배합에 따라 달라진다.

고무의 내열성은 극히 중요한 실용물성으로서 옛부터 가황 방법이나 노화방지제 등이 연구되고 있다. 그러나 중합체 자체에 의존하는 경우가 압도적으로 많으며 최근에는 점차 새로운 중합체가 내열성이 우수한 것도 시판되고 있다.

그러나 금속 재료에 비하면 고무 및 플라스틱의 내열성은 극히 낮다는 점이 고분자 물질의 큰 결점의 하나이다.

1. 각종 고무의 열분해

원료 생고무에 온도를 점차 상승시키면 경화되거나 연화된 다음에 탄화(炭化)되고 마지막으로 타서 재가 된다. 온도를 상승시키면 갑자기 열분해가 심하게 되어 무게가 감소되는 온도를 열분해 온도라고 한다. 열분해 온도는 중합체에 따라 달라지지만 고무는 거의가 300~450℃에서 완전히 재가 된다.

열분해를 조사하는 방법으로 온도를 상승시킴과 함께 시료의 무게를 측정하는 열 중량분석(TGA)과 온도를 올릴 때 시료의 이상 열변화를 조사하는 시차열분석(示差熱分析, DTA)을 사용하면 간편하다.

〈그림 9-5〉에 각종 고무의 열-중량변화 곡선과 〈그림 9-6〉에 시차열곡선의 실험결과를 나타내었다. 〈그림 9-6〉에서 중합체 중 가장 열분해 온도가 높은 것은 플루오르고무(불소고무)이고, 다음이 실리콘고무, 아크릴고무이다. 다만 실리콘고무는 약간 저온에서 감량이 시작되는데 이것은 다른 중합체의 고무만인데 비하여 실리콘고무는 컴파운드(compound)로 시판되고 있는 것을 사용했기 때문이다. 반대로 열분해 온도가 낮은 것은 에피클로로히드린 고무(CHC)와 부틸고무이다.

〈그림 9-6〉의 시차열곡선은 고무에 따라 피이크(peak)의 위치와 크기가 다소 차이가 있으나 크게 2가지로 나눌 수 있다. 하나는 열분해가 시작되는 온도 이하에

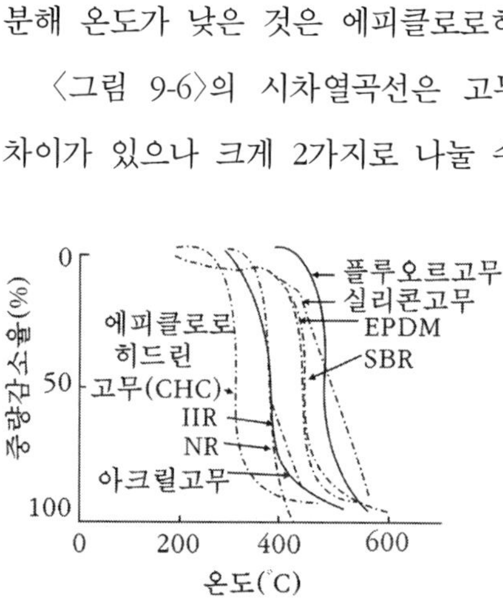

〈그림 9-5〉 각종 고무의 열-중량변화 곡선

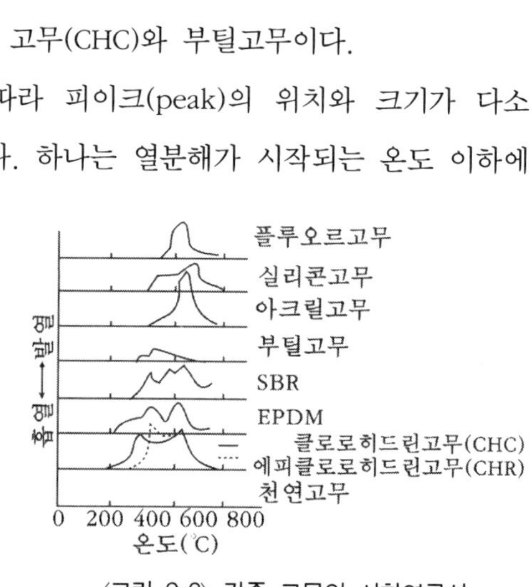

〈그림 9-6〉 각종 고무의 시차열곡선

서 발열 피이크가 확실하게 인정되는 것이 있고 다른 하나는 거의 인정되지 않는 것이 있다. 고무의 열분해 온도 이하에서의 발열 피이크는 산화에 의한 것으로 추정되고 고무의 내열노화는 이 피이크가 아니지만 고온쪽에 있는 것이 바람직하다.

〈그림 9-5〉 및 〈그림 9-6〉에서 내열성을 분류해보면 〈그림 9-5〉에서 50%의 무게가 감소하는 온도를 구하고 이 온도를 400℃ 이상과 이하로 구분한다. 한편 〈그림 9-6〉에서 발열 피이크의 분해가 시작하는 온도 이하에 존재하는지 또는 존재하지 않는지로 구분하여 그 결과를 〈표 9-5〉에 요약한다.

플루오르고무나 실리콘고무는 열분해 온도도 높고 산화 피이크도 없는 것으로서 일반적으로 알려져 있는 것처럼 열에 안정한 중합체임을 알 수 있다.

에피클로로히드린 고무(epichlorohydrin rubber)나 아크릴고무는 열분해도는 높지 않지만 분해온도 이하에서 산화의 발열 피이크가 존재하지 않기 때문에 실용상으로는 내열성이 우수한 중합체로 평가된다. 천연고무는 아크릴고무와 분해온도가 거의 같음에도 불구하고 커다란 산화 피이크가 있으며 내열성에 대한 천연고무와 아크릴고무와의 차이는 이 산화반응의 난이(難易)로 생긴다고 생각한다.

2. 열에 의한 노화와 물성 저하

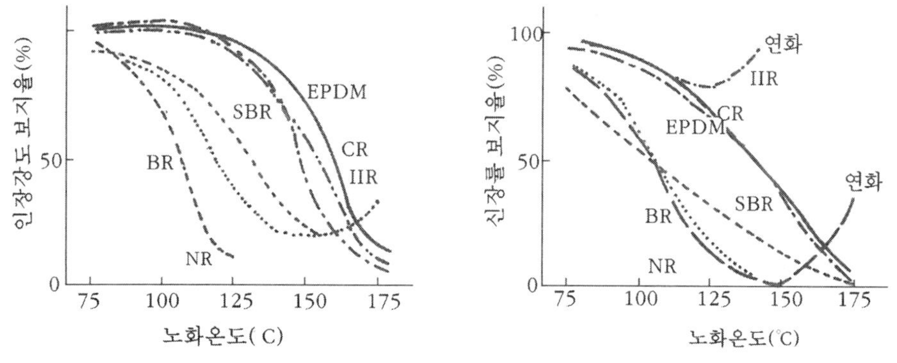

〈그림 9-7〉 각종 고무의 96시간 노화후의 물성과 온도관계

〈그림 9-7〉에 일반적으로 내노화성이 좋은 몇가지 가황고무에 대하여 각 온도에 있어서의 인장특성의 변화를 나타냈다.

NR, BR, SBR은 100℃ 이상의 온도에서 사용하는 것은 무리이다.

〈표 9-5〉 무게 감소와 발열 피이크로 본 분류

분해개시온도 이하에서의 발열 피이크 유무	50% 무게 감소되는 온도	
	400℃ 미만	400℃ 이상
유	부틸고무(376℃) 천연고무(380℃)	EPDM(443℃) SBR(442℃)
무	에피클로로히드린 고무 (CHC) (326℃) 에피클로로히드린 고무 (CHR) (326℃) 아크릴고무(382℃)	플루오르고무(480℃) 실리콘고무(496℃)

〈그림 9-8〉은 내유성 고무 가황물의 150℃ 열노화를, 〈그림 9-9〉는 〈그림 9-8〉과 같은 시료를 No.3 기름에 침윤시켜서 150℃ 노화시험 때의 물성 저하를 나타냈다.

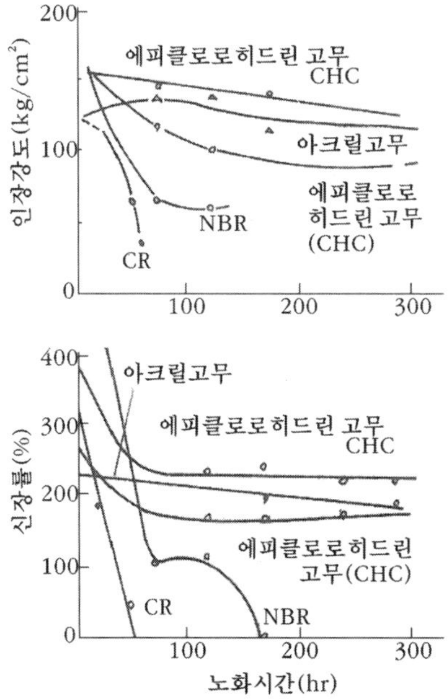

〈그림 9-8〉 각종 내유성 고무의 150℃, 열노화특성(※표는 연화되어 측정이 불가능함을 뜻함)

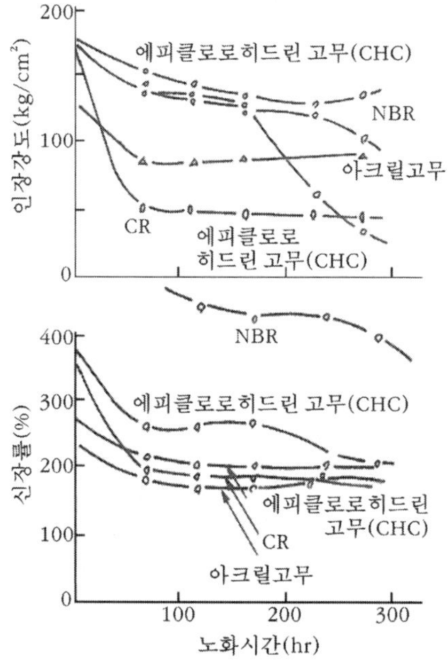

〈그림 9-9〉 각종 내유성 고무의 150℃, No. 3 기름속에서의 열노화특성

이 두 가지를 비교하면 기름 중에서의 강도 저하는 공기 중에서 보다 아주 적으

며, 특히 NBR, CR에서는 현저하다. 이것은 기름 속에서는 공기와 접촉되지 않으므로 산화열화(酸化劣化)가 일어나기 어렵고, 강도 저하는 팽윤효과가 크기 때문일 뿐 열열화에 의한 효과는 적다는 것을 나타내고 있다.

3. 고무의 열열화(熱劣化) 메카니즘

고무의 열노화는 위에서와 같이 산화에 의한 중합체의 열화가 큰 비중을 차지한다. 산소에 의한 고무의 산화반응은 자연산화 분해로 설명되고 있다.

고무분자를 RH로 표시하면 자동산화 반응은 다음과 같이 일반식으로 나타낼 수 있다.

$RH + O_2 \rightarrow R\cdot + \cdot OOH$

$R\cdot + O_2 \rightarrow ROO\cdot$

$ROO\cdot + RH \rightarrow ROOH + R\cdot$

$ROOH \rightarrow RO\cdot + OH$

$$\left.\begin{array}{l} RO\cdot \rightarrow \text{분해} \\ R\cdot + \cdot OH \rightarrow R-OH \\ R\cdot + R\cdot \rightarrow R-R \end{array}\right\}\text{가교}$$

$RO\cdot + R\cdot \rightarrow R-O-R$

$ROO\cdot + R\cdot \rightarrow ROO-R$

$ROOR \rightarrow 2R\cdot$

$ROO\cdot + ROO\cdot \rightarrow ROOR + O_2$

ROOH, ROOR로부터 생성된 라디칼 RO는 다음과 같이 주쇄를 절단한다.

이 반응은 산소가 수소를 끌어당김으로써 시작되지만 고온에서는 열에 의하여 C-H결합이 끊어지고 여기에 산소가 반응하여 반응개시가 촉진되는 것으로 된다.

〈표 9-6〉 각종 물질의 열팽창 계수

물 질	부피팽창 계수(℃)
고무	
천연고무(원료고무)	$(6.2\sim6.7)\times10^{-4}$
〃 (카본블랙 15%)	5.6×10^{-4}
천연고무(카본블랙 22%)	4.7×10^{-4}
SBR	6.6×10^{-4}
부타디엔 고무	7.0×10^{-4}
CR	6.1×10^{-4}
NBR	6.0×10^{-4}
부틸고무	5.7×10^{-4}
실리콘고무	12.0×10^{-4}
무기 배합제	
카본블랙	0.16×10^{-4}
황	2.1×10^{-4}
탄산칼슘	0.15×10^{-4}
산화아연	0.14×10^{-4}
금속	
철	0.33×10^{-4}
강철	0.35×10^{-4}
구리	0.50×10^{-4}
알루미늄	0.70×10^{-4}
황동	0.60×10^{-4}

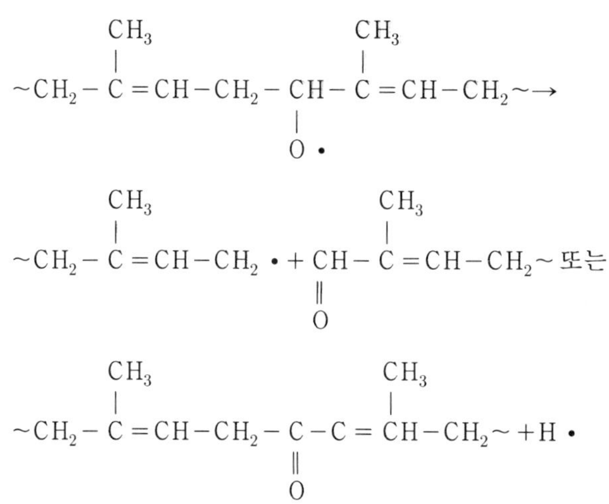

4. 기타 열적 성질

1) 고무의 열팽창 계수 : 〈표 9-6〉에 고무, 금속 등의 열팽창 계수를 나타낸다.

2) 고무의 열전도율 : 〈표 9-7〉에 고무, 금속 등의 열전도율을 나타낸다.

〈표 9-7〉 각종 고무 및 재료의 열전도율

물 질	열전도율(cal/cm · sec · ℃)
고 무	
천연고무(원료고무)	$(0.32\sim0.34)\times10^{-2}$
SBR	0.59×10^{-2}
CR	0.46×10^{-2}
NBR	0.59×10^{-2}
부틸고무	0.22×10^{-2}
폴리이소프렌 고무	0.28×10^{-2}
실리콘고무	0.35×10^{-2}
무기 배합제	
카본블랙	0.67×10^{-2}
클레이	0.58×10^{-2}
산화아연	1.66×10^{-2}
금 속	
주 철	0.111, 0.17
강 철	0.107
구 리	0.91, 0.94
알루미늄	0.48, 0.55

9-3. 고무의 오존 균열

1. 오존 균열의 성상

고무 제품은 사용중 표면에 균열이 생기고 그 정도가 현저하면 사용하지 못할 뿐 아니라 크레임 등의 문제가 따르게 된다. 균열의 주 원인으로서는 일광에 노출시킬 경우 크레이징(crazing)이라고 하는 망상 크랙(crack), 오존에 의한 균열, 동적 반복 변형될 경우의 균열 등이 있다. 대기 중에는 오존이 보통 0.5~5pphm(parts per hundred million)정도 미량으로 존재하지만, 이 오존이 고무에는 큰 적이 된다. 특히 2중 결합이 많은 디엔계 고무는 중합체 자체는 오존에 대한 저항력이 거의 없다. 고무 제품은 대부분이 변형된 채 사용된다. 이처럼 고무가 신장된 채 오존이나 햇빛에 노출되어도 극소의 오존 균열이 발생한다.

균열에는 겉모양으로 보아 거북등 처럼 된 잔금과 방향성을 가진 균열로 구분되는데 잔금은 햇빛(파장 430mμ이하의 자외선)이 산화작용을 촉진시켜 일어나는 것이고, 또 방향성을 가진 균열은 신장된 상태에서 오존의 영향으로 일어나며 햇빛을 필요로 하지 않는 것으로 구분된다. 그러나 오세포트(Ossefort)씨는 거북등 처럼 잔

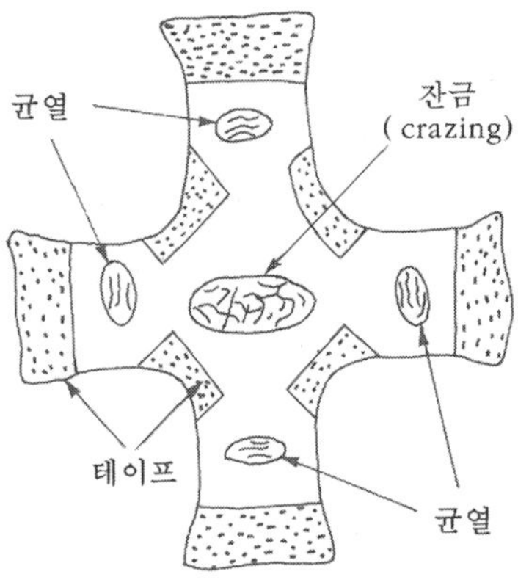

〈그림 9-10〉 균열과 잔금

금도 햇빛에 의한 산화균 열과는 달리 두 방향으로 응력을 받으며 중앙 부분에 각각의 방향에 직각으로 오존 균열이 생겨 결과적으로 거북등 같은 잔금이 생기는 것이라 하여 어느 것이나 오존의 영향이고 보면 본질적으로는 같은 것이라고 생각된다. 예를 들면 〈그림 9-10〉과 같은 십자형 시료(76×76×2㎜)를 SBR트레드 배합 가황고무에서 잘라내어 시료에 직각인 2방향으로 응력을 가하여 오존 농도 25±5pphm, 30℃, 광선이 차폐된 통 속에 넣어 실외 대기중에 노출시켰다.

이때 특히 응력이 걸리는 부분에는 그림처럼 미리 테이프를 붙여 피복시켰다. 소정의 기간이 경과한 후 꺼내어 보면 어느 경우에서나 한 방향만 응력을 받는 부분에서나 한 방향만 응력을 받은 부분에는 응력에 직각으로 균열이 생기고, 두 방향 응력을 받은 부분에는 방향성이 없는 잔금이 발생하게 된다.

2. 오존 균열의 발생 메카니즘

고무 및 기타 올레핀계 화합물에 대한 오존의 작용 메카니즘은 다음과 같다.

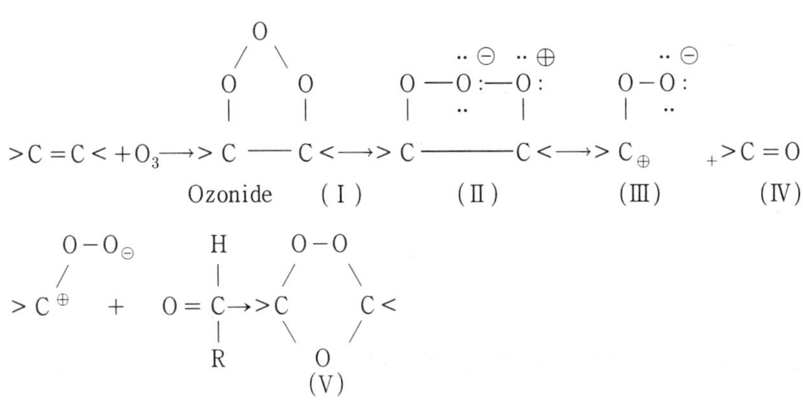

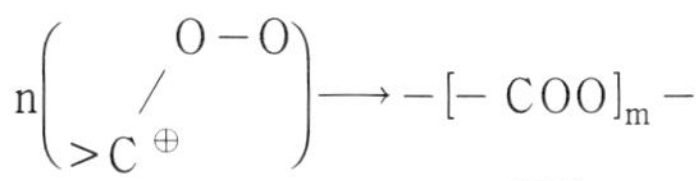

(Ⅵ)

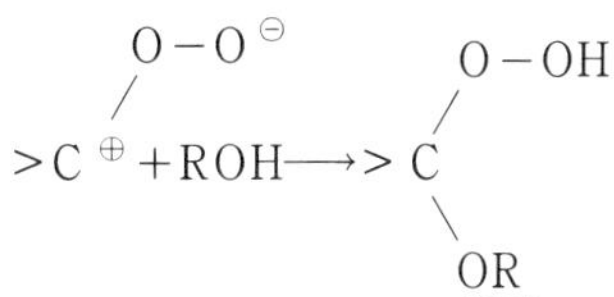

(Ⅶ)

올레핀 화합물에서 2중 결합의 탄소 원자가 오존 분자의 작용을 받아 오조니드(ozonide)(Ⅰ)가 형성된다. 이는 불안정하므로 산소-산소결합이 끊어져서 (Ⅱ)와 같은 양성(兩性) 이온이 생성된다. 이것은 탄소-탄소결합으로부터 전자를 끌어당겨 (Ⅲ)의 양성이온과 (Ⅳ)의 알데히드 또는 케톤이 생성된다.

그리하여 양성이온(Ⅲ)이 알데히드 또는 케톤과 재결합하여 안정한 구조(Ⅴ)로 되거나 또는 중합되어 폴리메릭 퍼옥시이드(Ⅳ)를 형성하거나 활성수소를 가진 화합물(ROH)과 반응하여 히드로퍼옥시이드(Ⅶ)가 생성된다. 또 분자내 전이(轉移)로 에스테르, 락톤, 카르복실산 등을 생성시켜 안정화된다.

오존과 고무가 반응하여 고무분자 사슬이 절단되어도 분자 사슬의 말단(末端)이 재결합하면 안정한 오조니드(Ⅴ)가 형성되어 균열이 생기지 않는다. 신장하지 않은 시료에서는 재결합이 아주 용이하므로 균열이 발생되지 않지만 신장된 시료에서는 재결합되기 어려우므로 절단된 채 미소한 균열로 남게 된다. 한 번 균열이 발생하면 그 부분에 응력이 집중되어 급속히 성장한다고 본다. 그리고 분자 사슬의 말단이 분리되는 데 필요한 최저 응력을 임계응력이라 한다. 결국 오존은 신장된 시료의 결함부(缺陷部)에 작용되어 그 부위의 분자 사슬은 절단되고 균열이 발생, 성장되는 원인이 되며 이러한 미세한 균열이 거대한 균열로 성장한다.

3. 임계 신장률

일반적으로 고무는 신장되지 않으면 오존 균열의 발생이 아주 작다. 그래서 일정한 신장률 이상이 되면 오존 균열의 발생이 현저하게 나타나고, 일정 신장률 이하에서는 발생되지 않는다. 이러한 현상으로 임계 신장률이 있다는 것은 정성적으로는 반대설(反對說)이 없는 것이다. 그러나 〈그림 9-11〉에서 각종 가황고무의 균열 발생 시간과 신장률과의 관계를 보면 내오존성 고무일수록 임계 신장률이 크고, 또 균열방지제가 첨가되면 천연고무나 SBR의 임계 신장률은 현저하게 증가되는 것을 볼 수 있다. 또 임계 신장률은 오존의 농도 의존도(濃度 依存度)도 있다. 이와 같이 신장률은 재료의 종류와 노출 조건에 따라 값이 변하기 때문에 정량적으로 취급하는 것은 곤란하다.

4. 신장률이 균열에 미치는 영향

신장률이 크면 균열 수는 증가하고 균열의 깊이 및 크기는 적어진다.

예를 들면 천연고무를 5%로 신장시키면 깊이가 큰 균열은 몇 개정도가 생기지만 100%로 신장시키면 깊이가 얕은 잔 균열이 수 없이 많이 생긴다. 일반적으로 10~20% 정도로 신장시키면 균열이 가장 많다고 한다.

신장률이 적은 상태에서는 결합부가 거의 존재하지 않고 또 절단된 분자 사슬의 분리도 불완전하므로 균열이 몇 개에 불과하지만 균열 부분에서의 신장이 국부화(局部化)되어 오존의 공격이 이 부분만을 계속 공격하게 된다.

그래서 저신장 상태에서는 겨우 몇 개의 깊이가 깊은 균열이 발생된다. 이와는 반대로, 신장률이 큰 상태에서는 공격점의 수가 증가되고 절단된 분자사슬의 말단이 용이하게 분리되므로 균열의 수가 발생된다. 그러나 균열수(龜裂數) 1개당 평균 신장률은 적어져서 균열의 성장속도(成長速度)가 늦고 따라서 균열의 깊이는 얕게 된다.

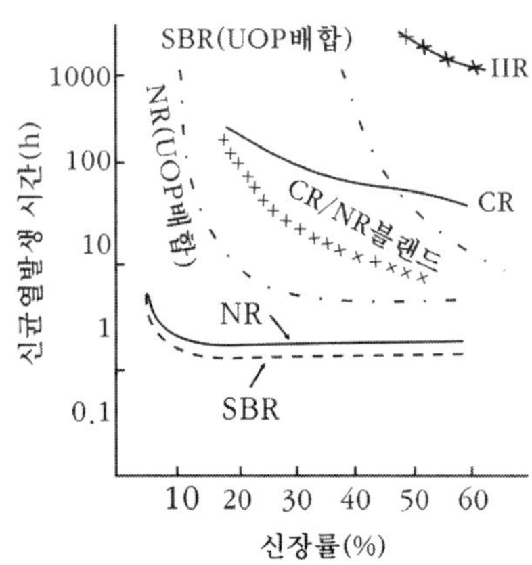

〈그림 9-11〉 균열발생 시간과 신장률
(50pphm, 20℃)

〈그림 9-11〉의 UOP는 오존 균열방지제로서 N,N'-비스(1-에틸-3-메틸펜틸)-p-페닐렌디아민이다.

5. 오존 균열에 영향을 주는 기타 요인

1) 오존 농도

일반적으로 균열발생 시간의 대수(對數)와 오존 농도의 대수관계는 직선이 된다(그림 9-12). 그 관계식은 다음과 같다.

$$\log t = K - n \log c$$

여기에서 t : 오존 균열발생 시간

c : 오존 농도(ℓ/ℓ)

k, n : 고무 배합물에 따라 결정되는 정수

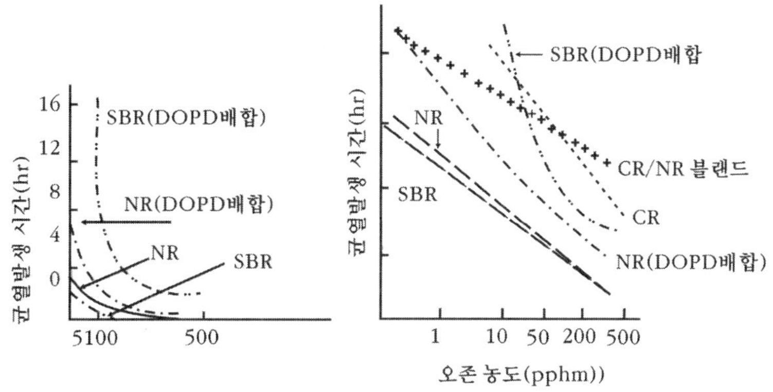

〈그림 9-12〉 오존 농도와 균열발생 시간의 관계

2) 온 도

사용된 원료 중합체 및 배합에 따라 구구하여 확실하지는 않다.

텔라몬・메이나드(Thelamon・Maynard)씨의 균열 발생시간과 온도와의 관계에 의하면 NR나 SBR에서는 균열 발생시간은 온도에는 거의 영향을 받지 않고 오히려 온도가 높으면 발생시간은 다소 길어진다.

특히 균열 방지제를 배합하면 온도상승에 따라 발생시간이 길어지는 것을 확실히 알수 있다. 이것은 방지제의 확산이동(擴散移動)이 온도상승으로 촉진되어 보호막(保護膜)이 보다 빨리 형성되기 때문이다. 한편 부틸고무는 온도에 특히 민감하고 40℃에서 가장 약해진다.

〈표 9-8〉 균열 발생시간과 온도

(50pphm, 20% 신장)

온 도(℃)	NR	SBR	UR(UOP배합)	CR	IIR
20	0.5	0.5	4	112	＞1,000
40	1	0.5	22	-	308
50	1	0.75	16	160	399

3) 습 도(濕度)

고무제품을 습기가 많은 곳에 방치하면 오존의 작용으로 고무표현은 광택을 잃고 마치 서리가 내린 것처럼 엷은 백색 모양을 일으킨다. 이 현상을 프로스팅(frosting)이라고 부른다. 이것은 고무표면에 오존을 촉매로 하는 산화 생성물이 산화되어 생성되는 것으로 본다.

프로스팅은 블루밍(blooming)과는 달리 용제나 강산 등으로는 잘 제거되지 않는다. 플라스틱 제품에서는 일부러 모양을 내어 외관상 상품 가치를 높이려고 행하기도 하는데 플라스틱의 비균일 용해로 인하여 생긴다.

4) 내 유 법(耐油法)

고무제품 중에는 여러 가지 액체와 접촉되어 사용되는 경우가 많다. 다시 말하면 물, 알칼리성 약품, 윤활유, 가솔린 등의 연료유(燃料油), 각종 용제 등 그 종류는 많다.

이들 용제나 기름에 접촉되면 팽윤현상(膨潤現象)을 일으켜 변화 또는 물성 저하가 따르게 되므로 유의하여야 한다.

가황고무는 생고무(원료고무)에 비하여 용제에 녹기 어렵다. 부족가황(不足加黃) 고무라도 팽윤만 될 뿐 거의 녹지 않으며, 가황의 진행과 더불어 팽윤 정도는 더욱 적어진다.

이것은 가황으로 고무 중의 망목(網目)이 증가하기 때문인데 이 성질을 이용하면 가황의 진행상태(加黃度)를 추정할 수 있다(그림 9-13 참조).

용해성(溶解性)은 없더라도 팽윤하게 되면 실용상(實用上) 사용이 곤란하다. 고무는 가황하므로 다만 내유성을 향상시키는 정도일 뿐 본질적(本質的)으로는 원료고무의 성능에 따라 내유성이 결정된다. NBR, 다황화 고무, 플루오르고무는 석유계 기름에는 아주 강하지만 방향족 용제에는 다소 약하다. 케톤, 에스테르, 할로겐화 용제류에도 완전하게 견디는 고무는 아직 없다고 보아야 할 것이다.

(1) 가황고무의 팽윤

NR을 기계유(機械油)에 2~3일 침지시키면 팽윤이 심하여 변형되고 기포가 붙어 있지만 NBR은 거의 팽윤되지 않는 것을 볼 수 있다. 그러나 가솔린에 침지시키면 NBR도 약간의 체적증가가 일어나는 경우가 많다.

고무의 팽윤은 여러 가지 요인에 따라 좌우되는데 첫째로 적용 기름의 종류에 따라 각종 고무는 큰 차이가 있다. 또 고무의 가교밀도(架橋密度), 충전제와 가소제의 종류와 양 등에도 좌우된다.

고무를 기름에 침지시킬 때 〈그림 9-14〉에서와 같이 시간이 경과함에 따라 팽윤이 일어나는 것을 스코트(Scott)씨는 다음과 같이 발표하였다.

팽윤상태를 나타내는 OEAB곡선에서 처음 급격하게 팽윤되는 부분 OEA와 비교적 완만하게 팽윤되는 직선부분 AB로 구분이 명확하다.

여기서 AB를 시간 0으로 외삽시킨 값 K는 시험편의 치수에 관계 없이 일정한 값으로서 침지액의 종류 및 고무의 종류에 따라 결정된다. AB와 같이 시간의 경과

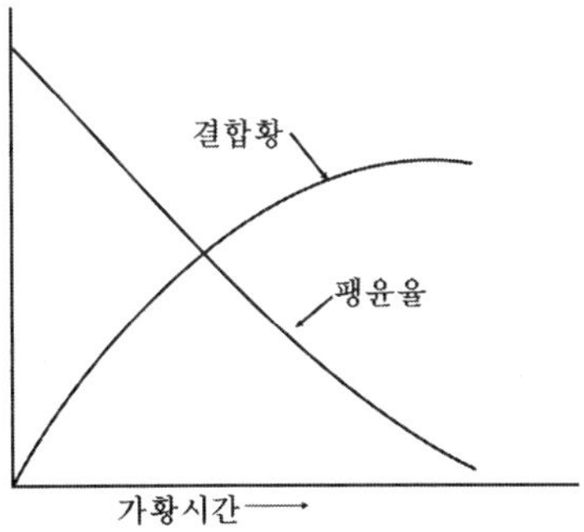

〈그림 9-13〉 팽윤율과 가황도

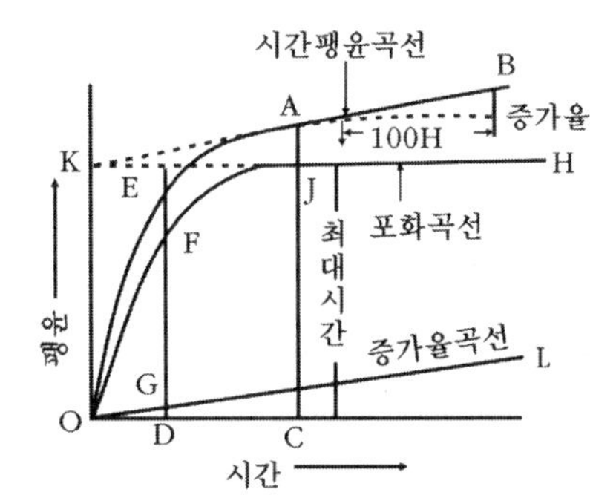

〈그림 9-14〉 NR의 시간-팽윤곡선

에 따라 결정된다. AB와 같이 시간의 경과에 따라 완만하게 증가되는 것은 고무가 침지 중에 열화를 일으키기 때문에 OGL로 나타나는 부피의 증가분이 포화곡선 OFH에 부가되기 때문이다.

침지중에 고무가 열화되는 것은 빛, 열에 의해서도 일어나는데 NR는 연화열화형(軟化劣化形)이 되므로 열화에 의한 망목농도(網目濃度)의 감소에 해당되는 만큼 팽윤이 커지는 것으로 생각된다. 그렇지만 A이후의 증가 경향은 보통 온도(실온이하)조건에서 기간이 짧을 경우는 현저하게 인정되지 않고 OFJ와 같이 초기의 팽윤단계를 거쳐 J점 이후에는 포화선 JH와 같이 되는 경우도 많으며, 또 실용배합에서는 기름에 유출되는 배합제가 배합될 경우 부피가 오히려 감소되는 경향을 나타내기도 한다.

팽윤과 추출이 시간에 따라 변화하는 예로는 NBR의 실용배합물(實用配合物)이 가솔린 중에서의 변화를 〈그림 9-15〉에서 볼 수 있다. 여기서 처음에는 가솔린이 고무속으로 확산되므로 급격하게 부피가 증가되다가 일정한 정점(頂点)에 도달한 후로는 가소제의 추출효과가 현저하게 부피가 줄어들다가 어느 안정수준으로 된다.

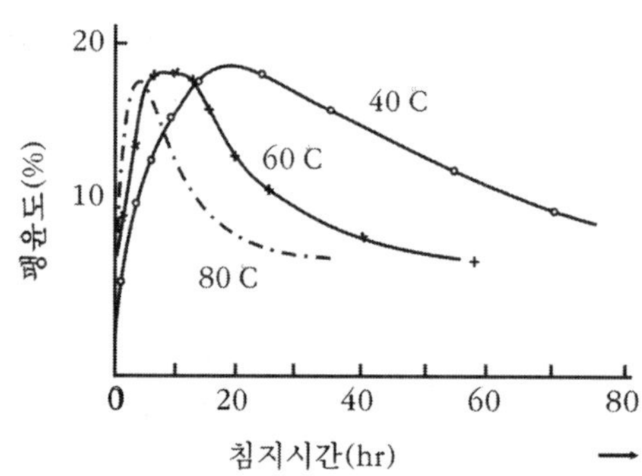

〈그림 9-15〉 가소제를 배합한 NBR의 가솔린에 의한 팽윤곡선

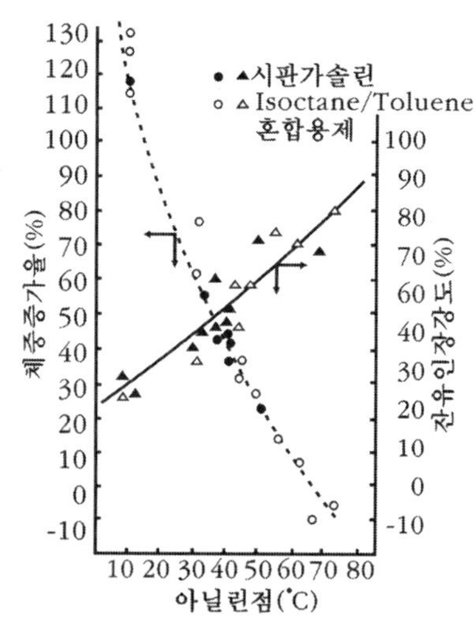

〈그림 9-16〉 가솔린 및 혼합용제의 아닐린점과 팽윤량 및 인장강도 저하의 관계(시료 : NBR, 침지시간 : 30일, 침지온도 : 실온)

이때 침지 온도가 높을수록 가솔린이 고무 속으로의 확산과 가소제의 추출속도가 빨라진다.

(2) 팽윤에 의한 물성 저하

팽윤된 고무의 인장강도, 신장률 등의 물리적 강도는 팽윤되기 전에 비하면 일반적으로 저하된다. 그 정도는 고무의 종류 및 배합에 따라 달라지지만 어떤 한 가지 고무 배합에 있어서의 팽윤이 클수록 인장강도 신장률은 현저하게 저하된다.

〈그림 9-15〉은 가소제와 팽윤에 따른 신장률 관계의 그림이다.

그 예를 〈그림 9-16〉에서 보면 NBR을 아닐린점이 각각 다른 가솔린 및 혼합용제 실온에서 30일 침지시켰을 때 체적증가와 인장 강도 저하를 보면 아닐린점이 적을수록 체적증가도 크고 인장강도의 저하도 커서 각각의 아닐린 점과 상관관계가 인정된다.

고무의 팽윤에 대한 인장강도와 체적 변화율 간에는 다음 관계가 있다(A. Wilson et al : Rubber World, Oct. 68. 1958). 이 식에서 S/Lt와 S는 직선이 된다.

$$S/Lt = aS + b$$

여기에서

S : 체적변화율

Lt : 인장강도 저하율

$a,\ b$: 고무의 종류, 배합, 가황 등에 따라 결정되는 정수

보통 가솔린과 같은 휘발성 용제에 침지할 경우 인장강도는 측정값의 정확성이 다소 결여되지만 위의 관계를 알고 있으면 고무의 팽윤도를 측정함으로써 일반물성의 저하를 측정할 수도 있다.

(3) SP값(solubility parameter value)

NBR은 이소옥탄과 같은 지방족 탄화수소에는 팽윤율이 적지만(보통 10%정도 이하) 아세톤, MEK(methly ethylketone)에 침지시키면 보통 100% 이상의 체적이 증

가한다. 또 EPDM은 케톤류에는 약간 팽윤되지만 지방족 탄화수소에는 2배 이상 체적증가가 일어난다. 이와 같은 선택성은 왜 생길까?

유기화합물에서는 극성이란 말이 자주 사용된다. 고극성화합물(高極性化合物)을 용해시킬려면 고극성용제(高極性溶劑)를 사용하여야 된다.

고무를 용제에 녹여 고무풀을 만들 때 고극성 고무는 고극성 용제를 사용을 할 필요가 있다. 고무풀에 사용되는 미가황고무를 용제에 침지시키려면 고무분자 사이에 용제가 침투되므로 분자가 서로 멀리 떨어져서 점도(粘度)가 저하되어 결국은 풀모양으로 된다. 용제가 많아서 고무의 농도가 묽어지만 고무분자가 산산이 풀어져서 묽은 농도의 용액이 된다. 그러나 가황고무에서는 분자상호(分子相互)가 가교되어 삼차원적 망목구조로 되어 있으므로 고무분자는 풀려지지 않고 용제와의 친화성에 따라 용제가 고무의 망목조직 속으로 들어 갈려는 삼투력과 삼차원으로 당겨 늘어진 망목구조가 원래로 수축되려는 수축력(收縮力)이 일치되므로 평행팽윤에 도달된다.

이와 같이 가황고무는 용제에 용해되지 않지만 팽윤되는 것을 생각하면 화합물이 용제에 대한 용해현상과 공통되는 것으로 본다. 이처럼 극성이란 말이 추상적인 것으로서 두 가지 물질간의 극성이 어느 정도의 차가 있는가, 또 어느 정도의 차가 있으면 용제로서 양호한가? 이 극성을 수직화 한 것이 SP(solubility parameter) 값으로서 고분자화합물만이 아니라, 많은 유기화합물의 SP값이 구해지고 있다.

SP값은 응집(凝集)에너지 밀도의 평방근으로서 정의되며 분자간의 상호인합력(相互引合力)으로 표현된다. 응집 에너지밀도는 물리화학적으로 보면 1㎖를 증발시키는 데 요하는 에너지 양이다.

$$SP = (CED)^{\frac{1}{2}} = (\frac{\Delta E}{V})^{\frac{1}{2}} = (\frac{\Delta H - RT}{V})^{\frac{1}{2}} = \sqrt{\frac{d}{M}(\Delta H - RT)}$$

여기에서

CED : 응집에너지 밀도(Cal/㎖)

ΔE : 증발에너지(Cal/mo1)

V : 몰용적 (㎖/mo1)

ΔH : 증발잠열(Ca1/mo1)

R : 가스의 상수(1.987Ca1/mo1 °K)

M : 그람 분자량(g/mo1)

T : 절대온도(°K)=273+t℃

d : 밀도

(예) 사염화탄소의 SP값

분자량 153.8/d_4^{20} 1.595g/㎖, ΔH_{20}=7,790Cal/mol일 때

$$SP = \left(\frac{\Delta H - RT}{V}\right)^{\frac{1}{2}} = 8.6$$

고분자량인 물질 증발잠열(物質 蒸發潛熱)을 직접 측정하기 어렵지만 스말씨(P.S. Small : J. Appl. Chem. 3, 71(1953))는 화합물 치환기의 분자인력항수(分子引力恒數)를 〈표 9-9〉를 이용하여 화합물의 분자구조와 밀도로부터 SP값을 추정하는 다음 식을 얻어 냈다.

$$SP = \frac{d\Sigma G}{M}$$

여기에서

ΣG : 분자 중 원자와 원자단에 대한 분자인력항수(G)의 총합

d : 밀 도

M : 분자량

위의 식으로 계산된 SP값은 수소결합을 가진 화합물(알코올, 아민), 축합물인 수지(樹脂) 중에서 특정한 단위로 표시될 수 없는 폴리머(polymer) 및 활성수지(活性樹脂)를 가진 것에는 적용되지 않지만 중합 폴리머 SP값은 잘 일치된다.

(예) 천연고무(isoprene)

$$-CH_2-\underset{}{\overset{CH_3}{\overset{|}{C}}}=CH-CH_2-$$

$$SP = \frac{d\Sigma G}{M} = \frac{0.91 \times 610}{68} = 8.15$$

치환기	수	G
$-CH_3$	1	214
$-CH_2-$	2	133×2=266
>C=	1	10
−CH=	1	111
		610

〈표 9-9〉 Small의 분자인력항수(25℃)

치 환 기	G	치 환 기	G
$-CH_3$	214	$-O-$	70
$-CH_2-$	133	$>C=O$	275
$-CH<$	28	$-CO-O-$	310
$>C<$	−93	$-CN$	410
$=CH_2$	190	$-Cl$(평균)	260
$-CH=$	111	$-Cl$(1개)	270
$>C=$	19	$-Cl_2$($>CCl_2$에 있어서)	260
$CH\equiv C-$	285	$-Cl_2$($-CCl_2$에 있어서)	250
$-C\equiv C-$	222	$-Br$	310
Phenhyl	735	$-I$	425
Phenylene(o.m.p)	658	$-CF_2-$(*n*-탄화불소)	150
Naphtyl	1,146	$-S-$	225
5환	105~115	$-SN$	315
6환	95~105	$-ONO_2$ 및 $-NO_3$(지방족)	−440
공유결합	20~30	$-Si-$(실리콘)	−38
$-H$	80~100	$-PO_4$(유기 포스페이트)	−500

〈표 9-9~9-11〉 에서 천연고무와 n-헥산 등의 지방족 탄화수소 또는 NBR와 MEX 등의 케톤은 SP값이 근사하므로 각각의 고무를 용해시키는 용제로 사용되는 것으로 이해될 것이다.

〈표 9-10〉 각종 용제의 SP값

치 환 기	SP값	치 환 기	SP값
n-Pentane	7.0	THF	9.2
n-Hexane	7.2	Trichloroethylene	9.3
Ethyl ether	7.7	MEK	9.3
n-Octane	7.8	Acetone	9.8
Cyclohexane	8.25	Isobutanol	11.0
MIPK	8.4	n-Butanol	11.1
Butyl acetate	8.5	Isopropyl alchol	11.2
CCl_4	8.6	Acetonitrile	11.9
p-Xylene	8.8	Ethanol	12.8
Toluene	8.9	Ethylene glychol	14.2
Ethyl acetate	9.0	Methanol	14.8
Benzene	9.2	물	23.4

〈표 9-11〉 각종 고무의 SP값

치 환 기	SP값	치 환 기	SP값
부틸고무	7.7	CR	9.3
천연고무	7.9	NBR(니트릴 25)	9.5
EPDM	7.9	폴리설피이드고무	9.2
부타디엔고무	8.5	우레탄	10.0
SBR(75/25)	8.6	실리콘고무	7.3

(4) 상호작용계수

앞에서 SP값이 유사한 것끼리는 잘 용해되어 섞여진다. 즉 친화성이 크다. 그러나 고무가 용제에 용해되거나 팽윤되는 것은 이 SP값만으로서는 정도높인 판단이 어려운 경우가 있다.

예로써 EPDM의 SP값은 7.9인데 SP값이 9.2인 벤젠에는 팽윤성이 극히 크다. 또 SP값이 EPDM에 근사한 butyl acetate(8.5)에서 팽윤이 커야할 것인데도 극히 적은 팽윤을 나타내는 것으로는 설명이 부적절하다.

용제와 고무간의 친화력에 대해서 사실은 상호작용계수 μ를 도입하면 적절한 설명이 가능하다. 즉 μ와 고무의 용해(미가황고무의 경우) 또는 팽윤(가황고무의 경우)과의 사이에 다음 관계가 있다(표 9-12참조).

〈표 9-12〉 배합고무와 μ값과의 관계

μ 값	미 가 황 고 무	가 황 고 무
$\mu \leqq 0.55$	양용제	팽윤이 큼
$0.55 < \mu < 1.00$	꽤 용해	꽤 팽윤
$1.00 < \mu$	용해 적음	팽윤이 적거나 거의 없음

μ값과 SP값 간에는

$$\mu = \mu_s + \mu_H = \mu_s + (\frac{V_1}{RT})(\delta_l - \delta_p)^2$$

여기에서

μ_s : 상호작용계수의 엔트로피 성분

V_1 : 용제의 분자량

R : 가스의 상수

T : 절대온도

δ_l : 용제의 SP값

δ_p : 고무의 SP값

이 식에서와 같이 μ값은 SP값 만이 아니고 용매의 분자량(分子量)에 관계되고 엔트로피 성분이라는 것까지 관계되어 복잡하다. μ값의 측정방법은 생략하고 〈표 9-13〉에 고무와 용제간의 μ값의 예를 나타냈다. 이 표에서 보면 톨루엔이나 벤젠은 NBR에 대한 μ값이 0.55에 가까워서 친화력이 양호하므로 팽윤은 상당히 크다는 것이 예상된다. 그러나 n-헥산은 μ값이 커서 거의 팽윤이 일어나지 않음이 추정된다.

〈표 9-13〉 용제에 대한 각종 고무의 상화작용 계수(μ)

용 제	NR	SBR	CR	NBR	EPDM
n-heptane	0.57	0.73	1.13	2.88	0.53
n-hexane	0.47	0.66	0.89	2.80	0.44
CCl_4	0.33	0.36	0.41	0.83	0.43
Cyclohexane	0.40	0.48	0.69	2.61	0.35
Benzene	0.44	0.38	0.26	0.56	0.58
Toluene	0.39	0.31	0.31	0.58	0.49
Acetone	1.36	1.15	0.88	0.33	-

(5) 팽윤에 의한 고무의 가교밀도 측정

가황고무의 팽윤도측정은 내용제성(耐溶劑性), 내유성(耐油性)의 판정뿐만 아니라 가교밀도측정으로 노화도의 판정, 충전제의 보강효과의 평가에까지 응용된다.

플로리, 부우케씨(F1ory, Bueche)에 의하면 고무의 가교밀도와 팽윤도 간에는 다음 관계식이 성립된다.

$$V=\frac{1}{M_c}=-\frac{1}{V_1}\left[\frac{2.303\log(1-V_r)+V_r+\mu V_r^2}{V_0^{\frac{1}{2}}V_r^{\frac{1}{2}}-\frac{V_r}{2}}\right]+\frac{2}{M}$$

여기에서

V : 단위체적 중의 망목간쇄수농도(mol/cc)

M_c : 가교간의 쇄의 평균분자량

V_r : 팽윤시료 중의 중합체의 용적분율

V_1 : 용제의 mol 용적(cc/mol)

μ : 고무 용제 상호작용계수

V_0 : 시료중의 고무 용적분율

M : 가황전 고무의 평균분자량

팽윤도가 그렇게 크지 않으면 $\frac{2}{M}$항을 생략해도 좋다.

이 식은 순고무배합에는 그대로 적용되지만 일반 실용배합에서는 카본블랙 등 충전제가 함유되고 있어 이 점을 고려할 필요가 있다.

즉 시료 중에 체적 V_F인 무기충전제를 함유할 때 V_r는

$$V_r = \frac{(V_0 - V_F)}{(V - V_F)}$$

로 되지만 다음 계산으로도 구할 수 있다.

$$V_r = \frac{1}{1 + (\frac{W_a}{W_b} - 1)\frac{P_1}{P_2 r}}$$

여기에서

W_a : 팽윤 전 시료무게(g)

W_b : 팽윤 후 시료무게(g)

P_1 : 고무의 밀도(g/cc)

P_2 : 고무의 밀도(g/cc)

γ : 시료 중의 고무의 무게분율

팽윤 측정 조작은 두께 약 2㎜, 크기 10×20㎜인 시료의 무게 W_a를 화학 저울로 달고 마개달린 250㎖의 시험관에 약 100㎖의 용제를 넣고 그 속에 시료를 달아 맨다. 용제는 μ값을 알고 있는 것을 사용하면 편리하다. 용제의 양은 시료 체적의 100배 정도로 한다. 용기는 일정 온도의 항온조에 넣어 어두운 곳에 둔다. 이때 보통 25℃를 적용하나 온도에 따라 μ값이 달라지므로 이미 알고 있는 μ을 사용할 때는 이와 같은 팽윤온도를 선택할 필요가 있다. 용제 중에는 0.1%정도의 노화방지제를 가해준다. 2~3일 후 팽윤평형에 도달한 후 시료를 용제 중에서 꺼내어 기

름종이로 가볍게 닦고 무게 다는 병에 넣어 곧 무게 W_b를 단다. 또 시료 중에 용제 가용성(可溶性)물질이 함유되어 있을 때는 용제를 증발시키고 잔류(殘留)의 무게를 원래의 무게로부터 뺀 보정치(補正植)를 W_a로 하여야 한다.

(6) 저온 특성

고무가 실온에서는 탄성을 나타내더라도 저온으로 되면 점차 단단해져서 고화(固化)되고 고무탄성을 잃게 된다. 특히 내유성 합성고무는 NR, SBR, BR 등 일반 고무에 비해 내한성이 결핍되므로 실용제품에는 저온영역까지 같은 성능을 만족시킬 수 없으므로 그 대책이 필요할 때가 많다. 온도와 탄성의 일반개념은 〈그림 9-17〉과 같다.

고무가 점차 저온으로 되면 고무의 열운동단위(熱運動單位)인 분자쇄(分子鎖)세그먼트(segment)의 마이크로브라운(micro-brown)운동 (분자쇄나 측쇄의 진동, 회전운동 등 micro적 운동)이 온도강하(溫度降下)와 함께 활발성(活潑性)이 줄어들어 결국 일정온도에 달하면 정지되어 점탄성적 성질이 없는 고체로 된다.

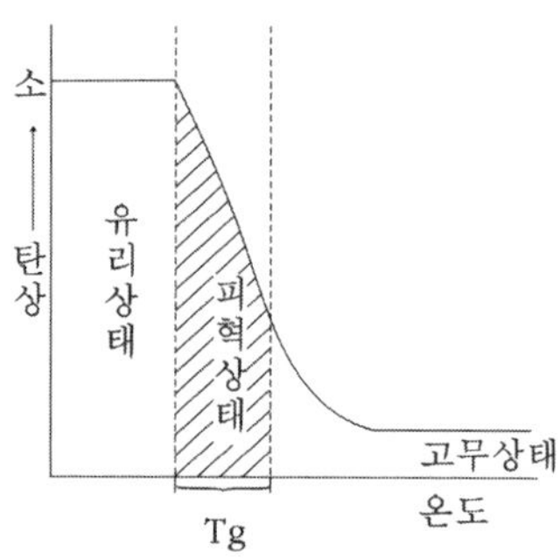

〈그림 9-17〉 고무의 온도와 탄성률 관계

대부분의 고분자물질(高分子物質)에 존재하는 Tg는 낮은 값일수록 내한성(耐寒性)이 양호하다(표 9-14참조).

〈표 9-14〉 고무의 유리전이점(Tg)

Polymer	Tg(℃)
NR	−72
BR	−79
SBR(스티렌 22.6%)	−52
NBR(결합 아크릴로니트릴 20%)	−56
NBR(〃 30%)	−41
NBR(〃 40%)	−22
CR(Neoprene GN)	−40
IIR(Isoprene 2%)	−80
실리콘고무	−118~−128
폴리설피이드고무(Thiokol)	−50
클로로설폰화 폴리에틸렌(Hypalon)	−34

(7) 전기적 성질

NR은 전기 불량도체(不良導體)임은 잘 알려져 있을 뿐아니라, 몇몇 합성고무(SBR, NBR, CR 등)보다 절연저항이 우수한다. 이것은 합성고무쪽이 극성이 크기 때문이다.

원료고무에 함유 된 비고무 성분은 극성이 크므로 전기적으로는 좋지 않은 영향을 준다. 가장 좋은 전기적 성질을 주기 위해서는 원료고무 중의 비고무 성분을 될 수 있는데로 적게 하는 것이 좋으며, IIR은 극성이 적으므로 절연재료로서 아주 유용한 것이다. 고무의 전기적 성질은 결합형의 양에 따라 크게 달라지나 그 모양의 인장강도의 변화와는 완전하게 다르다. 〈그림 9-18〉에 그 모양을 나타낸다.

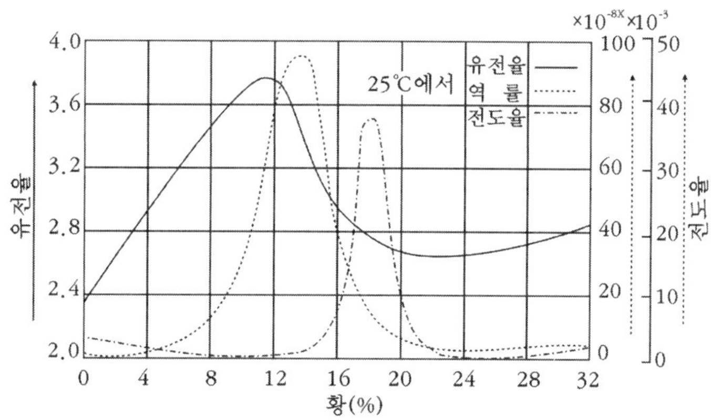

〈그림 9-18〉 결합황과 전기적 성질과의 관계

유전율은 결합황량이 증가함에 따라 커져서 12% 부근에서 최대가 되나 그 이후에는 급속히 낮아져서 16% 이상에서는 2.8정도로 된다. 역률(力率)의 최대는 14% 부근에서 90×10^{-8} 정도이나 그 전후에서는 $2\sim5\times10^{-8}$정도로 적다.

전기전도도(電氣傳導度)는 18% 부근에서 최대치(38×10^{-8}ohm/㎝)가 나타나고 그 전후에서는 적게 나타난다. 결합황의 양이 3~5%의 연질 가황고무 또는 32% 이상의 에보나이트에서는 이들 특성이 모두 적기 때문에 절연재료로서는 어느 정도 만족할만한 성질이라 할 수 있다.

고무의 전기적 성질은 충전제의 종류와 양에 따라 크게 달라지는데 카본블랙 은 도전성(導電性)이지만 3%정도의 소량으로는 오히려 저항을 증가시킨다. 이것은 고무 중의 도전성물질(導電性物質)을 흡착하기 때문이라고 하며, 또한 하이 스트럭취(high structure) 카본블랙, 예로써 아세틸렌 블랙, C－C 블랙(conductive channel black), CF 블랙(conductive furnace black)을 다량 배합하여 고무를 도전성으로 하는 일도 실시되고 있다.

Ⅱ. 고무배합, 가공 및 시험법

제 1 장 고무 배합설계

1-1. 고무 배합설계

고무 제품을 만들려면 보통 다음의 세 가지 공정을 거쳐야 한다.

첫째가 배합설계공정(配合設計工程)이다.

사용 목적에 따라 원료고무를 선택하고 배합제(配合劑)의 종류와 양을 결정하므로 배합의 기준을 세우는 공정이다.

둘째가 가공공정(加工工程)이다.

정해진 배합에 따라서 고무와 배합제를 혼합하고 칼렌더링이나 튜빙으로 만들고자 하는 모양으로 형성하는 가공공정이다.

셋째가 가황공정(加黃工程)이다.

만들어진 미가황(未加黃) 성형고무에 고무 탄성을 갖게 하고 물성을 개선하는 공정이다.

배합(recipe)은 가공공정, 가황공정 및 만들어진 제품 성능에 매우 큰 영향을 미치는 것으로 배합기술자(配合技術者)는 배합설계를 할 때 세심한 주의를 하여야 한다.

배합설계(compound design)를 할 때 다음 몇 가지를 고려하여야 한다. 즉 3P의 균형을 잘 조화시켜야 한다.

① 최종 제품의 요구 물성을 충족시킬 것(property)

② 가공이 쉬울 것(Processing)

③ 배합단가(무게 단가가 아니고 부피 단가)가 쌀 것(price)

따라서 이와 같은 조건을 충족시키는 배합설계를 하기 위해서 배합기술자는 다음 사항을 잘 알고 있어야 한다.

① 배합의 목적

② 배합에 사용되는 원료고무와 각종 배합제의 성질

③ 배합의 기초

④ 배합단가

⑤ 제품이 만들어 질 때까지의 작업 및 설비

⑥ 기타 첨가할 점

배합에는 원재료의 시험이나 평가를 목적으로 하는 배합과 공장에서 제품을 만들 목적으로 세워지는 두 가지 갈래가 있다.

배합제(配合劑)에는 가황제(vulcanization agent), 가황촉진제(vulcanization accelerator), 노화방지제(antionidant), 촉진조제(促進助劑 : activator), 가황지연제(加黃遲延劑 : retarder), 보강제(stiffener), 연화제(軟化劑 : softener) 및 착색제(coloring agent) 등이 있다. 착색제의 안료에는 다음과 같은 것들이 있다.

백 : TiO_2, ZnO, $BaSO_4$, lithophone

적 : 황화안티몬, 산화철, cadmium red, toluidine red, oil red

황 : cadmium yellow, chrome yellow, hansa yellow

청 : prussian blue, chrome blue, phthalocyanine, ultramarine

녹 : chrome green, phthalocyanine green, malachite green

흑 : carbon black, aniline black

앞의 것에는 원재료의 대체나 품질 확인을 위한 기초배합과 새로운 원재료가 내어났을 때 이것에 대한 실제적인 용도 개발을 위한 시험 또는 연구 배합이 있다. 이 중 기초배합은 공식재료 이외의 재료를 일정하게 한 공식품의 평가를 위한 배합으로 이를 위한 여러 가지 배합재료가 미국의 NBS(National Bureau of Standards)에서 되어 시판되고 있다. 개발을 위한 시험 또는 연구배합에서는 기초적인 성장을 구하는 배합으로부터 실용화에 대비한 응용배합에 이르기까지를 검토의 대상으로 한다.

뒤의 제품을 만들 목적의 배합이란 종래에 없었던 새로운 요구가 있었을 때, 종래에 사용하던 원재료를 써서 그 목적에 알맞는 배합을 결정하여 공장에서의 실제 생산에 투입하는 경우를 뜻한다.

이것은 전에 시험배합이나 연구배합의 경우와 같게 생각하면 된다. 배합의 연관관계와 어떤 과정을 거쳐 결정되어야 하는가를 공정도로 나타내면 〈그림 1-1〉및 〈그림 1-2〉와 같다.

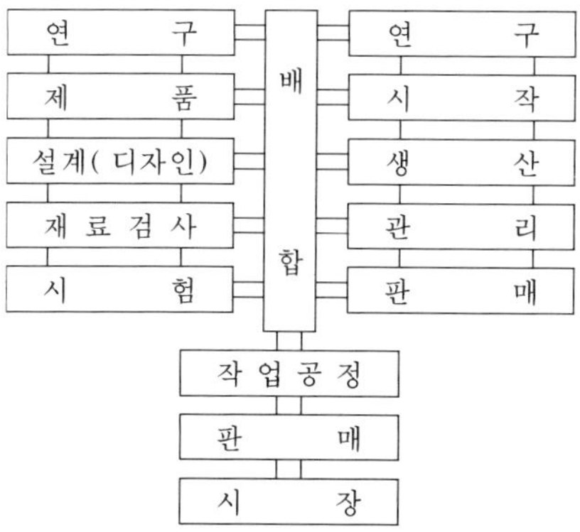

〈그림 1-1〉 고무공장의 배합에서 제품까지의 연관도

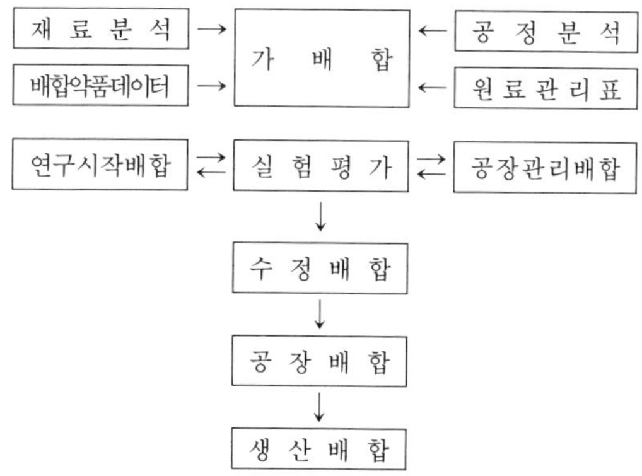

〈그림 1-2〉 배합표의 작성 과정도

1-2. 배합설계의 기본

배합을 설계할 때에 고려되어야 할 제품성능, 가공성능 및 배합단가에 대하여 좀 더 자세히 생각해 본다.

1. 제품 성능

가황고무의 성능으로 둘 수 있는 것들로는 다음과 같은 여러 가지가 있다.

① 인장강도(tensile strength)

② 신장률(elongation)

③ 모듈러스(modulus), 또는 인장응력(tensile stress)

④ 경도(hardness)

⑤ 내마모성(abrasion resistance)

⑥ 인열저항성(tear resistance)

⑦ 내열성(heat resistance)

⑧ 내한성(low--temperature resistance)

⑨ 내후성(weatherbillity)

⑩ 내굴곡균열성(flex resistance)

⑪ 발열성(exothermic property)

⑫ 탄성(elasticity)

⑬ 영구변형(permanent deformation)

⑭ 내산성(acid resistance)

⑮ 내알칼리성(alka1i resistance)

⑯ 내유성(oil resistance)

⑰ 내수성(water resistance)

⑱ 전기절연성(electrica1 insulation property)

⑲ 접착성(adhesicity)

이와 같은 성질을 모두 촉진시킨다는 것은 불가능하므로 제품이 사용되는 장소, 조건, 사용년도 따위를 고려하여 필요한 성질을 결정하고 이에 알맞는 고무와 배합제를 선정한다. 특성 성능에 대한 원료 고무를 고르는 방법에 대하여는 뒤에 이야기 한다.

2. 가공성능

고무제품의 가공공정은 대체로 〈그림 1-3〉과 같은 순서로 이루어진다.

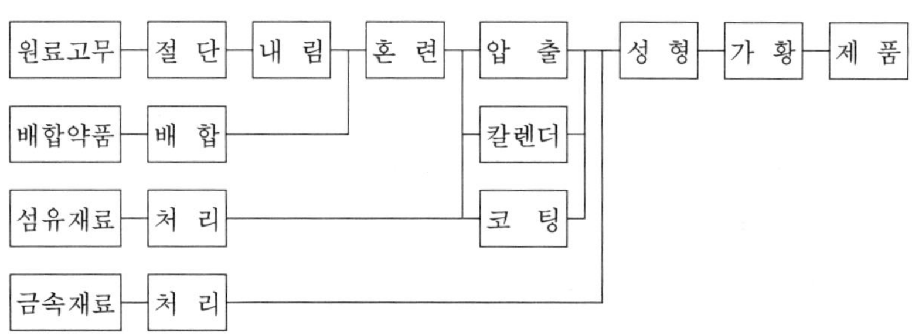

〈그림 1-3〉 고무제품의 가공 공정도

내림은 주로 천연 고무인 경우에 중요한 것이고 내림촉진제를 사용하는 경우와 사용하지 않는 경우가 있다. 최근에는 일부 특수고무를 제외하면 합성고무도 내림하는 것이 좋다는 견해가 지배적이다.

혼련은 로울러에서 하는 경우와 밴버리믹서에서 하는 경우가 있다. 어느 것으로 하든지도 카본블랙 및 연화제(軟化劑)의 종류와 양을 적당히 가려 뽑고 경우에 따라서는 점착제(粘着劑)나 경화제(硬化劑)를 섞어 넣는 방법으로 상당한 굳기와 점착성(粘着性)을 갖도록 하는 것이 필요하다.

추출(抽出) 및 칼렌더 작업을 쉽게 하고 추출된 고무 살갖을 매끈하게 만들면 추출된 뒤의 수축(收縮)을 적게 하기 위해서도 역시 카본블랙과 연화제를 적당히 가려 쓰는 것이 필요하다.

일반적으로 스트럭춰가 높은 카본블랙은 이와 같은 가공성에 우수한 효과가 있다. 추출이나 칼렌더 작업 중에 스코오치가 생기는 일이 있으므로 사용하는 가황촉진제에 주의를 하여야 한다.

미가황 혼련고무를 성형할 때에는 알맞는 점착성이 필요하고 가황에 점착성이 모자랄 때에는 점착제를, 지나칠 때는 경화제를 섞는다.

가황공정에서는 일정한 가황조건 하에서 최상가황에 이르도록 가황제와 가황촉진제를 가려 쓸 필요가 있다. 그리고 서로 다른 고무를 블랜드하여 사용하는 경우에는, 가공촉진제가 달라지며 고무 상호간의 가황도가 달라진다던가 촉진제 병용효과(倂用效果) 때문에 뜻하지 않는 고장의 원인이 되므로, 특히 주의하여야 한다. 고무는 열불량도체(熱不良導體)이므로 두꺼운 제품인 경우에는 평탄가황성 가황촉진제를 가려 쓸 필요가 있다.

3. 배합 단가

가공성능과 제품성능이 기준 이하이면 배합단가는 쌀수록 좋을 것이다. 배합 단가를 떨어뜨리기 위해서는 원료고무의 품위를 낮춘다던가 재생고무나 충전제를 더 섞는다든지 카본블랙의 양이나 경화제의 양을 늘리는 연구를 하여야 한다(배합단가 산출은 1-4 실용배합을 참조바람).

1-3. 기초배합

기초배합 또는 시험배합은 재료시험을 목적으로 하는 배합인데 가황에 필요한 최소한도의 배합제를 사용하는 고무배합과 일정량의 보강제나 충전제를 사용하는 충전배합(充塡配合)의 두 가지로 나눌 수 있다.

기초배합 그대로나 이와 가까운 배합으로 실용되는 사례는 라텍스 제품을 제외하고는 그리 흔하지 않다. 기초배합은 표준화나 규격화된 것이 흔하지 않고 관습적으로 사용되고 있는 경우가 많다.

많지 않은 사례 중에서 KS에 정해져 있는 배합례(표준배합)를 〈표 1-1〉에 표시한다.

〈표 1-1〉 BR의 표준배합(KS M 6515)

배합제		배합량(무게비, PHR)
BR*	(원료고무)	100
카본블랙 HAF	(보강성충전제)	60
스테아르산	(분산제)	2
산화아연	(가황촉진제, 활성제)	3
방향족오일	(연화제)	15
고무용 황	(가황제)	1.5
가황촉진제 BBS	(가황촉진제)	0.9
계		182.4

〈표 1-2〉 SBR의 표준배합(KS M 6517)

배합번호 / 고무 및 배합제	No.1 비유전 고무	No.2 25부 유전고무	No.3 37.5부 유전고무	No.4 50부 유전고무	No.5 62.5부 유전고무	No.6 75부 유전고무
SBR	100.0	-	-	-	-	-
유전 SBR	-	125.0	137.0	150.0	162.5	175.0
산화아연	3.0	3.0	3.0	3.0	3.0	3.0
고무용황	1.75	1.75	1.75	1.75	1.75	1.75
가황촉진제 BBS	1.00	1.25	1.38	1.50	1.63	1.75
스테아르산	1.0	1.0	1.0	1.0	1.0	1.0
카본블랙 HAF	50.0	62.5	68.75	75.0	81.25	87.5
계	156.75	194.50	213.38	232.25	251.13	270.0

〈표 1-3〉은 CR의 결정성 고무이므로 순고무 배합으로 표준배합이 구성되어 있으나 기타의 비결정성 고무인 경우는 모두 카본블랙 충전배합으로 표준배합이 만들어져 있다.

천연고무에는 규격화된 것이 없으나 가장 표준적이라고 생각되는 기초배합제를 〈표 1-7〉에 제시한다.

〈표 1-3〉 CR의 배합표준(KS M 6630)

배합번호 / 고무 및 배합제	A-1	A-2	B-1	B-2
CR(황변성)	100.0	100.0	-	-
CR(비황변성)	-	-	100.0	100.0
산화마그네슘	4.0	4.0	4.0	4.0
산화아연	5.0	5.0	5.0	5.0
가황촉진제 EU	-	-	0.35	0.35
스테아르산	0.5	0.5	-	-
카본블랙 SRF	-	30.0	-	30.0
계	109.5	139.5	109.35	139.35

〈표 1-4〉 NBR의 표준배합(KS M 6642)

배합제	배합량(무게비, PHR)
NBR	100.0
산화아연	5.0
고무용황	1.50
스테아르산	1.0
카본블랙 SRF	40.0
가황촉진제 MBTS	1.00
계	148.5

〈표 1-1〉부터 〈표 1-7〉의 각 배합에서 모든 배합제품을 일정하게 하면 원료 고무의 평가를, 그리고 주충전제를 제외한 원료고무와 기타 배합을 일정하게 하면 충전제를 평가할 수 있다.

〈표 1-5〉 IIR의 표준배합(KS M 6718)

배합제	배합량(무게비, PHR)
IIR	100.0
산화아연	3.0
고무용황	1.75
스테아르산	1.0
카본블랙 HAF	50.0
가황촉진제 TMTD	1.00
계	156.75

〈표 1-6〉 EPDM의 표준배합(KS M 6719)

배합제	배합량(무게비, PHR)
EPDM	100.0
산화아연	5.0
고무용황	1.50
스테아르산	1.0
나프텐계오일	50.0
카본블랙 HAF	80.0
가황촉진제 TMTD	1.00
가황촉진제 MBT	0.50
계	238.00

〈표 1-7〉 NR의 기초배합 예

배합제	순고무 배합	카본블랙 (HAF) 배합	화이트카본 (함수규산) 배합	기타 충전제 배합
천연고무	100	100	100	100
산화아연	5	5	5	5
고무용황	3	3	3	3
스테아르산	1	3	3	1
파인타아르	-	1	-	-
가황촉진제 MBTS	1	1	1	1
카본블랙 HAF	-	50	-	-
화이트카본(함수규산)	-	-	50	-
기타충전제	-	-	-	100
디에틸글리콜(DEG)	-	-	2.5	0~2
계	110	166	163.5	210~212

미국에서는 원료고무 및 배합약품에 대하여 NBS 표준품이 제작되어 시판되고 있어 모든 표준배합에 이것을 사용하게 되어 있지만, 우리나라에서는 현재 이같은 표준화가 안되어 있으므로 사용하는 배합제는 되도록 KS품을 사용하되 반복되는 시험에 객관성을 얻기 위하여 일정량의 시험용 원부재료를 확보하여 두는 것이 좋다.

이상에서 열거한 것 이외에 IR, CSM, 불소고무, 실리콘고무 등등의 표준배합의 예는 생략하기로 한다.

1-4. 실용배합

실용배합(實用配合)이란 이것으로 제품을 제조하여 판매하기 위한 제품이므로 확정을 짓기까지에는 〈그림 1-1〉 및 〈그림 1-2〉와 같은 경로를 거쳐야만 한다.

실용배합을 설계하려면 고무의 재료, 설비 등에 여러 가지 어려운 선택이 있는데 이러한 설계의 기본을 늘 생각하면서 사용재료의 정확한 선정을 하도록 하여야 한다.

1. 배합단가 산출법

〈표 1-8〉 비중 · 무게단가의 계산 예

배 합 제	배합중량 (W)	비중 (d)	kg당 단가(a)	W/d=V	W×a= C(원)	백분비
천연고무	100.0	0.93	1,020	107.22	102,000	60.53
카본블랙	50.0	1.82	720	27.47	36,000	30.27
산화아연	5.0	5.60	968	0.89	4,480	3.03
스테아르산	3.0	0.92	660	3.26	1,980	1.82
노화방지제	1.0	1.21	2,500	0.83	2,500	0.61
프로세스유	3.0	1.00	200	3.00	600	1.82
황	2.5	2.03	250	1.23	625	1.51
가황촉진제 MBTS	0.7	1.50	1,800	0.47	1,260	0.42
합 계	165.2			144.37	149,805	100.0

$$\text{배합물의 비중} = \frac{\text{W의 합계}}{\text{V의 합계}} = 1.14$$

$$\text{무게단가} = \frac{\text{C의 합계}}{\text{W의 합계}} = 906.80\text{원}/\text{kg}$$

$$\text{부피단가} = \frac{\text{C의 합계}}{\text{V의 합계}} = 1{,}037.65\text{원}/\ell$$

배합단가에는 무게단가(weight cost)와 부피단가(volume cost)가 있는데 고무 제품은 부피(용량)단위로 거래되는 일이 많으므로 부피단가 쪽이 중요하다. 무게(중량)단가가 싸더라도 고무 제품의 비중이 크면 부피단가는 높아진다(표 1-8참조).

2. 실용고무 배합 예

시대가 크게 변동하고 새로운 합성고무가 계속 개발되며 고무 가공기계(加工機械)가 진보하니 고무배합 그 자체도 진보한 감이 없지 않다.

고무 제품의 종류도 최근 말레이시아 천연고무 연구소의 발표에 따르면 신용도(新用途)확대로 10만 종류 이상이 된다고 하니 새로운 배합설계를 위해 많은 연구가 필요하다고 본다.

최근에는 컴퓨터의 보급으로 극비에 부쳐져 있던 고무 배합표(配合表)가 경험과 실험이 필요없이 통계적 데이터만을 기초로하여 보턴을 누르기만 하면 작성되는 비정한 세상이 되었다.

어느 고무메이커나 배합제메이커의 팜프렛, PR자료 등에 소위 Printed formulae류가 화려하게 보고되는 세상이다. 옛날 배합기사가 공장의 주인노릇을 하던 때에는 자기만이 가지고 있는 배합표가 바로 고무제품의 노하우적 가치가 있었으나 지금은 고무기술의 진보로 배합표의 가치관이 바뀌어 3P에 의해 끊임없이 품질이 개선되고 있다.

요즈음에는 이같은 합리적 배합 내용을 갖춘 배합재료의 편차로 가황이나 물성치(物性直)가 달라지고 있다.

여기 인용한 실용 고무배합 예 중에는 모범배합(模範配合)도 있고 낙제배합(落第配合)도 있을지 모르나 고무 배합의 실체를 넓은 고무배합 영역에서 발견해 주기를 바란다. 아래에 제시한 것은 주로 자동차용 제품(총14예)들의 실용 고무배합 예이다. 옛날의 고무배합은 단순한 처방(recipe)에 지나지 않았지만, 현대식은 물성, 가공성 및 배합단가의 3P데이터를 기초로 해서 조성하게 된다. 배합표는 중량비(PHR)배합뿐만 아니라 여러분 스스로 용적배합표로나 중량 100% 배합표로 재사용하여 한 장의 배합표를 여러 각도에서 검사하여 주기 바란다.

3. 원료고무(폴리머)와 배합제의 선정기준

각종 개별 및 폴리머의 성질은 "천연고무나 협성고무"의 특성에 따라 달라질 수 있는데 실제로 사용되는 고무의 물성을 개선하기 위해서는 다음과 같은 것들을 생각할 수 있다.

1) 인장강도를 높일 때

고무로는 NR, CSM, U 등의 고무를 사용하고 충전제로는 입자가 적은 카본블랙이나 하이스킬렌 수지를 섞는다.

2) 신장을 높일 때

CR, NR, IIR 등을 기본 폴리머로 선택하고 표면처리 탄산칼슘이나 수지 따위를 섞는다.

카본블랙 배합인 때에는 입자가 큰 카본블랙을 섞고 고무의 함량을 크게 한다.

3) 모듈러스를 높일 때

NR, NBR, U 등에 탄산마그네슘이나 소석회를 섞는다. 카본블랙 배합인 경우에는 입자가 작고 스트럭취가 큰 것을 다량으로 섞고 가황촉진제로는 MBT, MBTS와 DPG 또는 아민계 촉진제의 병용이거나 CBS, OBS 등이 좋으며, 황이나 가황촉진제의 양을 늘린다.

4) 모률러스를 낮출 때

NR, IIR을 사용하고 사부, 스핀들유, 프로세서유를 섞는다. 카본블랙 배합인 경우에는 입자가 크고 스트럭취가 작은 것이 좋다.

가황촉진제는 MTB, MBTS 또는 AA 등이 좋고 가황계의 배합량을 적게 한다.

5) 강도를 높일 때

NR, CR, U 등을 사용하고 하이스틸렌 수지, 페놀 수지, 입자가 작은 카본블랙, 탄산마그네슘을 다량으로 섞고 연화제는 되도록 줄인다.

6) 내 열 성

CR, NBR, 실리콘, 불소고무, CSM, U, EPT, EPDM, IIR을 사용하고 카본블랙과 클레이를 섞는다. 저황(低黃) 또는 무황가황(無黃加黃)이 좋고 산화아연을 다량으로 사용하며 때에 따라 내열성 노화방지제(耐熱性 老化防止劑)를 첨가한다.

7) 내오존성 및 내일광 균열성

CR, EPT, EPDM, CSM, IIR를 사용하고 오존균열방지제와 왁스를 가한다.

8) 내굴곡 균열성

CR, NR, CSM, IIR을 사용하고 굴곡균열방지제(屈曲龜裂防止劑), 파라핀제를 섞는다. 보강제나 충전제는 그리 많이 섞지 말고 황의 양을 많게 하고 가황촉진제는 MBT, MBTS가 좋다. 적정가황(適正加黃)을 하는 것이 꼭 필요하다.

9) 내 한 성

NBR, 실리콘고무, IIR, BR을 사용하고 내한성 가소제를 섞는다.

10) 내마모성, 내인장성

NR, SBR, U 등을 사용하고 입자가 작은 카본블랙을 다량으로 배합한다. 염색제품인 경우에는 화이트카본, 하이스틸렌 수지, 구마론인덴 수지 등을 배합한다. BR 고무는 내마모성에는 대단히 좋으나 내인장성에는 좋지 않다.

11) 내 유 성

실리콘고무, 다황화 고무, NBR, 불소고무를 사용하고 경도가 높은 내유제품에는 아교를, 경도가 낮은 내유제품(耐油製品)에는 사브를 배합한다.

12) 내산, 내알칼리성

NBR, 다황화 고무, 실리콘고무, IIR, CSM, CR, EPT, EPDM을 사용하고 카본블랙, 흑연, 클레이 따위를 섞는다.

13) 내 수 성

NBR, IIR, SBR를 사용하고, 리다아지, 리도폰, 카달포(catalpo) 파라핀, 수지 등을 섞는다.

14) 영구줄음률을 작게 만들 때

NR을 사용하되 연화제(軟化劑)를 적게 섞고 고무 함량을 크게 한다. 저황가황이나 무황가황이 더욱 좋다.

15) 발열성을 작게할 때

NR나 BR을 사용하고 충전제와 연화제를 적게 사용하며 고무의 함량을 크게 한다. 카본블랙 배합인 때에는 입자량이 크고 스트럭취가 낮은 것이 좋다.

16) 탄 성

NR, BR, U 등을 사용하고 고무 함량을 크게 한다. 카본블랙 배합인 경우에는 입자경이 크고 스트럭취가 낮은 것을 섞도록 한다.

17) 전기 절연성

SBR, NR, IIR, 불소고무를 사용하고 리다이지, 저스트럭취 카본블랙 등을 배합한다. 고무 함량을 크게 하고 배합제의 분산에 신경을 써야 한다.

18) 유 전 성(誘電性)

NBR, CR을 사용하고 아스팔트나 아세틸렌블랙, 콘닥티브 챤넬블랙이나 콘닥티브 퍼니스블랙과 같은 카본블랙을 섞는다.

19) 촉감을 좋게 하려고 할 때

NR을 사용하고 사보, 표면처리를 탄산칼슘, 왁스, 파라핀, 미네랄고무 따위를 배합한다.

20) 투명도를 좋게 하려고 할 때

NR을 사용하고 탄산마그네슘을 섞는다. 황과 가황촉진제의 양을 적게 쓰고 가황 촉진제 투명 산화아연을 사용한다. 그리고 특히 오염성이 있는 배합제는 사용하지 않도록 한다.

21) 선명한 색을 내려고 할 때

페일 크레이프, IR을 사용하고 산화아연, 리도폰, 산화티탄 등을 섞고 적당한 착색제(着色劑)를 섞는다. 특히 가황이 되면 암색을 나타내는 납과 같은 불순물이 들어 있지 않은 것을 사용하고 가황촉진제와 노화방지제는 비오염성인 것을 하도록 한다.

22) 블루밍 방지

황이나 노화방지제 따위를 고무의 용해도 이상으로 섞지 않도록 한다. 사용하는 황으로는 불용성 황이 좋다.

23) 프로스팅(서리앉음) 방지

가황고무의 표면이 흐려서 광택을 잃는 현상을 프로스팅(서리앉음)이라 하는데 이것을 방지하기 위해서는 가황에 신경을 써서 적정가황이 되도록 하고 파라핀을 섞어 준다.

24) 접 착 성

NR, CR를 사용하고 구마론 수지, 페놀 수지 또는 아교 따위를 섞는다.

25) 가스 투과성

IIR가 대표적 폴리머이며 NBR, CR 등도 가스 투과에 대한 저항법(抵抗法)은 비교적 크다.

26) 내 연소성

플루오르고무, 실리콘고무, CR, CSM 및 염소화폴리에틸렌은 불연(不燃) 내지는 난연성(難燃性)이다. NBR/PVC폴리블랜드 되는 고무도 이 목적에 사용할 수 있다. 염화 파라핀, 인산화합물, 수산화 알루미늄 따위를 섞는다. 특히 삼산화안티몬은 할로겐 존재 하에서 난연화(難燃化) 또는 불연화(不燃化)에 효과적이다.

4. 가공성과 관계

이것은 전술한 바와 같이 배합설계를 할 때 설계된 배합이 공정작업에 적용되느냐 안되느냐라는 중요한 문제를 포함하는 요소이다. 이 점에 관해서는 배합설계를 할 때 원료고무, 충전제 및 텍키파이어 등의 가공조제와의 관련에 대하여 충분한 검토가 사전에 필요한 것이다.

1) 혼 련 성(混練性)

폴리머의 적당한 블랜드나 보강제의 단독 또는 적당한 병용으로 최종 물성에 손색없이 혼련성을 양호하게 하는 일이 있으므로 배합에 이 원리를 상용한다. 그리고 요구 특성에 지장이 없는 인터널믹서를 이용할 수 있도록 배합을 고려하는 것도 경제적으로 요망되는 일이다.

2) 압 연 성(壓延性)

원료고무 측면에서 보면 NR 중에서는 SP고무(PA-80 따위의 SP고무), SBR 중에서 용액중합형(溶液重合型) SBR 또는 CR 중에서 고(高)겔함유형고무 등의 블랜드가 좋은 결과를 나타낸다. 충전제로는 FEF블랙과 같은 하이스트럭취블랙의 배합이 좋다. 기타 사부, 프로세스유, 가소제(可塑劑) 등의 사용도 고려할 수 있다.

CR 및 IIR은 압연작업시(壓延作業時)에 로울러에 점착하려함이 큰데 CR인 경우에는 전술한 고겔함유형 블랜드와 스테아르산, 와세린 또는 스테아르산아연과 같은 금속비누의 배합이 좋은 결과를 나타낸다. IIR고무에는 석유계 연화제(軟化劑) 보다는 에스테르계 가소제(可塑劑)가 효과적이며 EPDM과의 블랜드로 좋은 결과를 초래한다.

3) 압 출 성

상기 2와 대략 같은 배려를 하면 표면이 평활(平滑)하고 다이도 작아질 뿐만 아니라 생산성도 현저히 향상한다. 2에서 설명한 폴리머블랜드는 유출 후에 직접 증기로 가황하여 제품화하는 일반적인 유출제품에서 가황중의 변형이나 물 자국 따위의 불량사고 감소에 효과적이다.

4) 접 착 성

열가소성 알킬페놀, 포르말린계나 기타 택키파이어를 배합한다.

이것들은 미가황고무 상호간의 성형시 점착성을 좋게 해 줄 뿐만 아니라, 가황중의 층간 접착 및 금속과의 가황 접착에도 좋은 영향을 나타낸다.

접착제를 사용하여 금속과 접착하는 고무제품인 경우에는 석유계 프로세스유 또는 가소제 등 이행하기 쉬운 것이나 접착제를 침해할 우려가 있는 배합약품의 다량 사용은 부적당하므로 가공성을 개량하기 위한 최소한도로 억제하여야 한다.

5) 결 정 성(結晶性)

CR과 같이 결정화하기 쉬운 고무에서는 특히 결정성을 사용하는 접착제 배합이 아닐 때에는 되도록 결정화 속도가 느린 타입이 가공성에 이점이 많다. 이 결정화의 문제는 NR 배합에서도 어느 정도 나타난다.

6) 그린 강도(Green strength)

가공할 때 그린 강도가 필요한 때에는 NR은 양호한 강도를 나타내나 합성물(폴리머)들은 일반적으로 강하다.

이런 때에는 성능상 지장이 없는 범위 내에서 NR을 블랜드하던가, 또는 활성이 큰 보강제를 배합제의 하나로 사용하도록 한다. 그린 강도가 큰 알핀고무를 블랜드하는 것도 효과적일 것이다.

7) 가 황 계(加黃系)

열, 공기 가황과 같은 열용량(熱容量)이 작은 곳에서 가황되는 제품인 경우에는 신속한 가황계로 배합설계하여야 하며 아울러 가황중에 가열 산소로 산화된다는 것을 유념하여야 한다.

살이 두꺼운 제품이어서 장시간을 요하는 것은 평탄가황계(平坦加黃系)를 택하여 배합계 전체의 열전도를 좋게 하는 것이 긴요한 일이다.

8) 경도가 낮은 고무

경도(硬度)가 낮은 고무인 경우에 일반적으로 다량의 연화제와 가소제를 배합하지 않으면 안되는데, 이때 미가황고무인 배합고무 생지가 너무 연화되어 점착성이 나타나서 작업이 곤란하여지는 경우가 있다. 이와 같은 때에는 무우니점도가 되도록 높은 원료고무를 사용하면 가황속도에는 영향이 없이 작업성을 양호하게 할 수가 있다.

5. 기타 참고할 사항

1) 제조원가

조건이 허용하는 범위에서 유전고무와 같은 값싼 폴리머를 택하던가 그렇지 않으면 고(高) 무우니 폴리머에 값싼 유전제(油展劑)를 다량으로 사용하여 폴리머 코스트를 낮추도록 하는 것이 효과적이다. 이것은 NR에도 적용된다.

2) 착 색(着色)

착색제는 실용(實用)인 경우 적당한 것을 사용하여야 한다. 즉 산에 닿기 쉬운 제품인 경우에는 내산성 안료(耐酸性 顔料)를, 그리고 실외에서 사용되는 것이면 내후성이 우수한 안료를 선정한다.

3) 다른 물질에의 오염과 부식성

블루밍 또는 이행으로 다른 조합물을 오손(汚損)하는 일이 없도록 배합을 세운다. 보기를 들면 요즈음에는 보기 어려우나 자동차타이어의 백색 사이드월이 트레드고무에서의 이행으로 오염되는 것이나 웨더스트립의 도장면 오염(塗裝面 汚染) 등이 이에 해당한다.

팩킹이나 가스켙과 같이 금속과 접촉하여 실용되는 제품에서는 상대 금속에 대한 부식성이 문제가 된다. 원료 폴리머 중에는 이것에 대해서도 고려된 것이 있으므로 이를 중심으로 안전 배합을 세워야 한다. 의약과 접촉하는 고무마개와 같은 고무제품에서는 특히 배합제에 대해서도 세심한 주의를 하여야 한다.

4) 취기(臭氣)와 독성(毒性)

음식물에 닿아서 사용되는 고무제품은 이상한 맛이나 냄새를 나타내는 일이 없도록 각별히 배합에 신경을 써야 한다.

당연하나 독성배합제는 절대로 금기(禁忌)되어야 한다. 또 인체 특히 점막(粘膜)이 약한 피부부위에 찰삭 붙는 제품에서는 독성 이외에도 개인차는 있으나 부스럼을 일으키기 쉬운 약품의 배합은 피하여야 한다.

이의 대표적인 것에 p-페닐렌디아민계의 오존노화방지제가 있다.

제 2 장 고무 가공기술

2-1. 고무 가공기술의 개요

옛날에는 어떤 고무 제품을 만드는 기술, 즉 노하우(know-how)가 중요시되어 왔으며, 특히 배합사라고 하면 고무 기술자의 대표적인 존재로 평가되었던 것이다.

그러나 모든 산업의 급진적인 발전과 더불어 근대적 기술은 제품 자체를 만드는 기술보다는 어떻게 품질 좋은 제품을 능률적이고 값싸게 만드느냐, 즉 합리적 기술을 더욱 중요시하게 된 시대가 된 것이다.

근본적으로 품질을 중요시하는 제품에 있어서는 고무배합을 위시한 가공기술의 노하우가 해결되어야 하겠지만 일반적인 제품의 양산화에 있어서는 극단적으로 말하자면 약간의 품질을 희생하더라도 균일성있는 제품을 양산 방식으로 만드는 가공기술의 개발이 중요시되어 고무기술자라면 가공분석과 품질관리를 공부하지 않으면 안되게 된 것이다.

또 노동력의 부족, 자금의 상승, 작업환경의 개선 등 시대적인 요소에 대응하기 위하여 가공공정의 기계화 및 자동화가 불가능하게 됨에 따라, 고무기술자라면 화학이 전문이라야 하겠지만 이 이외에 기계, 전기, 섬유, 금속 등 다각적인 분야에 걸쳐 알아야 하겠고, 특히 중소공장에 종사하는 고무기술자는 노무, 기술서비스, 판매문제까지도 관여해야 할 입장에 있는 것이 사실이다. 다시 말하면 중소 고무공장에 종사하는 고무기술자만큼 일이 복잡하고 바쁜 시간을 보내야 할 입장이라는 것은 그 유형을 찾아보기 드문 것으로 생각된다.

그만큼 고무의 가공기술은 복잡 다양성이 있으며 단순하면서도 어려운 공업분야라고 할 수 있는 것이다. 물성론(物性論)으로 보면 고무는 고분자 탄성체(e1astomer)라고 하나 단순한 고분자 탄성체는 아니며, 可塑물(plastomer)적 요소도 많다.

말하자면 점탄성체(粘彈性體, visco-elastomer)로 취급하는 것이 고무 가공기술의 본질이다.

따라서 플라스틱의 가공기술과 비교하면 말할 수 없을 만큼 복잡하며 단순한 성형이나 시이트화 만으로 제품이 되는 것이 아니고 가소화(가(可)塑化), 혼합(混合), 가 황(加黃), 보강(補强), 노화(老化) 등과 같은 복잡한 화학변화를 동반하는 물리조작 등이 고무의 가공기술인 것이다.

고무기술자는 고무 가공기술이 쉽게 보이지만 매우 어려운 것이라는 기본개념을 가져야 할 것이다. 고무는 참으로 한 물체로서 부족한 기술로도 제품의 형태는 쉽게 만들 수 있으나 그 기술수단(技術手段)의 차이에서 발생되는 품질의 우열은 매우 심한 것이기 때문이다.

고무기술의 위대한 발명자인 굳이어(Goodyear)나 핸콕(Hancock)과 같은 사람도 높은 교육을 받은 것이 아니다. 대학에서는 이론상의 지식을 가르치지만 고무 가공기술의 묘기(妙技)는 가르쳐 주지 않는다. 그것은 바로 여러분이 배우고 일하고 있는 그곳일 것이다. 기술의 진보는 무한 한 것이며, 오늘 여러분이 새로운 기술을 발명하였다고 하여도 그 이상 더 좋은 기술을 발명한다면 오늘의 기술적 생명은 보존되지 않는 것이므로 항상 새로운 기술의 가공법을 향하여 연구개발하지 않으면 안된다.

대규모의 고무공장 일수록 기술자는 단순 기능화의 가능성이 있을 수 있어, 부가가치성이 높고 고도의 기술을 요하는 고무를 합성하려면 꾸준한 연구개발이 필요하다.

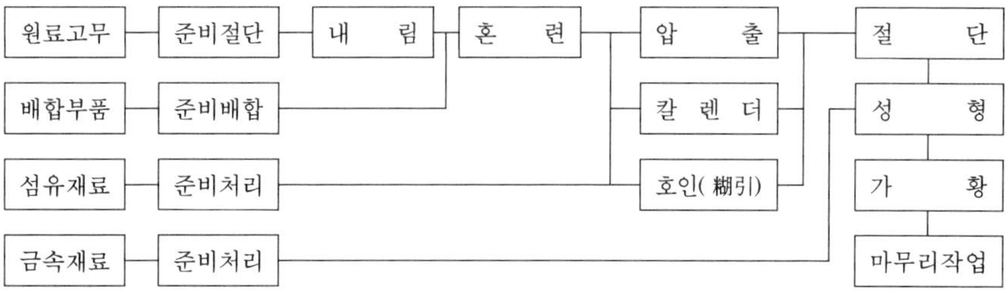

〈그림 2-1〉 고무 가공기술의 공정도

고무기술 습득의 초보는 원료고무 절단작업을 하는 노동에서부터 시작되어야 할 것이며, 고무 기술 공부에 들어가기 전에 기술창업의 마음가짐과 기술자 이전에 인간적 요소의 중요성이 강조되는 것이다. 본론에 들어가기 전에 다음의 고무 공정기술 공정도 〈그림 2-1〉를 파악해 두기 바란다.

2-2. 준비작업

1. 원재료의 수입검사 정돈 및 보관

구입되는 고무원료 및 배합약품의 품질검사가 매우 중요한 첫 단계공정인데 이것이 제대로 실험되고 있는 공장이 적다. 또한 원재로 창고나 배합실에 있어서 재료를 종류별로 잘 구분하여 정돈하고 수분이 흡수되지 않고, 직사광선이 비치지 않도록 잘 보관하도록 하고 선입 선출방식에 의하여 출하관리를 잘 하는 것이 중요하다. 이러한 것이 제조기술 이전에 품질관리를 위하여 필요한 기술인 것이다.

2. 원료 고무의 절단

평량(坪量) 및 내림작업을 용이하게 하기 위하여 원료고무를 적당한 크기로 절단하는 것이 목적이나, 이외에도 천연고무의 경우에는 내부 품질검사 및 품질의 편차를 없도록 하기 위한 소편(少片) 세분화(細分化)의 목적이 있는 것이다.

대표적 절단기로는 다음의 4가지가 있다.

1) 환도식(丸刀式)

2) 길로틴(Gilotin)식

3) 압출식(押出式)

4) 자동식(自動式)

일반적으로 길로틴식이 가장 많이 사용되고 있으며 소형은 전동기 직결식이고 대형은 유압(油壓), 수압(水壓) 또는 공기압(空氣壓)을 이용하여 칼날을 상하로 운동시켜 절단하는 것이다. 유압(油壓) 및 수압(水壓)은 보통 16kg/㎠' 공기압은 5kg/㎠정도이다. 겨울에 고무가 동결될 경우에는 가온 연화(軟化)시켜 주어야 한다. 고무의 가온은 절단 속도를 증가시킴과 동시에 내림 속도의 증가, 전력 소비의 절약, 로울러의 파손을 방지하는 데 도움이 된다. 가온 방법은 원칙적으로 저온 장시간이 좋은 것으로 50도 전후에는 2시간이면 충분하고, 100℃ 부근에서는 고무가 열화(劣化)와 점착화(粘着化)를 일으키기 쉬우므로 주의하여야 한다.

3. 배합작업

원료고무 및 배합약품을 정확하게, 순서대로 평량하는 것이 중요하다. 일반적으로 수동으로 평량하나, 근래에는 콘베어를 이용한 유동방식(流動方式), 저장호퍼 또는 로터리 피이더(rotary feeder)를 이용하는 자동 평량방식(自動 枰量方式)을 이용하는 경향이 있다.

저울은 정밀도가 양호한 일급품을 사용하여야 하며 대 · 중 · 소의 3종류로 무게의 감도에 따라 구분 사용한다. 100kg짜리 저울로 100g이하의 평량은 무의미한 것이다. 특히 시험배합의 평량 오차의 범위는 다음과 같다.

황, 촉진제 ………… 0.2%이내

고무원료, 마스테 벳치 ………… 0.3%이내

배합재료 ………… 0.25%이내

최초 혼련 벳치량 ………… 0.6%이내

평량조작(枰量造作)이 완료된 원료고무와 배합제는 배합 통에 일괄(一括)투입되어 재평량 체크하여 배합 착오를 확인한 다음 전표를 부쳐서 혼련공정(混練工程)으로 넘겨진다.

4. 내림(素練, Mastication)작업

내림이라 함은 고무에 전단력(剪斷力)을 주고 가온하여 탄성원료(彈性原料) 고무가 차차로 해중합되어 연화되면서 균일한 가소화 상태로 변화되는 것을 말하는 것이다. 다시 말하면 원료고무의 분자사슬을 절단(breakdown)하여 충분한 가소성을 주어서 배합제의 혼합을 쉽게하여 가황전의 가공성에 필요한 성질을 부여하는 공정이다. 즉 고무에 배합약품을 다량으로 균질하게 배합할 수 있는 것이나 또 추출, 압연형(壓延形) 흐름 등의 성형가공을 할 수 있다든지, 섬유나 금속에 접착을 시키거나 고무끼리의 붙임을 할 수 있는 것도 이 내림작업이 있기 때문에 가능한 것이다.

그러나 이 내림작업의 정도가 기술적인 요소이며 과도하게 내림하면 고무의 강성(綱性, stiffness)이 낮아져서 가황이 지연되거나 보강제의 보강효과가 적어 인장강도가 낮은 제품이 되는 것이다.

스폰지 고무와 같은 발포고무인 경우에는 반대로 이것을 이용하는 경우가 있다. 또 고무의 종류에 따라서도 내림 효과가 달라진다. 천연고무는 내림에 매우 예민(銳敏)하나 합성고무는 일반적으로 둔감(純感)하며 어떤 합성고무는 내림을 하여도 거의 가소화(可塑化)되지 않는 것이 있다. 이러한 합성고무는 내림을 성략하고 밀폐형 고온 혼련기(密閉型 高溫 混練機, Banbary mixer 등)로 배합제와 고온법의 구별이 합성고무의 등장과 더불어 시작되었다. 일반적으로 저온법(低溫法)은 천연고무의 경우, 그리고 고온법(高溫法)은 합성고무의 경우로 생각할 수가 있다.

그 임계온도는 120℃이며 이 이하의 저온 내림은 주로 기계적 분자절단에 의한 중합이 주이며 물리적 내림법이라고도 한다. 이와 반대로 고온법에서는 공기중의 산소의 작용에 의한 화학적 분자 절단이 주이다. 내림촉진제(peptizer)를 병용할 때에는 온도가 저온측(低溫側)으로 이동함으로 로울러에서 70℃이하의 고온 로울러법으로 효과를 발휘시킬 수 있다. 내림의 정도는 가소도 측정(可塑度 測定)으로 판정한다. 무우니점도계(Mooney vixcometer)가 대표적인 것이다.

천연고무를 내림할 때의 가소도는 다음 조건에 따라 좌우되며 적정한 내림도를 파악하는 것은 로울러 작업을 실제로 해본 기술자라면 누구나 아는 사실이다.

〈그림 2-2〉는 Banbary Mixer의 모형도이다.

① 고무의 온도

② 내림시간

③ 소비동력

④ 벳치량

⑤ 로울러 간격

⑥ 로울러의 표면속도

⑦ 로울러간의 속도비

⑧ 로울러의 크기(지름과 길이)

⑨ 내림 후의 회복시간과 온도

⑩ 로울러 작업자의 개인 요소

내림의 정도가 고무제품에 미치는 영향은 대략 〈표 2-1〉과 같다.

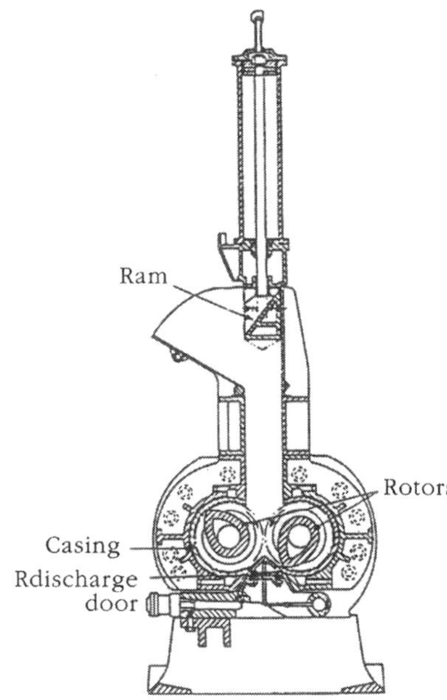

〈그림 2-2〉 Banbary Mixer

저온 내림법의 가장 능률적인 방법은 에스컬레이터(escalator)법으로 일반 로울러에 비하여 2~2.5배의 능력이 증가된다고 하며, 고온 내림법으로는 밴버리믹서법이나 골든플라스티케이터(golden p1asticator)법이 대표적인 것이고 내림촉진제에 의한 중간온도법(70~90℃)은 임계온도의 하강법을 적용한 고온 내림법의 변법이라고 보아야 한다. 다음에 각종 합성고무의 내림 특성에 대하여 약술한다.

〈표 2-1〉 내림의 정도가 고무에 미치는 영향

영향 내용	부 족	적 당	과 도
배합약품의 분산	불 량	양 호	양 호
촉진제 스코오치	쉽 다	어 렵 다	어 렵 다
압 연 작 업		용 이	용 이
압 출 작 업	외관불량	양 호	변형하기 쉽다
점 착 성	양 호	보 통	떨어진다
형 흐 름 성	불 량	양 호	양 호
물성 및 성능	약간 떨어진다	양 호	크게 떨어진다
수 축 성	크다	작다	더욱 작다

1) SBR

천연고무보다는 드라이(dry)상태이며, 점착성이 적으므로 고온로울러에 감기기 어렵다. 오히려 냉로울러에 빨리 감기기 쉽다. 로울러 간격을 좁혀서 3~4회 엷게 내림을 하면 내림 효과가 있다. 간격이 잘 좁혀지는 로울러에서 엷게 내림을 하고 다소 표면이 거칠더라도 곧 약품투입에 들어가는 것이 좋다. 최저에는 밴버리믹서 에 의한 고온 내림법이 일반화되어 있으며 로울러에서도 80℃ 정도의 고온에서 적당한 내림 촉진제를 0.5~3.0부 첨가하면 고온중합 SBR의 경우에는 어느 정도의 효과가 있다. 저온중합이나 유전(油展) SBR과 같은 가공용이(EP)형은 내림으로 점도를 낮추는 것은 의외로 곤란하다고 생각하여야 한다. 스폰지용에 대용되는 저(低)무우니 SBR 1507은 중합도가 처음부터 낮은 것이므로 내림의 필요성은 없으나 2~3회 엷내림법에 의한 예비내림작업을 하는 것이 좋다. 하이스티렌(high styrene) SBR는 고무보다도 수지의 성격이 강하므로 열가소성을 이용하여 로울러 온도를 80℃정도로 높여서 내림하는 것이 좋다.

천연고무에 블랜드할 때도 적당량을 방크(bank)를 만들어서 소량씩 첨가한다. 한 몫에 다량 첨가하면 뱃지 온도가 내려가서 하이스티렌이 SBR보다 먼저 냉각되어 괴상이 되므로 분산 불량의 원인이 된다.

2) NBR

니트릴의 함량에 비례하여 소련(素練)이 어려워진다. 발열과 수축이 크기 때문에 오픈 로울러(open roll)방식으로는 로울러 간격을 좁히고 가급적 저온에서 벳치량을 보통의 2/3정도로 감량해서 발열과 수축이 적어진다. 엷내림법도 유효하며 6~10회 정도면 충분하다. 내림을 아무리 해도 면이 거칠기 때문에 약품 투입작업으로 빨리 옮기고 가루의 작용으로 내림을 촉진시킴과 동시에 면을 여물게하여 마감하는 것이 좋다.

가루를 먼저 투입하고 고무를 뒤에 투입하는 역연방법(upside down)도 밴버리에서 NBR를 혼련할 때 잘 사용된다.

3) IIR

아무리 이겨도 가소도(可塑度)가 내려가지 않으며 내림 효과가 거의 나타나지 않는다.

고무라기보다는 하이스티렌 SBR이나 PVC와 같은 수지적 성격을 가진다. 로울러에 넣기 전의 IIR고무는 굳어서 들어가기 어려움으로 소량씩 로울러 간격을 좁히고 잘 냉각시키면서 첨가시킨다. 냉 로울러에는 붙기 쉬우므로 보통의 경우와 반대로 뒷 로울러는 고온으로 한다.

내림효과가 없는 IIR고무는 로울러보다 밴버리 법이 적합하다. 램(ram)형을 높이는 관계로 벳치량은 로울러법과 반대로 많은 쪽이 좋다. 할로겐화 IIR는 여물어서 내림이 용이하다.

4) CR

클로로프렌계 고무는 합성고무 중에서 내림법이 천연고무에 가장 가까운 것이나 잘 관찰하면 다음과 같은 내림특성을 가지고 있다.

① 결정성이 높음으로 내림이 잘 된다(예 : W＞GN＞WRT의 순).

② 저온에 속하며 고온에서는 중합이 진행될 염려가 있다.

③ 종류와 제조업체에 따라 열특성이 많이 다르므로 카탈로그 등에서 잘 확인하여야 한다(표 2-2 참조).

〈표 2-2〉 클로로프렌 고무의 표준특성

탄 성 영 역	70℃이하	로울러에 잘 감긴다.	동 성	강
점 성 영 역	70~80℃	로울러에 점착된다.	〃	×
가 소 성 영 역	80~120℃	로울러에 점착되지 않는다.	〃	×

즉 CR의 내림은 최단의 탄성 영역까지 가지고 가는 것이며, 천연고무는 극성결합이 아니므로 훨씬 저온에서도 충분히 가소화된다.

④ 천연고무에서는 촉진제인 DPG나 TMTD가 CR계 고무에서는 내림 촉진제적

효과를 나타냄으로 이들 고무의 블랜드 결합인 경우에는 주의하여야 한다. 이와 비슷한 현상이 Thiokol A나 FA의 내림 촉진제로서 MBTS나 TMTD가 작용하는 경우에도 볼 수 있다.

5) 블랜드 할 때의 내림

각종 고무를 적당한 비율로 블랜드하여 각각의 장점과 단점을 보완하는 것이 일반적이며 근래에는 이러한 블랜드 기술은 보통의 상식을 벗어난 영역에까지 실현되고 있다.

경험적인 블랜드 방법으로는,

① 극성이 비슷한 고무를 선정할 것(상용성)

② 유사한 점도상태에서 블랜드할 것

③ 경질 고무를 먼지, 연질 고무를 뒤에 첨가할 것

④ 70% 이상의 고무특성을 주체로 생각할 것(30% 이하의 고무의 존재는 무시한다).

⑤ 50/50의 블랜드는 가장 어렵다.

등의 사실을 알고 있으나 이론적으로 충분히 보완된 것은 아니므로 지나치게 이론에 구애되지 말고 실기 위주로 생각할 필요가 있다.

(1) NR/SBR

점도 90이상의 천연고무를 SBR의 점도인 50~60부근까지 예비내림하여 양자를 근사점도에서 블랜드하는 것이 이상적이나 실제로는 어려운 일이다. 다행히도 SBR은 약간의 점도 차이는 허용되나, 혼합(블랜드)방식을 잘못하면 고무 자체의 불균일뿐만 아니고, 배합제의 분산이 나빠지고 수축 변형의 원인이 되는 것이므로 주의하여야 한다. NR/SBR블랜드는 SBR 1,000번급의 핫 리버형이 적합하며 카본 마스터벳치 SBR도 좋다.

(2) NR/CR

내림특성이 비슷하기 때문에 극성(極性)에는 상당한 차이가 있음에도 불구하고 비교적 용이하다. 특히 W형이 용이하고 저온 단시간(低溫 短時間)에 잘 된다. SBR를 소량 첨가하는 것도 블랜드의 촉진화(促進化)에 유효하다.

(3) NR/스테레오 고무

천연고무를 먼저 이겨서 무우니점도를 60정도로 낮춘 다음에 스테레오(stereo) 고무를 가하고 다음 재련하여 약품 투입에 들어간다.

스테레오 BR와 같이 강성(剛性, stiffness)이 약한 고무에는 천연고무나 SBR를 충분히 강성을 낮춘 다음에 첨가한다.

5. 혼련작업

혼련작업은 내림된 고무에 배합약품을 균등히 배합하여 분해시키는 작업이며 그 양부는 직접 제품에 영향을 준다. 황의 분산이 불량일 때는 흑반점(黑斑點)이 생기거나 황색분(黃色粉)이 분출(blooming 현상)하게 되고, 또 탄산마그네슘, 산화티탄, 산화아연 등과 같은 백색 분이 황색고무에 충분히 분산되지 않으면 백반점(白斑點)이 새기게 되며, 외관은 간격이상으로 기계적 강도 등의 물성 저하도 심하게 된다.

최초에 촉진제(또는 황), 조제(助劑) 등과 같은 것은 소량이지만, 중요한 역할을 하는 것을 주의 깊게 배합한 다음 다량인 보강제(補强劑), 충전제 등을 첨가하고 혼련상태에 따라 연화제, 분산제 등을 가하면서 가소성(可塑性)을 조절하고 최후에 가황제(또는 촉진제)를 첨가하여, 칼질하고 엷게 내림하여 혼련벳치 전체의 완전 교질화를 하여야 한다. 가급적 단시간에 될 수 있는 대로 일정한 교질 배합물을 얻는 것이 생산 공정의 기술인 것이다.

내림의 경우와 마찬가지로 혼련도 개방 2가닥 로울러법에서 밀폐식 밴버리법으로 이행되고 있는 것이 현실이나 완전 혼련법으로는 로울러법이 정도이며, 밴버리법은 양산(量産) 또는 카본 결속을 위한 비상수단적 혼련법인 것이므로 분산도나 고무물성상 다소의 희생은 불가능한 것이다. 따라서 이 결점을 양질의 보강제를 다량 첨가함으로써 보정하여야 하는 것이다.

또한 합성고무와 같이 고온에서 가소화(可塑化)되는 경우 고온 내림과 동시에 고온 혼련이 채용되는 것이다. 밴버리 혼련기는 일종의 조련작업(調練作業)이므로 마무리 혼련을 하기 위하여 로울러 간격을 좁혀서 수회 엷내림할 필요가 있다.

혼련의 한 방법으로서 마스터벳치법을 추천하고자 한다. 카본블랙, 촉진제, 착색제 등과 같은 것을 일정한 비율로 내림고무에 미리 혼합한 것을 준비하였다가 이것을 실제배합(實際配合)의 혼련중에 일정 계산량 만큼 첨가하는 것이다. 촉진제나 착색제와 같은 배합제를 고무에 0.5~1.0부의 소량을 배합하는 경우에 평량중(枰量中)의 오차 및 혼련중 비산(混練中 飛散), 분산불량(分散不良) 등으로 제품에 크게 영향을 미치는 것을 방지하는 것이다.

혼련작업(混練作業)의 양부는 고무재질 및 성형작업성에 크게 영향을 미치는 것이므로 가장 적합한 작업조건을 설정하여 일정한 작업표준서를 작성하여야 하며 적어도 다음과 같이 10가지 조건이 기록되어야 할 것이다.

① 혼련 로울러의 온도
② 로울러 간격
③ 배합제의 첨가순서
④ 각각의 소요시간
⑤ 전공정 완료 소요시간
⑥ 결속된 벳치의 중량검사
⑦ 결속된 벳치의 시이트 두께 및 냉각방법
⑧ 특수배합(예 : 스폰지)의 특수 조작조건
⑨ 벳치에서 추출 시료의 채취방법
⑩ 벳치의 전표기록(배합번호, 벳치번호, 일자, 작업자명, 시험결과, 사용처 등의 내용을 기록)

전품질관리(TQC)가 요구되고 있는 오늘날에 있어서 규격이 까다로운 공업용 고무와 같은 다종 소량 생산의 경우는 이러한 벳치 조절을 하지 않으면 품질의 균일보증(均一保證)은 어려울 것이다.

로울러 혼련작업별(混練作業別) 로울러 회전비는 대략 〈표 2-3〉과 같다.

〈표 2-3〉 로울러의 회전비와 작업공정

작 업 별	천연고무	합성고무
내 림	1.25~1.30	1.10~1.15
혼 련	1.15~1.25	1.05~1.10
열 입 시 이 팅	1.0	1.0

합성고무의 경우는 천연고무에 비하여 회전비를 적게 한다. 발열이 크게 되면 분산 불량을 일으키기 쉽기 때문에 회전비(回轉比)를 변경할 수 없는 경우에는 뱃치량을 적게하여 발열이 적도록 하여야 한다.

배합제(配合劑)의 첨가도 매우 중요하며 혼합 균질화(混合 均質化)의 원칙에서 말하자면,

① 소량인 것을 먼저 첨가

② 다량인 것을 뒤에 첨가

③ 단독 첨가에 의한 예비혼합(Premix)이 좋다.

그러나 고무배합에서는 배합제 자체에 각각의 특성과 작용이 있는 것이 있으므로 위의 원칙대로 되지는 않는다. 약품 상호간의 반응과 로울러 조작의 난이성(難易性)도 있으므로 배합의 종류와 목적에 따라 독특한 첨가 순서가 생기게 되며 이것이 혼합기술의 중심이 되는 것이다.

1) 기본 배합순서

일반적인 경우 특히 천연고무 배합에 관한 기본적인 순서는 다음과 같다.

(1) 가황 촉진제, 노화 방지제

소량이지만 가장 중요한 것이므로 균등한 분산을 필요로 하기 때문에 최초에 첨가한다. 가황 촉진제는 ZnO, MgO, CaO같은 무기화합물과 아민류계(aniline, *P*-phenylen diamin 등), 황화물계(thiocarbani de 등)의 유기촉진제가 있다. 노화방지제로는 m-tolylene diamine, hydroquinone 등이 있다.

(2) 산화아연(ZnO)

5 PHR가 표준이며, 비중이 크기 때문에 용량적으로는 5÷5.6=0.9의 소량이다.

전하(電荷)의 관계로 배합되기 어려우며, 분산불량이나 혼련불량으로 인한 스코오치나 겔화의 최대 원인이 되는 것이므로 촉진제 다음으로 투입하여 분산을 완전히 하도록 한다. 마스터 벳치로 사용하면 더욱 안심이 된다.

(3) 연화제

연화제 첨가시 배합제의 분산을 좋게 하기 위해 사용되며, 광물유(윤활유, 아스팔트물질), 지방유(면실유, 스테아린산, 올레인산) 및 합성수지 가스제가 사용된다. 기름기의 윤활작용(潤滑作用)으로 인하여 분산불량을 일으키기 쉬우므로 필요한 만큼 가해야 한다.

파인타르(pine tar)나 로진과 같이 가열 로울러 면에 융해 고착(融解 固着)하는 경향이 있으며, 특히 분말화된 것은 그러한 경향이 심하므로 다른 종류와 예비혼합하여 첨가하는 것이 좋다. 스테아르산도 카본블랙과 같이 첨가하면 분산이나 결합도 촉진된다.

(4) 일반 분체 배합제류

양호한 분산을 절대로 필요로 하는 보강제류(補强劑類)를 가급적 먼저 투입하고 충전제류(充塡劑類)를 뒤에 투입하는 것이 원칙이다. 입자가 큰 분제는 결속이 용이하나 보강제는 입자가 미세하기 때문에, 또 특수한 표면 활성을 가지므로 일반적으로 고무에 투입되기 힘든다. 따라서 로울러에서 속히 혼련할 수 없으며, 이러한 경우에 로울러 간격을 넓힌다든지 칼질을 하면 오히려 분말까지 응집을 일으켜서 분산불량이 되는 원인이 된다. 이러한 경우에는 소량의 분산제(分散劑)로서 스테아르산, 표면활성제(表面活性劑), 습윤제(濕潤劑) 등을 적당히 사용하여야 한다.

분제의 분산을 양호하게 하기 위한 분산조제(分散助劑), 고무배합물의 가형성(加型性)을 개량하기 위한 가공조제(加工助劑) 등이 시판되고 있는데, 이러한 조제 역시 그 사용목적과 성능에 따라 혼합순서가 결정되는 것이므로 좋은 결과를 얻기 위하여는 그 특성을 잘 파악하여 사용하여야 한다.

(5) 황(黃)

스코오치를 방지한다는 의미에서 혼련의 최종 단계에서 투입하는 것이 통례이다. 그러나 황의 분산은 상당히 곤란하다. 로울러 온도를 충분히 냉각하여 로울러면에 소량씩 첨가하되 칼질은 절대 금물이며, 최후에 엷내림을 한 다음 칼질을 하여 겹쳐서 이기는 세심한 주의가 필요하다.

(6) 특수 배합제

재생고무, 팩티스 등을 사용할 때는 먼저 로울러에서 내림한 후 사용하여야만 분산이 잘 된다. 스폰지 고무용 발포제는 로울러 온도를 특별히 지정하지 않으면 자연 발화의 염려가 있다.

과산화물 가교제(架橋劑)의 사용도 마찬가지로 세심한 주의를 요한다. 전도성(電導性) 카본블랙이나 투명 탄산마그네슘을 배합할 때의 칼질 금지 등 많은 특수 혼련기술이 있다는 것을 알아야 한다.

2) 각종 고무의 로울러 혼련 특성

(1) 천연고무

가소도(可塑度)가 낮아지기 쉬운 천연고무를 이상적으로 혼련한다는 것은 쉬운 일이 아니다. 혼련이 지나치면 분산은 잘 되겠지만 고무의 강성이 낮아져서 로울러에 달라 붙고 힘이 약한 고무제품이 되어 버린다. 또한 단시간으로 처리하면 분산불량은 물론이고 추출이나 칼렌더 작업이 잘 되지 않는다. 따라서 적정혼련을 한다는 것은 매우 중요하며 천연고무에 있어서 합성고무보다 이 점이 어려운 점인 것이다.

(2) SBR

가소도 변화가 적으므로 분말 배합제 종류의 분산은 의외로 좋은 편이며, 입자(粒子)의 크기, 형태 등의 영향이 천연고무보다 확실히 나타난다.

합성고무는 같은 종류의 카본블랙이나 탄산칼슘이라 할지라도 단독 사용보다 다른 종류와 혼합하여 사용하는 것이 편차가 적고 균질한 성능을 얻기 쉬운 것으로 알려져 있다.

SBR은 스티렌이라는 열가소성(熱可塑性) 물질을 함유하고 있기 때문에 고온에서는 급격히 연화되므로 밴버리믹서와 같은 고온 혼련법이 적합하며 다량의 기름 첨가를 필요로 한다. 따라서 기름의 첨가방법이 분산에 중대한 영향을 준다. 기름은 가급적 뒤에 넣는 것이 분산 향상의 비결이다.

(3) CR

혼련성(混練性)은 천연고무와 비슷한 합성고무이지만 다음과 같은 특수한 물성변화를 일으키며 로울러에 달라붙거나 스코오치를 일으키기 쉬우므로 주의를 요한다.

W형은 Z형보다 가소화가 곤란하다.

〈표 2-4〉 CR와 NR의 온도특성

상 변 화	G N 형	W 형	천 연 고 무
탄 성 상	상온~70℃	상온~80℃	상온~100℃
입 상 상	70~93℃	80~93℃	100~120℃
가 소 성	93℃이상	93℃이상	135℃이상

2-3. 고무의 기본적 가공방법

고형고무의 가공은 점탄성적 성질의 원료고무를 가소화하고, 제품 성능을 부여하기 위한 약품을 혼합하고, 각종 방법으로 성형한 다음, 열을 가하여 화학반응에 의해 그물구조를 만들고(가황), 최종 목적의 탄성있는 제품을 제조하는 것이다. 즉 탄성이 적은 상황에서 각종 충전약품을 배합한 다음 성형하는 공정과 탄성체로 전환시킨다는 공정이다. 각 공정에서는 몇 개인가의 기본적인 단위조작이 있다(표 2-5 참조).

고무입자의 물에 대한 분산계인 라텍스 가공은 고형고무와 다르며, 혼련은 에멀션 상태에서 하고, 건조 혹은 응고에 의한 고무의 피막이 형성되고, 이어서 가황을 한다.

가공중의 품질관리와 제품의 가공조건 설정에 대해서 설명하고자 한다.

1. 가공중의 품질관리에 대하여

고무의 가공작업은 기본적으로 배치작업이며, 배치마다의 변동(원재료의 변동, 가공조작 조건의 변동 등)이 가공중 및 가황제품의 품질에 크게 영향을 미친다. 가공공정내에 있어서의 품질관리는 가공성의 관리와 반죽된 배치가 원하는 물성을 유지하고 있는지의 관리로 분류된다.

그리고 공정에서의 관리는 반죽작업에 의해 제조되는 혼합고무에 대해 주로 실시되고 있으며, 그 항목의 주요한 것은 비중, 가소도 또는 점도, 스코치성, 가황속도, 가황물의 물성 및 분산의 정도 등이다.

〈표 2-5〉 고무의 가공공정과 기본적 단위조작

공 정	주요 단위작업	
반죽공정	1. 마스티케이션작업 2. 반죽작업 3. 칭량작업	
성형공정	1. 압출작업 2. 칼렌더작업 ① 내기(시팅)작업 ② 토핑작업 ③ 프릭션 3. 풀칠작업	4. 왼쪽이 작업으로 제작된 것의 조립(성형)작업 5. 섬유에의 접착처리 6. 장식의 접착처리
가황공정	1. 프레스가황 ① 압축성형 ② 트랜스퍼 성형 ③ 사출성형 2. 뱃치가황 ① 캔가황 ② 오픈가황 등 3. 연속가황 ① 고압증기 가황 ② 연속드럼가황 등	

비중은 간이 측정계나 비중액(比重液)을 이용한다. 분산에 대해서는 현재 간단한 방법이 없고, 혼합물의 표면상태 혹은 가황물의 인열면(引裂面)을 관찰하고 있다. 가황물의 물성은 가황고무 시트를 작성하고, 경도, 인장응력(일정한 하중시의 신장 또는 일정한 신장시의 응력) 등의 측정을 하며, 제품에 따라 스프링 정수(압축 또는 신장시의 하중-힘)의 측정도 한다. 가황특성(스코치, 가황속도)에 대해서는 압축형 가소도계(壓縮形 可塑度計)나 무우니점도계가 이용되고 있다. 또 최근에는 가황도 시험기가 널리 이용되고 있다.

가공성의 측정에는 무우니점도계가 널리 이용되고, 무우니점도가 하나의 가공성 기준이 되지만, 변형속도($\gamma \fallingdotseq 1\text{sec}^{-1}$이라 한다.)의 제약이 있어, 실제의 가공조작에 대해서 좋지 못한 경우도 있으며, 캐피라리레오미터도 이용되고 있다. 관성회복 측정을 위한 장치도 개발되고 있다.

고무의 가공성은 고무의 점탄성 평가이므로, 온도 및 변형속도에 있어서 점도-응력의 관계를 구하는 일이다. 고무의 가공장치는 가공목적에 따라 여러 가지 형식이 있으며, 그 변형속도도 다르다. 가능하면 그 변형속도에 가까운 조건에서의 측정이 얻어지는 시험기가 바람직하다. 고무의 가공작업에서의 변형속도는 대체로 〈표 2-6〉에 나타난 바와 같다.

〈표 2-6〉 고무의 가공작업에서의 변형속도

작 업	속도(γ, sec^{-1})
롤 작 업	$10 \sim 10^2$
칼 렌 더 작 업	$10 \sim 10^2$
밀 폐 식 혼 합 기	$(1 \sim 5) \times 10^2$
압출작업(스크류부)	10^2
(헤 드 부)	$10^2 \sim 10^3$
압 축 성 형	10
사 출 성 형	$10^3 \sim 10^4$

2. 제품의 가황조건 설정

고무 혼합물의 가황시간은 어느 일정한 온도(보통 120~160℃사이)에서 여러 시간에 가황된 표준 시험편에 대한, 각종 특정치를 측정해서 정하고 있다. 최근에는 가황시험기로 이용하고 있다.

실제의 제품은 표준 시험편의 경우와는 형상(形狀), 크기가 크게 달라지며, 이용되는 가황방법도 제품에 따라 다르게 된다. 고무는 일반적으로 열전도가 느리고, 형상, 두께에 따라 다르며, 또 일정시간 후에 열의 공급을 중단해도 열의 방산(放散)이 느리고, 전체적으로 균일하게 가황하기는 어렵다. 고무제품의 성능은 적정한 가황 상태라야만 달성되는 것이므로, 적정한 가황조건의 설정은 제품의 성능에 있어 매우 중요한 문제이다. 또 가황시간의 단축은 제품의 생산성에 큰 의미를 가지고 있으며, 가황온도를 높게하는 편이 좋다는 것도 당연한 일이다.

제품의 가황조건 설정시에는 기준온도의 시간을 기준으로 한 등가 가황의 방식이 예로부터 시도되었으며, 실제 제품의 가황속도 한정과의 대비에 의하고 있다.

등가 가황의 사고방식은 화학반응 속도의 입장에서 유지되고 있지만, 고무 공업에서는 보통 온도가 10℃높아지면 반응속도가 거의 2배가 된다. 즉,

$$t = t_{st} \cdot K^{\frac{10}{\Delta T}}$$

여기서 t : 구하는 가황시간

t_{st} : 기준온도의 가황시간

ΔT : 기준온도와의 온도차

K : 가황온도의 계수

와 같은 관계에서, 기준온도의 시간과 다른 온도-시간에 대해 환산하는 것이다. 이 경우, 가황온도 계수 K는 엄밀한 것이 아니다.

실제로 고무에서는 10℃당 거의 1.9~2.1정도로 되어 있다. 또한 각종 형상, 두께의 제품에 대한 계산 도표도 제안되고 있다.

그리고 기준온도의 단위시간당 등가치(等價植)를 1.0으로 하여, 다른 온도에서의 등가치를 구하고,

(등가가황시간) = (등가치) × (실제가황시간)

으로 구하고도 있다. 이 방법으로는 제품 내부의 가황시 온도곡선과 가황의 진행상황을 파악할 수 있고, 두꺼운 제품일 경우의 후가황 조건을 가미한 가황 조건의 설정이 가능하다.

2-4. 반죽작업

고무 가공의 최초 공정이며, 주요 작업은 마스티케이션 반죽작업이지만 준비작업으로 원재료의 칭량작업이 있다.

마스티케이션 및 반죽작업에 사용되는 장치는 반죽 로울기와 밀폐식 혼합기(密閉式 混合器)가 주이며, 최근에는 연속혼합 장치도 개발되고 있다.

1. 내림작업(소련(素練), mastication)

고무 내림작업의 목적은 앞에서 언급했듯이 원료 고무에 대하여 가소성을 부여하여 가공성을 쉽게 하기 위한 공정으로 일반적으로 천연고무일 경우에 주로 해당된다. 합성고무일 경우에는 필요로 하지 않지만 로트의 균일성을 위해서 내림작업을 하는 경우도 있다.

여기서는 작업시에 일어나는 화학적 변화에 대해 설명하고저 한다.

고무를 내림하면 용액점도가 저하되고 가소성이 증대된다는 학설이 많으나 아직 분명치는 않다. 그러나 내림작업이 일어날 수 있는 몇 가지를 생각해 본다.

① 내림의 기계적 작용에 의해 분자사슬이 절단되어 중합도가 감소된다.

② 고무분자사슬이 서로 무질서하게 배열된 상태가 내림작업으로 인해 탄성은 적게 되고, 가소성은 증가되어 유동성을 갖게 되고, 가공성이 쉽게 된다.

고무를 내림할 때의 효율은 온도에 영향을 받게 되는데, 일반적으로 저온일 때(120℃ 이하)보다, 고온(120℃ 이상)일수록 가소성이 용이하다(그림 9-20 참조).

이때 공기중의 산소와 열 등에 영향을 받으나 질소에는 가소도에 크게 영향을 안 받는다. 즉 저온에서는 고무분자가 로울러에 의한 절단력(shear)으로 잡아 당겨져서 다음과 같이 절단되고 라디칼(radical)이 생성된다고 한다. 이것을 기계적 절단이라고도 한다.

따라서 온도가 높아지면 고무가 서로 미끄러워져서 절단되기 힘들게 된다. 이에 반하여 고온에서는 산소 등에 의한 화학적 절단(化學的 切斷)이 주가 되며 온도가 높을수록 반응하기 쉽고 가소성이 증대한다고 일려져 있다.

(1) 저온 내림

공기중에서의 저온 내림시에 고무분자가 기계적으로 절단되어 생성된 라디칼에 산소가 참가하지만 질소 기류 중에서는 생성된 라디칼이 재결합(再結合)되므로 가소화(可塑化)되기 힘들다.

또 천연고무와 클로로프렌 고무를 질소 중에서 내림하면 각각 절단되었다가 재결합되기 때문에 단순한 혼합물이 아닌 블록(block) 또는 그라프트 중합체(graft polymer)가 생긴다. 또 비닐 단위체와 고무를 같은 방법으로 내림하여도 위와 같은 중합체가 생기는데, 이와 같이 저온내림시에 고무 분자의 기계적 절단이 일어난다는 것이 명백하여 졌다.

(2) 고온 내림(라디칼에 의한 분열)

120도 이상의 고온에서의 고온일수록 내림 속도가 빠르다. 이것은 기계적으로 고무분자가 절단되는 것이 아니라 화학반응으로 고무분자가 절단된다고 생각한다. 파머(famer)는 자동산화 메카니즘(mechanism)을 다음과 같이 생각하고 있다.

이것에 의하면 불포화 화합물이 공기 산화는 이중결합의 인접 C에서 H가 라디칼적으로 떨어져 나감으로써 반응이 개시된다.

또 공기 이외에 강력한 라디칼 원이 있으면 자동산화는 빨리 일어나며 과산화벤조일(BPO), 아조비스이소부티로니트릴(ABIN), 과산화디더셜부틸(DBP) 등으로도 고무의 분자 절단이 일어난다.

(3) 내림 촉진제(peptizer)의 화학반응

내림할 때 메르캅탄이나 히드라진 유도체를 고무에 첨가하면 내림이 촉진되므로 동력, 전력동으로 절약할 수 있다.

일반적으로 나프틸메르캅탄(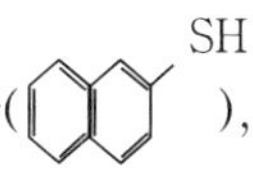

), 크실릴메르캅탄(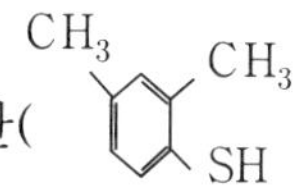

) 등이 사용된다. 이들 내림촉진제는 저온내림에서는 라디칼 수용체로 고온내림에서는 라디칼원으로 작용한다고 생각한다.

이상을 종합하면 고무가 내림 중에 고무의 해중합 또는 엉켜 합쳐진 것이 풀려 기계적으로, 또는 산소 등에 의한 절단이 일어나서 가소화되는 것으로 생각된다. 디엔계 합성고무에도 놀라운 정도의 차이는 있으나 같은 작용이라고 생각하여도 좋다.

2. 반죽작업

가소화된 고무에 각종 약품 혹은 충전제를(반죽하는 작업이며) 반죽 로울기 또는 밀폐식 혼합기가 사용되고 있다.

생산성 향상을 위해 여러 가지 수단이 강구되고 있으며, 평량작업(枰量作業)에서 혼합기를 거쳐, 시팅하기 위한 로울기 혹은 압출기에 이르는 부분에 갖가지의 장치가 배치되어 자동화하게 되었다.

반죽한 고무재료가 균일하게 분산되는 것이 최대의 요건이다. 효과적인 분산을 위해서는 ① 충전제의 표면적을 크게 해준다. ② 고무에 반죽해 넣는다. ③ 반죽해 넣은 입자가 매체(媒體)속에 균일하게 번진다 등에 의해 성취되지만, 이때에 고무의 점도, 강도와 고무 분자의 성질 및 충전제의 입자 표면의 성질 등에 관여한다. 반죽 로울기 및 밀폐식 혼합기에서의 반죽에는 상반속도(相反速度)로 회전하는 로울 혹은 로우터에 의해 로울 간격, 혹은 로우터와 챔버 벽간의 간격에 생기는 프릭션 작용에 의하여 충전제가 반죽된다.

그림으로 나타내면 〈그림 2-3〉과 같다.

분산이 잘 되는 혼합물은 반죽 로울기가 밀폐식 혼합기보다 좋다고 하지만, 로울기 혼합할 경우에는 작업자의 숙련도에 따라 크게 다르다.

소량으로 첨가되는 재료는 마스터배치 방식으로 반죽해서 사용된다.

로울러기 혼합의 경우에는 반죽 상황을 작업자가 확인할 수 있지만, 밀폐식 혼합

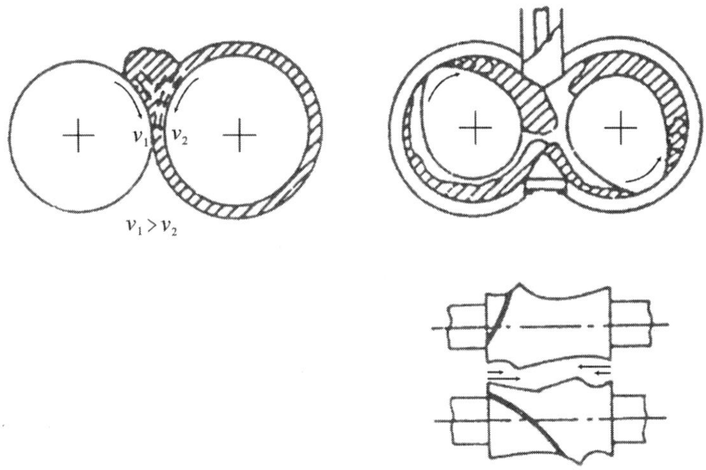

(A) 반죽로울기　　(B) 밀폐혼합기

〈그림 2-3〉 반죽로울기 및 밀폐식 혼합기의 반죽조작

기의 경우에는 보통 작업조건(예컨대, 일정한 시간에 이르렀을 때, 혹은 혼합물의 온도가 규정된 온도에 달했을 때)을 규정하고 작업을 한다. 또 투입 에너지량(축적 전력을 기준으로 해서)이 규정된 양이 되었을 때 배출하기도 한다.

밀폐식 혼합기의 챔버 용량은 장치에 따라서 정해진다.

밀폐식 혼합기에 의한 1회 배치량은 혼합물의 비중과 챔버 용적에 따라 정해지지만, 여기서 일정한 계수를 곱한 양이 된다. 이 계수는 0.6~0.8정도이다. 밀폐식 혼합기의 효율은 로터 블레이드와 챔버 벽 사이의 간격 및 로터 회전수에 좌우되며, 간격을 작게 하고 회전수를 높게 하면 향상된다. 그러나 혼합물의 온도가 높아지고, 스코치의 위험성이나 온도 상승으로 인한 점도 저하로 인하여, 반죽 효과가 작아지는 등의 반대 현상도 나타난다. 장치의 냉각도 중요한 인자가 된다.

2-5. 성형공정

일반적으로 성형법로서는 ① 모노머 또는 프레폴리머(prepolymer, 초기중합체로서 유동성이 있는 것)나 초기축합체의 액상인 것을 이용하는 방법, ② 용액이나 페이스트로서 사용하는 방법, ③ 폴리머 또는 초기축합체를 가열 또는 가소화하여 성형하는 방법 등으로 분류된다.

이때 열가소성인 경우는 1, 2차 가공이 용이하나 열경화성인 경우는 1차 가공만이 가능하다. 성형방법은 재료에 따라 또는 그 용도나 특성에 따라 차이가 있으나 보통 기본 성형공정은 압출작업, 칼렌더 작업, 풀칠작업 및 금형성형작업(이 작업은 가황을 동시에 하는 것이 보통이다)으로 분류할 수 있다.

제품에 따라서는 이러한 단위 작업으로 제작된 재료를, 제품성형으로 조립하는 성형(成形)작업을 한다. 예를 들면 기본적인 작업 외에 보조적인 작업으로서, 섬유에의 접착작업(태핑작업), 금속과의 짝 맞춤에 의한 제품일 경우의 쇠장식 접착처리, 금형 성형에 있어서의 고무의 준비 및 필요에 따른 고무의 예언 등의 조직이다.

이 공정에 있어서는 미가황고무 혼합물의 가소성, 접착성이 적극적으로 이용되고 있다. 그러나 미가황 고무일지라도 탄성회복의 성질이 있어, 특히 압출 및 칼렌더 작업에 있어서 제품의 품질에 영향을 미치는 일이 많다.

1. 압출(extrusion)작업

고무의 압출(押出, extrusion)작업은 고무혼련물질에 열과 가소성을 주면서 앞으로 밀어내어다이로 성형을 하는 일종의 스크루형이라 할 수 있다.

압출기에 의한 작업에는 압출성형, 스트레이닝, 혹은 트랜스퍼, 인젝션 등이 있고, 압출기로서는 일반적으로 스크루식이 사용되고 있지만, 경우에 따라서는 램식도 사용된다.

스크루식 압출기는 동체, 스크루, 공급호퍼, 머리부 및 다이(또는 다이플레이트)로 이루어지며, 스크루의 회전에 의해서 재료가 수송되고, 다이 구멍에서 원하는 형상으로 성형된다. 혼합고무의 공급양식, 즉 가온된 고무를 사용하느냐(hot-feed), 차가운 고무를 사용하느냐(cold-feed)에 따라서 동체 안지름(D)과 스크루 길이(L)의 비(L/D)가 다르다. L/D는 핫피드에 있어서 3/1~5/1(N/R), 8/1~15/1(합성고무), 콜드피드에서는 8/1~20/1정도이다. 스크루에 있어서는 재료의 입구부와 출구부 홈의 용적은 출구부쪽이 작고(압축비라고 하며, 고무 조성에 따른다.), 홈 깊이(h)와 홈 폭

(s)의 비율은 스크루 부분에서 달라지고 있지만, h/s는 1/8~15의 범위로 설계되고, 프라이트의 각도는 20도 가감 8도 정도로 되어 있다.

압출성형에는 봉상, 튜우브상, 시이트, 복식 코오팅 등이 일반적으로 L/D는, 천연고무 배합인 경우 3~5, 합성고무 배합인 경우 5~10, 플라스틱의 경우 15~20, 동체는 가열, 냉각됨과 동시에, 장치에 따라서는 배기감압(排氣減壓)을 하는 것도 있다.

머리부는 고무의 흐름이 균일해지고, 압력이 가해지도록 설계되어 있지만, 제품에 따라서 여러 가지 형상(예, 크로스 헤드방식, T방식), 혹은 부속장치(예, 속빈 제품일 때의 스파이더)가 갖추어져 있다.

다이 또는 다이플레이트는 머리부에 부착되어 압출물의 형상을 정하는 것이고, 그 구멍의 단면적(제품 단면적)과 최고 1/60~1/80, 최저 1/4의 범위가 사용된다. 다이의 설계는 재료의 특성, 다이부에 가해지는 압력, 온도 등에 따라서 다르다. 스크루 및 머리부의 예를 들면 〈그림 2-4〉와 같다.

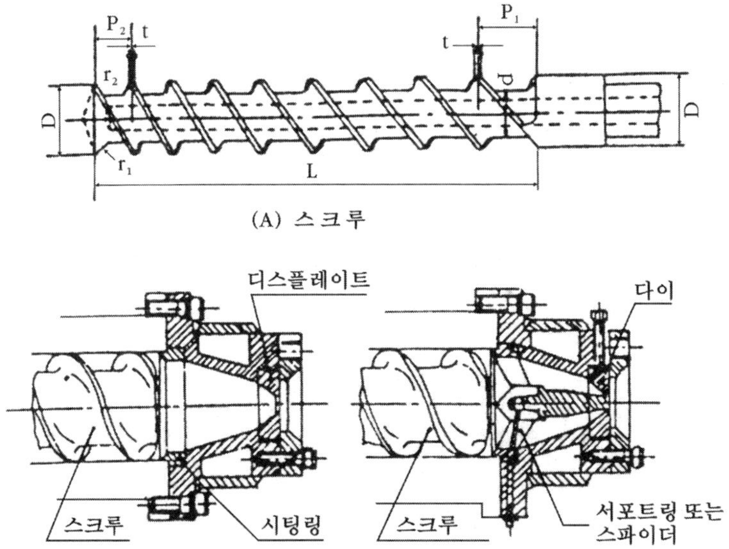

(A) 스크루

(B) 충실압출제품용 헤드 (C) 속빈 압출제품용 헤드

〈그림 2-4〉 스크루 및 머리부의 예

압출기의 조작에 대해서는 플라스틱의 경우 상당히 이론적으로 진전되어 있으며,

고무의 경우도 거의 동일하다. 엄밀하게 고무를 비선형점탄성(非線形粘彈性) 물질로서 취급되어야 하지만, 뉴톤의 유동체(流動體)로 취급했을 경우를 〈그림 2-5〉에 나타냈다. 실제의 고무에 대해서는 보정계수를 사용하게 되며, 일단은 압출에 대한 기준이 될 것이다.

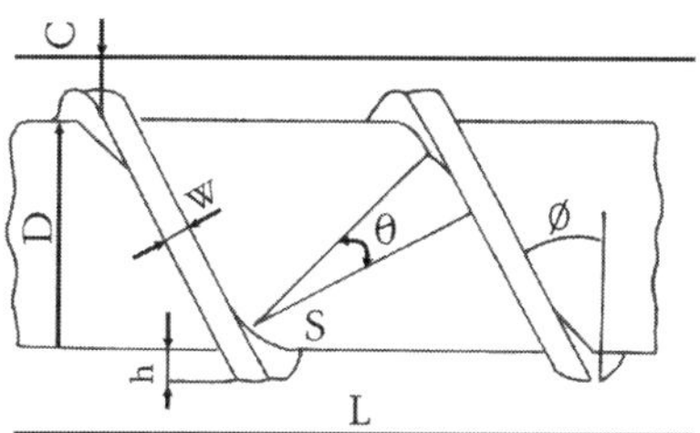

스크루에 의한 압출량

$$Q_s = \alpha \cdot \ N - (\beta+\gamma)P/\eta$$

다이를 통한 압출량

$$Q_p = k \cdot \ P/\eta$$

$$Q = Q_s = Q_p = \frac{\alpha \cdot \ N}{1+(\beta+\gamma)/k}$$

α, β, γ : 스크루 각 부의 치수에 따른 계수

k : 다이의 형상・치수에 따른 계수

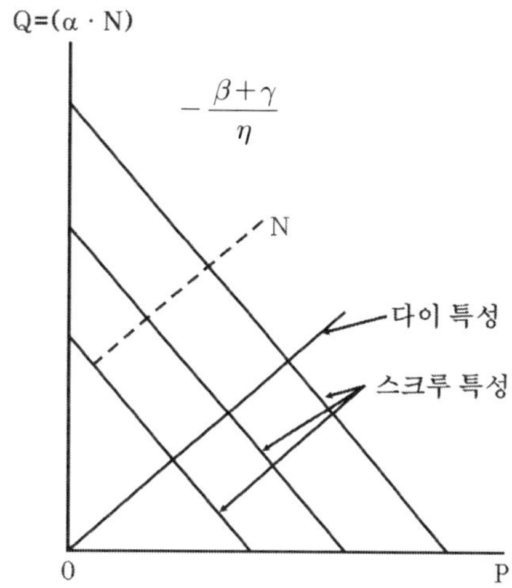

〈그림 2-5〉 압출이론(뉴톤 유동체로서)

압출작업에 대하여 최대의 문제는 생산능력(단위시간당 압출량)과 제품 형상의 균일성(압출량의 시간적 변화)이다. 전자는 압출기의 선정에 있어서 장치의 치수 및 스크루의 회전수와 재료 성질에 따라 정해지고, 후자는 그 장치에 대한 재료 성질, 작업조건에 좌우된다. 제품을 원하는 형상으로, 그리고 산포(散布)가 적은 제품을 얻기 위해서는 머리부의 구조, 다이의 설계를 함과 동시에 압출제품에 사용되는 고무재료의 점탄성적 성질에 합치되는 온도로 조절해야 한다.

압출기의 머리부에 로울러 다이를 부속시킴으로써 고무시트품을 제조할 수 있는 장치도 있다.

또 압출작업 직후에 가황설비를 갖춘 연속가황 설비도 있다. 예를 들면 압출 후 고압 증기관을 부착한 전선의 연속가황방식, 응용 염욕 혹은 유동상(流動床), 고주파 가황을 하는 연속가황방식 등이 있으며, 이러한 압출기에는 수분, 기포 등을 제거하기 위한 배이감압 장치가 부착되어 있다.

2. 칼렌더작업(압연(壓延) Calender 작업)

고무공업에 사용되는 칼렌더 로울기는 2개의 로울기, 3개의 로울기 및 4개의 로울기이고, 로울기의 배치는 주로 수직(일자, Ⅰ형), 역(逆) L형 및 Z형 배치이며, 축 교차기능 등을 구비하고 있다. 로울기는 증기, 기름의 순환에 의해 온도가 조절되고 있다.

칼렌더 로울기에 의한 작업은 시팅(압연), 프릭션(friction), 토핑, 더블링, 형파내기 등 여러 가지 목적에 사용된다. 칼렌더 로울기의 배치와 작업의 예를 들면 〈그림 2-6〉과 같으며 로울기와 로울기의 압연시의 속도가 등속(等速)－등속, 이(異)－등(等)－등(等)의 여러 가지가 있다.

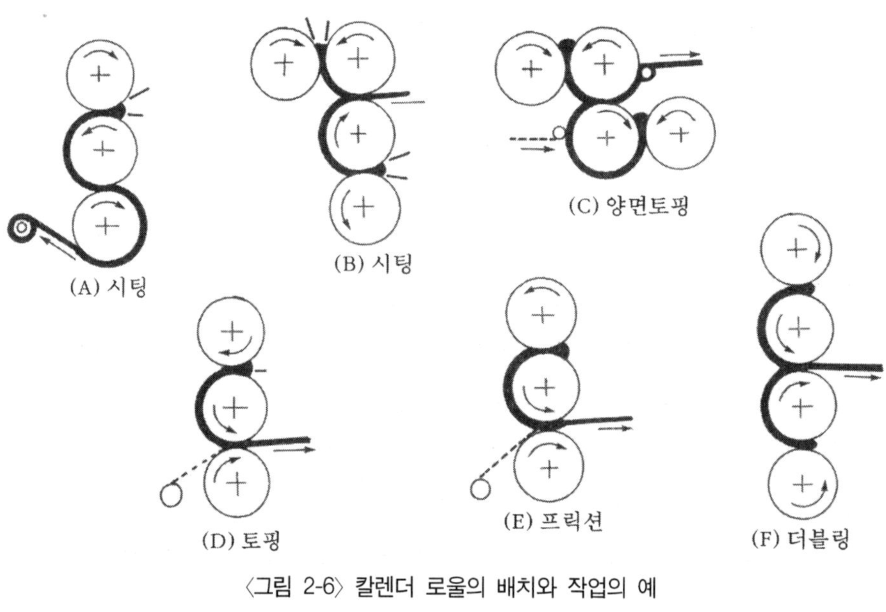

〈그림 2-6〉 칼렌더 로울의 배치와 작업의 예

칼렌더의 기술적 진보의 예를 들면 다음과 같다.

① 직렬형, L형 역L 및 Z형 4가닥 칼렌더

② 로울러 축교차(roll axis crossing) 크라운 보정

③ Zero c1earnace taper roller bearing의 채용

④ Universal joint 연결식 로울러에 의한 gear mark의 해소

⑤ Gauge 두께 자동 조정

⑥ 거대화(巨大化)(32in×92in 로울러)

⑦ Counter bending법에 의한 크라운 보정

⑧ Drilled roll에 의한 온도 조정의 가속화

⑨ 변속 로울러 회전(예, Reonard형 교류 → 직류 Moter)

그리고 2가닥 로울러의 내림이나 혼연에 있어서 나타나는 현상과 같이 칼렌더 작업에 있어서도 다음과 같은 현상을 나타낸다는 것을 기초지식으로 알아두기 바란다.

① 고무는 온도가 높을수록 가압 시이트화 되기 쉽다. 다만 온도가 내려가면 복원한다.

② 내림이 잘 된 고무일수록 가압되기 쉽고 복원도가 적다. 또한 고온 로울러일수록 고운 표면으로 시이팅된다.

③ 로울러 방크가 적을 때 방크는 회전하면서 로울러의 양단으로 이행한다. 이때 공기나 이물을 동행함으로 제거하기 쉽다.

④ 고무는 원칙적으로 온도가 높고 회전이 빠른 로울러 쪽으로 감기기 쉽다.

⑤ 고무시이트를 뽑는 경우 양단은 급냉되어 수축이 커지고 요철이 심하다.

⑥ 시팅 방향에 따라 소위 칼렌더 열리(列理, Calender grain)가 생긴다.

⑦ 고무량이 적은 배합일수록 열전도도가 나쁘며 표면 수축이 심하여 고운 표면을 내기 어렵다.

⑧ 앞 로울러와 뒷 로울러의 회전화가 클수록 고운 표면은 내기가 어렵다.

⑨ 고무 두께가 두꺼울수록 공기가 빠지기 어렵다.

⑩ 시팅에는 일정한 가소도와 로울러 온도가 필요하다.

⑪ 일정한 가소도를 갖기 위하여는 신 혼합생지와 되돌림 고무 생지(return rubber)의 일정 비율이 필요하다.

⑫ 일정한 로울러 온도라 함은 가열과 고무혼합물의 압축열 및 가열의 총합열에서 시팅에 의하여 빠져나가는 열을 뺀 것을 말한다.

⑬ 로울러 온도는 고무 배합물의 온도와 반드시 일치되는 것은 아니다. 고무의 두께와 속도에 따라 다르다.

⑭ 로울러의 가닥수가 많아질수록 표면이 곱게 나오지만 공기 혼입이나 스코오치의 가능성도 증가된다.

⑮ 로울러도 고무와 마찬가지로 저온에서는 여물고 고온에서도 여물고 또 고온에서는 무르게 변화한다.

⑯ 고무를 넣으면 로울러는 만곡한다.

1) 시팅(Sheeting 작업)

시팅방법은 압연 또는 분출방법으로 행해지는데, 이때 정확하게 일정한 두께로 표면을 평활케하고, 또 내부에 기포 등을 함유하지 않는 미가황고무의 연속시트를 얻는 작업으로 보통 3~4본 로울러 칼렌더가 사용되며 0.1~1.5미리 정도 두께의 고무시트가 제조된다. 로울러의 프릭션비(로울러 회전수의 비율)는 등속이거나, 혹은 1.05/1.0정도로 한다. 균일한 두께의 시트를 제작하기 위해서는 칼렌더 로울러의 온도, 공급하는 고무의 온도, 공급량의 균일성 및 고무의 가소성 등의 관리가 중요하며, 로울러의 회전속도도 중요하다.

두께가 균일한 시트로 하기 위하여 로울러의 굽힘도 고려해야 하며, 축교차(軸交叉) 등의 조치가 취해진다. 두꺼운 시트를 만들 경우에는 〈그림 2-6〉에 나타낸 것과 같은 더블링도 사용된다.

2) 토핑작업(Topping coating)

칼렌더 장치로서 직물에 고무시트를 올리는 작업이다. 이 경우, 직물의 속도와 고무시트의 속도가 동일해야 한다. 그러나 고무의 시팅시의 로울러는 속도가 달라도 지장이 없다. 직물(織物)은 접착처리(침지, 혹은 프릭션작업 등)가 되어 있어야 한다. 고무 혼합물은 직물에의 접착성은 좋지만, 로울러면에 점착해서는 안되며, 또 수축(탄성 회복)이 적어야 한다.

직물 양면(織物 兩面)을 피막할 경우에는 4개의 로울러 칼렌더기로 동시에 가공하는 수도 있으며, 또 3개 로울기를 2개 병렬 배치해서 사용하는 수도 있다.

3) 프릭션(Friction)작업

직물의 발 사이에 고무를 입히는 작업이며, 보통 3개의 로울러가 사용되고 있다. 직물의 공급 속도와 로울러의 속도가 달라야 할 필요가 있으며, 고무는 점착성이 있고, 직물에 고무를 입힌 후, 로울러에 감겨서 고무를 공급하는 니프로 되돌아가야 한다. 고무를 입히는 로울러의 프릭션비는 1.5~2.0사이이다. 프릭션비가 있는 로울러로 직물에 고무를 입힌 후, 고무가 로울러에서 떨어져 직물에 실려지는 작업이 될 경우에는 프릭션작업이 아니다.

프릭션작업에 의하면 직물에 무리한 힘이 가해지기 때문에 합성섬유의 직물에 대해서는 바람직하지 못하다.

4) 더블링(Doubling)작업

두 장의 고무판을 겹치든가 또는 포와/포사이에 고무층을 끼어 방수포를 만들 때 같은 경우에 쓰이고 등속의 4개의 칼렌더기를 쓰면 편리하다.

(1) 풀칠작업(spreading)

직물과 고무의 복합제 제조에 있어서, 그 접착강도는 복합제의 생사를 좌우하는 문제이며, 직물의 접착처리는 중요한 공정이다. 접착처리 작업으로는, 접착액에 직물을 침윤시켜서 건조하는 방법과 칼렌더기에 의한 고무의 프릭션작업, 혹은 고무풀을 제작하여 풀질기계로 직물을 도포하는 작업 등이 있다. 풀칠작업에 의하여, 칼렌더기로는 만들 수 없는 얇은 고무의 피막, 또는 얇은 직물에 고무의 피막을 한 제품이 제조된다. 이 경우 침지작업 등에 의해서 직물이 접착처리 되는 것이 바람직하다.

고무풀은 고무 혼화물을 용제에 잘 녹도록 잘게 하여, 혼화기에서 용제에 고무를 용해시켜 제조된다. 풀칠장치는 닥터나이프 혹은 로울러카터 등을 가진 커터와 건조장치로 구성되어 있으며, 풀의 농도, 옷감에의 침투 등에 의해 고무의 피막 두께가 조정되고 있다.

풀칠작업에는 일반적으로 용재를 사용하고 있으므로, 용제의 횟수 및 화재예방에 대하여 충분하게 배려해야 한다.

(2) 조립성형작업

예를 들면, 타이어류, 특수한 호스류 또는 고무류 등의 제품 성형에는 앞에서 말한 각종 작업으로 제작된 미가황 재료를 사용하여 원하는 제품 형상으로 조립되고 성형된다. 편상호스일 경우에는 편조기에 의하여 섬유가 감겨진다. 또 코드 감기장치에 의하는 것도 있다. 고무의 라이닝이나, 로울러 피막과 같이 금속과의 접착처리를 필요로 하는 제품일 경우, 금속의 연마, 세척을 하고, 접착제를 칠하는 준비작업이 필요하다. 또 공기들이 팽창제품에 있어서는 경우에 따라 가황된 고무칠 천을 붙여서 원하는 제품으로 제조된다.

2-6. 가황공정

고무 제조의 최후 단계는 미가황 상태로 형성된 제품을 어떤 일정한 시간동안 열을 가하고, 화학반응을 일으켜 그물구조를 만드는 가황공정이다. 이 단계에서 사용목적에 필요한 강도(强度), 탄성(彈性)을 가진 고무 제품이 되는 것이다.

가황공정에는 프레스를 사용하여 금형(金型)의 캐버티 내에서 가황하는 프레스가황, 가황캔이나 오토크래이브 내에서 금형에 넣는 성형품(成形品), 조립성형품(組立成形品) 혹은 성형공정에서 제작된 제품을 가황하는 방법 등 여러 가지 방법이 있다. 프레스 가황은 금형의 성형과 가황을 결합한 방법이지만, 성형공정의 압출작업이나 풀칠작업과 가황캔(가황관)이나 가열된 공기, 혹은 용융(熔融), 온욕(溫浴), 고주파 가열 등과 짜 맞춘 연속가황이 있다.

1. 프레스(Press) 가황작업

이 작업은 가소성(可塑性)이 있는 고무 혼합물을 적절한 형상의 캐비티를 가진 금형으로 적당한 수단에 의해서 고무를 채우고, 가열판을 가진 프레스를 사용하여 열과 압력을 가해서 성형과 동시에 가황을 가하는 조작이다. 고무를 캐비티에 채우는 수단에 의해서 압축형 가황, 트랜스퍼 프레스가황 및 사출성형 가황으로 분류된다. 프레스 가황의 방식을 들면 〈그림 2-7〉과 같다.

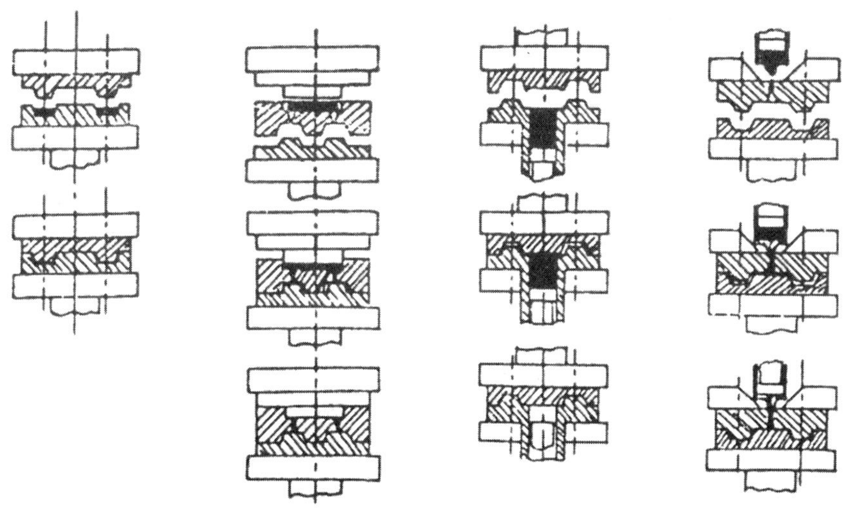

(R-1) (B-2)

(A) 압축성형 (B) 트랜스퍼성형 (C) 사출성형

〈그림 2-7〉 프레스 가황방식

1) 압축형 가황

압축성형에 사용되는 프레스는, 유압에 의해서 압축되는 가열판을 가졌고, 가열판은 전기 또는 가열된 포화증기 등에 의해 가열된다. 프레스는 금형의 캐비티 투영면에 75~150kgt/㎠ 정도의 압력을 가할 수 있는 것이라야 한다.

금형의 캐비티는 제품에 요구되는 표면 품질에 적합한 경도(硬度)를 가져야 하

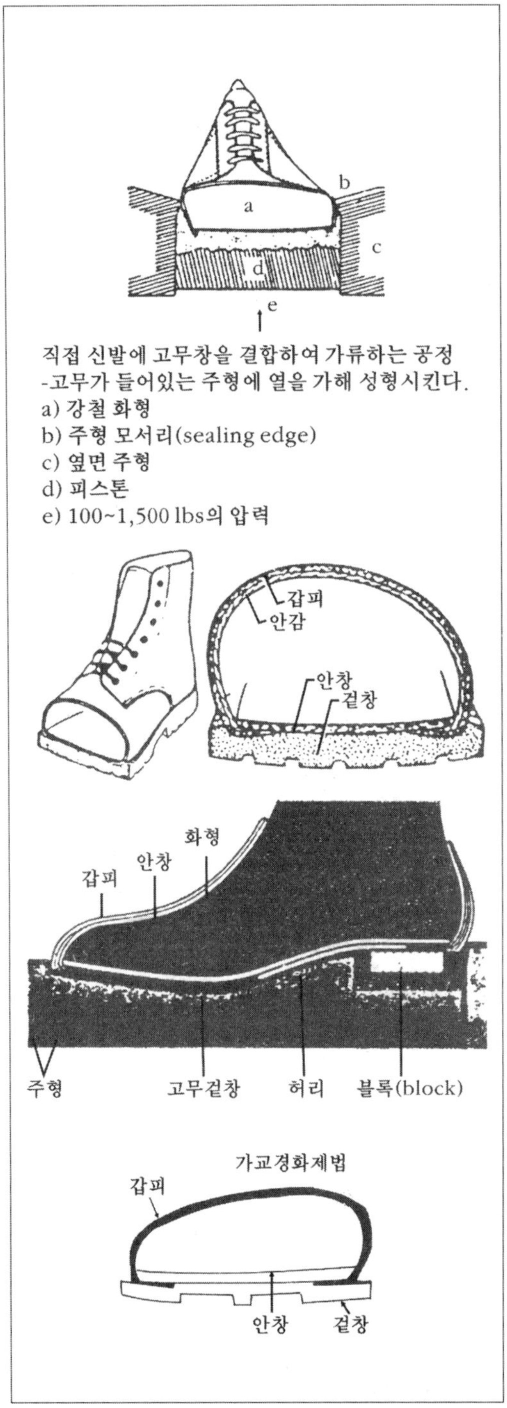

〈그림 2-7-1〉 신발의 프레스 가황의 한 예

며, 또 마무리되어 있어야 한다. 금형은 캐비티에서 스며 나온 도출고, 거스머리를 적게 한다거나, 공기의 도출 통로를 만드는 등 주의깊게 설계하고 충분한 강도를 지녀야 한다.

고무는 시트 혹은 기타 압출작업에서 제작된 캐비티에 넣기 쉽도록 절단하고, 캐비티의 용량보다 다소 많이 사용한다. 쇠장식과의 접착을 필요로 하는 제품일 경우에는 쇠장식이 접착처리 되어 있어야 한다.

가열판은 일정한 온도로 조절되고, 예열된 금형의 캐비티에 고무를 넣은 후 금형이 닫혀져, 압력이 가해진 채 일정한 시간동안 가황된다. 가황이 끝나면 금형에서 제품을 꺼내고, 잔여물을 제거하는 마무리 작업에 의해서 제품이 완성된다.

필요에 따라 이형제(離型劑)가 사용되지만, 이 이형제의 남용은 제품에 좋지 않으므로 주의하여야 한다. 또 금형은 사용중에 부착 등으로 인하여 오염되므로 세착하는 등의 관리에 주의해야 한다.

2) 트랜스퍼(Transfar) 가황

이송성형작업이며 주로 열경화성

수지에 작용된다. 프레스에 부착된 금형 부위에 주입된 고무를 램(ram)으로 다른 금형의 캐비티 내에 고무를 주입하여 제품을 만드는 방법이며, 미리 고무를 예열해서 가황시간을 단축시키는 방법도 있다.

이 방식은 압축형 가황에 비하여 가황시간이 단축되고, 제품의 거스러미도 적으며, 또 고무의 예비성형도 용이하다(그림 2-7 참조).

3) 사출성형(Injection molding) 가황(IMC)

이것은 점탄성 고무를 열가소화하에 압축하고 밀폐된 가열금형 속에 주입하여 가황성형하는 것이다.

사출성형 가황의 최대 특징은 거의 가황온도 가까이까지 예열된 혼합고무가 금형 캐비티에 도입됨으로써, 열의 전도 복사에 의해 고무에 가황온도가 필요하지 않고, 가황시간이 짧아도 되는 점이다.

사출성형기에는 스크루식과 램(ram)식이 있지만 스크루식이 많다. 스크루식은 압출기와 마찬가지로 스크루의 회전에 의해 고무가 스크루 첨단부에 모인다. 이때 가열된 동체에서의 열과 스크루의 회전에 따른 발열과 가소화에 의해 가황온도에 가까워지고, 스크루의 회전에 멈춰져, 고무 모임부의 고무를 오리피스를 통하여 캐비티 내에 끌어 들여, 소정된 시간동안 가황하는 방법이다.

사출성형에 사용되는 고무배합은 특별한 주의를 해야 한다. 즉 가황은 고온 단시간에 하기 때문에 가황속도는 빨라야 하지만, 가황온도 근방까지 예열되므로 그 온

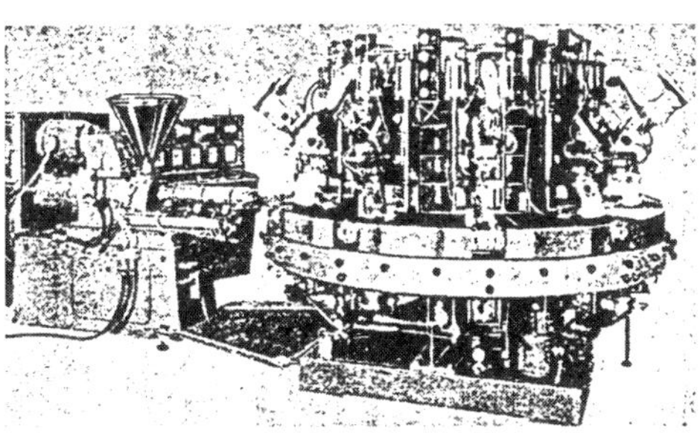

〈그림 2-7-2〉 헝겊구두용 사출성기의 한 종류

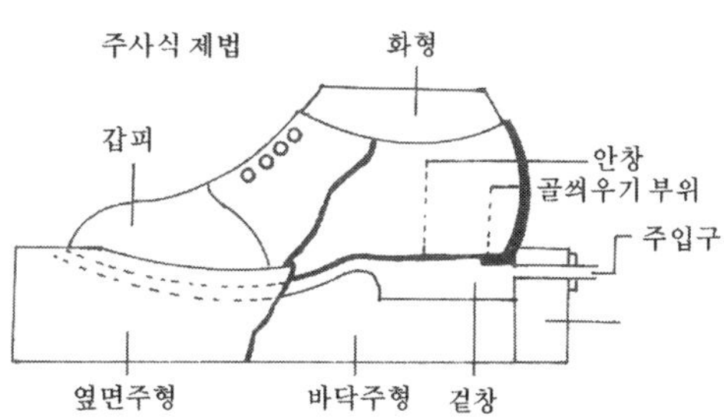

〈그림 2-7-3〉 그림 2-7-2의 주입구부분의 확대그림

도에서 스코치 하기 어렵기 때문이다.

사출성형시 중요한 것 중의 하나는 사출압력인데 관계식은 다음과 같다.

$$\text{사출압력} = \text{유압}(\text{kg/㎠}) \times \frac{\text{유압을 직접 받는 램 피스톤의 단면적}}{\text{사출 스크루 또는 램의 단면적}}$$

기종에 따라 차이는 있지만, 사출압은 대개 1,000~1,500kg/㎠범위에서 설계되고 있다. 〈표 2-7〉는 IMC법과 프레스 가황법을 비교한 것이다.

〈표 2-7〉 IMC법과 프레스 가황법 비교

		사출성형 가황법	프레스 가황법
성형공정 비교		1. 미가황배합물의 리본화 또는 펠렛(pellet)화 2. 콘베어벨트에 의한 호퍼(hopper) 3. 공급사출성형기 작동 (금형의 이형, 형체 공정도 동시) 4. 끝손질(spool 제거, ball 제거)	1. 배합물의 준비(예비성형) 2. 콘베어 벨트로 프레스 근처에 운반 3. 금형에 고무생지 투입 4. 프레스에 금형 투입 5. 유압작동, 공기빼기, 가황개시 6. 유압작동, 프레스 하강 7. 금형인출 8. 가황품 탈취 9. 끝손질(burr 제거)
경제성 비교	설비비	고가(高價)	안가(安價)
	금형대	고가(10배이상)복잡조립	안가, 단순형상, 경량
	원료효율	싱글케비티(single cavity)의 경우 10~15% 스푸울 손실, 멀티케비어(multi cavity)의 경우 15~20% 손실	베어(burr) 20~30% 손실 복잡한 형상인 경우 30~50% 손실
	인건비	근소	고가

2. 뱃치(Batch) 가황작업

1) 직접 가황

가압 직접증기에 의한 가황이며 가황되는 물건의 유지방법에 의해서, ① 나(裸) 가황, ② 분(粉) 가황, ③ 열탕 가황, ④ 권(卷) 가황, ⑤ 피연(被鉛) 가황, ⑥ 형(型) 가황 등으로 분류된다.

가황 캔은 직접 증기가 도입되는 압력용기이다.

나가황은 피연가황물의 표면이 증기압에 직접 접촉되고 있으며, 분가황은 제품을 탈크 등으로 메워 증기가 제품 표면에 접촉되지 않도록 가황하게 되지만, 가황 후 표면에 부착한 가루를 제거해야 한다.

열탕가황은 물을 채운 용기에 피가황물을 넣고, 직접 증기로 가열하거나, 캔내를 가압 가열하는 방법이다. 권가황은 젖은 천으로 제품을 조이고, 피연 가황물을 긴 물건의 제품에 피연기(被鉛機)에서 연관(鉛管)을 만들고, 가황 캔에 넣어서 가황하는 방법이며, 전자는 천을 벗겨내고 버프(buff) 등에 의한 마무리가 필요하며, 후자는 납을 벗겨 내면 된다. 형가황은 미가황물에 적당한 형죄임을 하고, 가황 캔에 넣어 증기로 직접 가황한다.

2) 간접 가황

열 공기 가황이며, 가황 캔은 증기관 등으로 가열되고 있고, 캔내에 가열된 공기를 보내서 가황하는 방법이다. 가열된 공기는 가압해서 보내진다.

또, 오픈가황(또는 열실가황)은 챔버내에 가열된 공기를 통과시켜서 가황하는 방법으로 제품을 이동시키면 상압의 연속가황 작업을 할 수 있다.

3. 연속 가황작업

성형공정과 가황공정을 결합한 작업으로, 다음과 같은 방법이 있다.

1) 고압증기 가황

전선과 같이 심재(深材)를 가진 것에 대해서, 압출기의 머리부에 증기관을 연결하고, 고압증기를 보내는 가황 방법이며, 수평형, 카테나리형 및 수직형 등의 양식이 있다.

2) 열공기 터널가황

3) 염욕(鹽浴) 법

무기염의 공유물(共有物)을 열 매체로하여 가황하는 방법이다.

4) 유동상(流動床) 방법

아주 작은 유리구를 열 공기로 챔버내에 불어 올려서 가황하는 방법이다.

앞의 2, 3, 4의 방법은 모두 상압(常壓)에 가까운 상태에서 가압된 가황이 이루어지기 때문에 고무 혼합물 속의 수분은 제품에 기포가 발생하므로, 성형장치에는 배기 감압을 위한 장치를 비치해야 하며, 그와 동시에 배합제도 배려해야 한다.

5) 연속 드럼가황

미가황물을 가황로울과 가압용 스틸벨 사이에서 시트, 판형상인 것을 가황하는 로트큐의 장치에 의한 가황방법이다.

6) 기타 가황 방법

고주파에 의한 가황 방법이나 방사선 또는 전자선에 의한 가황 방법이 있다. 또, 염화유황에 의한 냉가황 방법도 있다.

2-7. 라텍스에서의 직접 제조방법

고무 입자의 물에 대한 분산계인 라텍스의 가공은 고체고무의 가공과 매우 다르다. 라텍스 제품에 필요한 약제는 물에의 분산제가 되어, 원료 라텍스와의 혼합이 이루어진다. 성형은 침지, 건조, 응고, 혹은 겔화에 의하고, 이어서 가황을 한다.

1. 라텍스 혼합액의 조제

물에 녹지 않는 고체 재료는 볼밀, 클로이드밀 등에 의해서 물 및 분산제와 같은 물에의 분산물이다. 물에 잘 녹지 않는 액체재료는 지방산, 기타의 유화제(乳化劑)

와 물이 콜로이드밀 등에 의해 유화액이 된다.

라텍스 혼합물은 라텍스에 우선 안정제를 첨가하고, 순차적으로 기타 재료를 첨가하여, 최후로 증점제(增粘劑)를 첨가하여, 원하는 라텍스 혼합물로 한다. 이 조작에는 기계적인 교반기가 사용된다. 조제된 라텍스 혼합물은 제품의 품질안정 및 향상을 위해 숙성이 이루어진다.

NR라텍스는 암모니아로 안정화되어 있으므로 처리할 때에는 라텍스가 접촉하는 장치류의 재질에 동 및 그 합금의 사용을 피해야 한다.

2. 성형가공 방법

성형의 기본은 건조 또는 응고(겔화)에 의하며, 라텍스 혼합물에서 물의 분리를 촉진하는 것이다. 그 주요한 방법은 침지 방법, 캐스트 방법, 압출 및 폼 러버 제조 등이다.

1) 침지 방법

침지 방법은 바깥쪽에 라텍스 피막을 형성해서 제품을 만드는 방법이다. 형을 라텍스 혼합물에 침지하고, 끌어올려 가황을 한다. 또, 두꺼운 제품은 형을 먼저 겔화제 액에 침지한 후 라텍스 혼합물에 침지하는 수도 있다.

2) 캐스트(Cast) 방법

주형(注型) 방법에 의한 경우에는 라텍스 피막이 형캐비티 내면에 형성된다. 이 형의 재질에는 석고형과 금속형이 사용되지만, 금속형일 경우에는 라텍스 혼합물에 감열성(感熱性) 약품이 배합되어 있어야 한다. 조작은 캐비티에 라텍스를 부어 소정의 두께로 피막되었을 때, 여분의 액을 제거하여 형을 닫고 가황한다.

3) 기 타

압출한 후 응고액에 침지하여 고무줄 및 고무관이 제조된다. 또, 폼제품의 제조방법으로서 단로프 방법 및 타라레이 방법이 있다. 직물에의 코팅, 카핏 배킹, 혹은 종이 가공에 라텍스가 사용될 때에는 스프레딩 또는 스프레이에 의한 침투 등의 방법이 사용된다.

제 3 장 시험방법

3-1. 물성시험

1. 물성시험의 뜻

고무의 물성시험은 각종 제품에 공통되는 기본적인 시험(基礎物性)으로서 현재 고무를 평가할 때 이러한 기초물성으로 비교 평가하는 경우가 많다.

그러나 고무의 기초 물성에서 각 항목이 제품의 사용평가에 직접 일치되는 경우는 적어서 사람의 체력검사에 비유할 수 있다. 다시 말하면 사람의 체격검사는 키, 몸무게, 가슴둘레, 시력, 혈압 등으로 평가되지만 개인 개인에 따라 내장(內臟)에 결함(缺陷)이 있을 수도 있어 반드시 간단한 체격검사로만 건강한 체질이라고 판정할 수는 없다. 그렇지만 대부분의 사람은 일정한 체격검사의 표준에 합당하면 건강체질로 판정하여도 무리는 아니다. 모든 제품의 평가방법도 마찬가지인데 어떤 것은 대용특성(代用特性)으로서 직접 사용가치를 평가하는 좋은 시험방법이 없을 때에 양호한 품질이라면 어떤 시험항목에서 어느 정도가 표준이 된다고 규정하는 간접적인 평가방법이 있다.

한편 섬유, 금속, 피혁, 플라스틱 등과 접착시킨 복합구조체(複合構造體)로 사용되는 고무제품은 이와 같은 기초 물성시험만으로는 종합적인 평가가 어려운 경우가 있다. 이 때에는 실제 사용조건으로 시험하는 실용시험이 병행되고 있는 바, 타이어의 노면 특성시험, 호오스의 압력시험, 오일시일의 성능시험, 와이퍼블레이드의 아암의 실착(實着)시험 등이 그 예이다.

그러나 고무 과학의 진보에 따라 최근에는 질적 평가가 표현될 수 있는 방법이 점차 실현되어 가고 있는 실정이다.

2. 물성시험의 목적

고무의 물성시험은 그 목적에 따라 크게 다음의 3가지로 나뉜다.

1) 공장관리 시험

생산공정에 있어서 소재관리(素材管理) 가공조건의 체크 등을 하기 위한 시험으로서 미가황고무의 가소도(점도), 가황특성, 가황고무의 경도(硬度), 치수측정 등 이 일 예이다.

2) 제품규격 시험

제품을 평가하기 위하여 공식적으로 설정된 각종 규격에 따라 일정한 조건하에 실시하는 시험이다.

3) 연구개발 시험

고무제품의 특성 개선, 신제품의 시험제작, 재료(소재)의 개선, 새로운 용도개발 등을 위한 시험이다.

3. 물성시험의 분류

고무의 물성시험을 대별하면 다음과 같다.

1) 미가황 고무시험

주로 가공 중의 관리를 목적으로 하는 소재의 가공성을 시험하는 방법으로 협의(狹義)의 가공성 시험이라고 한다. 그 항목은 다음과 같다.

① 가공성 시험

② 가소도(可塑度)와 무우니(mooney)점도 시험

③ 스코오치 시간(scorch time)과 가황측정 시험(加黃測定 試驗, cure meter)

2) 가황고무 시험

(1) 기본시험

각종 가황고무를 공통적으로 평가하기 위하여 널리 실용되고 있는 주요 항목으로는 다음과 같다.

① 경도시험

② 인장시험(인장강도 신장률, 신장장력)

③ 저신장응력 시험

④ 신장영구늘음 시험

⑤ 인열시험

⑥ 압축시험(스프링 정수시험)

⑦ 압축영구줄음 시험

⑧ 반발탄성 시험

⑨ 박리시험

⑩ 고무와 금속과의 접착시험

(2) 상태변화 시험

가황고무를 고온, 저온, 태양광선, 오존, 수증기 등에 노출시키거나 기름, 산, 알칼리 등의 액에 침지(浸漬)시킬 때 얼마나 변화하는 가를 시험하여 내구력(耐久力), 형상변화(形狀變化) 등을 처음 상태와 비교하는 시험으로 다음 항목들이 있다.

① 노화시험

② 내유, 내산, 내알칼리 시험

③ 내한시험

④ 오존균열 시험

⑤ 내후시험

⑥ 내수증기 시험

위의 분류방법 이외에 정적(靜的)시험, 동적(動的)시험, 실제(實際)시험 등으로 분류하기도 한다.

4. 관련 규격의 종류

각종시험을 하기 위하여 공통조건을 규정한 규격이 각 나라별 또는 공공기관에서 제정하고 있다.

1) KS 규격

우리나라에서는 각종규격이 있지만 가장 기본이 되고 중요한 것은 한국산업규격 KS(Korean Industrial Standard)이 있다.

KS에서는 A에서 W까지 16개 부분이 있으며, 고무에 깊은 관계가 있는 부분은 M(화학부분) 및 R(수송기계부분) 등이며 E(광산), F(토건), H(식품), L(요업) 등에는 별로 관계가 적다.

2) 외국 규격

ASTM : (American Society for Testing Material), 고무는 part 37과 38.

ISO : (International Organigation for Standarization), 1956년 발촉, 본부는 제네브(Geneva), 각국에 공통되는 기준의 입안, 상업 및 공업규격, 기술표준 및 안전규격

JIS : (Japan Industrial Standard), (일본 통상공업성 공업기술원)

BS : (British Standard), 분책으로 되어 있으므로 BS sectional 1ist에서 해당 규격을 찾는 것이 좋다.

DIN : (Deutche Normen), 독일 규격

FS : (Federal Specification and federal Standard), 규격 분류는 A-Z

AA-ZZ이고, 고무는 ZZ이고, 미국 연방조달청 규격이다.

SEA : (Society of Automobil Engineers) 미국 자동차기술협회 규격

MIL : (Millirary Specification), 미국 육군 규격

이외에도 수도용 팩킹 규격이 있는 AWWA(America Water Work Association), 각종 고무 표준시험편 규격 RMA(Rubber Manufacturers Association), 뮬렌(Mullen) 파열시험기의 규정이 있는 TAPPI(Technical Association of the Pulp Industry), 프랑스의 국가 규격인 NF, 대만규격의 CNS, 인도 규격의 IS, 소련 규격의 GOST 등이 있다.

3-2. 미가황(未加黃) 고무

1. 가공성 시험

가공성이라고 하면 먼저 무우니점도가 연상되듯이 가공성은 모두가 무우니점도와 싱관되는 것은 틀림이 없지만 가황물의 물성이라는 말에도 상응하는 넓은 의미를 지니고 있다. 예로써 내림성(素練 容易度) 혼련시간 배합제의 분산도(分散度), 가공기계(加工機械)의 소요전력, 추출물(抽出物), 칼렌더성을 비롯하여 많은 특성을 내포하고 있어 옳바른 인식 없이는 가공성을 인식하기가 어렵다.

그렇지만 가공성의 주요특성은 역시 고무재료의 유동성(flow)에 관련되는 문제이고 보면 레올로지(rheology)적 연구의 적용이 필연적이고 가황물성도 통일적으로 해석하려는 노력은 자연과학의 원칙적인 방향이다.

보통 가공성 시험으로는 점도(粘度)나 가황도(加黃度)를 측정하는 방법이 가장 많이 실행되고 있지만 이러한 측정의 목적이 "가공성"에 있다고 한다면 먼저 명확히 인식되어야 한다. 앞에서 잠깐 설명했듯이 가공성은 복잡한 개개의 현상과 결부되어야 하는 것이기 때문에 상세한 설명은 생략하고 통상 실시하고 있는 가공성 시험을 통하여 가공성의 일면을 설명하고자 한다.

1) 로울러 조작

내림이나 혼련(混練)은 대부분 로울러로 행하는 때는 물론이고 밴버리 믹서에 의한 혼련에서도 대부분 로울러를 병용(倂用)하고 있다. 따라서 로울러 조작 중에는 여러 종류가 있다. 고무만을 로울러간에 통과(通過)시키거나 로울러에 감아 붙였을 때 감기는 정도, 구멍의 발생 유무, 표면 평활도(表面 平滑度), 로울러에의 점착성(粘着性) 등이 문제되고, 혼련할 때는 배합제의 투입 거동, 분산성의 난이, 또 혼련을 마친 배합고무(compound)의 거동 등이 문제된다.

이러한 문제점에 영향을 미치는 것은 로울러의 표면온도, 회전수, 회전비, 로울러 간격, 로울러의 크기 등 등이다. 배합고무를 다음 가공공정(加工工程)으로 옮기기 위한 투입공정에서도 마찬가지다.

여기서 고무는 로울러 간을 통과할 때는 10~10㎜/sec의 굴곡도로 유출되며, 부분에 따라 다소 신장된 상태로 반복되고 있다. 특히 방크(bank)에서 일어나는 상태는 복잡하며 로울러 작동조건에서도 변화한다.

시험방법으로는 로울러를 사용하는 것이 가장 좋으나 앞에서 설명한 여러 가지 조건을 충분히 고려한 시험이 요구되므로 한 가지 조건만으로 만족하는 것은 위험한 일이다.

2) 밴버리 혼련

밴버리 혼련성은 보통 소요전력(所要電力)과 결속시간(結束時間)과의 관계로 검토하고 있다. 〈그림 3-1〉 곡선형은 별도로 하고 소요전력(所要電力)의 대소가 큰 인자가 된다. 충전제를 투입하고부터 소요전력이 극대를 나타낼 때까지의 시간을 BIT가 짧을수록 우수하다. 실험실용 시험기로서는 소형 밴바리 믹서 또는 브라밴다 플라스토그라프(일종의 점도측정기)를 사용한다. 또 혼련 후의 배합물에서는 충전제 등의 분산성 시험을 행할 필요가 있다(로울러 혼합시에도 필요하다).

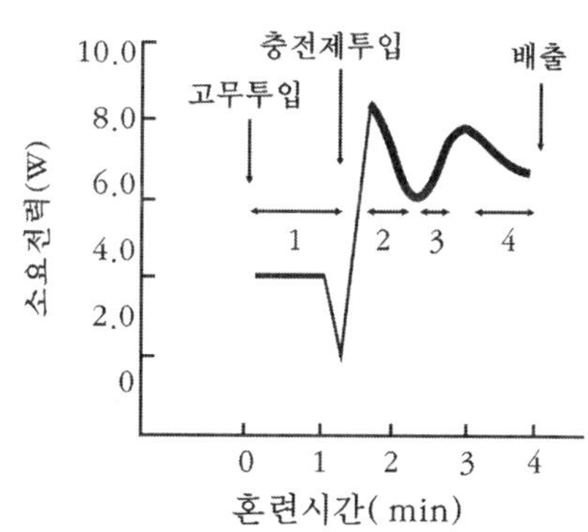

〈그림 3-1〉 밴버리 믹서의 소요전력곡선

밴버리 믹서 내에서 고무의 흐림 속도는 부분에 따라 다르지만 10~10^2㎜/sec 정도이다.

3) 압연시험

시험방법으로는 2본 로울러 또는 칼렌더를 사용하여 시이팅(sheeting)을 행하고 압연 후의 수축성(收縮性) 크기, 시이트(살갗), 기포의 혼입성을 시험한다.

칼렌더로서는 고무 시이트 이외에 프릭숀(friction), 코팅(coating) 등에서 일정 회전수와의 관계를 시험하지만 칼렌더 조작에 있어서는 기술자체에 크게 되므로 객관적인 평가는 어렵다.

로울러로서는 일명 "로울러 수축시험" 이라고도 하는데, 압연(壓延)할 때의 수축이나 추출(抽出)할 때의 팽창에 해당하는 누적량을 측정하는 것이 된다. 로울러에 의한 수축 측정은 아주 빈번하게 측정되는 바, 이것은 로울러의 온도를 ±5℃로 조정하고 벳치량, 로울러간격, 고무막이(roll guide) 간격 등을 일정하게하여 고무를 일정시간(예 : 3분) 내림하고 시이트로 뽑아 가로 및 세로 방향에 대한 길이 변화를 측정한다.

수축은 대부분 시이트로 뽑은 직후에 생기므로 로울러를 정지시키자 마자 곧 로울러 위의 시이트 고무에 일정한 크기의 정사각형 골판지를 대고 재빠르게 잘라내어 가로 및 세로의 길이를 측정하고 일정시간 후의 수축률을 측정하는 것으로 비교적 실제와 잘 일치되는 것이다. 이 방법은 미국에서는 너어브(nerve : 원료고무 및 미가황 배합고무의 경도, 강도, 탄성 및 인성 등을 감각적으로 표현하는 용어) 측정이라고 한다.

4) 압출시험

타이어 트레드, 튜우브, 웨더스트립, 호오스 등의 추출시험에는 실린더 안에 축적된 고무가 적은 실린더 구멍을 통해 일정한 온도와 압력으로 규정시간 내에 압출되는 용적을 측정한다. 다만 미끄러짐이 일어나므로 가소성측정(可塑性測定)이라기보다는 오히려 압출성(押出性, extudibility)을 측정하는 것이라 하겠다. 여기서는 압출속도(단위 시간에 압축되는 용량과 길이), 다이 팽창(die swell), 추출물의 형상 및 표면의 평활도 등이 문제시 된다. 시험조건으로서는 다이부, 실린더 각 부분의 온도, 스크류의 회전수 등 전 압출기가 동일 조건일 때는 가변 요소(可變要素)가 되지만 실제로 널리 사용되고 있는 압출기에서는 실린더부의 L/D(길이와 지름) 스크류의 설계(壓軸比와 핏치 등) 다이의 L/D(흐르는 방향의 길이와 직각 방향의 길이), 호퍼의 구조 등이 세부적으로 다양하기 때문에 단일 기계로서 객관성 있게 평가하기는 어렵다.

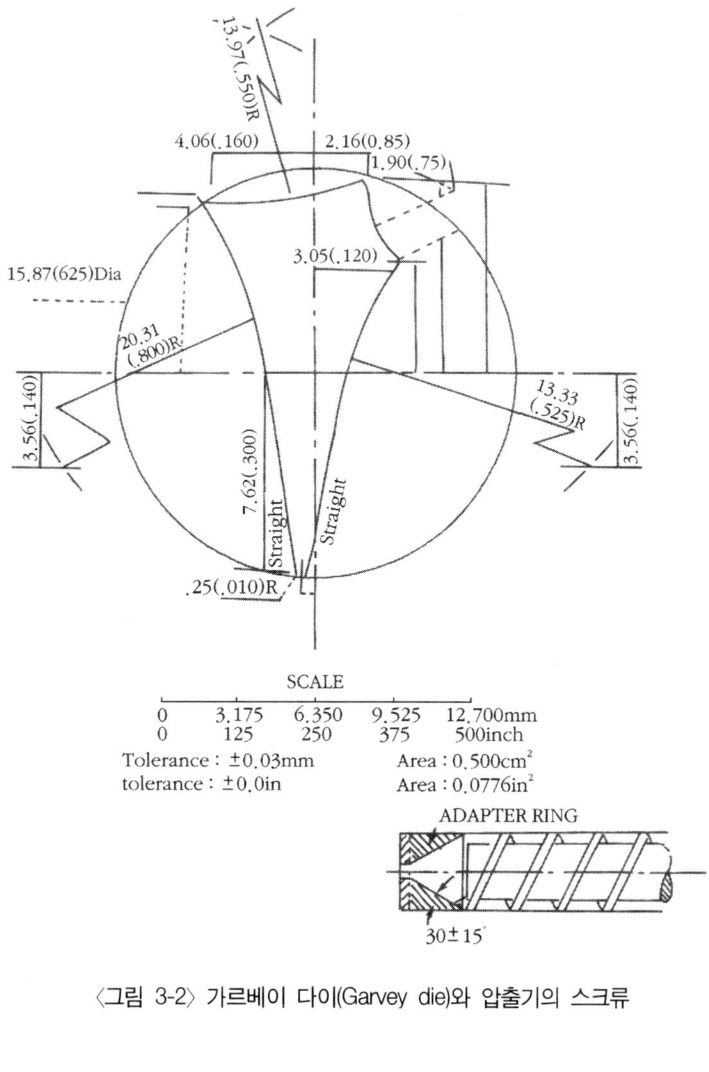

〈그림 3-2〉 가르베이 다이(Garvey die)와 압출기의 스크류

ASTM D 2230-68T에는 〈그림 3-2〉와 같은 가르베이 다이(Garvey die)와 스크류를 사용하여 배합물의 압출특성을 측정하는 방법이 규정되고 있다.

여기서는 압출조건으로서 가르베이 다이에서 부터 나사 끝까지 거리는 스크류 지름의 1~2배, 이 부분의 내벽(內壁)은 스크류 중심선에 대하여 30±15℃의 각도, 스크류 속도는 변속될 수 있도록 설계되고, 압출온도는 스크루 온도 40±5℃, 바렐(barrel) 온도 100℃, 헤드(head) 및 다이 온도 110±15℃가 되도록 하고 있다.

사진으로 나타낸 평가기준에 따라서 압출성은 4자리 병열수자(竝列數字)가 평가한다. 여기서 처음 숫자는 다이 팽창과 다공성(多孔性) 평가로서 1~4등급(이하 모두 같은 요령)이 있고, 2번째 숫자는 틀귀(edge)(X)의 예도(銳度)와 연속성을, 3번째 숫자는 표면 평활도, 마지막 숫자는 틀귀(Y 및 Z)의 예도와 연속성(連續性)을 나타낸다.

이와 같이 ASTM에 의한 평가 이외에 다이 팽창 값과 압출속도 등을 측정하여 참조하고 있으며 다이 팽창 값은 대부분 수축과 상관성을 나타내고 있다.

압출시 고무의 흐름 속도는 1~10mm/sec정도이고 현장의 것과 유사하며 비교시험용으로 활용성이 있는 것이다.

참고 : 비배향성 충전제의 배합은 부정형 팽창을 방지한다.

5) 점착성 시험

합성고무는 NR와는 달리 성형가공(成形加工)을 용이하게 할 수 있는 점착력(粘着力)이 부족하므로 점착력 측정이 아주 중요하다.

특히 공정관리에 있어서 중요하며 주로 사용되는 시험방법은 Pickup방법이다. 그 개요는 〈그림 3-3〉과 같다.

시료 고무판에서 너비 10㎜의 긴 시험편을 따내어 〈그림 3-3〉과 같이 구의 원주(圓柱)에 감아 붙이고 장치 전체를 시료고무판

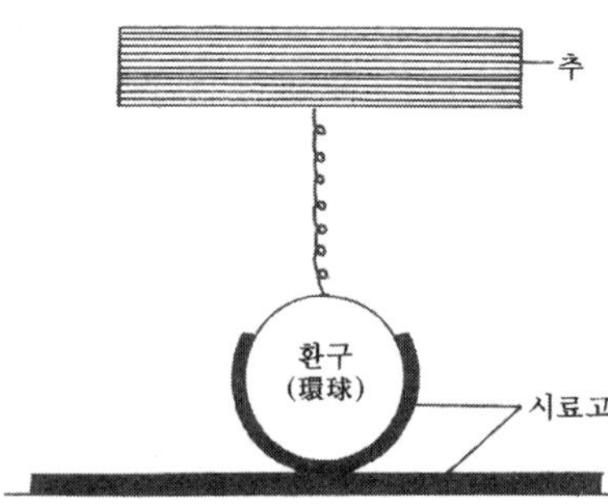

〈그림 3-3〉 Pickup식 tackometer

위에 놓는다. 500g의 무게가 가하여지도록하여 일정시간(예로 10초) 접촉시킨 다음 손으로 스프링을 들어 올려 박리되는 순간의 무게를 스프링의 변형으로 읽는다.

구(球)를 회전시키면서 많은 곳을 측정할 수 있다는 장점이 있지만 측정치 분포(測定値分布)의 오차가 크므로 여러 곳을 측정하여야 한다. 접촉면적은 고무의 경도(硬度)에 따라 변하지만 pickup방법은 실제 작업에 관계되는 자료가 얻어진다고 보고되고 있다.

인장속도를 일정하게 하기 위한 전동식도 있지만 시험에서 가장 중요한 것은 시료 고무판 표면의 요철이나 먼지 등에 의한 영향이다.

이상에서 가공성 시험의 극히 일부를 요약하였다. 이것으로 단순한 무우니점도(4분 mooney)만으로 시험을 대신한다는 것을 어려움을 알 수 있다.

2. 가소도와 무우니점도 시험

일반적으로 고체의 변형(γ)과 여기에 가하는 힘(σ)와는 $\sigma/\gamma = E$(탄성률)의 관계가 있고 시간에 무관계 하지만, 액체에서는 약간의 힘을 가하여도 변형이 계속되므로 변형은 시간에 대하여서도 함수가 된다.

고무는 고체와 액체의 두 성질을 겸하고 있으므로 미가황 고무에서는 변형되기 쉽고 변형을 일으키면 그 변형은 그대로 잔존(殘存)하거나 유동(流動)한다는 것을 "고무의 구조와 특성"에서도 언급하였다.

물성에 힘을 가하면 그 이상의 힘을 가하지 않아도 점차 변형되어 유동되는 성질을 가소성(可塑性)이라고 한다. 그러나 실제로 이러한 성질은 존재하지 않는다. 고무는 〈그림 3-4〉에서 OABC의 형으로 변형된다.

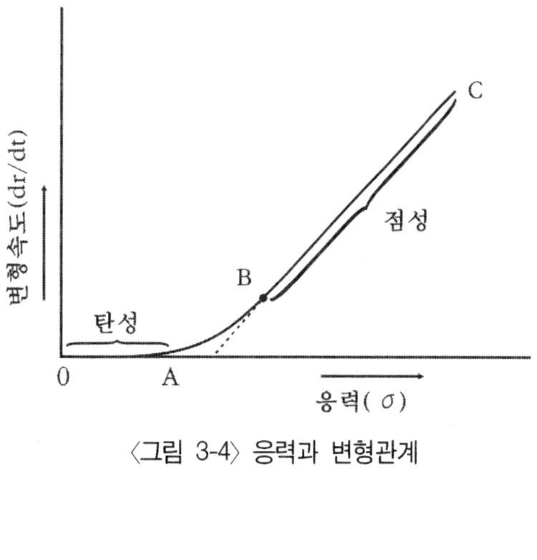

〈그림 3-4〉 응력과 변형관계

① 힘을 가하여도 시간에 무관계한 변형 ………………… OA(탄성영역)

② 힘을 가함에 따라 시간에 변형

이 달라진다 ··AB

③ B에서 힘을 가하면 힘에 비례하여 변형되어진다 ··················BC(점성영역)

고무는 탄성과 점성이 동시에 존재하므로 점탄성 또는 가소성(可塑性)이라고 말하는 것이 이 때문이다.

가소도계는 OAB부분은 측정이 곤란하므로 온도를 상비시킨 상태에서 유동성을 주어 CB의 연장선 상에서 측정하는 형으로 된다. 즉 응력과 변형속도가 정비례되는 부분을 측정한다.

1) 가소도계의 종류

점도 또는 그 역수인 가소도(可塑度)를 측정하는 방법은 그 원리로 보아 크게 3가지로 분류한다.

(1) 압축형 가소도계(William식 Goodrich식 등)

2장의 평행한 압축관(壓縮管) 사이에 시료를 넣고 5kg의 하중을 가하여 70℃ 또는 100℃에서 3분동안 압축한 다음 두께를 측정하고 하중을 제거시킨 후 시료를 1분간 냉각시켰을 때 회복되는 높이를 측정한다. 탄성회복(彈性回復, creep회복)현상을 측정할 수 있는 특징은 있지만 유동속도(流動速度)가 지나치게 늦어 콜드 플로우(co1d flow)나 이와 유사한 현상의 측정 이외에는 별로 이용되지 못하고 있다.

(2) 압출형 가소도계(Griffith식)

원통(圓筒)속의 고무를 피스톤의 응력(應力)으로 유출시켜 단위 시간에 추출되는 양으로 가소도를 표시한다. 압출속도가 크고 압출물(押出物)의 형상, 다이 팽창도 측정할 수 있는 장점은 있으나 관벽(管壁)의 마찰을 무시한 것이 결점이다.

(3) 회전형 가소도계(Mooney식)

보통 점탄계(粘彈系)라고 부르는 것으로 현재 가장 많이 보급, 이용되고 있으며, 〈그림 3-5〉와 같이 밀폐된 챔버(chamber)에 시료를 압입(壓入)하고 중심에 있는 로우터(rotor)가 2rpm속도를 회전될 때 로우터에 걸리는 저항을 숫자로 표시한 것이다.

취급이 용이하고 데이터(data)의 재현성도 좋은 시험기이다. 그러나 유동속도가 실제 가공공정과 비교하면 늦고 흐름 속도도 챔버 내에서 곳곳마다 균일하지 못하 다.

그래서 실용시험용으로나 중간위에 있는 정도다.

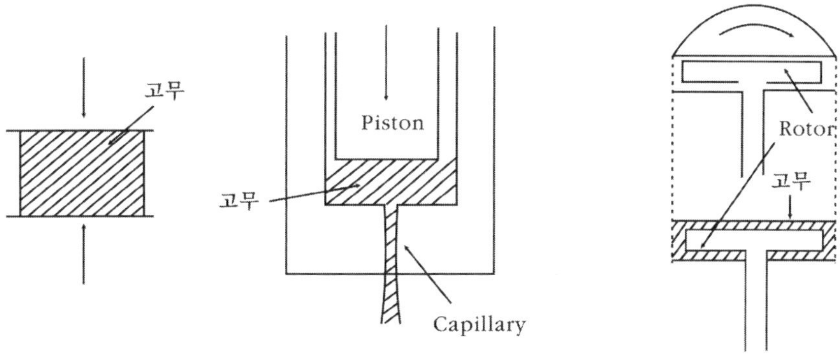

(a) 압축형 (b) 압출형(capillary viscometer) (c) 회전형

〈그림 3-5〉 각종 점도계의 모형

이상 가황도계 각 모형의 비교를 〈그림 3-5〉에 나타내었고 각종 가황도계의 특성과 각종 가공공정의 특징을 〈표 3-1〉에 요약하였다.

2) 무우니점도 측정방법

KS M 6605, ASTM D 1646, JIS K 6300 등에 규정되어 있으니 상세한 것은 각 규격을 참고하기 바라며 여기서는 레올로지적 기초사항과 문제점 등에 대하여 요약하고자 한다.

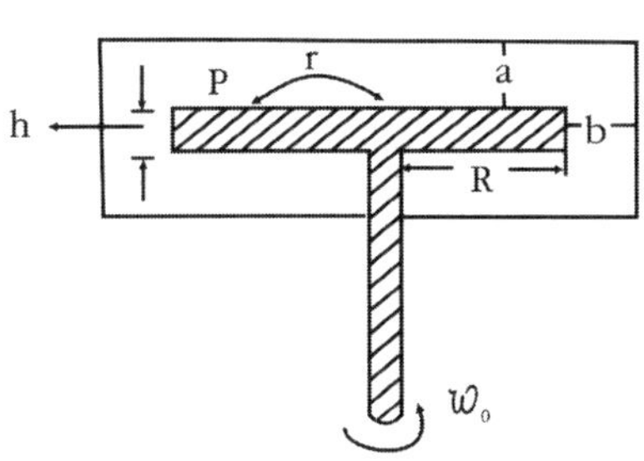

〈그림 3-6〉 (a) 무우니점도계의 중심 로우터부

(1) 시험기의 원리

〈그림 3-6〉 (A)는 챔버 내에 있는 시료 삽입부이다. 로우터의 회전속도가 적고 a가 R에 비하여 아주 적을 때 로우터에 걸리는 마찰에

의한 토오크(torque)의 크기 T는 시료의 점도에 비례하는 것이 무우니점도계의 기초 원리이다.

〈표 3-1〉 각종 점도계 및 가소도계의 특성과 각 가공공정의 특징 비교

점도계의 종류	명 칭	조작 난이	유 속 (㎜,sec^{-1})	탄성회복현상 측 정	기 타
회 전 형	Mooney	용이	$10^{0}>$	가능	널리 보급, 유속늦음
	Bradender	용이	10^{1}~10^{2} (불명)	불가능	밴버리의 축소형, 해석곤란, 배합제의 혼련성 측정가능
평 행 판 압 축 형	Williams, Goodrich	어려움	10^{-5}~10^{-1}	가능	유속늦음
	Defo, Wallace	용이	10^{-5}~10^{-1}	가능	〃
압 출 형	Instron 변화식	용이	10^{0}~10^{4}	다이팽창	압출물의 형상관찰가, 관벽의 마찰을 무시
가 공 공 정	사용기계	해석의 현상	유 속 (sec^{-1})	탄성회복과의 관계	
Cold flow	없음	충분	$10^{-3}>$	특히 관련없음	
로 울 러	로울러 (Open mill)	다소가능	10^{1}~10^{3}	권취, 로울러 수축 등에서 관련有	
밴 버 리	밴 버 리	불충분	10^{0}~10^{2}	특히 관련없음	
압 출	압 출 기	다소가능	10^{0}~10^{2}	다이 팽창 관련有	해석은 플라스틱 공업에서 진보됨
압 연	칼 렌 더	〃	10^{1}~10^{3}	수축에서 관련有	
사 출 성 형	사출성형기	약간가능	10^{2}~10^{3}	특히 관련없음	

〈그림 3-6〉 (b)에서 모우터, 피니언, 스파아 기어, 워엄기어, 로우터의 순서로 감속작동(減速作動)되면 로우터는 2rpm으로 회전 한다. 로우터에 저항(抵抗)이 걸리면 워엄(worm)측에 스라스트 하중을 작동시켜 그 힘으로 워엄축은 오른쪽으로 움직이고 그 변위는 U자 스프링으로 제한되며 U자 스프링의 변위와 저항모먼트가 변형되는 점에서 정지된다.

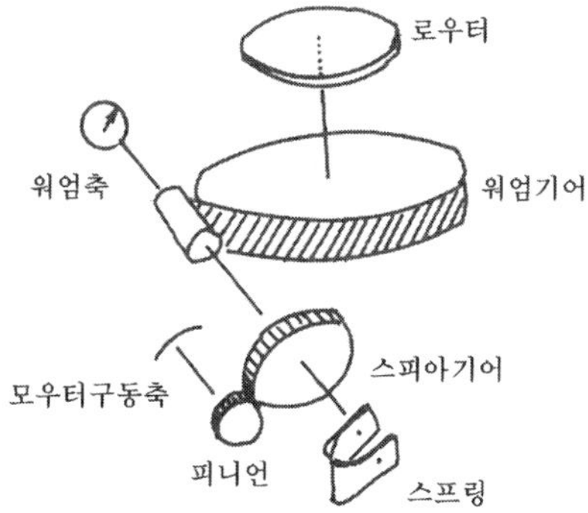

〈그림 3-6〉 (b) 무우니점도계의 원리

토오크가 84.67kg.f-cm일 때 지시 또는 기록 장치가 무우니단위(M) 100을 나타내고 0~100 단위 사이의 변위율(變位率)은 2.54mm이다. 토오크와 M간에는 직선관계가 되어야 하며 0~200M사이를 같은 크기의 눈금으로 한다.

(2) 시험방법

일정한 용적과 온도의 시료고무 2매간에 로우터가 장치된 얕은 원통형(圓筒形)다이 내에서 서서히 회전하는 판상(板狀) 로우터에 의한 전단작용(剪斷作用)을 받게 된다. 로우터 표면에는 각 홈이 새겨져 있고 고무를 일정압력으로 누를 수 있어야 하고 다이를 닫았을 때는 자동적으로 로우터 주위에 고무가 통과되고 공기도 빠져 나가야 된다.

로우터는 L형(ø38.10±0.05mm, 후5.5±0.05mm)과 S형(ø30.48±0.05mm, 후5.5±0.05mm) 2가지 있으며 측정에는 원칙적으로 L형이 사용된다. 그러나 점도가 150M를 넘는 것은 S형 로우터를 사용한다. 시험온도는 원칙적으로 100도에서 행하며 점도는 최저 값으로 한다.

예로 $50ML_{1+4}$(100℃)라면 50M는 무우니점도, L는 로우터의 종류로 큰 로우터를 뜻하고(작은 로우터는 S), 1+4는 예열시간이 1분이고 로우터의 작동시간이 4분이라는 뜻이며 (100℃)는 시험온도이다.

3) 스코오치 시간

가공공정중, 저장중 또는 성형중, 즉 가황공정 전에 유동성이 나빠지는 현상의 한 원인이 스코오치이다.

가황은 화학반응으로서 실제 온도에서도 서서히 일어나며 온도가 상승할수록 빨라진다. θ℃, T℃일 때 반응속도를 각각 K_θ, K_T라 하면 아레니우스 식이 성립된다.

$$K_\theta = K_T \alpha^{\frac{\theta - T}{10}}$$

α : 온도계수

스코오치될 때까지의 반응시간 t는 반응속도 K의 역수이다. 100℃ 정도에서는 α=2가 된다. $\theta - T$=10℃ 라고 하면 $t_\gamma / t_\theta = 2$가 되며, 온도 10℃ 상승하면 스코오치 시간은 약 1/2로 단축된다는 것이다.

칼렌더 압출시에는 100도 전후로 가열하지만 스코오치에는 이러한 누적시간(累積時間) 및 온도가 관계되므로 열이력(熱履歷)이 긴 배합고무에 있어서는 스코오치 시간의 측정이 중요하다. 또 스코오치의 측정을 연장하면 가황속도가 추정된다. 시험기로서는 압출형(押出型, extrusion) 또는 압축형(壓縮型, compression)을 사용한 예는 적고 일반적으로 무우니점도계를 사용하므로 그 측정 예를 〈그림 3-7〉에 나타난다.

최저 무우니점도 V_m를 계속한 후 가황반응이 시작되면 점도 값은 상승한다.

최저 값에서 5단위 상승할 때까지 다이를 닫은 시간으로부터 경과된 시간을 스코오치 시간이라 한다.

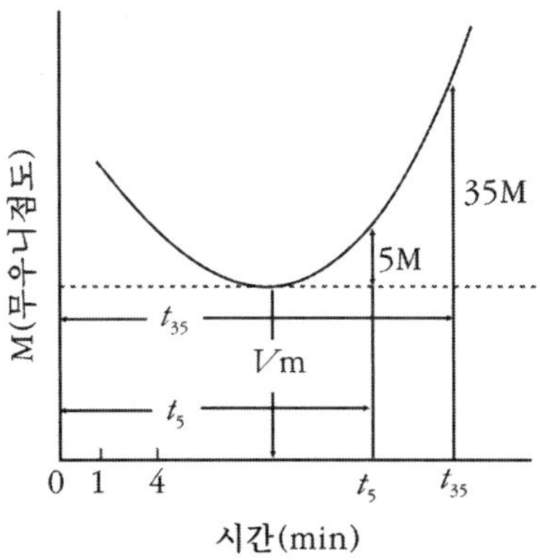

〈그림 3-7〉 무우니점도계에 의한 가황속도 측정의 일례

보통 L형 로우터를 사용하여 125℃ 또는 145℃에서 측정값을 t_5로 표시하며 같은 방법으로 t_{35}도 측정한다. $t\Delta 30 = t_{35} - t_5$로 표시하면 가황속도의 비(가황시간)은 다음 식으로 표시된다는 보고도 있다.

$$t_5 + 10t\Delta 30$$

또 S형 로우터를 사용할 때는 t_5 대신 t_3, t_{35} 대신 t_{18}을 각각 사용하면 L형 로우터의 값과 근사하게 된다.

4) 가황상태의 판정시험

고무는 가황의 진행에 따라 물성이 변화하므로 가황상태와 가황속도를 측정할 수 있다. 종래의 방법으로는,

① 결합황의 측정

② 인장강도, 300% 모듈러스(인장응력)의 변화

③ 경도의 변화

④ 영구신장늘음률의 변화

⑤ 용제에 의한 팽윤 등이 있다.

NR과 달리 합성고무는 과가황(過加黃)에서도 인장응력이 상승하는 경우가 많고 인장강도도 대부분 평탄곡선(平坦曲線)이 되므로 최적가황(最適可黃)을 일 점으로 결정하기가 어렵다. 또 소요시간이 길고 번잡하다.

최근에는 가황을 행하면서 동적 탄성률(動的 彈性率)을 측정하여 가황상태를 판정할 수 있다. 그 대표적인 가황시험기(可黃試驗器, cure meter)는 다음과 같다.

(1) 벌카미터(Vulkameter)

독일 바이에르(Bayer)社의 개발품이며 정지(停止) 클램프와 운동 클램프 간의 시료고무가 규정 온도에서 전단력(剪斷力)을 받게 되는 것으로서 개방식으로 인한 다공성의 염려가 있다(그림 3-8참조).

(2) 큐로미터(Curometer)

2매의 프레스 열판간(熱板間)의 시료고무 중간에 패들(paddle)의 왕복운동에 의

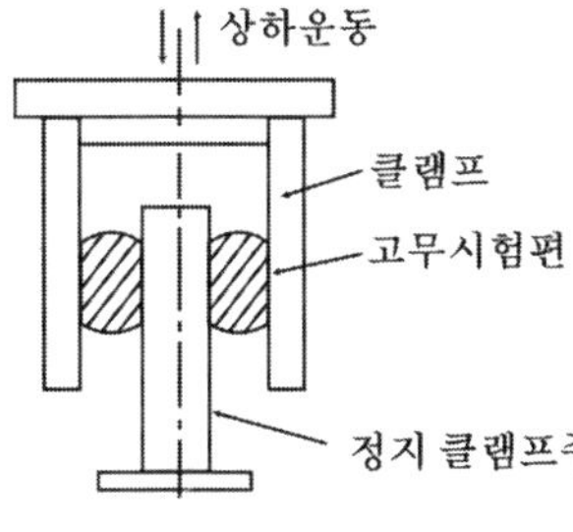

〈그림 3-8〉 벌카미터의 주요부

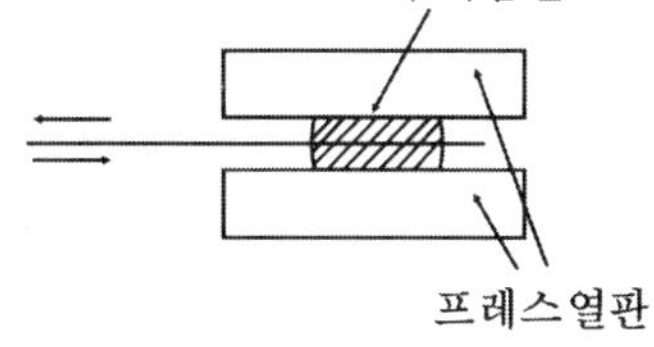

〈그림 3-9〉 큐로미터의 주요부

한 토오크의 측정으로 개방식(開放式)과 개량밀폐식(改良密閉式)이 있다(그림 3-9참조).

(3) 레오미터, 큐라스토미터, 비스큐라스토미터 등

이들 가황시험기(cure meter)는 무우니점도계를 가황상태 측정으로 개량한 것으로서 메카니즘에는 다소의 차이가 있지만 원리적으로 비슷하고 밀폐식이다.

레오미터(Rheometer)는 Monsanto社의 개발품으로 오실레이팅 디스크 레오미터(oscillating-disk rheometer)라고 부르며(그림 3-10 참조), 로우터가 매분 3회의 정현 진동(正弦 振動)을 일으켜 고무를 변형시키고 로우터 축에 생기는 토오크로 구동축(驅動軸)이 휘어진다. 이 휘어짐(橈性)을 스트레인(strain) 지시 판에서 전기적으로 변화시켜 증폭(增幅) 기록된다.

큐라스토미터(curastometer)는 일본 산으로(그림 3-11 참조) 로우터가 없고 아래열판은 스스로 매회 6회, 회전각 ±3°로 회전 진동된다. 상하열판간격이 좁아 시료가 충전되면 아래 열판의 진동으로 고무가 편형되고 그 응력의 열판에 전달되어 로오드셀(load cell)에서 전기적으로 변화시켜 증폭기록된다.

열판간에서 빠져 나오고 고무는 제거하여야 오차가 적다. 또 로우터가 없으므로

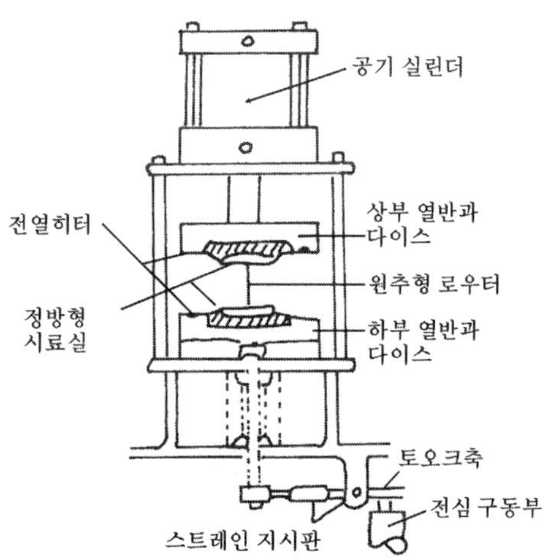

〈그림 3-10〉 오실레이팅 디스크레오미터의구조

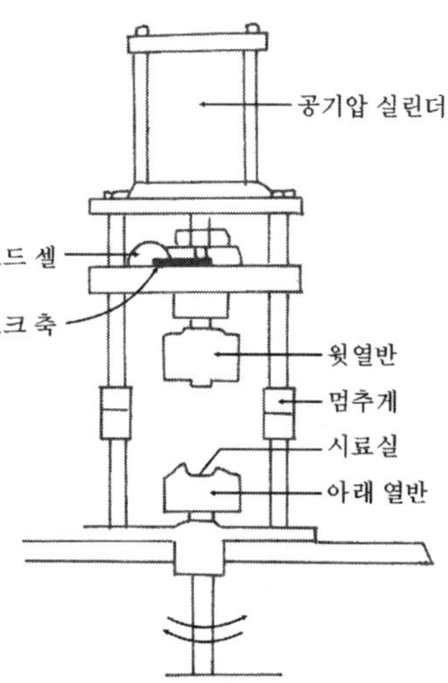

〈그림 3-11〉 큐라스토미터의 구조

열 손실이 없고 아랫 열판의 교체로 시료고무의 두께를 변화시킬 수 있다.

위의 두 기기에 의한 측정값은 극히 양호한 상관을 나타내고 고무의 종류, 온도에 관계없이 일정 %의 토오크를 나타내는 시간에 대해서 다음 실험식이 성립된다.

$t_C = 0.7(t_R - 1)$, t_C, t_R : 큐라스토미터 및 레오미터의 시간

(4) 가황곡선에 의한 가황상태의 해석

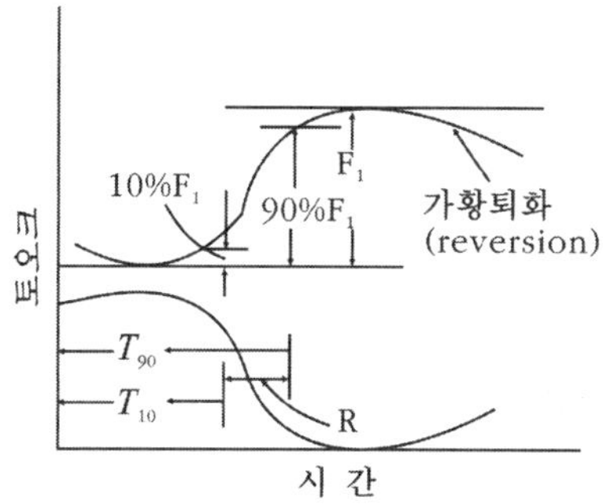

〈그림 3-12〉 큐어미터의 가황곡선에 의한 가황상태의 해석

일반적으로 〈그림 3-12〉에서처럼 응력의 최저 값과 최대 값을 각각 통하고 시간 축에 평행하는 직선을 긋고 이 2직선 거리를 F_1으로 한다. 다음에 F_1의 10% 및 90%에 상당하는 곳을 통하여 시간 축에 평행하는 직선을 긋고 가황곡선과 교차되는 점까지의 시간을 각각 T_{10} 및 T_{90}이라고 하면 T_{10}은 스코오치시간, T_{90}은 적정가황시간(適正加黃時間), $T_{90} - T_{10}$(=R)은 가황속도를 표시한다.

이러한 큐어미터는 배합의 실수나 가공공정의 차이를 발견하고자 사용될 뿐만 아니라 배합물의 신속한 최상가공 시간의 측정 사용되고 있다. 참고로 실제 가황에 있어서는 T_{90}보다 큰 경우에 최적가황시간이 있는 경우도 있을 것이므로 일반적으로 T_{90}을 중심으로 전후 3매의 프레스 가황시이트의 인장시험과 대비하여 최상가공 시간을 결정하는 경우가 안전하다.

3-3. 가황고무의 물성시험

1. 경도시험

가황고무는 작은 변형에서 탄성적 거동을 나타내므로 경도는 탄성률의 한 표현이 된다. 그리고 대부분의 물성시험은 시료를 파괴하는데 반하여, 경도시험은 비파괴시험이고 휴대 및 측정이 간편하여(스프링식 경도계) 널리 이용된다.

KS M 6518(가황고무 물리 시험방법)에는 다음 3가지가 규정되고 있다.

① 스프링식 : 경도 표시 H_s

② 오르젠식 : 경도 표시 H_o

③ 푸세이 · 존스식 : 경도 표시 H_p

세계적으로 정하중식 경도계(定荷重式 硬度計)인 오르젠식, 푸세이 · 존스식은 여러 가지 이유로 오늘날 거의 사용되지 않고 있으며, ISO, ASTM 등에 표준화된 IRHD 또는 마이크로 하아드니스 시험기(micro hardness tester)는 쇼아 A(Shore A)의 측정값과 거의 같다는 이유로 국제적인 시험기로 인정되고 있다.

스프링식으로는 JIS A 및 C형(JIS A형 경도 70이상의 경도 측정용), 쇼아 회사의 Duromester A, C 및 D형도 있다.

KS에 규정된 스프링식 경도계는 〈그림 3-13〉과 같다.

KS에 규정된 스프링식 경도계의 사용상의 주의점을 기술한다.

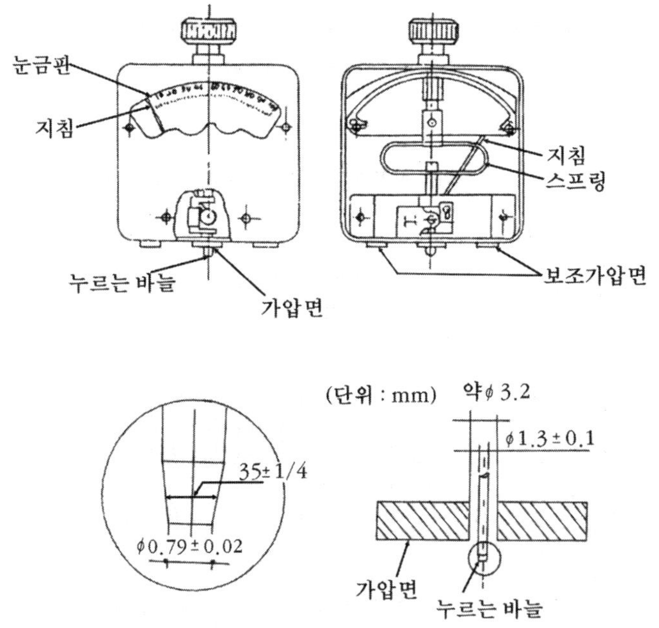

〈그림 3-13〉 KS경도계(스프링식)

1) 눈금 읽는 방법

경도계는 윗면 전체를 가볍고 균일하게 손으로 누르는 방법을 택하고 있다. 또 경도계의 몸체에 붙어 있는 가압면의 표면에 평행하게 압착되도록하여 곧 눈금을 읽는다.

합성고무나 비닐처럼 누르는 바늘이 시간의 경과에 따라 점차 하강하는 경향이 있으므로 순간 값과 10초 후, 30초 후의 값으로 일정 시간후의 측정값을 정해 두는 것이 좋다. 이때 경도계를 지탱하는 지지대가 필요하다.

2) 시험편 두께의 영향

시험편의 두께는 12㎜이상을 원칙으로 정하고 두께가 얇은 것은 겹쳐서 측정한다.

〈표 3-2〉 시험편의 두께에 따른 경도의 보정판(천연 고무일 경우)
(측정값에서 시험편의 두께에 상당하는 값을 뺀다)

시험편 \ 경도		K S 스 프 링 식 경 도 (Hs)													
		15	20	25	30	35	40	45	50	55	60	65	70	75	80
시험편의 두께 (㎜)	3	8	7	6	5	5	4	4	3	3	2	2	1	1	0
	6	4	3	3	2	2	1	1	1	1	0	0	0	0	0
	9	2	2	2	1	1	1	1	0	0	0	0	0	0	0
	12	1	1	1	0	0	0	0	0	0	0	0	0	0	0
	18	0	0	0	0	0	0	0	0	0	0	0	0	0	0

두께가 미치는 영향은 〈표 3-2〉에서처럼 경도가 낮은 고무일수록 측정 오차가 크다. 즉 $65H_s$정도까지의 두께의 영향이 있다. 또 시험편을 올려놓는 시험대의 경도에도 영향을 미친다(표 3-3 참조).

〈표 3-3〉 보정값에 영향을 미치는 시험대의 경도

시험대의 경도		약 90				약 65				약 40			
시험대의 두께(㎜)		3	6	12	18	3	6	12	18	3	6	12	18
경 도(Hs)	15	5.5	3.0	1.5	0	4.0	2.5	1.0	0	1.5	0	0	0
	20	5.0	2.5	1.0	0	3.5	2.0	0.5	0	1.0	0		
	30	4.0	2.0	1.0		3.0	1.5	0.5		1.0			
	35	3.4	1.5	0.5		2.5	1.0	0		0.5			
	40	3.0	1.0	0		2.0	1.0	0		0			
	45	2.5	1.0	0		1.5	0.5			0			
	50	2.0	0.5			1.0	0						
	55	1.5	0			0.5	0						
	60	1.0	0			0							
	65	1.0				0							
	70	0.5											
	75	0											
	80	0											

3) 온도의 변화

실온 부근의 온도 변화에서는 큰 영향이 미치지 않지만 온도가 내려감에 따라 경도가 높아지는 것이 상식이다(표 3-4 참조).

〈표 3-4〉 온도에 따른 경도 변화의 예

온 도(℃)	5	15	20	30
경 도(Hs)	37	37	35	34
	48	48	47	46
	57	56	54	54
	63	67	65	64

NR에서 배합 및 고무 조성에 따라 물론 차이는 있겠지만 5℃때와 20℃때의 경도차이(硬度差異)는 보통 2~3℃차가 있다.

따라서 온도 조건을 지키지 않으면 경도의 비교가 될 수 없다.

4) 누르는 바늘의 방향

바늘의 모양에 따른 영향은 크다. 먼저 바늘의 길이가 정확한 지를 시험할 필요가 있다. 이것은 간단한 방법으로서는 평활한 유리관 또는 금속 면에 경도계를 눌러 눈금이 100을 가르키면 된다. 또 바늘끝은 오래도록 사용하면 마모되므로 교체하여야 한다.

5) 경도계의 보정 및 조정

경도계는 항시 휴대되며 그 사용 회수도 많고 내부의 나사 한 개라도 느슨해지면 측정값에 영향을 미치게 된다. 적어도 1개월에 1번은 점검할 필요가 있다.

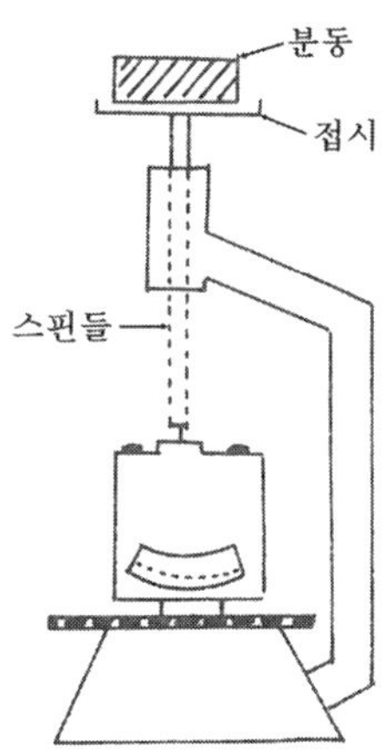

〈그림 3-14〉
하중검정기

검정순서는 먼저 누르는 바늘의 길이가 규정한대로 되어 있는지가 중요하다. 유리 및 금속의 평평한 면에 바늘이 닿도록 눌렀을 때 눈금이 100이상이면 바늘의 돌출 길이가 2.54㎜보다 길다는 것이므로 누르는 바늘의 윗부분의 나사(안쪽에 있음)을 늦추어 돌출 길이를 짧게 조정하여야 하며, 금속판에서 떼었을 때는 0을 가리키지 않으면 검정 또는 내부를 조정하여야 한다. 내부조정은 전문가에게 맡겨야 한다.

〈그림 3-14〉와 같은 하중검정기(荷重檢定器)에 장치하여 추의 무게가 55, 255, 455, 655 및 855g일 때 경도계의 눈금은 각각 0, 25, 50, 75 및 100을 가리켜야 한다.

2. 인장시험

인장시험은 가황고무를 평가할 때 가장 기초가 되고 미가황 고무의 최적가황조건(最適加黃條件)의 판정기초(判定基礎)로도 이용되는 시험으로서 가황고무의 재질 체크에 없어서는 안되는 것이다. 이 시험에 사용되는 주요 시험기는 〈표 3-5〉의 각종 형식이 있지만 사용되는 것은 진자식과 로오드셀(load cell)식이다.

1) 인장시험기의 원리

각종 시험기 중에서도 진자식(振子式)은 간편하므로 오늘날 널리 사용되고 있다. 그러나 진자식은 원리적으로 보아 오차를 일으킬 수 있다. 그 오차는 길이 L, 질량 M인 진자가 한쪽 끝을 중심으로 회전될 때의 관성능률(慣性能率) $I(=\frac{1}{3}ML^2)$가 주 원인이 된다.

〈표 3-5〉 인장시험기의 형식

형 식	원 리	시험기명	하중범위	용 도
전 자 식	진자의 흔들림과 장력의 평형	쇼파, 스코트	중하량	일반 고무용 300~500㎜/min
유 압 식	유압 피스톤	암슬러	대하량	벨트용 25~50㎜/min
스 프 링 식	스프링 저울	박리시험기	소하량	박리시험용 50㎜/min
로오드셀식	변형에 비례하여 전기저항이 변화하는 금속선	인스트론, U.T.M	광범위	일반 고무용 5~500㎜/min

진자(振子)의 균형식에서 $FR-Mgd$를 만족시킬 수 있는 d를 원고상(圓孤上)에 새겨 눈금으로 하고 있다.

그러나 진자(振子)가 운동할 때 각속도(角速度) ω는 고무의 응력 - 신장 곡선에서도 알 수 있는 것처럼 변화한다. 그래서 실제로도 d가 힘 F를 정확하게 지시하지 못하며 그 관계식은 다음과 같이 된다.

$$FR=Mgd+I(\frac{d\omega}{dt})$$

여기에서 F : 시험에 작용하는 힘
R : 동력계(dynamometer)의 반지름
M : 진자의 질량
g : 중력가속도
d : 중심의 수평 이동 거리
ω : 진자의 각속도

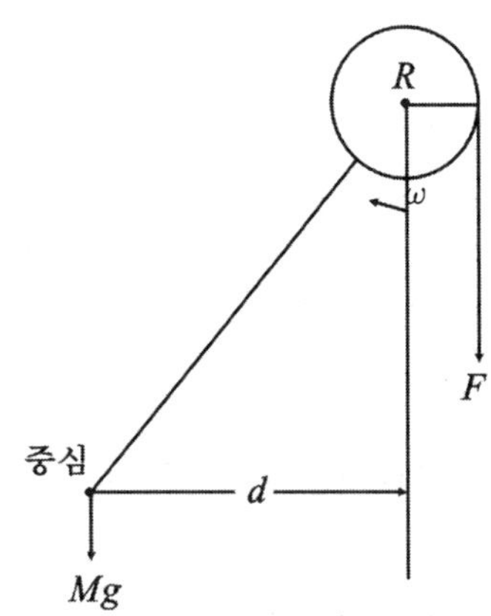

〈그림 3-15〉 진자식인장 시험기의 원리

규정에서는 진자식일 경우에는 하중 용량의 15~85%의 범위 내에서 사용토록 규정하고 있다. 또 하중을 표시하는 눈금은 진자의 중량이 일정하면 F가 d에 비례하므로 d를 원고상에 등분눈금으로 새겨지는 것이다(그림 3-15).

2) 인장시험 방법

KS M 6418에 규정하고 있다.

시험편은 아령형 1호~4호가 있으며(그림 3-16 참조), 주로 3호가 사용된다(저 신장률은 1호형, 저인장강도는 2호형, 순고무배합 및 라텍스 제품은 4호형). 두께는 2~3㎜로 한다. 시험편을 연마할 때는 과열되지 않도록 주의하여야 하며, 표선 외의 절단 또는 척(chuck) 절단이 많을 때는 고리형(5호형과 6호형) 시험편이 좋다. 또 인장강도와 신장을 측정값의 끝맺음 정리는 특수방법을 이용하고 있다. 측정값의 분포가 기계나 측정값에 오차가 있으면 마땅히 정규분포로 되지만 가황고무에서는 고무재료 그 자체에 필연적으로 잠재하고 있는 미소한 잔금이나 흠(flaw) 으로 인

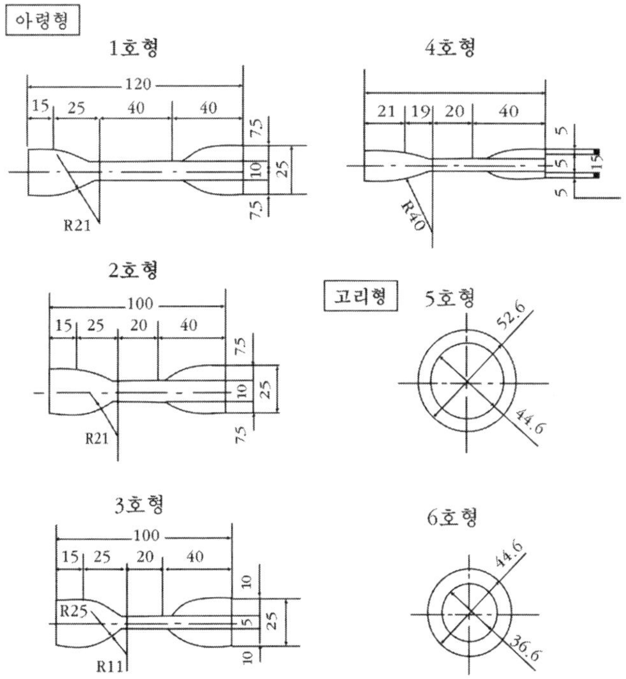

〈그림 3-16〉 인장시험편의 종류 및 치수

하여 오차가 생기는 것으로서 가장 확실한 값은 〈그림 3-17〉과 같이 수치가 높은 쪽으로 기운다. 이러한 이중지수분포로부터 가장 확실한 값을 산출하는 데는 다음과 같은 KS 계산 방법이 이용된다.

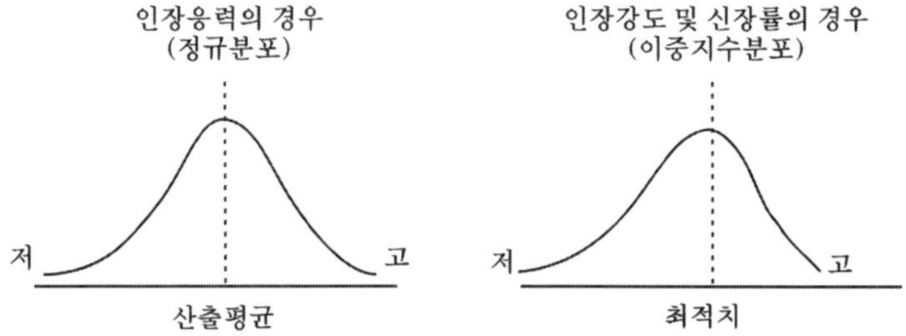

〈그림 3-17〉 인장시험 측정치의 분포

시험순서는 두께 2~3㎜의 평판 시료에서 아령형 시험편 4개를 따서 두께 측정기로 두께를 측정한다(두께 표시 0.01㎜, 지름 5㎜의 원형 가압면, 가압하중 80g). 다음에 표선간(標線間) 20 및 40㎜의 표선을 찍고 인장시험기에 물려 절단될 때까지의 길이와 절단 하중을 측정하고 다음과 같이 계산한다.

$$T_B = \frac{F_B}{A}$$

$$E_B = \frac{L_1 - L_0}{L_0} \times 100$$

T_B : 인장강도(kg/㎠/)
F_B : 절단시의 하중(kg)
A : 시험편의 단면적(㎠)
EB : 신장률(%)
L_o : 표선간의 거리(㎜)
L_1 : 절단시 표선간의 거리(㎜)

시험결과는 측정값이 높은 것에서 차례로 S_1, S_2, S_3, S_4로 하고 각각 다음 계수를 곱한 값의 합으로 표시하되 인장강도는 정수자리 신장률은 유효숫자 2자리로 보고한다.

시험편이 4개일 때,

$$T_B \text{ 또는 } E_B = 0.5S_1 + 0.3S_2 + 0.1(S_3 + S_4)$$

시험편이 3개일 때,

$$T_B \text{ 또는 } E_B = 0.7S_1 + 0.2S_2 + 0.1S_3$$

시험편이 2개일 때,

$$T_B \text{ 또는 } E_B = 0.9S_1 + 0.1S_2$$

인장응력(modulus)은 시료를 일정한 신장률(伸張率)로 신장시켰을 때의 응력을 측정하는 것으로 보통 인장시험 도중에 100%, 200%, 300% 신장률에 속할 때의 하중을 측정하여 인장강도와 같이 계산한다.

$$M_n = \frac{E_n}{A}$$

M_n : 인장응력(kg/㎠)(n=100%, 200%, 300%)

E_n : n% 신장률 때의 하중(kg)

A : 시험편의 단면적(㎠)

인장시험편의 시험결과는 인장강도의 수치 끝맺음과는 달리 산술평균값으로 표시한다.

인장응력은 각각의 가로축에, 대응하는 응력을 세로축에 프롯트(plot)하고 절단시의 인장강도와 신장률을 끝점으로 하는 곡선을 응력 - 신장률 또는 응력 - 변형곡선이라고 하고, 곡선과 가로 축간의 면적은 그 고무의 탄성에너지를 표시하는 것이다.

3) 시험할 때 주의사항

(1) 시험편의 선정

시험편 따내는 카터(cutter) 칼날에 상처가 있거나 따낸 시험편의 단면이 깨끗하지 못한 것, 배합약품의 조립(組立) 등 이물, 기포가 있는 것, 두께가 불균일한 것(차가 0.1㎜ 이상) 등 부적당한 시험편을 선별하여 사용하지 않아야 한다.

(2) 인장속도의 영향

KS에는 500±25㎜/min(고리형은 300±15㎜/min)로 조정하여야 한다.

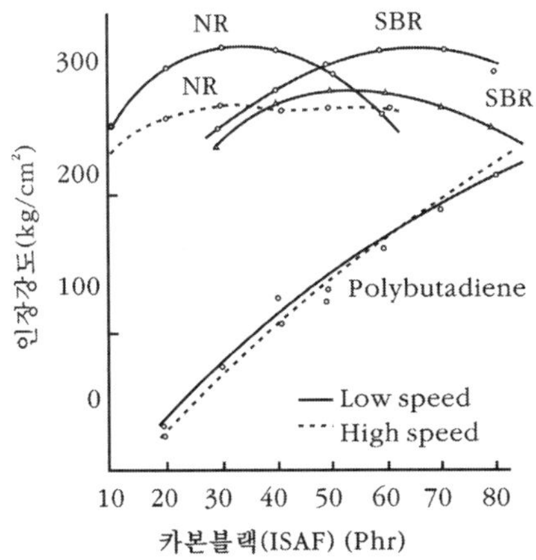

〈그림 3-18〉 NR,SBR,BR의 인장강도의 비교, 저속(500mm/min)과 고속(5m/sec)

일반적으로 인장속도가 빠르면 인장강도는 높아지고 느리면 반대로 낮아진다. 인장응력에 미치는 영향은 거의 적다. 최근에는 자동차의 고속화로 고속시의 타이어 파괴현상을 연구할 필요가 있어 고속인장시험(5~20m/sec)으로 파괴거동을 점검하기도 한다(그림 3-18 참조).

(3) 온도의 영향

KS에는 20~30℃에서 시험하도록 규정되어 있다. 합성고무에는 일반적으로 고온일수록 인장강도, 인장응력은 낮아지고 천연고무는 일반배합에서는 온도의 영향이 인장강도에 미치는 영향은 적으나 순고무배합에서는 0℃를 중심으로 고저온(高低溫)일수록 저하하는 특징이 있다(그림 3-19 참조).

(4) 실험편 집게의 영향

탄성물질을 확고하게 찝는 것은 어렵다. 인장강도가 큰 시험편은 너무 꽉 찝으면 찝는 부분에 상처가 생겨 척(Chuck)현상이 생기므로 활성과 같은 것을 바르면 효과적이다.

또 순고무배합 및 라텍스 제품은 4호형 시험편을 사용하면 효과적이다.

(5) 시험기기의 주기적 점검

진자식 인장시험기는 주기적으로 점검하여야 한다.

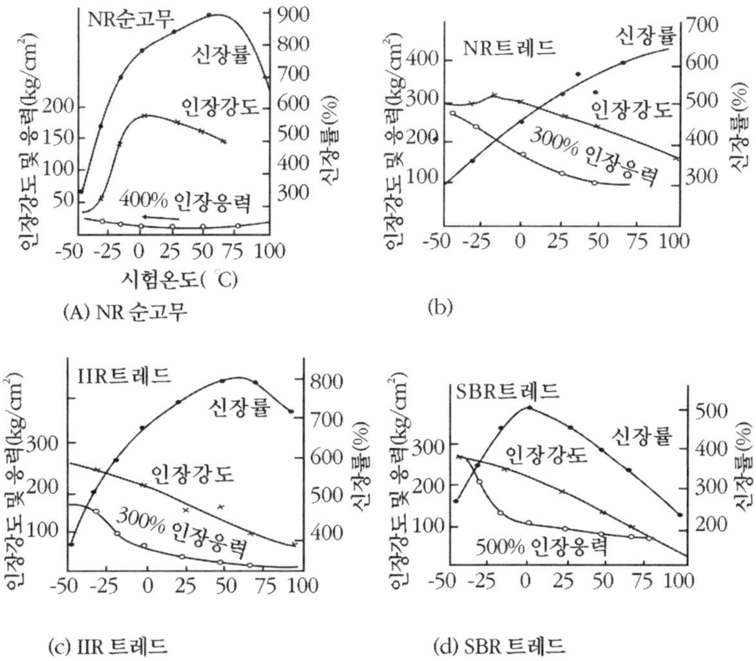

〈그림 3-19〉 각종 고무배합물의 인장시험과 온도의 영향

3. 저신장응력 시험

KS M 6518의 저신장 응력은 인장응력과 같은 방법으로 일정 신장에 대응하는 응력을 측정하는 것이지만 인장응력과는 달리 보통 50% 이하의 저신장시(低伸張時)의 응력(應力)을 구하는데, 이것은 고무 제품이 보통 10~50%에서 사용되는 점을 감안한 것이며 제품설계의 기준도 되고, 전단탄성률(剪斷彈性性率)이 계산되며 탄성이론에서 가황고무의 망목농도(網目濃度)와 전단탄성률의 관계로 가황도 판정의 척도로 된다.

$$\overline{\delta_\epsilon} = \frac{F_\epsilon}{A}$$

$\overline{\delta_\epsilon}$: ε% 신장응력(kg/㎠)

F_ε : ε% 신장시의 하중(kg)

A : 시험편의 단면적(㎠)

시험시의 주의사항은 시험편(1호형을 원칙으로 한다)의 검사에서 두께와 나비(표선간)의 차가 각각 0.1㎜를 넘지 않은 것과 인장속도 45±15㎜/min로 할 것과 특히 예비신장을 행하는 일이다.

예비신장은 1.5ε%까지 신장시켜 30초간 정지하고 30~60㎜/min로 수축하는 것을 2번 행한 다음 3번째 시험을 행하되 ε%까지 신장시켜 30초 후의 하중을 측정한다.

여기서 예비 가하중(加荷重)을 2회 행하는 이유는 가황고무에 고무 분자간의 2차 결합이나 충전제 표면에 고무분자의 흡착메커니즘 등을 한번 풀어서 재현성이 안정한 상태로 한다는 뜻이며 3회째에 거의 일정하게 된다. 그러나 합성고무에서는 3회로서도 충분하지 못한 것이 있음에 주의를 요한다.

4. 신장영구늘음 시험

고무를 신장시켰다가 수축시키면 정확하게 원래의 상태로 되돌아가지 않고 약간 늘어난 상태로 된다.

이 원래보다 늘어난 길이가 신장영구늘음률로서 고무 탄성에 관한 하나이다. KS M 6518에는 1호형으로 절단 신장률의 1/2로 신장시켜 10분간 유지시킨 후 급수축시키고 10분후에 측정한다.

$$E_P = \frac{l_1 - l_0}{l_0} \times 100$$

l_1 : 시험후 표선간의 길이(㎜)

l_0 : 시험전 표선간의 길이(㎜)

이때 인장속도는 15초간에 일정 신장이 되도록 당겨야 하고 절단 신장률의 1/2에 해당되는 길이(l_x)는,

$$l_x = l_0 + \frac{1}{2}(L_1 - l_0)$$

l_0 : 표선길이(㎜)

L_1 : 절단할 때의 표선길이(㎜)

로 계산되고 측정값은 2회의 산술평균이다.

신장영구늘음 시험 조건은 KS M 6518 이외에 기타 제품규격에 따라 KS에도 각각 다르다(표 3-6 참조).

〈표 3-6〉 제품별 신장영구늘음 시험 조건

규 격 명	신 장 률	신장기간	수 축 후 방치기간	비 고
항공기용 튜우브 (KS W 2511)	절단 신장률의 $\frac{3}{4}$	10분	10분	KS 1호
자전거용 고무튜우브 (KS M 6526)	3배	1분	3분	KS 1호
자동차용 부틸 고무튜우부 (KS M 6529)	1.5배 (104~110℃)	5시간	8~24시간 (상온)	KS 1호
실고무(KS M 6603)	절단신장률의 70%	10분	10분	길이 100㎜ 표선 40㎜

5. 인열시험

〈표 3-7〉 인열시험의 비교

형 별	국부집중 응력 개소	측정값	재현성	비 고
A형	절단길이 0.5㎜	대	약간 나쁨	ASTM B에 상당
B형	직각(90℃)	소	약간 좋음	ASTM C에 상당

인열시험은 마모시험(磨耗試驗) 다음의 어려운 시험이다. 특히 압출 또는 시이트 제품은 인열되기 쉽고, 인열강도가 적은 합성고무의 사용으로 더욱 중요성을 지닌다.

인열현상은 국부적(局部的)인 응력의 집중, 결정화(結晶化)에 의한 근방간(筋方間)

의 인열 등이 많다.

시험편은 A형과 B형(직각형)이 있으며 50㎜/min로 인장한다. 시험편의 모양 〈그림 3-20〉 및 측정값과 관계는 〈표 3-7〉과 같다.

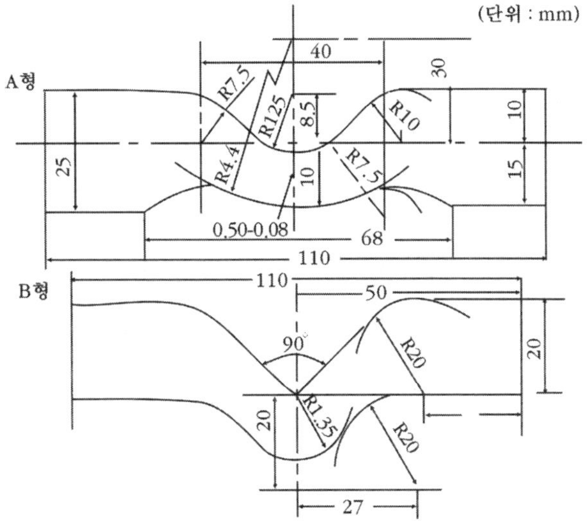

〈그림 3-20〉 KS의 A 및 B형 인열 시험편

1) 시험 결과에 미치는 요인

온도 및 속도에서 온도는 상승하면 노티티어(knotty tear)가 다소 커진다. 온도가 비상하고 인장 속도가 클수록 인열저항은 적어진다. 절단 깊이가 클수록 인열 저항은 적어진다. 두께는 2.3~2.8㎜를 원칙으로 하고 두께가 다를 때는 그 차이가 4회 측정평균치의 ±2%이내이어야 하며, 비교시험에서는 평균치보다 7.5이상의 변동은 없어야 한다.

인열강도는 측정값의 대소보다 인열(引裂)상태(응력집중 상태)를 관찰하는 것이 중요하다.

〈그림 3-22〉에 인열상태를 나타냈다.

여기서 A와 B는 강도가 약하고 인열의 전파에 요하는 힘은 거의 0에 가깝고 C와 D는 강도가 강하며 카본블랙 배합물이나 고온일 때 나타나는 노티티어 현상이다.

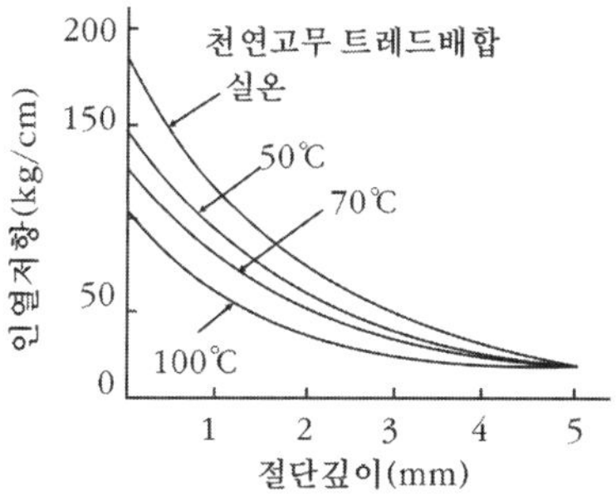

〈그림 3-21〉 KS의 A형의 온도 및 절단 깊이의 효과

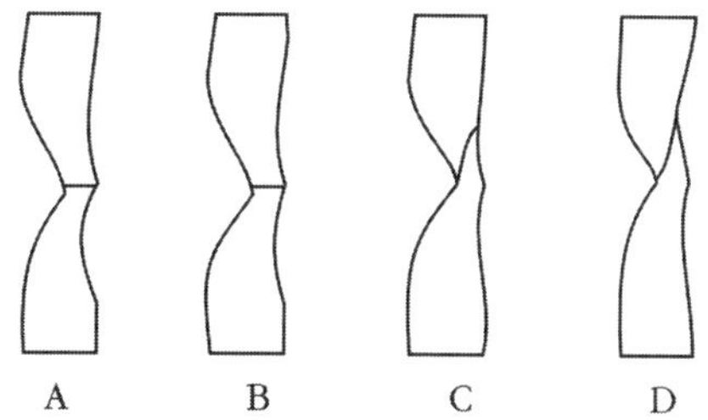

〈그림 3-22〉 KS의 A형 인열강도의 인열형태

6. 압축시험

압축시험은 인장시험과는 반대로 시험편을 압축하는 시험으로써 일정한 압축에 요하는 힘을 측정한다. 방진고무의 스프링 정수로 응용되고 있다(KS R 4026, 자동차 방진고무).

스프링 정수 측정기에는 응력-변위 곡선을 구하는 방법이 많다. 가황고무는 압축(壓縮)될 때 부피의 변화는 아주 적다.

그러나 압축되는 시험편의 형태에는 영향이 크다. 압축변형(壓縮變形)에 대한 저항은 다음 3가지의 혼성이라고 생각한다.

① 고무 본래의 강성(stiffness)

② 힘 방향에 직각인 표면 자유성의 결함 또는 부족으로 인한 강성

③ 시험편 형상에 따라 가해지는 강성

1) 압축면의 상태에 따른 영향

평행한 두판 사이의 시료를 압축할 때 압축면의 상태에 따라 응력-변위 곡선이 변화한다. 예로, 평행판에 접착된 것은 안전하고 압축면이 거칠수록 만족스런 결과가 얻어진다(그림 3-23).

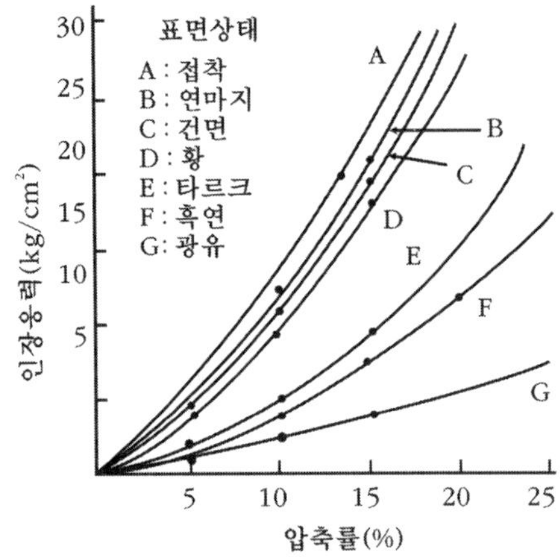

〈그림 3-23〉 압축면의 상태가 응력-변위독선에 미치는 영향

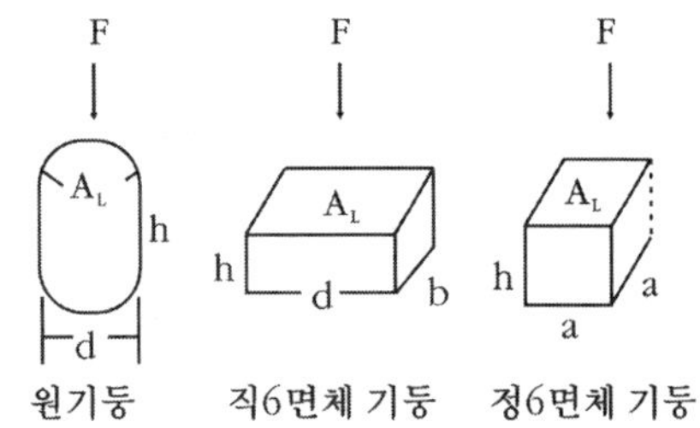

〈그림 3-24〉 상 사 율

2) 상 사 율(相似率, Simmilarity rule)

동일 배합에서 동일 조건으로 가황한 시험편은 상이형 압축(壓縮) 성질이 같다. 이것은 형상률로 생각해도 알 수 있다(그림 3-24).

그래서 실제 제품과 상이한 시험편이나 형상률이 같은 시험편을 만들어 압축시험(壓縮試驗)으로 스프링 정수를 구한다.

3) 형 상 률(形狀率, Shape factor)

평행한 수압면(受壓面)과 힘의 방향에 직각인 측면을 가진 시험편의 경우 형상률 S는 1개의 수압면적(受壓面積)과 고무가 횡(橫)으로 넓어질려는 자유표면적(自由表面積) A_F와의 비이다.

$$S = A_L / A_F$$

예를 들면

원기둥일 때 $S = \dfrac{d}{Ah}$

직 6면체일 때 $S = \dfrac{ab}{h(a+b)}$

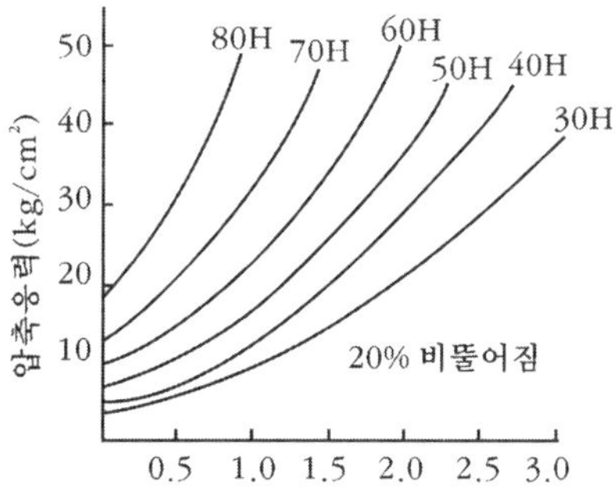

〈그림 3-25〉 압축시험에 미치는 형상률의 영향(H는 경도)

정 6면체일 때 $S=\frac{a}{4h}$

여기서 수압면적 A_L와 같은 원기둥과 각기둥을 비교하면 원기둥 쪽이 확실히 적다. 그래서 같은 F를 가하면 원기둥 쪽이 횡으로 넓어지려는 자유가 보다 제한되므로 결국 변형 Δh는 적어진다.

따라서 형상률이 같은 고무는 조성(組成) 및 가황조건이 같으면 압축성질(壓縮性質)은 같아지고 또 형상률이 다른 고무로부터 압축특성을 대량 환산할 수 있다(그림 3-25 참조).

실제 제품에서는 위에서와 같이 간단한 것이 아니고 복잡하다.

4) 스프링 정수

스프링 정수는 일정한 높이를 압축하는 데 요하는 힘으로서 kg/㎜로 표시한다.

탄성률은 단위 길이를 압축시키는 데 필요한 힘으로써 고무에서는 그 조성과 가황조건으로 결정되는 고유특성(固有特性)이다.

탄성률 ································$E=(F/A_L)\div(\Delta h/h)$

스프링 정수 ·······················$K=(F/\Delta h)=E\cdot\ A_L/h$(kg/㎜)

그래서 같은 고무는 고유 탄성률 E를 가지고 F나 A_L가 같을지라도 전술한 것처럼 원기둥은 각기둥보다 압축성 Δh도 적다.

즉 원기둥의 스프링 정수는 각 기둥의 스프링 정수보다 크게 된다. 그러므로 실험으로 구한 스프링 정수나 탄성률은 겉보가 스프링 정수 및 탄성률이다.

5) 스프링 정수 측정방법(KS M 6604 방진고무 시험방법)

방진고무의 정적(靜的) 스프링 정수 측정방법의 개요는 일반적으로 방진고무의 스프링 정수를 측정할 때 하중을 가하는 방향 및 시험하중의 하한(下限) P_1과 상한

(上限) P_2를 규정하고 있다.

하중 0에서 P_2까지 예비적으로 2회 하중을 가감하되 각 회마다 하중 0과 P_2간을 1분간에 오르내리는 속도로 한다. 3회째의 가황상태에서 스프링 정수를 측정한다.

먼저 하중 P_1에서 정지시켜 30초 후의 변위 $\delta(P_1)$을 읽고, 이어서 P_2에서 정지시켜 30초 후의 변위 $\delta(P_2)$를 읽고 양자의 변위차 $\delta(P_2)-\delta(P_1)$을 구하고 $K=\dfrac{P_2-P_1}{\delta(P_2)-\delta(P_1)}$으로 스프링 정수를 계산한다. 예비 하중을 2회 행하는 뜻은 저신장능력 시험에서와 같다.

6) 압축영구줄음 시험

KS M 6518에서 2매의 크롬 도금한 평행 금속판 사이에 시험편(두께 12.70±0.13㎜, 안지름 28.7±0.05㎜의 원기둥)을 넣고 두께의 25%에 상당하는 스페이서를 끼우고 열처리 한다.

열처리는 기어식 노화시험기 중에서 70℃에서 22시간(보통 NR) 또는 100℃에서 70시간(보통 합성고무)행하고 열처리가 끝나면 곧 압축장치에서 시험편을 꺼내어 30분간 실온 중에 방치 냉각시킨 후 두께를 측정한다. 처음 시험편을 끼울 때는 금속판을 시험온도로 충분히 가열하고 빨리 정착하여야 한다.

$$C_S=\frac{t_0-t_1}{t_0-t_2}\times 100$$

C_s : 압축영구줄음률(%)

t_0 : 시험편의 원두께(㎜)

t_1 : 압축장치에서 꺼낸 30분 후 시험편의 두께(㎜)

t_2 : 스페이서의 두께(㎜)

두께의 측정에 따른 오차가 크므로 규정된 측정기(50g, ϕ9.5㎜ 가압면)로 시험편의 중앙 1개소를 측정하여야 한다. 또 열처리에 있어서 70℃이상일 때는 산소에 의한 망목구조의 파괴 및 가교가 진행되므로 실온에서의 C_s와는 뜻이 다르다.

또 C_s값이 실온에서는 SBR＞NR이지만 고온에서는 SBR＜NR이 된다. 그러나 일정한 관계식은 없다.

7) 반발탄성 시험

시험기는 KS 및 JIS에는 Lupke식, ASTM에는 Goodyear Healey식, BS에는 Tripsometer식이 이용되고 있다.

하중 W가 높이 h_0에서 고무표면에 자유낙하되어 h_1높이만큼 반발되었다면 $W(h_0-h_1)$인 에너지 손실은 고무의 발열 등으로 변화된다. 반발탄성시험기에서는 h_1/h_0가 되는 양을 %로 표시하여 탄성으로 하고 있다.

그리하여 Lupke식에서는 낙하수직 높이 100㎜를 100등분하여 원고상(圓孤上)에 새긴 것이다.

KS시험방법에서는 끝(타격단(打擊端))이 반구형인 충격봉(길이 356㎜, ϕ12.7㎜, 무게 350g)이 4가닥의 실로 수평으로 매달려 있으며 자유현수(自由懸垂) 때 지침 0에서 타격단(打擊端)은 시험편 표면에 살짝 닿게 되어 있다.

시험편(압축영구줄음률 시험편과 같음)을 지지장치에 끼우고(압착 하중 3~4 kg), 눈금 100자리에서 자유롭게 3번 예비 타격시키고 4번째 반발높이의 수치를 반발탄성(%)으로 한다.

〈표 3-8〉 시험편 압착하중의 반발탄성에 미치는 영향(지지장치 없음)

시료 \ 압착하중	130g	1kg	1.7kg	4kg
N R (1)	78	77	77	80
N R (2)	69	67	66	68
S B R	51	49	49	50

측정값에 미치는 영향은 압착하중이다. 압착하중이 적을 경우에는 측정값이 낮아지고(표 3-8), 시험편 지지장치에 끼워 넣을 경우에는 시험편이 지지장치의 구멍에 꽉 죄이는 경우가 측정값이 낮아진다(표 3-9).

〈표 3-9〉 시험편 지지장치가 반발탄성에 미치는 영향

지지장치의 안지름(㎜) / 시료의 지름(㎜)	28.7	28.5	28.3	28.0	압착하중 1.7kg의 지지장치
A. 28.3	76	76	74	73	
B. 28.3	82	81	80	78	

※ 압착하중이 적으면 낮은 값을 표시하는 것으로 생각된다.

3번 예비타격한 후 4번째 반발탄성을 측정한다. 이때 예비타격은 저신장응력 시험과 스프링 정수시험에서와 같은 이유이고 부틸고무는 가끔 일정한 값을 얻기가 어려우므로 특히 예비타격 회수를 수회 더 늘릴 필요가 있다.

반발탄성 시험은 그림 3-26과 같다.

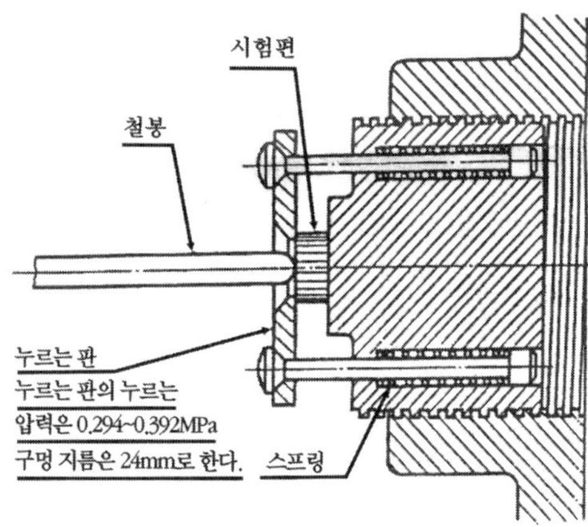

〈그림 3-26〉 반발탄성시험

8) 박리시험

KS M 6518의 박리시험은 고무와 섬유(纖維)가 밀착된 제품의 밀착력, 즉 서로 박리시킬 때의 힘을 측정하는 것으로 kg/㎝로 표시한다.

시험편의 형상에 따라 살펴본다.

(1) 직사각형 시험편

주로 타이어, 벨트, 고무인포, 고무로 입혀진 금속판 등에 적용되며 시험편의 크기는 나비 25.0±0.5㎜, 길이 100㎜이상으로 하고 박리속도(인장속도)는 50.0±25㎜/min이며 거의 180도로 박리된다(그림 3-27 참조).

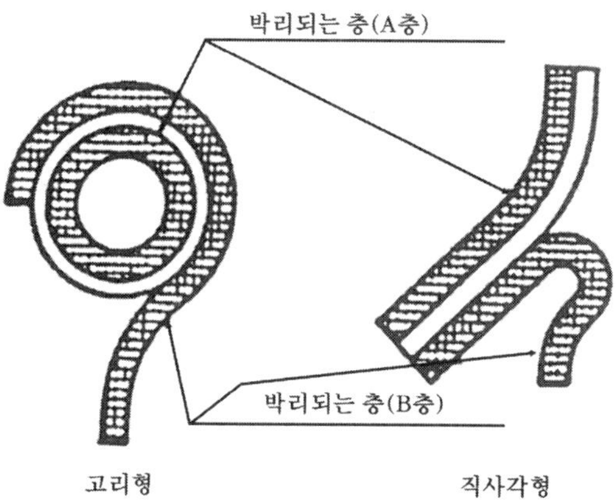

〈그림 3-27〉 박리시험

(2) 고리형 시험편

주로 호오스 등에 적용되며 길이 25.0 ±0.5㎜이고 박리 속도는 25.0±1.5㎜/min 이며 박리될 층과 90°로 박리시킨다.

다만 호오스의 안지름이 100㎜이상인 것은 절개하여 직사각형 시험편으로 한다.

또 호오스의 박리속도를 25㎜/min로 하지 않고 일정한 하중(3kg 또는 4kg)을 걸어 자연 박리되는 거리를 측정하는 방법(KS M 6540고무 호오스 시험방법)도 있다 (그림 3-27 참조).

9) 고무와 금속과의 접착시험

KS M 6518에 규정하고 있다. 고무가 방진고무나 건설 재료에 많이 사용되고 있고 현실에는 금속과 고무와의 접착시험이 중요하다.

현재 KS에는 원형 고무판과 고무와의 접착면을 수직 방향으로 박리하는 시험과 직사각형 금속판에 접착된 고무를 90° 방향으로 박리하는 시험을 규정하고 있다. 원형 금속판과 고무와의 접착시험은 두께 3.2±0.2㎜, 지름 40.56㎜의 원기둥형 고무의 양면을 지름 40.56±0.03㎜, 두께 9.53㎜, 이상의 원형 금속판(SS41)에 가황 접착시킨 시험편을 인장속도 25.0±1.5㎜/min으로 당겨,

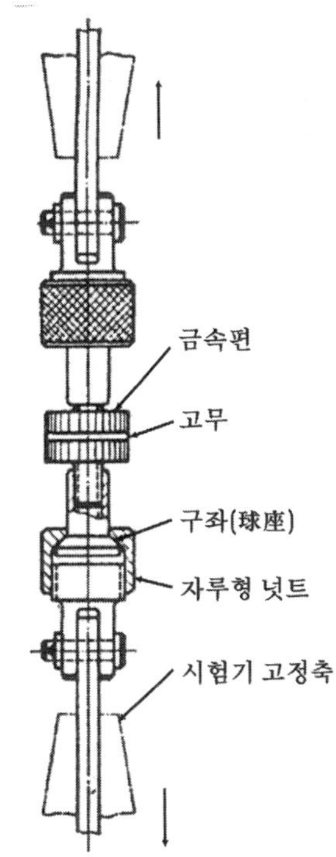

〈그림 3-28〉 엔형 금속판과 고무의 접착시험편 물리는 모양

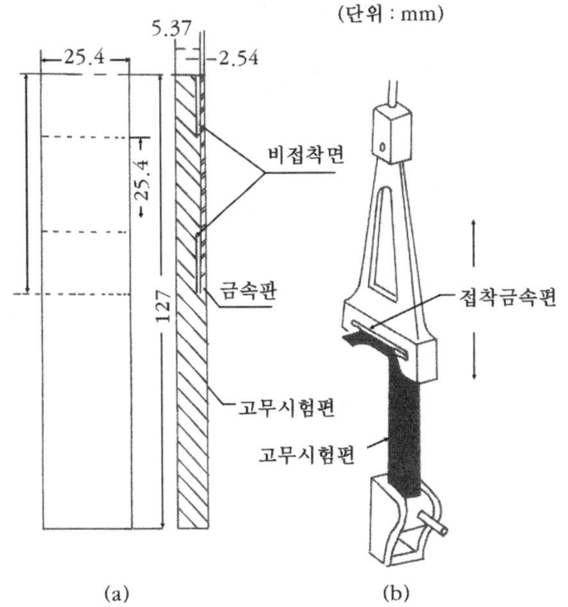

〈그림 3-29〉 직사각형 금속판과 고무의 접착 시험편(a) 및 물리는 모양(b)

$$\text{접착강도}(\text{kg/㎠}) = \frac{\text{최대 하중}(\text{kg})}{\text{첩착판의 단면적}(\text{㎠})}$$

로 계산한다.

이때 접착된 두 금속판은 평행되어야 하고 접착하는 면은 평활하여야 하며 인장할 때는 하중이 시험편의 중심에 걸리는 구좌를 사용하여야 한다(그림 3-28).

금속판에 접착된 고무를 90° 방향으로 박리하는 시험은 두께 5.37±0.13㎜, 나비 25.40±0.05㎜ 길이 60.3±0.8㎜의 직사각형 금속면에 대하여 나비 25.40± 0.05㎜, 길이 25.40±0.08㎜의 접착면이 금속면의 거의 중앙에 오도록 접착시킨 시험편을 사용하여 금속판을 박리방향과 직각이 되도록 유지시키고 고무가 아래로 인장되는 구조의 척크(chuck)를 사용한다(그림 3-29).

인장속도 50.0±2.5㎜/min로 당겨,

$$\text{접착강도}(kg/cm^2) = \frac{\text{접착강도}(kg/cm)}{\text{첩착판의 나비}(cm)}$$

로 계산한다.

성적은 각각 시험편 4개의 평균값으로 하고, 접착 파손의 종류와 그 비율(%)로 표시하여야 한다.

접착파손의 종류 표시 방법은,

① 고무부의 파단(기호 R)

② 고무부의 접착제 간의 파손(기호 RC)

③ 접착제 간의 파손(기호 P)

④ 금속과 접착제 간의 파손(기호 M)로 한다.

10) 노화시험

(1) 고무의 노화현상

상온서 자연노화(自然老化) 고온에서의 산화현상(酸化現象) 등으로 고무가 점착, 경화, 연화, 균열 등으로 물성이 저하된다.

(2) 촉진노화 시험

고무에 대한 산소의 작용은 예로 보진된다. 이러한 점을 충분히 고려한 각종 방법이 KS에 규정되고 있다.

가. 공기가열 노화시험(Gear식)

가장 일반적인 시험기로 열공기항온조(熱空氣恒溫槽) 중에 시험편은 걸고 회전시키면서 가열공기와 접촉 노화시킨다. 시험장치의 필요 조건으로는,

① 내부 공기가 1시간에 1회 순환되고

② 내부 온도 차는 조내(槽內) 중앙부에 대하여 ±2도 이내

③ 내용적 10mℓ당 시료 1g을 넘지 못한다.

또 시험할 때의 조건으로는,

④ 시험편의 두께 측정 및 표선 긋기는 노화전(老化前)에 행한다.

⑤ 인장시험은 시험편을 노화시킨 후 꺼내어 실온에서 16~96시간 이내에 행한다고 규정되어 있다.

ASTM에서는 두께 측정은 노화전, 표선긋기는 노화후로, BS에서는 두께 측정 및 표선 긋기를 모두 노화후로 규정하고 있다. 보통 큰 영향은 없지만 열수축되기 쉬운 시료는 다소의 영향을 미친다.

기어(Gear)식 시험기의 결점은 같은 조내(槽內)에 각종 시험편을 동시에 넣을 경우 시험에 함유된 노화방지제가 열로 기화되어 다른 시험편의 표면을 피복하므로 노화조건에 영향을 미치는 때가 있다.

이점을 개선한 것이 시험관 가열 노화시험 방법이다.

나. 가압산소 노화시험

시험편을 봄브(bomb)속에 걸고 산소를 압입(압력 21.0±0.7kg/㎠)한 봄브를 가열 용액(70±1℃ 또는 80±1℃)에 넣어 노화시킨다. 봄브에는 안전변(35kg/㎠)이 있어야 하고, 가열 용액은 물, 공기 등 산소에 대한 안전한 액체를 사용한다. 가열시간은 산소가 규정 압력이 되었을 때부터 24, 48, 72 및 96시간으로 한다.

용기의 용적에 대한 시험편의 무게 제한은 기어식과 같다.

다. 가압공기 가열 노화시험

b와 같은 기기를 사용하여 산소 대신에 가압 공기를 압입(壓入)한다. 시험 압력은 5.6±0.2kg/㎠' 시험 온도는 127±1℃로 하고, 시험편은 용기 100㎖당 1g으로 하며, 시험 시간은 8, 16, 24, 32 및 48시간으로 규정하고 있다. KS W 2511(항공기용 타이어 고무 튜우브)에 규정되고 있다. 일반적으로 가장 가혹한 노화시험이며 시험 시간은 3~8시간 정도로도 충분하다.

라. 시험관 가열 노화시험(Test tube식)

가열장치 유욕(油浴) 또는 금속 블록(block)이 사용되며 〈그림 3-30〉와 같이 시험편을 끼워 장치하고 시험 온도도 120±1℃, 150±1℃를 원칙으로 하되 필요에 따라 70±1℃, 15±1℃로 하며 8, 16, 24, 48, 72, 96시간으로 규정하고 있다.

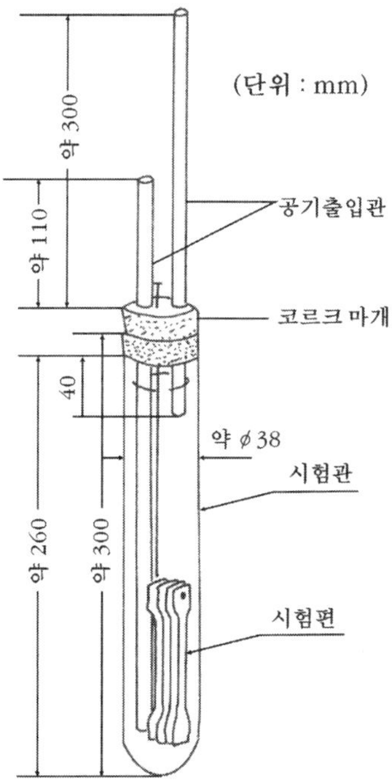

〈그림 3-30〉 시험관의 규격 및 장치 예

(3) 열노화 시험평가

인장강도(引張强度), 신장률(伸張率), 인장응력(引張應力), 경도(硬度) 등의 변화로 평가한다.

가끔 시험결과에서 인장강도가 상승하는 예가 많다. 즉 고무분자의 가교가 아직도 진행되고 있음을 뜻한다. 실제로 노화가 시작되고 있는 것으로 인장강도의 저하가 없다고하여 노화가 안된다고 판단하면 잘못이다. 각 계산식은 다음과 같다.

가. 인장강도, 신장률, 인장응력의 변화율

시험편이 4개일 때,

$$A_R = \frac{1}{4}\left(\frac{S_{21}}{S_{11}} + \frac{S_{22}}{S_{12}} + \frac{S_{23}}{S_{13}} + \frac{S_{24}}{S_{14}}\right) \times 100$$

$$A_C = A_R - 100$$

$$A_L = 100 - A_R$$

여기에서,

A_R: 노화후의 각 잔유율(%)

A_C: 노화후의 각 변화율(%)

A_L: 노화후의 각 저하율(%)

S_{11}, S_{22}, S_{23}, S_{24} : 노화전 시험편의 각 측정값의 크기순서
$S_{11} > S_{12} > S_{13} > S_{14}$로 배열한 측정값

S_{11}, S_{22}, S_{23}, S_{24} : 노화후 시험편의 각 측정값의 크기순서
$S_{21} > S_{22} > S_{23} > S_{24}$로 배열한 측정값

나. 경도의 변화

$$A_H = H_2 - H_1$$

A_H : 경도 변화(도)

H_2 : 노화후의 경도(도)

H_1 : 노화전의 경도(도)

(4) 촉진노화시험과의 자연노화시험과의 관계

고무의 자연노화를 가열공기 및 산소로 촉진시켜 단기간에 예측하려는 것이 그 목적일 뿐 열노화가 자연노화의 어느 정도에 해당되는가(자연노화 수명)를 추정하는 것은 위험하다.

즉 고온에서는 열열화(熱劣化)의 계수나 메커니즘이 달라진다. 따라서 기정 온도 이하에서 시험하여 시험기간을 단축시킬 수는 없다.

합성고무(SBR 등)는 실온에서 150℃까지는 일반적인 화학반응에 일치된다는 보고도 있지만 NR은 고온(70℃이상)에서는 산소에 의한 산화절단과 가교와의 균형이 무너지고 노화 속도는 아주 빨라진다.

11) 내유시험

내유성, 고무제품이 다방면으로 확대 사용됨에 따라 실용상의 성능체크로서 중요한 시험이다.

시험기는 시험관 가열 노화시험기를 사용하여 부피변화, 무게변화, 치수변화, 추출물의 무게와 인장강도, 신장률 및 경도의 변화를 측정한다(KS M 6518).

(1) 시험편

부피 및 무게변화 ………………………………… 20㎜×20㎜×2.00±0.1㎜두께

인장강도 및 신장률 변화 ……………………… 아령형 3호

경도변화 ……………………………………………… 시험전의 두께 12㎜이상

치수변화 ……………………………………………… 두께 2.01±0.15㎜로써 1~3㎠의 직사각형(단, 긴변이 50㎜이하)

(2) 시험온도 및 침지시간

−55℃, −44℃, −25℃, −10℃, 0℃, 23℃, 40℃, 50℃, 70℃, 100℃, 120℃, 125℃, 150℃, 175℃, 200℃, 225 및 250와 22, 70 및 166시간 중 선정한다.

(3) 시험용 표준 기름

시판 실용유(實用油)는 재현성(再現性)이 결핍되므로 표준 기름을 사용하여야 한다.

KS M 6518에는 ASTM, ISO, JIS와 마찬가지로 3종의 표준 기름을 사용하고 있다.

〈표 3-10〉 시험용 기름(윤활유)

시험항목 \ 기름종류	No. 1 기름	No. 2 기름	No. 3 기름
동점도(cSt)	18.71~21.05 (98.9℃)	19.19~21.52 (98.9℃)	31.96~34.18 (37.8℃)
아닐린점(℃)	124±1	93±3	69.5±3
인화점(℃)	244이상	246±6	166±3

가. 윤활유(潤滑油) ··································No. 1, No. 2 및 No. 3 기름(표 3-10 참조)

나. 연료유(燃料油) ··································A, B 및 C(표 3-11 참조)

다. 서비스유(서비스油) ····························No. 100 및 No. 101(표 3-12 참조)

〈표 3-11〉 시험용 기름(연료유)

(단위 : 부피 %)

기름종류	A	B	C
이소옥탄	100	70	50
톨루엔	-	30	50

〈표 3-12〉 시험용 기름(서비스유)

성분 \ 기름종류	No. 100	No. 101	비 고
No. 1 기 름	95	-	
탄화수소 혼합유첨가물	5	-	(염소 34±20무게%, 황10.8±1.0 무게%를 함유할 것
디-2-에틸헥실세바케이트	-	99.5	
페 노 타 이 진	-	0.5	2,3,5,6-디-벤조-1,4-티아진

최근 연료유(燃料油)는 옥탄 값을 높이고져 방향족 성분(芳香族 成分, toluene)의 비율이 많은 것을 사용하는 경향이 있어(톨루엔 60＋이소옥탄 40)도 시험용 기름으로 사용되는 경향이 있다.

(4) 시험방법 및 결과 정리

KS M 6518의 내용성 시험강조

(5) 내유 시험에서의 문제점

① 시험편의 크기 : 시험편 치수의 대소가 팽윤되는 것과는 일정한 관계가 나타나지 않고 있다. 다만 최고 팽윤은 시험편의 치수에 관계없이 거의 일정하며, 그 예를 〈표 3-13〉에 나타냈다. 또 시험편의 두께가 엷을수록 평형에 도달하는 시간은 짧다.

〈표 3-13〉 시료의 크기에 대한 영향(단 25℃ 벤젠) ΔV(%)

고 무	지 름(cm)	두 께(cm)	최대팽윤(%)	증가부분(%)
A	1.52	0.437	498	7.7
	1.64	0.437	496	5.0
	1.80	0.437	493	3.0
B	1.80	0.065	248	4.1
	1.80	0.41	252	3.0

② 빛의 영향 : 일광하에서는 팽윤곡선(澎潤曲線)에서 직선부분의 경사가 커지게 된다.

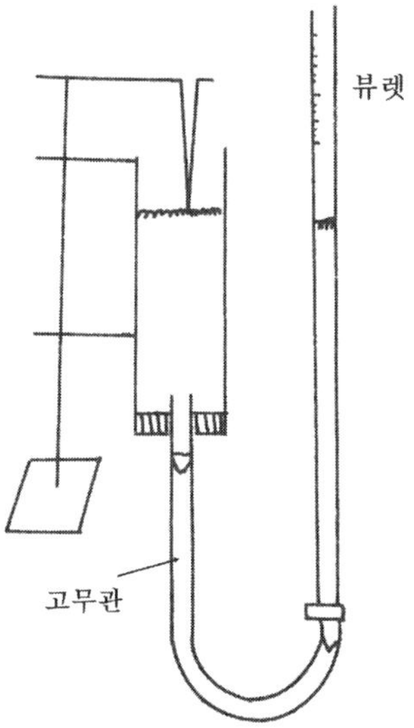

〈그림 3-31〉 부피 증가 측정 장치

③ 합성고무 또는 염화비닐과 같은 재질은 보통 기름이나 용제(溶制)에 용출(溶出)될 수 있는 성질의 가소제가 함유되므로 무게 변화를 측정하는 것은 불완전하므로 반드시 팽윤평행(澎潤平行)에 달한 후의 부피 변화를 측정하는 것이 바람직하다.

④ 혼합용제(混合溶劑)일 경우에 선택팽윤(選擇膨潤)되는 것도 있으므로 용액의 양과 시험편 크기와의 비교에 주의하여야 하는 바, 혼합유의 부피와 시험편 부피와의 비율이 15이상으로 하여야 한다.

⑤ 부피 측정법으로서 간단한 방법이 있지만, 〈그림 3-31〉은 다소 정확도(正確度)가 떨어지므로 많은 수를 측정할 때에 편리한 것이다.

⑥ 시판유로서 시험할 경우에는 재현성(再現性)이 적기 때문에 시험에 사용한 기름이 아닐린점과 점도를 측정하여 부기하는 것이 좋다.

점도에 대한 영향은 적지만 아닐린점에서 상당히 예민(銳敏)하다. 아닐린점이란 탄화수소유(炭化水素油)의 아닐린에 대한 임계 용액온도(溶液溫度)로서 방향족계유는 아닐린점이 낮다. 표준 기름에서도 같은 시료라면 고무의 팽윤성이 아닐린점에 거의 비례되므로 팽윤효과(膨潤效果)는 No. 1＜No. 2＜No. 3의 예로 커진다.

⑦ 최근에는 내유시험(耐油試驗)이 가혹(苛酷)하게 이용되어지고 고온에서 시험하는 것이 많아졌다.

이때는 부피 변화에 의하는 것보다 오히려 고무의 기계적 성질의 변화를 중요시할 필요가 있다. 이것은 고온에 있어서의 팽윤(膨潤)과 기계적 강도의 저하가 반드시 병행하지 않기 때문이다.

12) 내후시험

고무는 공기 또는 산소에 의한 열화(劣化) 이외에 일광에 의한 산화촉진(酸化促

進)과 오존에 의한 산화에 기인되는 균일현상이 있다. 내후(耐候)시험은 주로 앞에 2종류의 촉진 노화시험과 실외 폭로시험을 의미한다.

오존 균열과 자외선 균열은 혼동하기 쉽고, 또 실외에서는 오존과 일광이 공존하고 있기 때문에 균열현상 및 균열발생 메카니즘과 함께 시험방법의 상달점(相達點)을 명확히 하지 않으면 안된다.

(1) 오존 열화

일반적으로 고무제품이 정적(靜的)이든 동적(動的)이든 간에 불문하고 신장되어 있으면 공기 중에 미량(微量)으로 함존되고 있는 오존에 의하여 장시간 후에는 신장된 방향과 직각방향으로 균열이 생긴다.

이때 신장을 받는 방법에 따라 균열의 크기, 깊이 및 발생시간이 변한다. 대기중의 오존 농도는 미량일지라도 순간적으로 40pphm의 고농도(高濃度)로 되는 경우가 있다는 외국의 기록도 있지만 보통은 5~6pphm이하이다.

pphm란(parts per hundred million)의 약자로서 공기 $10^8 \ell$ 중에 오존이 몇 ℓ가 함유되고 있는가를 표시하는 것이다.

최근에는 석유화학공업이나 자동차 격증(激增)으로 도시 주변의 오존농도가 높아지는 현상이 나타난다. 그리하여 고무의 오존균열 시험이 각광을 받게 되었다.

고무제품은 거의 대부분이 약간의 신장을 받으면서 사용되므로(예로써는 전화 코오드 등) 장기간 후에는 오존 균열이 나타난다.

가. 시험방법

ISO, ASTM, BS, MIL(미), JIS 등을 참고하여 KS M 6518이 제정되어 있다.

① KS방법 : KS M 65189(가황고무 물리시험 방법)을 참조할 것

② ASTM D. 1149 : 65.5~81.9㎤(4~5ft^3)의 용적을 가진 시험내에 석영 수은등에서 발생된 오존을 보낸다.

내부 공기의 교반 혼합은 회전날개(回轉翼)의 지름 152.4㎜(6in), 날개(翼)의 경사가 20~30°인 펜을 1,700rpm의 회전속도로 작동하여 내부의 풍속을 30.5㎝/sec(2ft/sec)로하여 1분간에 그 용적의 3/4을 교환한다.

오존 농도는 50pphm, 온도는 50℃를 기준으로 하고 있다. 또 당사자 간에 조건을 선정할 수도 있다.

시험편에 여러 가지가 있고, 직사각형(1in×6in)은 20% 신장시켜 24시간 방치한 다음 오존 조내(槽內)에 놓아 둔다. 기타 루우프형 , 텔퍼형 등 ASTM D 518에 규정된 3종류의 시험편을 사용하고 있으며 상세한 것은 실외 폭로시험의 〈그림 3-39〉 및 〈그림 3-40〉을 참조한다.

시험결과는 균열 발생시간 및 적당한 시간마다 균열상황을 관찰 기록한다.

③ BS 903 Part A 23(1963) : ASTM D 1149와 거의 같으나 신장률은 10, 20, 30, 50 및 100%로 하고 오존 농도는 내 오존성이 약한 것은 25±5pphm, 강한 것은 100±10pphm, 중간 정도의 것은 50±5pphm으로 분류하고 있는 것이 특징이다.

④ 기 타 : ASTM D 1171에는 자동차공업부분, MIL T-12459 A에는 자동차용 타이어의 시험방법을 특히 규정하고 있으며, 여기에는 정적(靜的) 이외에 동적(動的)시험이 포함되어 있다.

나. 오존 농도 측정

오존 농도 측정에서 화학적인 방법은 귀찮을 뿐만 아니라, 측정오차가 크고 측정방법에 따라 그 결과가 상이하다는 것도 잘 알려져 있다.

〈그림 3-32〉 및 〈그림 3-33〉과 같은 특수한 흡수장치를 사용하여 시약 특급 KI 10%를 용해한 중성완충용액(Na2HPO 0.025 mol 2용, KH2PO4 0.025mol 1용)과 오존을 반응시켜 유리(遊離)되는 I2을 0.02N Na2S2O3 표준용액(標準溶液)으로 측정한다.

스프레이-제트(Spray-jet) 방식은 크라브티-캠프(Crabtee-Kemp)가 장악한 방법으로서 오존화 공기를 진공펌프로 매시간 0.025~0.30㎥의 속도로 끌어들여 노즐에서 KI용액과 함께 분무시킨다.

분무중에 O_3와 KI를 반응하게 하고, 다시 반응액을 트랩에서 노즐로 순환시켜 미반응(未反應) O_3가 완전히 흡수될 수 있도록 1시간 정도 계속 흡수시킨 후 티오황산나트륨 표준용액으로 적정한다.

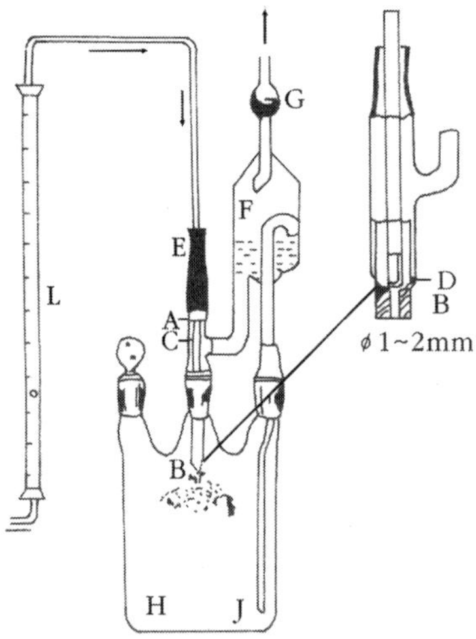

A : 노즐외관(오존화공기가 흐른다)
B : 토출부
C : 노즐내부(반응액이 흐른다)
D : 노즐내관의 토출부
E : 연결부(분무 조절하는 고무)
F : 상부 트랩
G : 트랩(유리솜으로 충전)
J : 사이폰(H에서 반응액을 F로 올린다)
H : 반응용기
L : 유량계(플로우미이터)

〈그림 3-32〉 스프레이 젯트식 오존흡수 장치

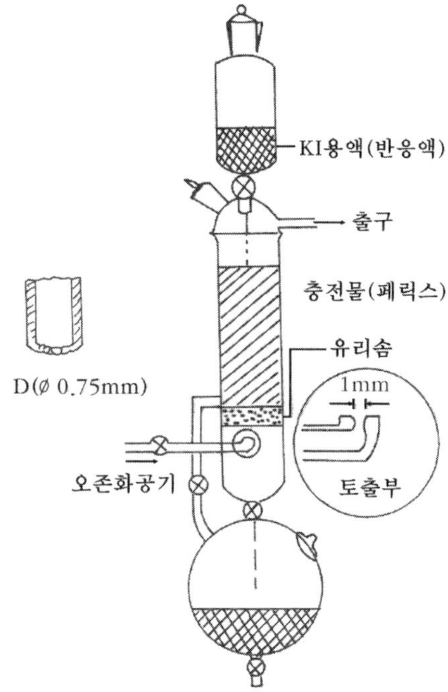

〈그림 3-33〉 카운터 커렌트(counter current)식 오존흡수장치

$$2KI + O_3 + H_2O \rightarrow 2KOH + O_2 + I_2$$

$$I_2 + 2Na_2S_2O_3 \rightarrow 2Nal + Na_2S_4O_6$$

이때 포집액(補集液) 내에 백금전극을 넣고 전압을 걸면 전극간에 이온전류가 흐르고 미반응 I_2가 있으면 전류가 최소화되기 때문에 적정의 종말 점으로 한다.

$$O_3 \text{ 농도} = \frac{1920 \times B \times N \times T}{F \times P \times t/60} \text{ (pphm)}$$

여기에서 B : 티오황산 나트륨의 소비량(㎖)

T : 시험온도(°F) + 460

t : 흡수시간(min)

N : 티오황산 나트륨의 농도계수

F : 유량계의 눈금(m^3/hr)

P : 기압(mmHg)

카운트 커렌트 방식은 베이스(Veith)씨가 개발한 것으로 스프레이-제트 방식의 흡수조절(吸收調節)의 어려움을 개량한 방식이다. 이것은 흡수탑(吸水搭) 내부에 유리제 페릭스 충전물로 채우고 하부에서의 오존화 공기와 상부에는 점적(點滴)되는 KI 완충용액이 충전탑 내에서 반응한다.

이상의 방식은 오존화 공기를 다량 필요로 하고 또 조작이 번잡하지만 KS에서는 정전류전해방식(定電流電解方式)을 채용하고 있다.

이 방법은 기상방면에서 사용되고 있는 에메르트(ehmert)방법을 개량한 것으로서 그 특징은 채취가스량이 극히 소량이므로 조내(槽內) 오존농도의 변동이 적으면 조작이 더욱 간단하게 된다.

이러한 여러 가지 방식으로 분석한 값은 거의 일치되고 있다.

다. 균열 평가

방생된 균열을 평가하는 방법은 어렵다. ASTM D 1149에서는 7배의 확대경을 사용하여 균열발생 시간에 따른 균열 상황을 관찰하도록 되어 있고 구체적인 사항에 관해서는 규정하고 있지 않다. BS에서도 구체적으로 규정하지는 않았다.

ASTM D 1171은 특수 시험편을 규정하여 2위의 확대경으로 관찰하고 등급은 4단계로 구분하고 있다. 그리하여 전시험시간 72시간을 3등분하여 최초 24시간의 등급을 100위에, 다음 24시간의 등급은 10위에, 최후 24시간의 등급을 1위에 표기하고 있는데, 예를 들면 013으로 표기되는 방법으로서 균열 성장도 동시에 추정할 수 있는 방법을 채택하고 있다.

KS M 6518에서는 〈표 3-14〉와 〈그림 3-34〉에 따라 균열을 평가하고 있다.

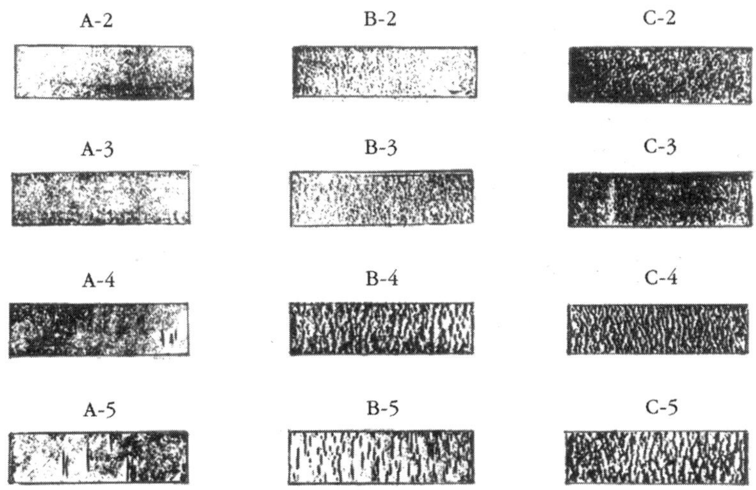

〈그림 3-34〉 KS M 6518의 오존 균열 평가 기준

〈표 3-14〉 오존 균열의 평가 기준

균 열 수	균 열 의 크 기 및 깊 이
A : 균열수 적음	1 : 눈으로는 보이지 않지만 10배 확대경으로는 확인되는 것
	2 : 눈으로 확인되는 것
B : 균열수 많음	3 : 균열이 깊고 비교적 큰 것(1㎜ 미만)
	4 : 균열이 깊고 큰 것(1㎜ 이상 3㎜ 미만)
C : 균열수 아주 많음	5 : 3㎜ 이상의 균열 또는 절단이 생기는 것

비고 : 1. 열화(劣化) 상태의 기록에는 균열수, 균열의 크기 및 깊이를 종합하여 표시한다.
2. 특히 시험편의 절단부에 발생하는 균열을 표시할 때는 기호 e를 사용한다.
보기 : eA-4
3. 균열이 없는 것은 0으로 표시한다.

이 방법에 의할 때는 A-2, B-5 등으로서 균열이 동시에 표시되어 편리하다.

라. 기타 문제

① 균열 발생시간 측정은 시료를 조외(槽外)로 꺼내어 확대경(擴大鏡)으로 관찰하여야만 하기 때문에 꽤 난점이 있다. 자주 꺼내면 조내(槽內)의 오존 농도가 변화한다는 것도 고려하여야 한다. 미리 예비시험으로 대략의 발생시간을

알고, 그 전 후 수회 관찰하는 것이 좋을 것이다.

② 창문으로 조내(槽內)에 있는 시료의 균열을 관찰할 수 있는 것이 가장 좋다(ISO 등).

③ 농도 분석을 매일 행하는 것이 원칙이지만 그 밖에 표준시료에 의한 농도 검사를 일상 행하고 있으면 편리하다.

④ 농도 분석을 자동화하고 더욱이 조절(調節)까지 자동화하는 방식은 가장 좋은 것으로서 영, 미 등에서는 잘 이용하고 있다(예로써 미국의 Mast社, 영국의 Hamp Den社).

⑤ 촉진열화(促進劣化)와 자연열화(自然劣化)와의 관계가 자주 다르지만 잘 알려진 것은 아니다. 한편 오존 농도와의 균열 발생시간에는 직접관계가 있으므로(2장 참조) 대기 농도(예로써 2pphm)로 결정하면 좋다. 이때 주의해야 할 것은 균열방지제를 배합한 고무에서는 직선성(直線性)이 성립되지 않는다는 것이다.

⑥ 동적 오존 촉진시험에 대하여는 전혀 규정된 것은 없지만 많은 문제가 있으며, 현재 시험에서 평가하는 정도가 좋다. 예로써 데 마티아(De Mattia)식 굴곡시험 등에 의한 보통 조건에서 행하면 변형도가 커진다. 시험편을 얇게 하고, 또 중심의 그루우브를 제거하는 등 적절한 방법을 취할 필요가 있다. 로스(Ross) 굴곡시험 정도가 적절하다는 보고도 있다. 동적반복신장(動的反復伸張)은 영구신장에서 쩝게간에서 시험편이 느슨해진다. 기타 MIL T-124-59에는 동적 장치가 규정되어 있다.

(2) 광(光)에 의한 열화

일관은 고무의 산화를 격심하게 촉진시켜 표면층(表面層)에 산화에 의한 비탄성피막(非彈性皮膜)을 형성시키고 더욱 진행되면 거북 등과 같은 균열, 초오크화, 변퇴색(變退色) 등의 현상이 일어난다. 그러므로 물성도 현저하게 변화하지만 실제로는 표면층뿐이고 내부는 약간만 열화된다. 오존 균열과 다른 점은 신장하지 않아도 일어나며 균열의 방향성이 없다는 것이다.

눈에 잘 띄는 이러한 현상의 한 예로, 자동차의 창고무 표면에 발생하는 망상구열(網狀龜裂)이다.

가. 웨더오미터(Weather-O-Meter)의 개요

① ASTM D 750-55T 태양광과 아주 비슷한 파장 분포를 가진 광원과 전류 전압의 조절, 조내(槽內)의 온도 및 강우(降雨)사이클의 조절이 가능하여야 한다. 조내(槽內)의 온도는 흑판(black panel) 온도계로 측정하여 63±3도이고 시험편 은 너비 76.2㎜(3in), 길이 152.4㎜(6in), 두께 0.64~0.76㎜(0.025~0.030 in)인 치수의 것을 사용한다. 분무용 물은 염소량의 유무를 확인하고 10~25℃의 음료용 깨끗한 물을 사용한다. 광원은 ASTM D 949에 따라 옥살산의 분해로 한다. 또 조내(槽內)에 오존이 발생할 우려가 있지만 이것은 NR 또는 SBR가황고무를 신장률 25%가 되도록 늘려서 오존 균열의 유무를 검토한다. 폭로(曝露) 전후의 인장시험 결과로 물성변화, 외관변화, 예를 들면 변퇴색, 균열, 블루움 등을 검토한다.

② Federal Spec. No. 601 7311 선사인 웨더오미터를 사용하며 시험편을 10% 신장시켜 폭로한다. 폭로의 온도는 45±5℃로 하며 외관 변화나 물성변화를 본다.

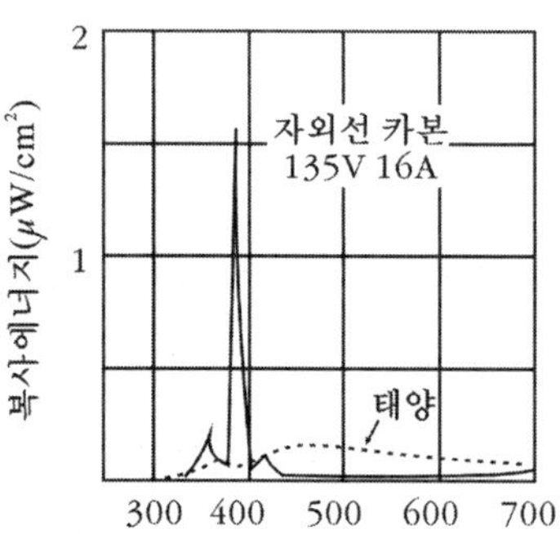

〈그림 3-35〉 자외선 카본

(단위 : mm)

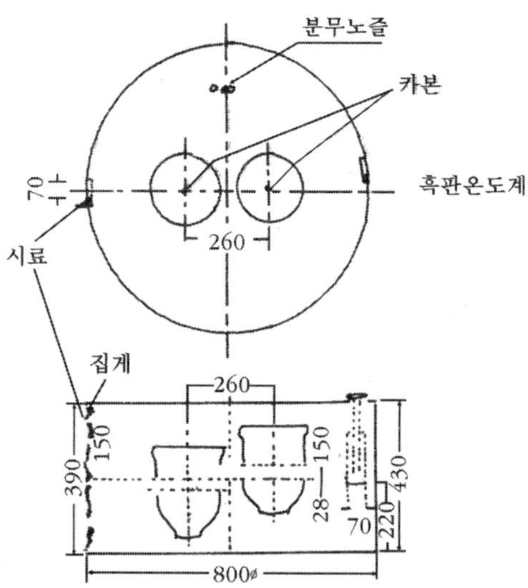

〈그림 3-36〉 자외선 2등식 웨더오미터의 주요부

나. 웨더오미터의 종류

웨더오미터는 현재 가장 일반적으로 사용되고 있는 것은 3종류가 있다.

① 카본 아크등(燈) 2기를 가진 것 : 광파장의 특성이 〈그림 3-35〉와 같은 것, 광원부의 개요를 〈그림 3-36〉에 나타냈다. 이것은 자외선(紫外線)부분이 대부분을 차지하기 때문에 일반적으로 자외선 카본 2등식이라고 한다. 아크등은 전압 135V, 전류 14A로 한다.

② 카본 아크등 1기를 가진 것 : 광파장은 〈그림 3-37〉에 나타낸 특성을 가진 것, 아크등은 전압 50V, 전류 60A로 한다.

파장 분포가 가시부(可視部) 즉장파장부가 많기 때문에 선사인식이라고 부른다. 〈그림 3-38〉 에 광원부에 개요를 나타낸다. 어느 것이나 온도, 습도 조절기가 붙은 것과 안 붙은 것이 있다. ASTM E 42-64에서는 다시 상세하게 분류하고 있다.

③ 크세논 아크식 : 광원으로 크세논 아크 등을 사용하고 파장 분포가 태양광선에 유사하고, 또 조사 강도가 안정하다.

다. 촉진시험에서의 주의사항

① 흑판 온도계의 보정 : 이 온도계는 흑판온도계로서 방사열(放射熱)을 측정한

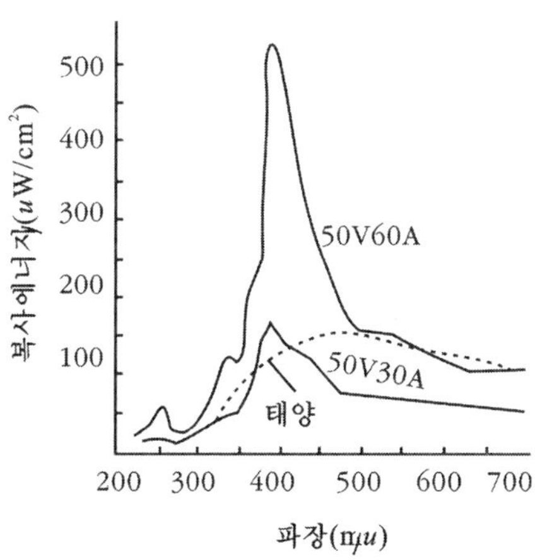

〈그림 3-37〉 선사인 카본

(단위 : mm)

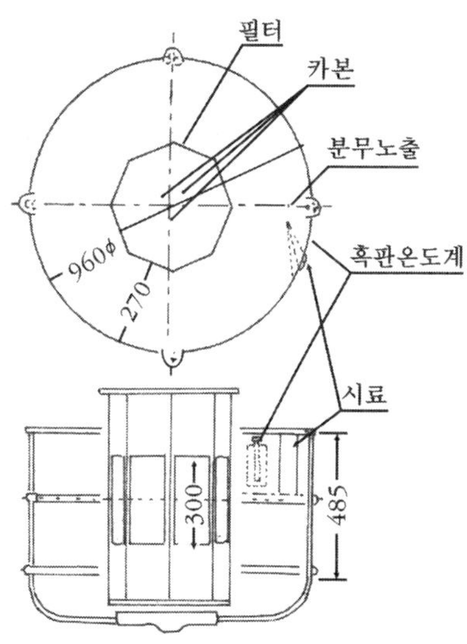

〈그림 3-38〉 선사인식 웨더오미터의 주요부

다. 거칠어지기가 쉽고 표면의 흑연에나멜이 낡거나 온도 표시면의 침수 등으로 정확한 온도를 표시하지 못하는 경우가 많다. 보정방법으로서는 먼저 온도 지시판만을 남기고 항온수중(恒溫水中)에 담거 수침 표준온도계와 비교한다. 이것은 간단한 것이므로 상시 행하여야 한다. 또 표준 흑판 온도계를 준비하여 두고 수시로 웨더오미터 내에서 사용상태에서의 비교보정(比較補正)을 행한다.

첫 번째 검사에서 정확한 것이 두 번째의 검사와 차이가 있으면 방사열 측정(放射熱 測定)이 불완전 한 것을 나타내고 있다.

② 기종(機種)에 따른 열화의 정도의 차이 : 앞에 3종의 것으로서 고무재질에도 관여되지만 열화판정(劣化判定)의 척도를 인장시험에 둔다면 자외선(紫外線) 카본 2등식이 선사인식에 비하여 열화도(劣化度)가 크고 변색도도 크다고 보고되고 있다. 그러나 이와 같이 속결하는 데는 문제가 따른다. 예로써 방사온도계(放射溫度計)로서 양기의 온도가 같을지라도 조내(槽內)의 온도는 자외선카본식이 높은 경우도 있으므로 배교할 때도 충분히 주의하여야 한다.

(3) 옥외폭로 시험

옥외폭로(屋外暴露)시험은 오전 열화 및 광열화(光劣化), 촉진시험에 대비하여 행하는 것이 좋다.

특히 열노화 촉진시험에 대비되는 자연노화가 장시간을 필요로 한데 비하여, 옥외 폭로는 오존열화나 광열화에서도 1~2개월 정도로서 대략의 결과를 알 수 있으므로 옥외폭로 시험을 권장하고 있다. 그러나 시험을 행하는 데 있어서 열화특성을 음미할 필요는 있다.

가. 일반 주의사항

오존 열화를 조사하는 데는 신장이나 굴곡이 필요하며, 또 광의 조사(照射)를 처음 받게 되면 고무의 표면에 비탄성 산화피막(酸化皮膜)이 급격하게 형성되어 오존균열의 발생은 아주 늦어지게 된다. 흑색고무에서는 이러한 영향을 볼 수 없지만 담색 특히 백색 고무에서는 이 경향이 아주 심하게 나타난다.

그래서 담색 고무 배합물의 오존 균열을 조사할 때는 반드시 통풍이 양호한 일음(日陰)에서 굴곡폭로하여야 한다. 그런데 후술하는 시험방법에서는 이점이 혼동되고 있다.

나. 시험방법

ASTM D 518에는 A,B,C 3방법이 규정되어 있고 실외 시험에서는 남향 45° 각도에서 신장폭로시키고 적어도 1일 1회 열화상태(劣化狀態)를 관찰한다. 이 시험편은 오존 촉진 열화시험에서도 사용되며 A방법은 보통 직사각형, B방법은 로우프형(그림 3-39), C방법은 텔퍼형(그림 3-40)이다. C 방법은 텔퍼형이므로 각 부분의 신장이 다르고 따라서, 임계신장률(臨界伸張率)과 신장률 상위(伸張率 相違)에 의한 균열 상항의 차를 1매의 시험편으로 알 수 있는 편리점이 있다. 각부의 신장은 중앙에 표선을 긋고 실측하면 된다. B 방법의 루우프형은 정부(頂部)에서 측면으로 감에 따라 신장이 변하고, 고무 경도의 정도에서 정부의 신장도 다른 결점이 있다.

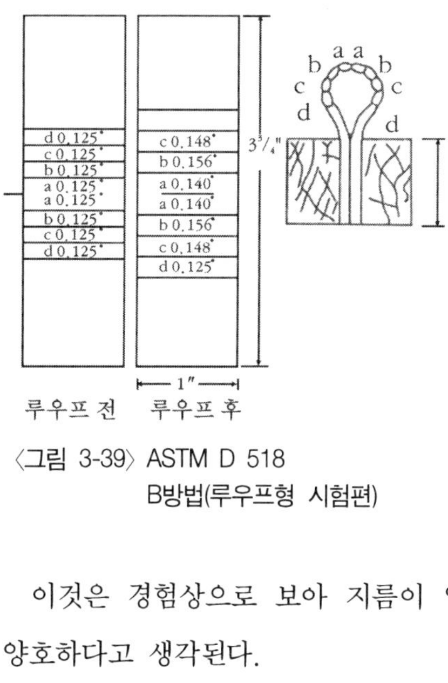

〈그림 3-39〉 ASTM D 518 B방법(루우프형 시험편)

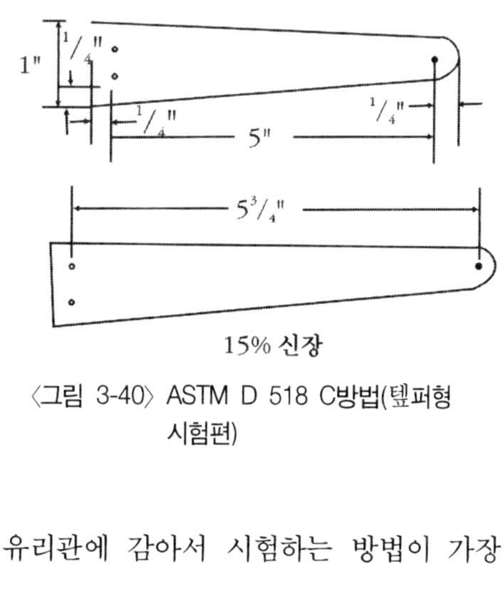

〈그림 3-40〉 ASTM D 518 C방법(텔퍼형 시험편)

이것은 경험상으로 보아 지름이 일정한 유리관에 감아서 시험하는 방법이 가장 양호하다고 생각된다.

A 방법은 직사각형 시험편을 신장폭로하기 때문에 오존균열로 찝게 부분이 파단하기 쉬운 결점이 있으며, B방법이 가장 양호하다고 생각된다.

다. 무신장 폭로(無伸張 曝露)

위의 b는 신장폭로로 행하기 때문에 오존 균열과 일광에 의한 균열이 섞여 있어 2가지 열화의 결함으로 평가한다. 그러나 일반적으로 광열화(光劣化)를 조사하는데는 무신장폭로쪽이 합리적인 것으로 폭로전후의 인장시험 결과로서 평가하는 일이 많다. 다만 이때 고무판을 그대로 폭로시킬 때와 아령형 시험편을 폭로시킬 때는 그 결과가 크게 달라진다는 것에 주의하여야 한다.

라. 옥외폭로와 촉진열화 시험과의 상관성

지역차(地域差), 계절차(季節差)가 크게 다르기 때문에 오존 열화의 경우에나 광열화의 경우에도 옥외폭로와 촉진시험과의 비교는 간단하지 않다.

13) 내한시험

근년에는 고무제품의 용도 범위가 점차로 확대되고 또 가혹하여져서 내유(耐油), 내열(耐熱), 내한(耐寒) 등의 제성질을 함께 요구하고 있다. 저온에서도 마땅히 화학적 변화는 적고 물리적 변화가 주지된다. 고무의 저온 시험은 이직까지 다른 시험과 비교해 볼 때 유럽에 비하여 한국이나 일본에서는 그 발달이 늦은 것 같다.

(1) 시험 준비사항

가. 냉 욕(冷浴)

일반적으로 3가지로 분류할 수 있다. 첫째는 냉동기로 공기를 냉각시켜 저온실내로 순환시키는 방법이고, 둘째는 드라이 아이스에 의한 냉탄산가스 및 공기와의 혼합가스를 저온조내로 순환시키는 방법인데 이상의 두 방법이다. 셋째는 에탄올 또는 아세톤 등의 액체에 드라이아이스 조각을 넣고 교반하여 액체를 냉각시키고 그것을 냉욕으로 하는 습식방법이다. 저온 처리기간이 단시간일 때는 액욕에서 처리하여도 고무에 별 영향은 없지만 장시간일 때는 반드시 건식법으로 처리하여야 한다. 시험편이 열평행(熱平行)에 달하는 시간은 습식(濕式)이 가장 빠르고 건식은 늦다.

교반을 행하지 않을 때는 온도평행시간이 늦어지고 열 분포차도 크므로 반드시 행하여야 한다.

나. 시험편의 상태조절

시험편의 상태조절은 시험하는 의의에 따라 달라진다.

① 단순온도효과를 보기 위해서는 시험편을 평균온도에 달하게 하면 된다. 장시간을 저온처리하거나 변형된 그대로 처리하여서는 안된다. 〈표 3-15〉는 열평형시간을 나타낸 것이다.

〈표 3-15〉 10℃차일 때(공냉, 교반없음) 시료의 표면과 중심과의 온도차 및 평형도달 시간(100℃차일 때는 비례로 구함)

표면과 내부의 온도차(℃)	필요한 시간(sec)		
	ASTM D 1053 시험편	두께 2.54㎜ 쉬이트	높이 3.81㎜, 지름 19.05㎜의 원기둥
1.0	225	522	1740
0.5	332	682	2250
0.2	433	888	2940
0.1	510	980	3420

② 결정화를 보기 위해서는 시험편을 두 중합체의 최적결정화온도(最適結晶化溫度)에서 장시간 방치하거나 변형시킨 그대로 유지시켜 시간의 경과에 따른 경도(硬度)의 증대를 보는 것이 좋다. 저온압축영구줄음을 측정(KS M 6670)은 그 좋은 예이다.

③ 가소제의 시간효과를 볼 때는 보통 결정화속도가 높은 특히 취화점보다 약간 높은 온도에서 장시간 방치하는 것이 좋다. 보통 취화점보다 5℃정도 높은 온도가 권장되고 있다.

④ 유리화 온도(二次轉移溫度)는 보통 팽창계 등으로 측정하지만 측정하기가 아주 어려우므로 동결온도나 취화온도를 측정하는 것이 좋다. 이때는 온도만에 의하기 때문에 일반적으로 시험편을 열평형시키는 것이 좋다.

(2) 시험방법의 분류

측정할 성능에 따라 다음과 같이 3종류이다.

① 유리화 온도에 상당하는 취화온도를 측정하는 충격취화(衝擊脆化) 시험

② 경도 및 인장응력의 변화를 측정하는 시험

③ 저온에서 고무의 유동성, 예로 크립이나 응력완화, 신장영구늘음률이나 압축영구줄음 등의 시험편 성능을 측정하는 시험이다.

이러한 방법은 시험편의 상태조절의 취급방법에서 단순온도효과, 결정화 효과, 가소제의 시간효과 등의 측정 수단도 된다.

가. 위화점(脆化點) 측정

측정방법으로서 KS M 6676 및 ASTM D 746-58T와 KS M 6614 및 ASTM D 736-54T의 두 방법이 있으며, 전자는 보통 50% 파괴되는 Tb값을 계산하거나 또는 시험온도에서의 파괴된 %를 기록하고, 후자는 지정 온도에서 합격 또는 불합격을 결정한다.

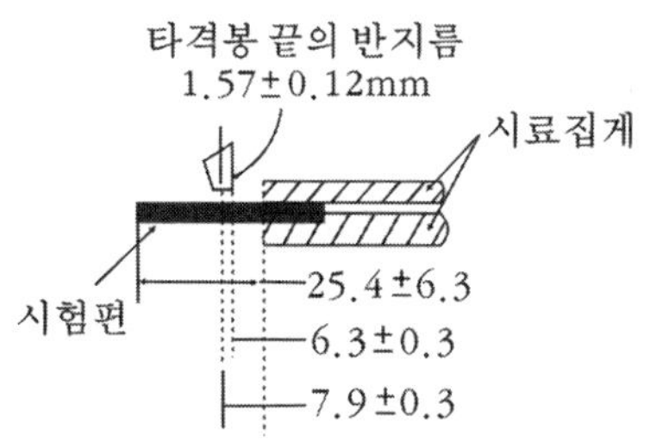

〈그림 3-41〉 시료 집게구와 타격봉의 치수

① 충격취화온도 측정 : 현재까지 가장 재현성이 좋은 방법으로서 가장 중요한 점은 충격의 선속도(線速度)이다.

이 측정방법의 개요를 〈표 3-16〉에 나타냈다. 또 〈그림 3-41〉에 시료 집게와 타격단과의 관계를 나타냈다. 장치로서는 모터형과 솔레노이드형이 있지만 본질적인 상이점은 없다. 선속도를 일정하게 할 수 있는 적당한 측정 장치를 붙인다면 가장 재현성이 좋을 것이다.

〈표 3-16〉 KS M 6676(ASTM D 746-58T)의 개요

시험편의 크기(㎜)	길이 25.4±6.35(1.00±0.25in) 너비 6.35±0.508(0.25±0.02in) 두께 1.905±0.254(0.75±0.010in)
충격속도(m/sec)	1.8~2.1(6~7ft/sec) (모터 또는 솔레노이드)
시험편 침지시간(min.)	3±0.5(냉욕중)
시험편 수	같은 시험온도에서 10개
Tb 계산식(50% 파괴)	$Tb = Th + \triangle T(\frac{S}{100} - \frac{1}{2})$

주) Th : 전 시험편이 파괴되는 최고 온도(℃)
ΔT : 측정에 사용한 온도 상승 간격(℃)
S : 무파괴에서 전수파괴에 이르는 각 온도에 있어서 파괴 %의 총합.

파괴로 인한 구열(龜裂)의 유무 판정은 이 시험에서는 가장 곤란한 것이다. 보통 완전하게 분리되지 않아도 시험편을 똑같은 방향으로 굴곡시켜 육안으로 대략의 균열을 살핀다. 〈표 3-17〉은 합성고무 가황물의 취화점 측정 예이다.

〈표 3-17〉 취화온도(Tb) 측정결과(일정 온도에서 시험편 수를 5개로 할 때)

고무	측정온도(℃)	파괴수	무파괴수	50% 파괴온도 계산	Tb(℃)
CR	−45 −43 −41 −39 −37	5 4 1 1 0	0 1 4 4 5	$Tb=-45+2(\frac{200}{100}-\frac{1}{2})$ $=-45+3.4$ $=-41.6$	−42
NBR	−39 −37 −35 −33	5 4 2 0	0 1 3 5	$Tb=-39+2(\frac{220}{100}-\frac{1}{2})$ $=-39+3.4$ $=-35.6$	−36
NR	−58 −57 −56 −55	5 4 1 0	0 1 4 5	$Tb=-58+1(\frac{200}{100}-\frac{1}{2})$ $=-58+1.5$ $=-56.5$	−57
SBR	−60 −58 −56	5 2 0	0 3 5	$Tb=-60+2(\frac{140}{100}-\frac{1}{2})$ $=-60+1.8$ $=-58.2$	−58
IIR	−47 −46 −45	5 1 0	0 4 5	$Tb=-47+1(\frac{120}{100}-\frac{1}{2})$ $=-47+0.7$ $=-46.3$	−46

② ASTM D 736-54T : 시험전은 ASTM die C형을 사용하여 평형금속관의 간격을 6.35㎝로 유지시켜 시험편을 고정시키고 지정온도에서 5시간 유지시킨 후 수동핸들로 될 수 있는 대로 빠르고 스므스하게 상판을 아래로 눌러 평행판 간격을 2.54㎝로 줄인다. 시험이 끝나면 시험편을 꺼내어 균열상태를 관찰한다. 이 방법은 완전한 것은 아니지만 간단하게 저온 취화성을 볼 수 있으므로 구입시험에 잘 이

용된다.

KS에도 오일시일, 자동차용 창고무, 고무팩킹재료 등에서 규정하고 있다.

나. 경도측정

저온에서 고무의 경도를 측정하는 것은 용이하게 행하는 일반적인 시험이다. 그러나 경도를 측정하기 위해서는 경도시험기도 시험편과 함께 저온상태로 조절하여야 한다. 취급이 편리성이나 저온에서의 마찰증대 등을 고려한다면 스프링식 경도시험기가 좋을 것이다. 다만 현재의 스프링식 경도시험기는 저온용으로서 최대 하중이 적어지기 때문에 범위를 넓이는 쪽이 양호하다. 경도를 측정할 때 상온에서는 별 문제가 없지만 저온에서는 여하튼 쇼아크리입이 문제된다. 이것은 어느 온도 영역으로 되면 고무는 탄성을 잃고 점성이 증가되어 소위 피혁상태로 된다. 그래서 경도 시험기의 순간눈금과 1분 후의 눈금의 차가 커진다. 이것은 동결온도 부근에서는 물론 크리입은 적어진다. 그리하여 경도를 측정할 때 크리입과 온도와의 관계를 측정해 두면 그 중합체의 저온에서의 성상을 추정하는 데 도움된다. 미지 시료에서도 이러한 여러 가지 성상을 조사해 둠으로써 중합체를 어느 정도까지는 추정할 수 있다.

다. 인장시험

저온에서 절단 인장강도와 신장률을 측정함은 어떠한 의미가 있을 것인가? 강성(剛性)을 측정하기 위하여 100% 또는 200% 신장시의 인장응력을 측정하는 것은 의미있는 것이다. 즉 강성시험(剛性試驗)의 일부이다. 100% 인장응력은 경도 측정과 어떤 관련이 있다. 인장속도의 대소는 상당히 큰 영향을 가지고 있다. 상온에서 응력완화의 영향을 받는다는 것은 앞에서 기술하였으며, 저온에서는 이 영향이 더욱 크다는 것은 물성상으로 고려되어야 할 것이다. 또 인장에 의한 발열도 영향이 될 것이다. 〈표 3-18〉은 NR가황고무의 저온 인장시험 결과이다.

〈표 3-18〉 천연고무 가황물의 저온에서의 인장응력, 경도 및 취화시험

배합별	항목 \ 온도(℃)	+25	−10	−35	−45	취화점(Tb)
Ⅰ	H_S(도)	37	39	41	58-45-43*	−59℃
	T_B(kg/㎠)	280	335	353	402	
	E_B(%)	679	630	589	598	
	M200%(kg/㎠)	8.3	9.1	12.0	12.0	
Ⅱ	H_S(도)	48	46	53	60-57-55*	−61℃
	T_B(kg/㎠)	325	380	405	△41	
	E_B(%)	602	542	505	511	
	M200%(kg/㎠)	28.2	36.0	41.7	51.5	
Ⅲ	H_S(도)	58	61	63	74-69-67*	−61℃
	T_B(kg/㎠)	274	314	359	374	
	E_B(%)	484	453	411	405	
	M200%(kg/㎠)	62.2	81.0	113	119	

주) ※ 58-45-43은 순간-5초 후-10초 후의 경도 시험기의 눈금을 표시
배합 : NR 100, ZnO 5.0, 스테아르산 3.0, 황 3.0, 가황촉진제 CBS 0.8, 노화지제 D 1.0, 프로세스유 3.0, 카본블랙 SFR Ⅰ(0), Ⅱ(25), Ⅲ(50)

최근 레올로지의 진보로 SBR등 비결정성 고무의 파괴강도는 시간온도 환산측(換算側)이 성립된다는 것이 입증되고 있다. 즉 변형속도를 크게 한 것은 저온에서 시험한 결과와 같은 값이 된다. 따라서 저온에서의 인장강도나 마모는 고속시의 거동(擧動)에 대응하는 것이고 보면 저온 인장강도의 의의는 상당히 확장되어 중요한 것이다.

라. 저온압축 영구줄음률

압축영구줄음률은 저온과 고온 양영역에서는 큰 값을 나타내고 상온에서는 최소값을 나타냄은 앞에서 설명하였다. 결정화되는 경향이 있는 고무일 때는 저온압축영구줄음률은 시간의 경과와 함께 점차 큰 값을 나타낸다. 이 시험은 p.333의 6. 압축시험에 기술한 압축영구줄음 시험과 똑같이 하면 된다. 다만 점은 열처리 대신에 저온처리를 행하고 저온처리가 끝나면 저온조 내에서 다른 압축장치에서 시험편을 꺼내고 10초 후 및 30초 후 때 시험편의 두께를 측정한다. 두께 측정기와 두께 측정 부위는 압축영구줄음시험과 똑같이 하면 된다. 〈표 3-19〉에 각 합성고무 가황물의 저온압축 영구줄음률 값을 나타내었다. 결정화 경향이 큰 고무의 압축영구 줄

음률 값의 경시변화는 특히 흥미있고, 또 유리화 온도 영역의 압축영구줄음률 값은 이상하게 크다는 것을 알 수 있다. 저온압축 영구줄음률은 상온으로 회복되면 거의 원형으로 회복된다.

〈표 3-19〉 가황고무의 저온 압축영구줄음률 (−32℃, 35% 압축)

고 무	15hr.	24hr.	48hr.	72hr.
I I R	17.8	23.2	22.2	23.0
NBR(고니트릴)	90.5	97.7	95.0	95.9
S B R	20.5	22.4	20.1	20.3
C R	18.3	28.1	59.0	80.4
B R	15.9	20.1	20.1	17.8
N R	15.3	27.6	30.8	42.6

마. Gehman stiffening 시험(ASTM D 1053-73)

시험편의 위쪽에 연결된 표준 와이어에 관련된다. 시험편은 냉욕에 침지시켜 일단을 고정시키고 상부는 표준와이어에 연결되어 있다. 일정한 각도의 뒤틀림(twist)을 표준 와이어의 두부에 가하면 일정한 토오크(torque)가 시험편 상부에 부여되어지는 것이다. 이 시험에서는 먼저 시험편을 23도로 평형에 달하게 하고(일반적으로 5분간) 표준 와이어 두부에서 각도 180도로 비틀고 10초 후 시험편의 뒤틀림 눈금을 각도로서 읽는다. 다음에 동결온도(凍結溫度) 이하의 온도에서부터 5℃ 간격으로 같은 조작을 행하여 각 온도에 있어서의 뒤틀림 각도를 측정한다. 〈그림 3-42〉는 각 온도와 뒤틀림 각도와의 관계를 표시한 것이지만 이 시험에서는 시간의 규정이 아주 중요하므로 반드시 10초를 준수하여야 한다. 동결온도는 직선부분을 뒤틀림 각도 0으로 보정하여 구한다. 각 온도에서 (180-x)/x에 비례하므로 절대 값을 계산하는 것이 일반적이다. 여기서 x는 뒤틀

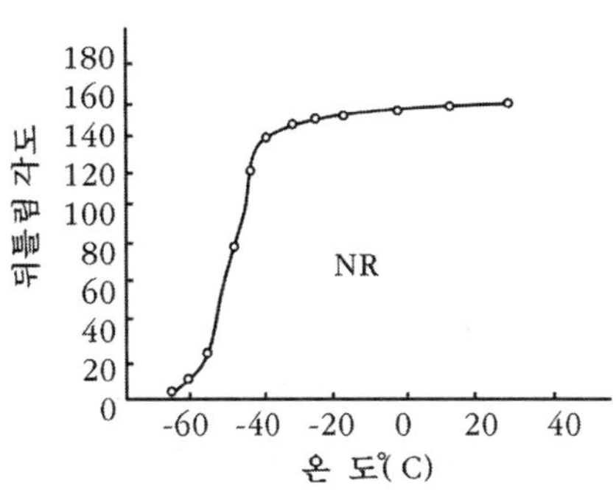

〈그림 3-42〉뒤틀림 각도와 온도와의 관계

림 각도로 한다.

바. 기 타

이상의 시험은 3가지로 분류한 저온시험 중 대표적인 것이지만 그 외에도 유명한 시험방법이 있으며, 그 예로써 저온굴곡률 측정, T-R시험 등이 있다.

그렇지만 저온 시험에서 특히 주의하여야 할 것은 위의 여러 가지 시험은 배합결정을 위한 시험이지 제품으로서의 형상이나 용적에 대한 문제를 취급하는 것은 아니다.

용적이나 형상에 따라 열평형 시간도 다르고 같은 충격을 가하더라도 쉬이트의 경우와는 전혀 다른 결과가 생긴다.

3-4. 화학시험

고무의 화학시험에는 천연고무의 기본 분석법으로 확립된 KS M 6519(고무제품 분석방법)(JIS K 6350, ASTM D 297-72)가 있으며, 그의 많은 합성고무 및 각종 배합약품의 분석방법이 있다. 또 각종 합성고무가 이용됨에 따라 소재 중합체(素材重合體)를 감식(鑑識)하는 방법이 화학시험방법 중에서 중요 위치를 차지하게 되었다. 또 근년에는 보건위생에 관한 시험이 대두됨에 따라 고무제품이 식품관계에 직간접으로 사용되는 것은 식품위생 시험이 중요시되고 있다(KS M 6633 : 가정용 고무장갑 등).

따라서 여기서는 지면 관계로 개략만을 설명하고자 한다.

1. 고무의 감식방법

원료 고무를 식별하는 방법으로 시료를 연소시켜 취기(臭氣), 착화상태(着火狀態) 등으로 경험적인 개략의 판단을 하기도 하지만 확립된 시험방법으로는 예로부터 정색반응(呈色反應)에 의한 버치필드법과 기기분석의 주류가 되는 적외선 분광법(赤外線 分光法), 자외선 분광선(紫外線 分光法), 가스크로마그래피법 등이 있다.

1) 버치필드법(Burchfield reagent)

합성고무가 널리 사용되기 시작하던 당초에 발표된 것으로 KS M 6701(재생고무), ASTM D 297, JIS K 6313에 규격화되고 있다. 이 방법은 NR, IR, CR, IIR, NBR, SBR이 단독으로 사용된 경우에는 적당하지만 블랜드된 고무제품의 감속에는 부적당하다.

이 방법은 용액 A와 용액 B를 사용하는 방법으로서 시약조제법(試藥調製法)은 다음과 같다.

용액 A : 시트르산 나트륨(sodium citrate) 2.00g, 시트르산 0.20g, 브로모크레솔 그린(bromocresol green) 0.03g, 메틸 옐로우(methyl yellow) 0.03g을 순차적으로 물 500㎖에 녹여 조제한다.

용액 B : 파라-디-메틸 아미노벤즈알데히드(*p*-di-methyl aminobenzaldehyde) 1.0과 히드로퀴논(안정제) 0.01g을 무수메탄올 100g에 녹이고 진한 염산 5㎖와 에틸렌 글리콜 10㎖를 가하여 액의 비중을 25/4℃에서 0.851이 되도록 메탄올 또는 에틸렌 글리콜을 첨가시켜 제조한다(갈색병에 넣어 암냉소에 보관하면 수개월 동안 유효하다).

〈표 7-20〉 버치필드법에 의한 용액의 정색

고 무 종 류	용액 A	용액 B	
		건유 직후의 색	가열후의 색
바 탕 시 험	녹(綠)	담 황	담황(淡黃)
NR 및 IR	녹	갈 색	자 청
SBR	녹	황 녹	녹
NBR	녹	적	적
CR	적	황	담 황 녹
IIR	녹	황(유적이 뜸)	담 청 녹

시료 0.05g을 시험관에 넣고 저부를 가열하면서 건류(乾溜)시켜 발생된 가스를 용액 A 1.5㎖를 넣은 시험관에 도입시켜 용액의 정색을 검토한다. 다음에 같은 방법으로 발생가스를 용액 B 1.5㎖를 넣은 시험관에 도입시켜 2~3분 동안 냉각시키면서 흔들지 말고 용액의 색과 액면에 적은 방울이 뜨는지를 검토한 다음 무수 메탄올 5㎖를 가하여 물 중발 위에서 3분간 끓이고 다시 용액의 정색을 관찰하여

〈표 3-20〉에서 같이 판정한다.

2) 기기분석 방법

(1) 적외선 분광분석법(IR법)

KS M 65199(고무제품 분석방법) 및 KS M 6688(적외선 분광분석법에 의한 고무 탄성제의 확인 방법)에 규정되어 있다.

적외선 분광분석은 염화나트륨(소금) 등으로 만든 프리즘으로 적외선을 분광시켜 시료에 입사통과(入射通過)되는 적외선량을 연속적으로 기록하는 방법으로서 각종 고무의 특유한 분자구조(分子構造)에 기인되는 적외선이 특정 파장흡수(波長吸收)를 기록하여 폴리머의 종류를 감식하는 것이다.

(2) 자외선 분광분석법(UV법)

자외선 단색광(紫外線 單色光)을 사용하고 서로가 적외선의 흡수 정도를 측정하는 방법이다. 적외선 흡수가 기능한 분광광도계를 사용하고 흡수셀(cell)로는 석영셀을 사용한다. 각종 고무의 건류(乾溜)가스 및 각각의 고무 분자건조 특유의 파장흡수가 있기 때문에 이것으로부터 고무의 감식이 가능하다.

(3) 가스크로마토그래피법(GC법)

Gas chromatography는 물질 각각의 분자가 구조나 극성기(極性基)의 영향으로 특정한 흡착제(吸着劑)에 대한 흡착성(吸着性)의 차이를 이용하여 흡착제를 충전한 컬럼(column)중에 시료를 통과시키면서 헬륨 가스 등 불화성 가스를 컬럼중으로 통과시켜 흡착력의 차에 따라 시료의 분자를 분리시켜 검지 기록(檢知 記錄)시켜 고무를 감식하는 방법이다.

이상의 기기분석으로 고무를 감식할 경우 폴리머 종류, 배합량을 알고있는 시료로 얻은 차아트(chart)를 기준으로하여 공식시료를 관별하고 있다. 그런데 일반적으로 고무제품은 블랜드된 제품이 많고, 또 한 개의 라디칼로 판단할 때 다른 폴리머로 오판하는 경우도 있다.

특히 배합된 충전제 등으로 건류 가스가 영향을 받기 때문에 취급에는 신중을 기하여야 한다. 될 수 있는 한 GC법과 IR법을 병용하는 것이 바람직하다.

2. 고무제품의 일반 화학분석 방법

고무제품을 분석하여 배합제 및 배합량의 대략을 추정하는 수단으로서 대별하면 고무 중의 기름 등의 분석, 황의 분석, 카본블랙 및 기타 충전제의 분석, 고무의 정량 등이 있다.

자세한 분석방법은 KS M 6519를 참조하기 바라며 여기서는 주요 항목만 설명한다.

1) 시료의 조제

시료는 가위, 칼, 그라인더 등으로 잘게 만들어(KS A 5101, 표준제의 840㎛ 통과) 각각의 분석 항목에 규정된 무게를 준비한다.

2) 유제 등의 분석

아세톤, 클로로포름, 알코올성 수산화나트륨에 의한 연속된 추출조작은 〈표 3-21〉처럼 계통적이다.

아세톤 추출물의 부검화물을 박층(薄層) 크로마토그라피를 이용하여 노화방지제의 종류를 검출할 수도 있다.

3) 황의 분석

(1) 유리 황

KS에서는 브롬법, 아황산 나트륨법, 구리 망법(網法)의 3방법이 있다. 브롬법은 시험에 장시간을 요하며, 또 숙련도가 요구되므로 현재는 아황산나트륨이 정확하고 간편하여 널리 이용된다. 구리 망법(網法)은 아세톤 추출물 중 구리에 작용하는 황

〈표 3-21〉 유제 등의 유출조건 계통

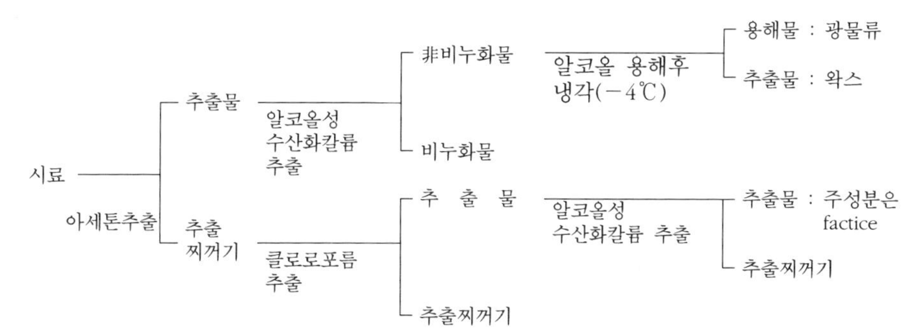

주 (1) : 유리황, 고무수지, 왁스, 광물유, 연화제, 노화방지제, 유기가황촉진제 등을 포함
(2) : 아세톤 불용의 수지, 역청물, 미가황고무 등을 포함

분(黃分)을 측정하는 것으로 전선 피복고무의 유리황 측정에 이용되고 있다.

(2) 전 황(全黃)

가황고무 중의 전황분 측정에는 용융법과 연소법이 있는데, KS에는 용융법이 규정되고 있다. 이 방법은 배합제 중의 황을 황산바륨으로 만들어 정량한다.

4) 충전제의 분석

무기충전제의 총량은 유동파라핀을 사용하여 고무를 가열 분해시키고 석유 에테르로 희석하여 분리되는 고형물을 무기충전제로 한다. 이 방법은 유리탄소(遊離炭素)도 이 중에 함유된다.

무기충전제의 간이측정에는 500℃에서 고무 시료를 탄화시킨 탄분을 무기충전제로 보아도 큰 지장이 없는 경우가 많다.

다만, 탄산염(炭酸鹽)이나 황산물을 함유할 경우는 분해 온도가 낮으므로 주의해야 한다. 또 무기충전제 중의 각종 성분은 ASTM D 297에 따라 실리카, 산화철, 알루미나, 산화아연, 산화칼슘, 산화마그네슘으로 정량할 수 있다.

5) 천연고무황의 정량(천연고무 탄화수소의 정량)

가황고무 중 천연고무분을 정량하는 방법으로서는 고무분 이외의 배합제를 전부 정량하여 시료 전체의 무게에서 뺀 차를 고무분으로 하는 간접칭량법과 시료를 크롬산 혼액(삼산화크롬 200g＋물 500㎖＋황산(비중 1.84) 150㎖)으로 산화분해시킨 인 아세트산으로 변화시켜 이것을 정량하여 고무분을 산출하는 직접법이 있다.

간접법은 각 항목을 모두 분석하고 그 결과로 계산되기 때문에 일반적으로 간편하고 정밀도가 높은 직접법이 이용된다. 이 방법은 고무 시료가 NR와 합성고무의 블랜드일지라도 합성고무의 영향이 적으므로 블랜드고무 중의 NR고무분이 정량된다.

이상으로 가황고무제품 화학분석의 주요 항목을 개략하였지만 일반 고무제품은 NR 및 각종 합성고무가 단독 또는 블랜드되어 사용되고 있으므로 화학분석을 하기 전에 폴리머를 감식하고 각 분석항목의 적용이 가능한한가를 검토하는 것이 요망된다.

(3) 위생시험

요즈음 고무의 가공성 개선(加工性 改善), 물성의 향상 등을 위해 여러 가지 고무용 약품이 개발되고 있으며, 한편 이들 각종 고무제품이 음식물에 관계되는 분야에도 많이 사용되므로 인체의 영향을 고려하여 위생시험을 행하는 일이 중요시 된다.

미국에서는 FDA(Food and Drug Administratin : 식품의약품국)에서 양성 특성표(positive 1ist)를 정해 두고 식품용으로 사용해도 안전한 폴리머, 가황제, 촉진제, 충전제 등을 열거하고 있으며 이들이 수성 식품(水性 食品)이나, 지방성 식품(脂肪性 食品)과 접촉 사용될 경우의 전추출량(全抽出量)에 대해서도 규정하고 있다.

1) 시험용액 조제

페놀, 포름알데히드, 과망간산 칼륨 검출에는 증류수를, 중금속 및 증발잔유물 검추에는 4% 아세트산을 사용하여 시료의 표면적 1㎠당 2㎖의 비율로 첨가하여 60℃에서 30분간 가온하여 검액으로 한다.

2) 시험 항목

(1) 페놀의 검출

검액 5mℓ에 브롬수 5방울을 가하고 1시간 방치하여 황백색을 띤 침전이 생기지 않아야 한다.

(2) 포름알레히드의 검출

검액 10mℓ에 20%인산수용액 1mℓ를 가하고 수증기 증류하여 유출액(溜出液) 90 mℓ에 증류수를 가하여 20mℓ로 만든 액 중 5mℓ를 시험관에 넣고 아세틸아세톤 5mℓ를 가하여 물 중탕에서 10분간 가열한다.

따로 시험관에 증류수 5me를 넣고 마찬가지로 아세틸아세톤 5mℓ를 가하여 가열한 것을 대조액(對照液)으로하여 양자를 비색하여 대조액(對照液)보다 착색이 진하면 안된다.

(3) 과망간산칼륨 소비량

규정에 따라 처리된 삼각플라스크에 검액 100mℓ를 넣고 황산(1:3) 5mℓ 및 N/100$KMnO_4$용액 10mℓ를 가하여 탈색시킨 후 N/100$KMnO_4$ 용액으로 10mℓ이 남을 때까지 적당하다. 같은 방법으로 바탕시험을 하고 값의 차로 $KMnO_4$ 소비량을 구하고 그 결과가 10ppm이하이어야 한다.

$$KMnO_4\text{소비량(ppm)} = \frac{(a-b)\times 1{,}000}{100}\times 0.316$$

여기에서 a : 본시험에서 $KMnO_4$ 적정량(mℓ)

b : 바탕시험에서 $KMnO_4$ 적정량(mℓ)

(4) 중금속의 검출

검액 20mℓ를 네슬러관에 넣고 증류수를 가하여 50mℓ로 하고 납 표준용액 2mℓ를 네슬러관에 넣고 4% 아세트산 20mℓ 및 증류수를 가하여 5mℓ로하여 비표 표준액으로 한다. 두 액에 황화나트륨 용액을 각각 2방울씩 가하고 5분간 방치하였다가 비색한다.

(5) 증발 찌꺼기

검액 200~300㎖를 미리 105℃에서 건조시킨 백금 또는 석영 증발접시에 넣고 물중탕 위에서 증발 건조시킨다. 105℃에서 2시간 건조시켜 무게를 달아 증발 찌꺼기 양을 구한다. 같은 방법으로 4% 아세트산 용액을 처리하여 얻은 증발(蒸發) 찌꺼기 양과의 차로 계산한다. 30ppm이하이어야 한다.

$$\text{증발 찌꺼기(ppm)} = \frac{(a-b) \times 1{,}000}{\text{시험용액 채취량(㎖)}}$$

여기에서 a : 본시험에서 증발 찌꺼기

b : 바탕에서의 증발 찌꺼기

이상으로 식품위생시험의 개요를 요약하였다.

KS에서는 수도용 고무(KS M 6613)의 용해시험, 가정용 고무장갑(KS M 6633)의 용출시험(납의 비색) 등이 있다.

앞으로는 유해 중금속인 비소, 납, 수은 카드뮴, 주석, 아연, 바륨, 코발트, 망간, 셀렌, 구리, 크롬, 안티몬, 볼소 등의 원자흡광분석(原子吸光分析)에 의한 미량분석 등도 고려되어야 할 것이다.

Ⅲ. 접착제(接着劑)

제 1 장 접착제(接着劑)

1-1. 접착제의 의미

"접착"이란 2가지의 동종(同種) 또는 이종(異種)의 피착재(被着材)에 제3의 물질을 서로 개입시켜 결합하여 고착(固着)하는 것을 말하며, 이러한 물질은 접착제라고 한다. 이때 접착되어지는 고체를 피착체(被着體)라 한다. 접착제의 뜻인 "colle"란 말은 라틴말로서, 본래는 그리이스 말에서 유래된 것으로 알려지고 있다. 학술 용어로 쓰이는 "adhesif"라는 말은 16세경 라틴어의 "ad-hoerere"의 여러 가지 낱말에서 파생된 것으로 일련의 "adherer--adherent-adherence-adhesion"의 여러 가지 낱말에서 파생된 것으로 알려져 있다. ASTM에서는 접착제의 정의를 "A substance capab1e of holding materials together by surface attachment". 즉 물체와 물체를 표면부착에 의해서 함께 유지할 수 있는 물질로 표현하고 있다. Adhesive의 번역에는 교착제(膠着劑), 접합제(接合劑), 결합제(結合劑), 점착제(粘着劑) 등이 있다.

최근 외국의 건축학회에서는 접착제(接着劑)보다 "접착재(接着材)"가 더 의미가 있다고 말하고 있다. 또 접착제의 뜻으로 통용되는 "binder"라는 단어는 토어(土語)의 개념인 "시멘트"라고도 불러서 콘택트 시멘트(contact cement)라든가 네오프렌 시멘트(neopren cement)라고도 불리워지는데, 이것은 흔히 건축자재로 쓰이는 포오틀랜드 시멘트의 개념이 아닌, 접착제의 의미를 갖는 것이다. 접착은 영어로 adhesion, 피착재(접착되는 재료)는 adherend, 접착한다는 동사는 adhere 또는 bond라고 한다.

접착제는 그 구성과 내용에 따라 큰 의미로 두 가지 차원에서 해석하고 있다.

첫째, 접착체와 피착체의 사이에 접착제를 넣고 접착할 때에 접착물질의 조립을 근본적으로 변질시키느냐 그렇지 않느냐에 따라 구분할 수 있다. 즉 접착제란 말은 그 물질 구성의 내용에 따라 다음과 같이 두 가지로 나뉘어지고 있는데, 이때 접착제의 조립(組立)의 성격이 일시적인 것과 영구적인 측면에서 해석할 때 분류하면 다음과 같다.

① Colle : 조립 해체를 허용하지 않는 것으로서 식물성 동물성 또는 천연산물로 만든 물질이다.

② Adhesif : 재료를 변질시키지 아니하고도 해체시킬 수 있는 조립을 형성하는 것으로서, 주로 합성물질로 만든 물질을 말한다.

그러나 이 내용은 접착의 형태에 따른 정확한 구분이 어려우므로 일반적으로 정의를 내리기가 어렵다.

둘째, 일반적으로 통용될 수 있는 접착제의 정의

① Adhesif : 접착성을 가질 수 있는 한 가지 이상의 물질들이 어떤 특수한 조건 하에서 계면간에 활성을 띠면서 결합하는 것

② Colle : 한 가지 이상의 접착제와 접합부를 형성하는 재료의 공간사이에 접착 구성요소들(용제, 희석제, 보강제, 가공제, 염료 등)이 혼합 또는 결합에 의해 형성되는 것을 말하나 이것도 구체적으로 구별하기는 어렵다. 그러나 대부분 접착제라는 단어는 보통 adhesif라는 말을 많이 쓴다.

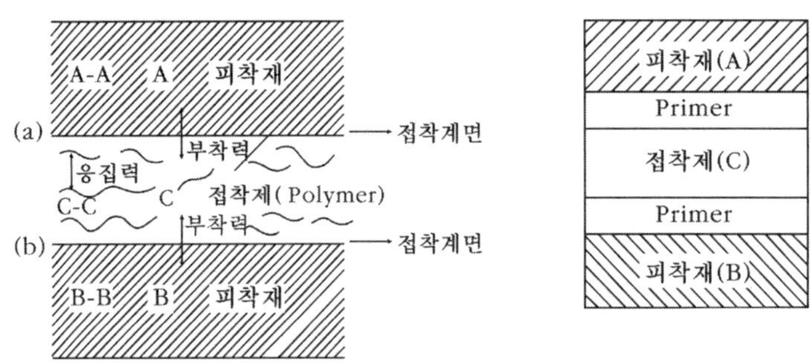

〈그림 1-1〉 2개의 물체가 접착제에 의해 붙은 상태

〈그림 1-1〉은 물체가 접착제에 의해 붙은 상태를 설명한 것인데 AB, BC간의 부착력과 CC간의 응집력간에는 다음과 같은 관계가 있는 것이 접착의 이상적인 상태라고 말할 수 있다.

$$AA = AC = CC = BC = BB$$

일반적으로는 AA, BB＜AC, CC, BC가 요구되고 있고, 접착에서 가장 문제시 되

는 것은 AA, BB, CC>AC, BC의 상태에 의한 것이고, AC, BC>CC의 경우에는 접착이라 말할 수 없고 응집파괴라 한다.

1-2. 접착의 이론

접착(接着)의 말은 "接"하다와 "着"하다의 말이 합(合)해서 생긴 말로써 그 의미를 나누어 생각해 보면 다음과 같다. 〈그림 1-2〉는 접착이론의 분해도이다.

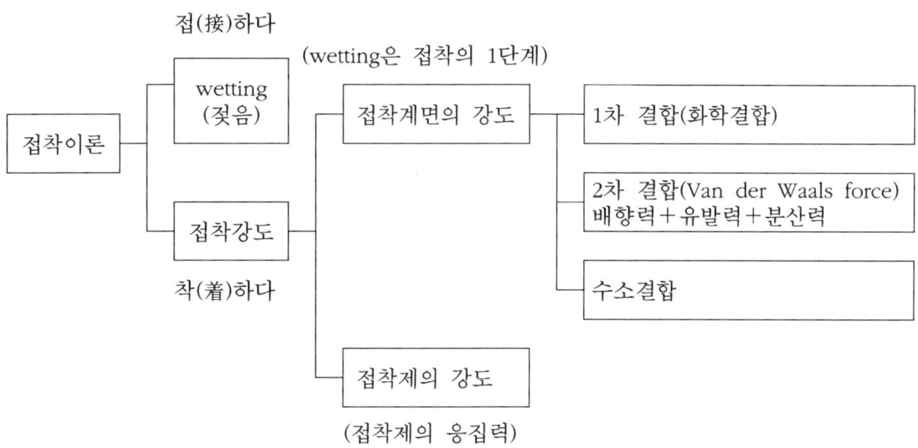

〈그림 1-2〉 접착이론의 분해도

1. 젖 음(Wetting)

"Wetting"이라는 것은 접착의 제 1단계라고 말할 수 있다.

기름이 묻은 금속 표면에 1~2방울의 물을 떨어뜨리면 응집력이 생기면서 물방울이 된다. 기름이 묻은 면은 물에는 젖지 않는다. 마찬가지로 접착제도 유면(油面)에는 쉽게 젖지 않는다. 젖지 않으면 접착할 수 없다. 접착제는 피착재(被着材)의 표면을 잘 젖게 해야 한다. 물질을 접착하기 위해서는 우선 접착제를 도포하지 않으면 안되지만, 어떤 Type의 접착제라도 도포시에는 액상이다.

접착제를 액상으로 하는 것은 유동성을 부여하고 피착재의 구석구석까지 침투시키기 위함이다.

접착과 젖음의 관계는 다음의 두 가지 항목이 문제가 된다.

① 젖기 어려운 재료일수록 접착하기 어렵다.

② 적시는 힘이 큰 접착제는 광범한 재료에 쉽게 붙는다.

목재나 금속은 젖기 쉽고 폴리에틸렌이나 테플론은 잘 젖지 않는다. 재료는 각각 고유의 표면자유에너지(γ_s)를 지니고 있다(표 1-1). 이 γ_s가 큰 것일수록 일반적으로 젖기 쉽다. 각종의 접착제는 고유의 표면장력(γ_L)을 지니고 있다(표 1-2). 보통 잡착제의 γ_L이 작을수록 잘 적실 수 있다. 그리고 γ_s와 γ_L다음 관계로 있을 때에는 잘 젖는다.

$$\gamma_s \geq \gamma_L \quad \cdots\cdots (1)$$

즉 접착제의 표면장력이 피착재(被着材)의 표면자유에너지보다 작을 때에는 잘 젖는다. 〈그림 1-3〉과 같이 피착재표면에 한방울의 액체를 떨어뜨려 보자. 이때 액체가 어중간히 젖어서 반원형으로 안정된다. 이 원과 표면의 교차하는 점(0)에서 접선을 긋는다. 이 접선과 표면이 둘러싼 각 θ를 접촉각(contact angle)이라 한다.

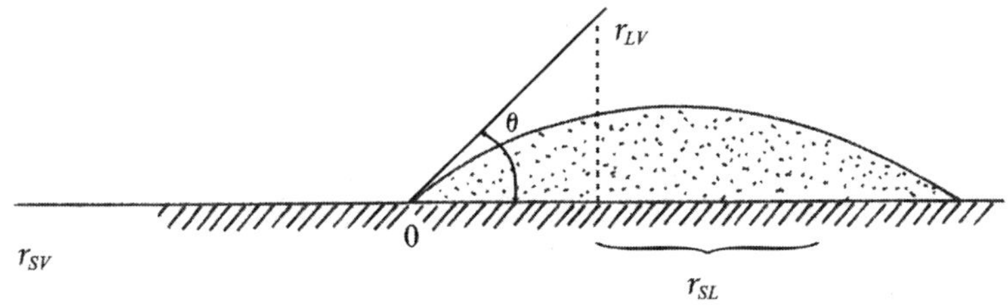

〈그림 1-3〉 고체 표면에의 액체의 젖음

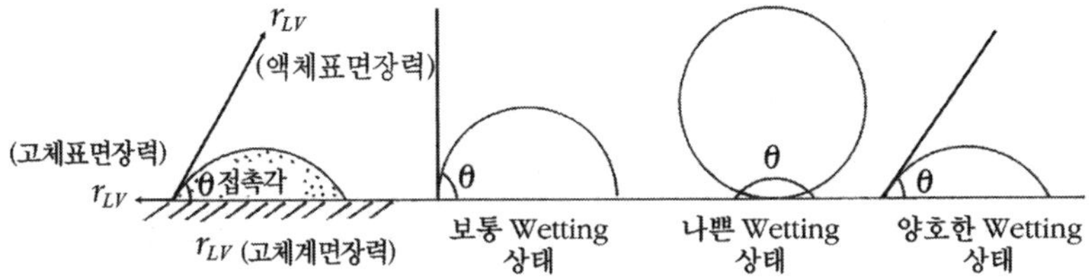

〈그림 1-4〉 접촉각과 Wetting의 관계

θ : 접촉각(contact angle)

$\theta=0$일 때 액체의 표면장력을 임계표면장력(critical surface tension)

이 접촉각은 젖음의 척도를 표시하며 $\theta = 0$일 때 완전히 젖는다. 예를 들면 〈그림 1-4〉에서 테플론 표면에 6개의 상이(相異)한 액체를 떨어 뜨린다. 그리고 우(右)로 옮아감에 따라 표면장력을 순차로 작게 하였다. 액체의 테플론면에 대한 접촉각 θ는 우(右)로 옮아감에 따라 작아지고, 우단(右端)에서는 θ=0이 되며, 테플론을 완전히 적시고 있다.

이때 θ=0이 되는 우단(右端)의 표면장력을 임계표면장력(臨界表面張力, critical surface tension)이라 하며 γ_c로 표시한다. 테플론의 경우는 $\gamma_c = 18.5$ dyne/㎝이며 이 값은 테플론의 표면자유에너지(γ_s)와 대략 같다. 일반적으로 재료의 표면자유에너지의 실칙(實測)은 곤란하다. 그래서 임계표면장력(γ_c)를 실측해서 γ_s의 대용으로 하고 있다(표 1-1).

〈그림 1-5〉 테플론 표면에 상이한 6개의 액체를 한 방울씩 떨어뜨렸을 때의 상태. 이 액체는 右로 감에 따라서 순차로 표면장력이 작아진다. 접촉각은 右로 감에 따라서 작아 지며 우단(우단(右端)에서는 제로가 되어 테플론을 완전히 적시고 있다.

〈표 1-1〉 각종 재료의 표면자유에너지(γ_s)

재료	γ_s [dyne/㎝]
테플론	18.5*
폴리에틸렌	31*
폴리스티렌	33*
염화비닐	40*
나일론	46*
에폭시	47*
물	73
알루미늄	약 500
땜납	〃 500
수은	〃 500
은	〃 900
구리	〃 1,100
목재	40~50*

*표는 임계표면장력(γ_s)

이상과 같이 재료의 임계표면장력(γ_c)보다 접착제의 표면장력(γ_L)가 작을 때 잘 젖고 접착할 수 있는 가능성이 있다. 예를 들면 폴리염화비닐(PVC)의 γ_c는 40이다.

에폭시 수지(γ_L=47.2)는 PVC를 적실 수 없다. 그러나 폴리에틸렌(γ_L=27.3)이나 에르박스를 핫멜트의 상태로 사용하면 잘 젖는다. 또 에폭시에 표면활성제를 0.1% 혼합하면 γ_L=28이 되고 PVC를 잘 적실 수 있다(표 1-2). 그러나 실제로는 그다지 잘 접착하지 않는다. 따라서 젖음은 접착의 제1보이지만 모든 것의 요인은 아니다. 젖은 후에 작용하는 상호간의 인력(引力)이 접착의 가장 중요한 요인이다.

〈표 1-2〉 각종 접착제의 표면장력[dyne/㎝] 온도

접착제 \ 온도	20℃	150℃	170℃
에폭시	47.2	-	-
에폭시·폴리아민	42.9	-	-
에폭시·폴리아민 표면활성제첨가	28	-	-
폴리에틸렌	-	27.3	-
폴리프로필렌	-	-	24
에틸렌·초산비닐공중합	-	26.3	-

2. "고착(固着)" 이란

"고착"이라는 것은 액상의 접착제가 어떤 작용으로 고상으로 변하여 접착강도를 발휘하는 것이다.

접착강도를 생각할 때에는 〈그림 1-2〉에 나타낸 것과 같이 접착계면 강도와 접착제 자체 강도로 나누어 생각할 필요가 있다.

접착제는 피착재에 도포되는 것에 따라 Wetting의 작용으로 피착재와의 사이에 결합력이 작용하는 거리에 접근할 수 있고, 접착강도가 발현한다. 피착재와의 사이에는 1차 결합이라 불리는 화학결합, 전기적인 인력인 2차결합, 접착제의 분자구조에 의해 일어나는 수소결합이 단독으로 또는 복잡하게 혼합되어 접착계면 강도가 나타난다.

1) 1차 결합(화학결합)

1차 결합에는 공유결합(covalent bonds), 정전결합(electrostatic bonds) 및 배위결합(coordinate bounds)이 있다.

화학결합은 분자간 인력보다도 견고한 원자간 인력이다.

예를 들면 PU계 접착제 중의 NCO반응기와 피착재 표면의 OH기와 COOH기 사이에 형성되는 결합으로 일반 접착제에서는 보기 드문 결합이다.

그러나 결합력은 가장 견고하다.

- 이온결합 : 진주 도금법에 의한 고무와 금속과의 접착
- 공유결합 : 이소시아네이트, 비닐실란(유리섬유의 표면처리)

2) 2차 결합(Van der Waals힘)

1차 결합은 주원자가력에 의한 결합인데 대하여 2차 결합은 잔여 에너지에서 생기는 부원자가력에 의한 결합니다.

이 결합은 Van der Waals force라 칭하는 분자간 인력으로 분산력(dispersion forces), 배향력(orientation force) 및 유발력(induction forces)으로 분류되며, 관계식은 다음과 같다.

$$V = V_1 + V_2 + V_3$$

V=Van der Waals force, V_1=배향력(Orientation force)

V_2=유발력(Induct force), V_3=분산력(Dispersion force)

- 배향력(配向力, Orientation force)

  이 힘은 접착제와 피착재의 각각의 분자 중에 OH기, COOH기, NH기, NH_2기와 같은 극성기(쌍극자)에 의해 일어나는 것이다.

- 유발력(誘發力, Induct force)

  접착제 또는 피착재의 한쪽이 극성인 경우에 비극성 분자가 극성분자에 접근하면, 비극성 분자가 분극되어 상호 인력에 의해 결합한다.

  이 힘은 매우 적고 접착에는 크게 관여하는 정도는 아니다.

- 분산력(分散力, Dispersion force)

  접착제 및 피착재의 양쪽이 무극성인 경우, 각각의 분자가 접근하면 일시적으로 쌍극자를 형성하고 상호 인력이 발생된다.

통상의 접착제에 있어서는 이 2차 결합이 주체가 되어 피착재와의 사이에 접착 강도가 형성된다고 생각된다.

3) 수소결합

접착 및 피착재 분자 중의 $-OH$기, $-COOH$기, $-NH$기, $-NH_2$기 등의 활성수소는 아래 그림과 같이 활성수소와 인접한 산소 또는 질소와 수소결합이라 불리는 파선(破線)결합으로 된 결합이다.

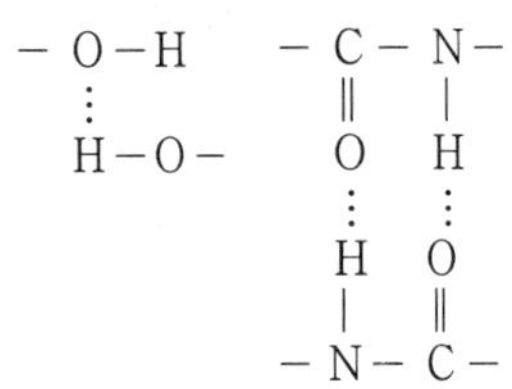

〈표 1-3〉 수소결합의 강도

O－H ····················O	6 kcal/mol
C－H ····················O	2～3 〃
O－H ····················N	4～7 〃
N－H ····················O	2～3 〃
N－H ····················N	～6 〃
N－H ····················F	～5 〃
F－H ····················F	～7 〃

이상과 같은 1차 결합, 2차 결합 및 수소결합 등 3개의 힘이 작용하기 위해서는 〈표 1-4〉에 표시하는 분자간 거리가 필요하다. 이때의 결합에너지는 1차 결합이 뛰어나게 크다. 그러나 접착제의 경우는 1차 결합이 작용하는 일은 극히 적으며, 수소 결합과 2차 결합이 중요한 역할을 다하고 있다.

이때 접착제와 피착재 분자 중에 $-OH$기 따위의 극성기(極性基) 갖는 것이 중요하다. 이런 극성기는 그 인력의 크기가 서로 다르며 보통 다음과 같은 순번으로 되어 있다.

〈표 1-4〉 1차 합, 2차 결합이 작용하는 거리와 결합에너지

결합의 힘	거 리(Å)	결합에너지(kcal/mol)
1 차 결 합	1~2	50~200
2 차 결 합	3~5	1~5
수 소 결 합	2~3	5~10

주) 1Å(옹스트름)$=10^{-8}$㎝

$$-COHN- > -COHN_2 > -COOH > -OH > -NO_2 > -COOC_2H_5 >$$

$$-COOCH_3 > -CHO > =CO > -SH > -NH_2 > -I > -Br > -Cl > -F \quad \cdots\cdots\cdots\cdots(2)$$

예를 들면 분자 중에 $-Cl$을 갖는 염화비닐보다 $-COOCH_3$을 갖는 아크릴산 메틸에스테르 쪽이 접착력이 강하다. 또 염화비닐 중에 소량의 $-COOCH$를 공중합(共重合)에 의해 도입하면 금속 등에 잘 붙게 된다. 반대로 염화비닐은 에폭시($-OH$를 가지고 있다)로 그다지 잘 붙지 않는다. 그러나 $-COOH$를 갖는 염화비닐은 에폭시로 잘 붙는다. 보통 극성에 강한 접착제는 좋은 접착제다. 그러나 가장 강한 극성기를 갖는 접착제는 모든 재료로 점착할 수는 없다. 접착제와 피착재의 분자는 서로 적합(適合)하거나 부적합(不適合)한 것이 있다. 이 선택적인 접착성의 비밀은 아직 완전히 해명되지 않고 있는 것이다.

접착강도를 얻기 위해서는 아무리 접착계면(接着界面)이 강하다해도 접착제 자체의 강도가 약해서는 안된다. 접착제 자체의 강도는 접착제 성분의 응집력(凝集力)에 의해 발휘된다.

응집력은 접착제를 구성하는 분자 상호간에 잡아 당기는 힘으로 이 힘이 강하면 강한 만큼 접착제 피막(皮膜)은 강고(强固)해 진다.

3. 역학적인 접착효과

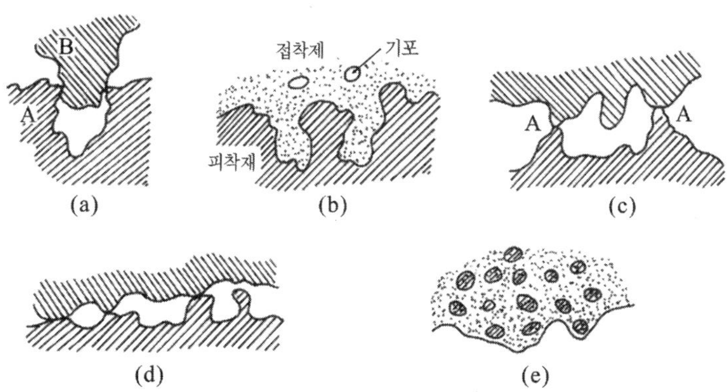

〈그림 1-6〉 접착효과

(a) 지퍼효과(zipper) : A가 B를 탄성적으로 쥔다 (가압).
(b) 투착효과(anchor-효과) : 고체 오목부에 접착제가 유입되어 굳어져 빠지지 못하게 된다.
(c) 소성변형에 의한 융착효과 : 돌기부에 가하는 압력이 크기 때문에 A점에서는 상호 융착한다.
(d) 모세관 효과 : 상호 접착하고 있는 부분 이외는 모세관과 같게 되어 부압이 생긴다. 이 때문에 대기압과의 차이만큼 가압된다.
(e) Hooking효과 : 예로써 섬유다발 등을 접착제가 둘러싸게 된다.

1-3. 접착의 파괴

1. 접착의 Model

어느 접착에서도 접착 부분에 과도한 힘이 가해지면 접착의 파괴가 일어난다. 접착의 파괴가 일어나는 부분은 〈그림 1-7〉의 숫자에서 표시된 ①에서 ⑤중의 것이 된다. 실제의 경우에는 이들 중 단독의 파괴는 적고 이것들이 복합된 복잡한 상태를 나타낸다.

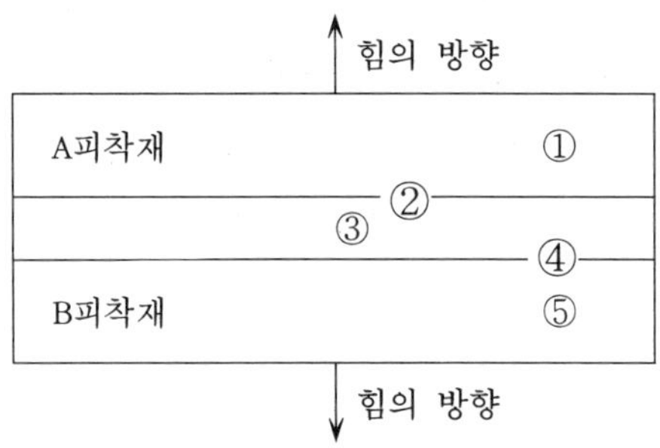

〈그림 1-7〉 접착의 모델

① A피착재의 응집파괴(재질파괴)
② A피착재와 접착제 간의 계면파괴
③ 접착제의 응집파괴
④ 접착제와 B피착재 간의 계면파괴
⑤ B피착재의 응집파괴(재질파괴)

2. 접착과 파괴

1) 접착강도(Bonding strength)

접착계의 파괴에 필요한 힘

(1) 기계적 강도(Mechanical strength)

접착한 물건(접착제)에 기계적 힘을 가하였을 때의 파괴에 대한 저항력(예 : 박리강도, 전단강도)

(2) 환경강도(Environmental strength)

접착제가 어떤 환경에 놓여졌을 때 그 환경에 따른 저항력이다.

환경에는 예를 들어 물, 비, 습기, 일광, 자외선, 저온, 고온 등 여러 가지 환경이 있다.

(예 : 내수성, 내열성, 내유성)

1-4. 접 착 력(Adhesive force)

접착제와 피착재와의 사이에 계면결합력(달라붙는 힘)

- 실용상의 최종목적은 접착강도이며, 접착력은 아니다.
  접착력은 접착계를 만들기 위해 필요한 조건이다.
  접착력을 크게 해도 접착강도가 크게 된다고 한정할 수는 없다.

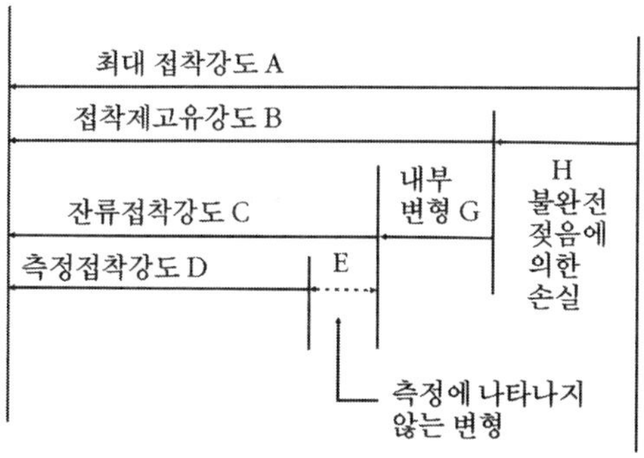

A : 이론적으로 그 접착제가 갖는 최대 접착강도
B : 피착재에 대한 접착제의 고유강도
C : 변형의 생성으로 고유 접착강도가 감소하고 잔류 접착강도가 나타남.
D : 기계의 눈금이나 차트에 나타난 접착강도

〈그림 1-8〉 측정되는 접착강도와 접착제와의 관계

1. 파괴의 일반원칙

① 파괴는 가장 약한 곳에서 일어난다.

② 강도는 가한 외력의 종류에 의존한다.

강도에는 각종 강도가 있으나, 그것들의 강도는 접착제의 역학적 성질에 대하여 대응하는 것과 반대의 관계로 되는 것이 있다.

③ 강도는 파괴의 조건, 온도, 시간(파괴속도의 逆數), 치수(寸法)에 의존한다.

④ 접착강도에 대해서 온도-시간-치수의 사이에 상호 환산이 성립하는 경우가 있다(언제나 성립한다고 할 수는 없다).

파괴의 장소는 온도-시간-치수(寸法)에 따라서 이동한다.

접착계에서는 접착제의 역학적 성질에 대해서 대체로 다음의 관계가 성립한다.

- 탄성률(大)=저온=고속파괴=접착제가 얇음→취성(脆性)파괴→계면 또는 계면부근의 파괴
- 탄성률(小)(소성, 점성, Compliance 大)=고속=저속파괴=접착제가 두꺼움→연성파괴~유동성파괴→접착제 층의 파괴

1-5. 파괴의 형태

접착이 곤란하다고 하는 폴리올레핀이나 테플론 등도 접착제의 젖음, 높은 계면에너지의 잔존, 분자간의 상용성 등 계면 화학적 인자에 기인하는 문제가 아니라,

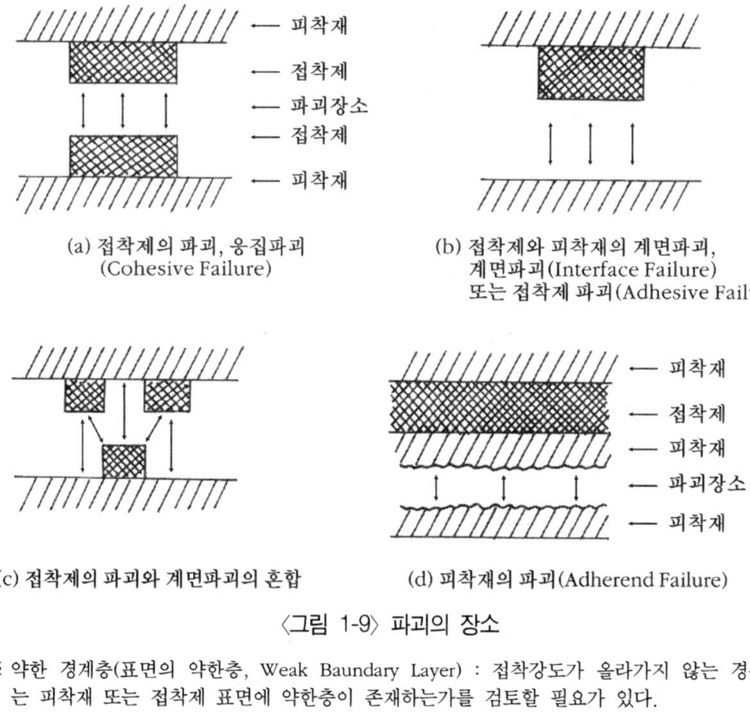

(a) 접착제의 파괴, 응집파괴 (Cohesive Failure)

(b) 접착제와 피착재의 계면파괴, 계면파괴(Interface Failure) 또는 접착제 파괴(Adhesive Failure)

(c) 접착제의 파괴와 계면파괴의 혼합

(d) 피착재의 파괴(Adherend Failure)

〈그림 1-9〉 파괴의 장소

※ 약한 경계층(표면의 약한층, Weak Baundary Layer) : 접착강도가 올라가지 않는 경우에는 피착재 또는 접착제 표면에 약한층이 존재하는가를 검토할 필요가 있다.

수지 중의 저분자(低分子) 물질로 형성되는 WBL이 접착을 어렵게 하고 있는 주인자이다.

1-6. 접착의 방해인자

접착의 방해인자는 크게 3가지로 나눌 수가 있다.

첫째는, 피착재 표면의 문제, 둘째는 접착제 자체의 문제, 셋째는 접착후의 실용조건에 영향을 받는 피착재 변화의 문제이다.

피착재 표면의 문제에는 피착제 표면의 오염에 따른 "wetting"의 부족이다. 피착재 표면이 수막(水膜), 유막(油膜) 혹은 먼지 등으로 오염되어 있는 경우, micro상태에 있어 접착제는 피착재로 접근하는 것이 불가능하여, 접착에 필요한 분자간의 자동거리를 얻을 수 없다. 또는 피착재 표면의 조도(照度) 등, 표면상태가 나쁜 것도 저해인자의 하나이다.

접착제 자체의 문제로는 접착제의 수축에 따른 응력분포의 불균일성이다. 어떤 형태의 접착제에서도 경화(硬化) 및 고화(固化) 과정에서의 용제발산, 냉각, 화학반응에 따른 경화수축을 일으킨다. 경화수축에 따른 접착제 피막내의 응력분포가 불균일로 되고 스트레스가 발생하여 본래의 접착강도를 얻을 수 없다. 접착후의 실

〈표 1-5〉 대표적인 재료의 선팽창 계수

재 료 명	선팽창 계수 × 10^5/deg℃
• glass 및 도자기류	0.1~1.0
파이렉스(경질 일반 glass)	0.3
보통의 glass	1.0
• 금속류	0.5~3.0
동	1.2
알루미늄	2.4
• 열 경화성 수지	2.0~5.0
phenol 수지	3.0
요소 수지	3.0
• 천연 고무(경질)	8.0
• 열 가소성 수지	6.0~20.0
Polystyrene	7.0
PMMA	8.0
Nylon	10.0

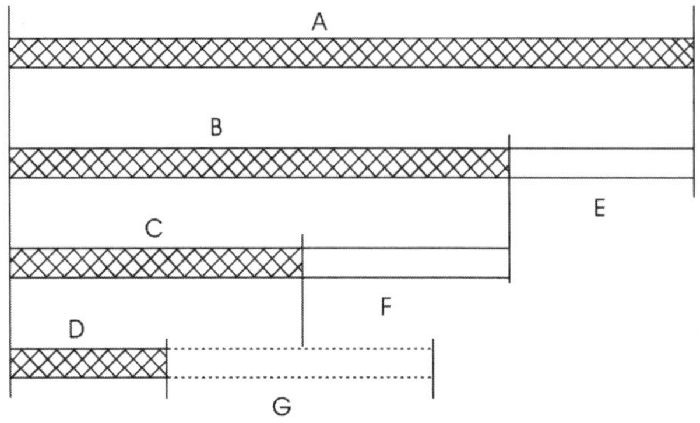

〈그림 1-10〉 이론접착력과 실측 접착강도

A : 분자간력에 의한 최대 접착력　B : 접착면에 나타난 접착력
C : 잔류 접착력　D : 측정강도
E : 불완전 wetting　F : 내부 stress
G : 측정법, 기타 결함(측정오차 등)

용조건에 영향을 받는 피착재 변화의 문제로는 피착내 선팽창계수의 차이에 의한 응력의 변형을 의미한다. 외기온도의 변화에 의해 피착재료가 신축되어 접착피막에 스트레스를 발생시킨다.

1-7. 전단강도와 박리강도

1. 전단강도

① 접착제가 단단해지면(탄성률의 증대) 전단강도는 직선적으로 증대하지만 박리강도는 저하한다(예외도 존재).

② 두께의 증대와 함께 전단강도는 저하하지만 박리강도는 반대로 증대한다(예외도 존재).

③ 접착제의 두께가 얇을수록 전단강도는 증대하지만 너무 얇아지면 결교(缺膠)가 생겨 반대로 저하한다.

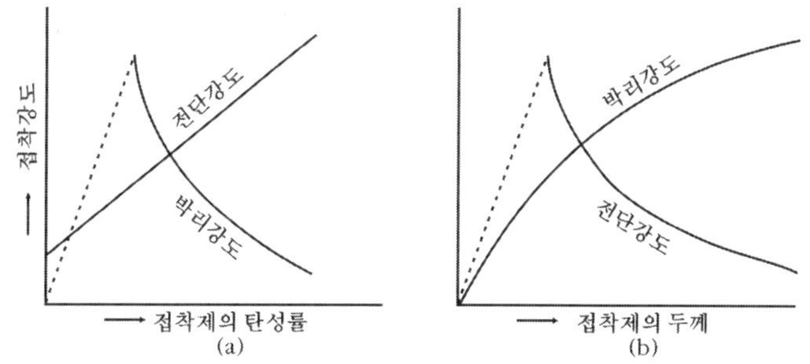

〈그림 1-11〉 각종 접착강도와 변수와의 관계-역관계의 예

2. 박리강도

1) 온도, 시간, 치수의 효과

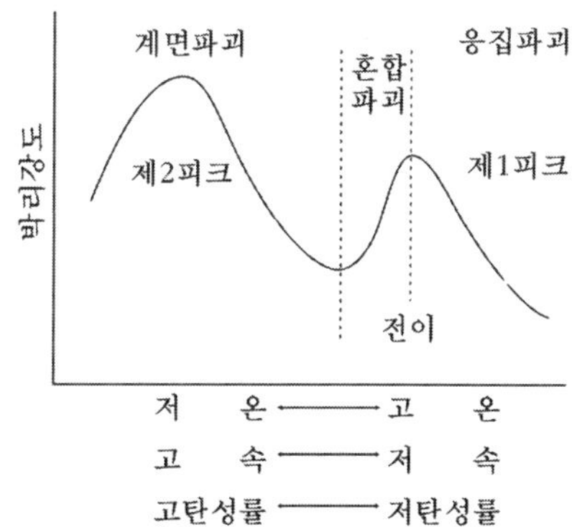

〈그림 1-12〉 박리강도와 온도, 인장속도, 탄성률과의 관계

위의 〈그림 1-12〉는 박리강도와 온도, 인장속도와의 일반적인 관계를 Model로 나타내고 있다. 고온에서는 접착제가 연화되어 유동성을 부여하며, 이와 같은 고온에서의 박리시험을 행하게 되면 파괴는 응집파괴(凝集破壞)로 된다.

온도를 낮추어가면 박리강도는 점차로 증대하지만, 어떤 점에서 peak가 되고 온도의 저하와 더불어 급격하게 저하한다.

더욱 온도를 낮추게 되면 어떤 점에서부터 박리강도는 다시 차츰 증대하기 시작한다. 고온에서 제 1 peak의 점까지는 응접파괴, 제 1 peak의 점에서 최저점까지는 혼합파괴(混合破壞), 최저점에서 저온부는 계면파괴(界面破壞)를 나타낸다. 박리강도에 대하여도 온도-시간 환산법칙이 성립한다고 하면 박리속도의 증대와 더불어 〈그림 1-12〉의 가로축의 우(右)에서 좌(左)로 박리강도는 고온→저온의 곡선에 겹칠 것이다.

속도의 증대(온도의 저하)와 더불어 박리강도는 제 1의 peak에 나타나고, 더욱 속도가 커지면 박리강도는 일단 급속하게 저하한 뒤 재차 증대되어 제 2의 peak가 나타난다.

제 1의 peak까지는 응집파괴이고 그 이상의 고속에서는 계면파괴이다.

제 1의 peak는 액체상으로부터 고무상으로의 전이로 인하여 일어나고, 제 2의 peak는 고무상에서 유리상으로의 전이로 일어난다고 생각할 수 있다.

박리속도가 증대하면 접착제 두께에 관계없이 모두 박리강도는 증대하지만 어떤 점에서부터 계면파괴로 변한다는 것과 접착제가 두꺼울수록 박리강도가 크다는 것을 알 수 있다.

박리강도(크로스헤드속도)와 접착제층의 두께 사이에 상호환산이 성립하는 것은 다음과 같은 이유에 기인한다.

단위시간에서 접착제의 신장은 두꺼울수록 작다.

파괴가 크로스헤드속도(박리속도)에 지배되는 것이 아니고 접착제의 신장속도에 지배된다고 가정하면 접착제의 신장속도가 문제된다.

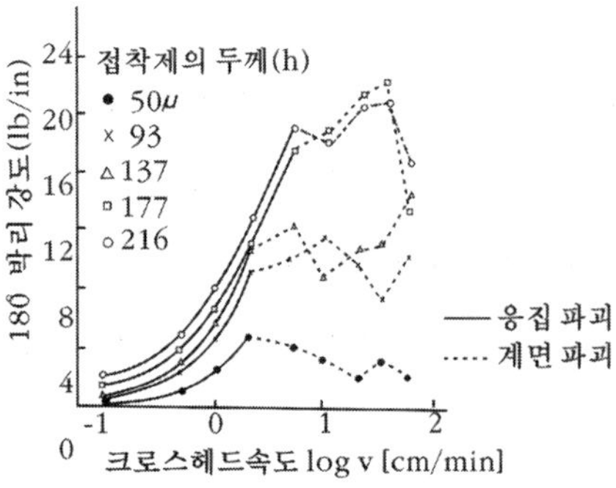

〈그림 1-13〉 180° 박리강도와 시험기의 인장속도

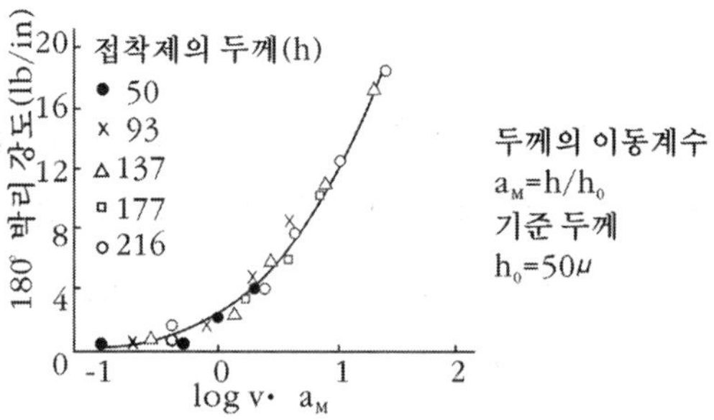

〈그림 1-14〉 180° 박리강도에서 두께·속도의 겹침 (응집파괴 영역)

2) 박리각도

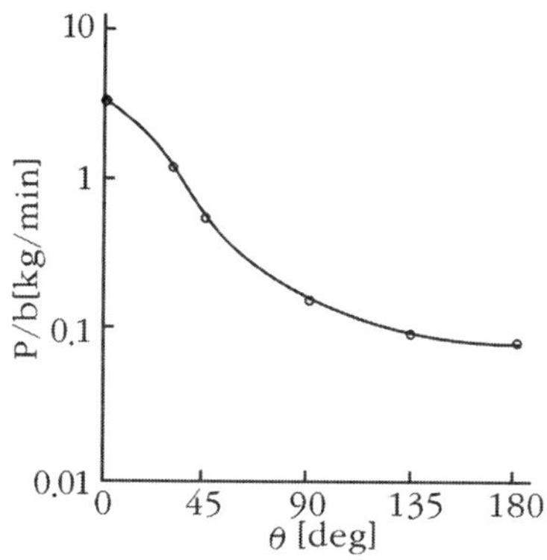

〈그림 1-15〉 박리강도와 박리각의 관계(수치 계산의 예)

박리각도와 박리강도의 관계는 실용적으로 대단히 중요하지만, 이론적 연구는 비교적 적고 그들의 결과는 일치하지 않는다.

1-8. 전단강도, 박리강도, 인장접착강도의 관계

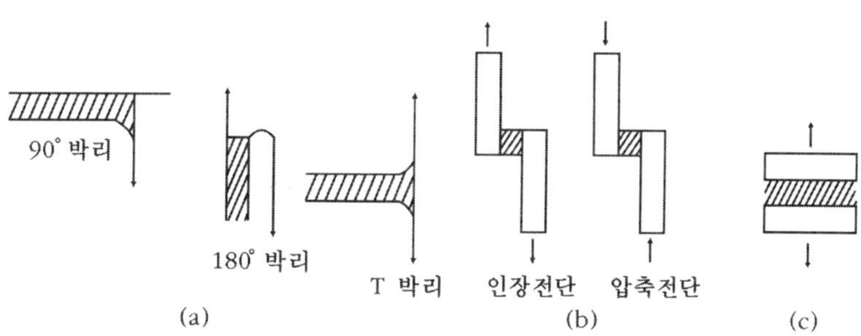

〈그림 1-16〉 주요 접착강도

(a) 박리강도(kg/㎝폭, 1b/in폭)
(b) 전단강도(kg/㎠폭, 1b/in²)
(c) 인장접착강도(kg/㎠, 1b/in²)

박리강도와 전단강도 및 인장접착강도 사이의 결정적인 차이는 접착제의 두께 증대와 더불어 전자는 증대하지만, 뒤의 두 강도(전단강도, 인장접착강도)는 저하하는 점 및 전자는 에너지이고, 뒤의 두강도는 극한 응력으로 표시되는 점이다.

1-9. 접착제의 일반적인 구비조건

1) 위험하거나 독성이 적을 것
2) 인화성이 없어야 한다.
3) 작업성이 좋을 것(항상 사용 가능하며, 쉽게 사용할 수 있어야 한다.)
4) 보존이 용이하고 도포가 쉬울 것
5) 온도와 습도, 일광, 땀, 오염 등에 의하여 그 물성이 안정해야 한다.
6) 건조하여 압착하였을 때 고정성이 좋을 것
7) 내구성이 있을 것
8) 가격이 적정할 것
9) 저장시에 안정성이 좋을 것 등
10) 유색보다 무색이 용도로 쓰일 때 무난하다.

※ 신발용 접착제인 경우는 다음과 같은 사항들을 생각할 수 있다.

① 유연성이 있고 강언할 것
② 굴곡성이 있을 것
③ 내후성과 내유성이 있을 것
④ 내열, 내수성이 좋을 것(필요에 따라 내산, 내염기성, 내약품)
⑤ 재료에 따른 일정치의 인장강도(引張强度), 인열강도(引裂强度), 신장률, 압축강도 등을 가지고 있어야 한다.
⑥ P.V.C 등과 같은 신발관련 피착재로부터의 가소성 이행에 대한 저항이 클 것
⑦ 오염 및 일광 폭로 시켰을 때 변색이 적을 것
⑧ 상온경화(常溫硬化) 및 빨리 굳어질 것
⑨ 독성이 적을 것
⑩ 저장 안정성이 좋을 것
⑪ 가격이 저렴할 것

1-10. 접착공정상의 문제

1. 접착제 및 전처리제의 선정

접착제(adhesive) 및 전처리제(primer)를 정확히 선정하여 사용하는 것이 접착 불량을 방지하는 첩경이며, 선정 기준은 다음과 같다.

1) 피착재란 무엇인가?

피착재의 성분 · 조성 등을 정확히 파악하여 피착재에 맞는 접착제 및 잔처리제를 선정할 것

2) 요구되는 물성이 무엇인가?

내수성 · 내열성 · 내후성 · 내약품성들 사용조건에 맞는 접착제를 선정할 것

2. 접착방법(도포방법)은 어떻게 할 것인가?

1) 접착제 및 전처리제의 도포를 솔 · 천 · 붓 등 어떤 것을 사용하는 것이 좋은가를 생각하여 선정할 것
2) 접착제 건조를 열건조(컨베이어 · 액티베이터기계 등 사용) 또는 상온 건조로 할 것인가에 따르는 접착제 선정도 필요함.

1-11. 표면처리

1. 기계적 방법(고무, 가죽 등의 바핑)

효과 : 1) 접착 면적의 증가
2) 투착 효과
3) 깨끗한 면의 형성(이형제, 불루밍 약품 등의 제거)

관리 : 1) 균일하고 적당한 깊이로
2) 피혁의 은면층은 강도가 약하므로 망상층까지 바핑할 것
3) 바핑후 시간이 오래 경과되면 바핑 효과가 소멸되므로 재바핑할 것

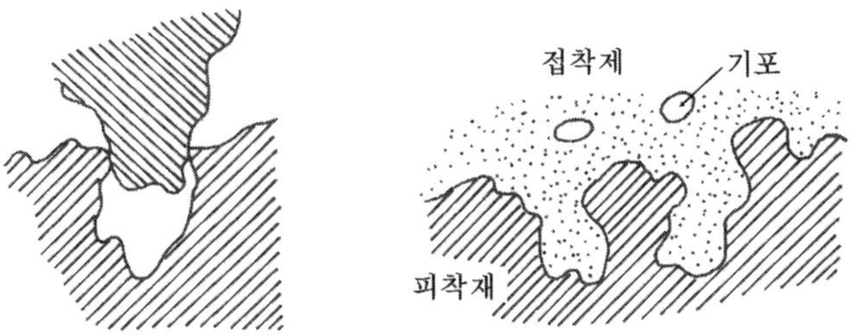

〈그림 1-17〉 단순 역학적 접착

(a) 지퍼효과 : A가 B를 탄성적으로 조임.
(b) 투묘 효과 : 고체의 凹부분에 접착제가 유입하여 단단하게 굳어 떨어지지 않게 됨.

2. 용제세척

효과 : 1) 깨끗한 면의 형성(이형제, 가소제, 오염 등의 제거 효과)
2) 접착제의 확산에 대해 보조 효과

관리 : 1) 바르지 말고 닦을 것(헝겊 사용)
2) 세척용구를 수시로 교체할 것(헝겊)
3) 피착재에 따라 용제를 달리할 것(특히 우레탄창과 비닐의 용제세척은 중요함)
- 합피 · 우레탄창 · 비닐 : MEK
- 고무창 : Toluene, TCE

3. 화학적 처리(전처리제 도포)

효과 : 1) 바핑된 면에 대한 보강효과
2) 친화성의 개량
3) 피착재의 부식에 의한 접착 향상

관리 : 1) 용제, 다른 전처리제와 혼동하지 말고 정확한 전처리제 사용을 확인할 것
2) 피착재 전부분에 세밀하게 처리할 것
3) 전처리제 용기 선정에 주의 할 것

1-12. 경화제(Desmodur RFE, ARF) 혼합

효과 : 1) 가교반응에 의한 접착력 향상

2) 피착재에 흡착된 수분 제거효과

관리 : 1) 정확한 계량

접착제 100g에 경화제 5g(DRFE의 경우 3.75g)을 정확히 첨가 사용할 것 3%(DREF의 경우 2.25%) 미만에서는 현저하게 접착강도가 저하되고 과잉량은 비경제적이며, 가사시간(可使時間)이 단축되어 불량 확률이 높아짐.

2) 충분한 교반

경화제는 접착제보다 비중이 높아 밑으로 가라앉기 때문에 충분히 교반하여 사용하여야만 효과를 발휘할 수 있음.

3) 가사시간대(Pot life) 내에 사용할 것

접착제에 경화제를 첨가하면 가교반응이 일어나 점도가 높아지므로 첨가후 30분 이내로 사용할 것. 가사시간이 지난 접착제를 사용하면 불량의 요인이 되므로 주의할 것

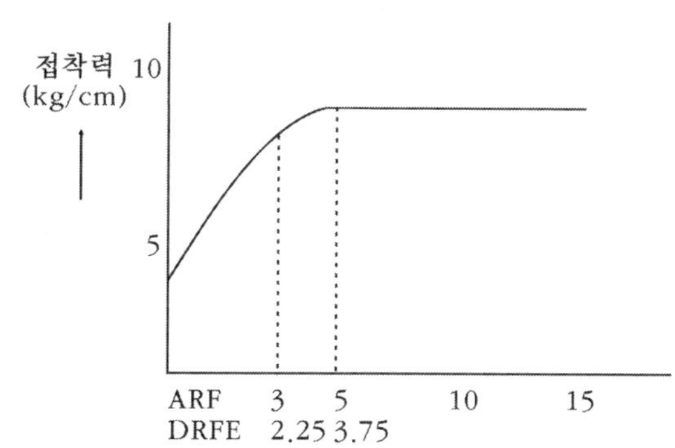

〈그림 1-18〉 경화제 첨가량에 따른 접착력 변화

1-13. 접착제의 도포

1) 접착제가 잘 침투되도록 왕복도포하고 빠지는 부분이 없도록 할 것
   예외) TR은 내용제성이 나쁘므로 솔을 기능하면 왕복 도포하지 말고 한 번만 도포하여 작업할 것
2) 접착제가 고이는 부분이 없도록 할 것(특히 마디부분)
3) 적당한 도포량 유지
   이론적으로 박리강도는 접착제층의 두께가 두꺼울수록 증대되지만 건조 문제 등 여러 가지 부작용이 수반되므로 적당한 도포가 필요함.

1-14. 건 조

효과 : 1) 결로현상 방지
2) 외기의 영향배제
3) 고화(경화, 결정화 포함)
4) 확산증대(접착 및 자착)
5) 분자의 재배치

관리 : 1) 챔버의 온도를 콘트롤 할 수 있는 장치필요
2) 온도계의 설치 부위는 평균 온도가 감지될 수 있는 것
3) 급격한 가열이나 냉각은 피할 것
4) 전면의 온도 분포를 균일하게 콘트롤 할 것

1-15. 압 착

변형에 의한 분자접근 효과(탄성 및 소성 변형)

관리 : 1) 균일한 가압
2) 압착판의 조정
3) 충분한 압력 및 시간

1-16. 기 타

1) 성형 : 주름이 없이 평면이 유지되도록 할 것
2) 구조 : 접착면적, 창과 갑피의 접착부위의 형태를 일치시켜 밀착이 잘 되도록 조정이 필요함.
3) 숙성 : 접착시킨 후 최소 48시간 보관 후 박리하여야만 최상의 접착강도를 얻을 수 있음.
4) 피착재(재질) : 고무류, 스폰지류 등은 다른 재질과 달리 복잡한 배합과 가공 공정으로 제조되며, 각종 직물류, 피혁 등은 일종의 약제로 처리되어 있이 접착을 예측하기 어려운 경우가 많다. 따라서, 접착의 지식은 이들을 접착하는 보조 수단일 뿐 절대적인 것은 아니므로 신규 재질이 투입될 때마다 접착시험법을 참조하여 접착 사양을 확정하여 주기 바람.

1-17. 취급상의 주의사항

1) 사하지 않는 용기는 밀폐하여 두는 것이 화재 예방, 위생상, 또는 접착제 안정성상 중요하다.
2) 작업상의 통풍이 잘 되도록 하고 용제증기(溶劑蒸氣)는 공기보다 무거우므로 통풍 장치는 하부에 설치하는 것이 좋다.
3) 가능한 피부 접촉을 피하는 것이 좋고, 접촉 부위는 비눗물로 세척할 것
4) 건조한 냉암소에 보관할 것
5) 선입 선출로 창고 관리를 할 것
6) 접착제 품종별로 착오가 없도록 하고 항시 구분하여 보관할 것(빈용기를 재사용할 때는 기존 라벨을 제거할 것)
7) 소분하여 사용하다 남은 것은 원래의 용기에 다시 붓지 않도록 할 것

1-18. 파괴의 형태

실용상의 최종 목적인 접착강도의 향상 및 불량해결의 대책을 세우기 위해 파괴 장소를 확인하는 것은 필수적이다.

1) 접착제와 피착재의 계면박리

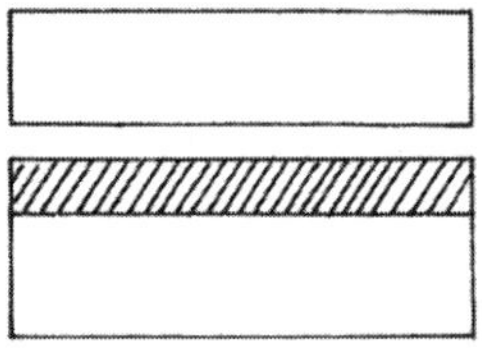

① 전처리제 및 접착제의 선정이 잘못되었을 때
② 표면처리 불량(바핑, 용제세척, 전처리제)

2) 접착제와 피착재의 계면박리

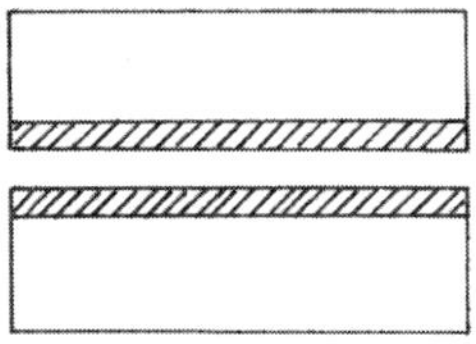

① 건조과잉
② 과잉냉각
③ 접착제의 자착성 부족
④ 접착제 A와 B가 서로 맞지 않을 때
⑤ 결로현상(우기에 많이 발생함)

3) 접착제층의 응집파괴

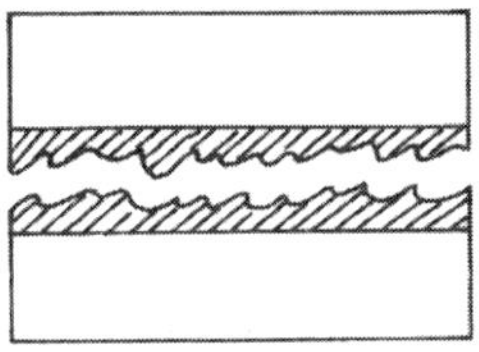

① 건조불량
② 접착제의 응집력 초기고정성 불량
③ 비닐의 가소제 이행이 심할 때
④ 경화제 함량미달 또는 품질 불량

4) 피착재 파괴

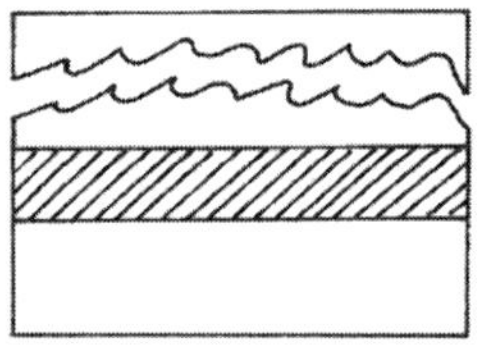

① 파괴형태 중 가장 완벽한 접착형태임
② 접착강도가 약하면 재질 변경이 불가피함

5) 피착재 표면만 얇게 파괴하는 경우

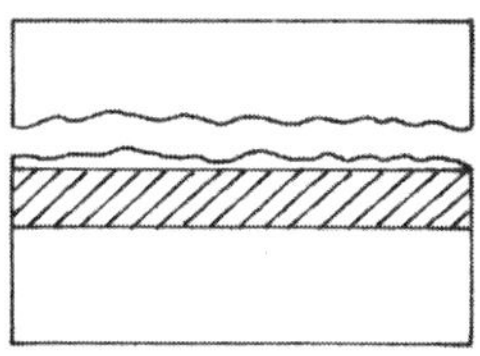

① 피혁의 바핑부족
② 접착제의 침투부족

1-19. 접착제의 분류

접착제를 분류하는 방법은 여러 가지가 있다. 조성(成分)에 따른 분류, 형상에 따른 분류, 사용 조건에 따른 분류 등이 있다.

1) 조성에 따른 분류

접착제는 크게 무기와 유기분야로 분류한다.

- 무기접착제
  - 규산소오다 (Sodium silicate류)
  - 시멘트류 (Cement)
  - 세라믹류 (Ceramic)
- 유기접착제
  - 포오틀랜드시멘트
  - 석고(石膏)
  - 마그네시아시멘트
  - 리서어지시멘트
  - 치과용 시멘트

이 때에 무기물 중에서 시멘트류까지 접착제에 포함하면 범위가 넓어지고 문제가 된다. 그러나 규소소오다는 여러 층의 보오드 판지(板紙)의 접착에 쓰이고 있다. 또 세라믹(ceramics) 접착제란 규산과 붕산을 주성분으로 하는 분말이며 법랑이나 유리에 가까운 성분이다. 이 접착제는 유기접착제로는 견디어내지 못하는 고온(1,000℃이상)에 견디어내지만 굳고 부서지기 쉬우며 충격에 약한 결점이 있다. 따라서 용도도 적고 미사일선단의 세라믹판의 접착에 쓰인다.

- 유기접착제
  - 천연계
    - 녹말계
      - 밀가루풀
      - 텍스트린
      - 밥풀
    - 단백계
      - 아교
      - 카제인
      - 대두단백
      - 알부민
    - 천연고무계
      - 라텍스
      - 용액(고무풀)
    - 수지계 — 송진, 쉘락
    - 아스팔트계
  - 합성계
    - 합성수지계
      - 열가소성 수지 — PVC, PVAC, Acryl, Polyamide, Styrene, Alkid, Cellulose, Cyanoacrylate, Polysulfone, Polyallylsulfone
      - 열경화성 수지 — Phenol, 레조시놀, Urea, 멜라민, Ruran, Epoxy, 불포화 Polyester Silicon, Isocyanate, Acryl, 아크릴산 디에스테르
      - 일레스토머(탄성체)
    - 합성고무계 (Elastomer계) — 재생고무, SBR, Butyl고무, CR, Nitrile 고무, Polysulfide, Silicone
    - 혼합계 (구조용) — Phenolic-vinyl, phenollic-nitrile곰, phenolic-polychloroprene, Epoxy-phenolic, Epoxy-poly-amide, Nylon-epoxy, Nitrile고무, Epoxy, Epoxy-polysulfide
    - Polyaromatic계 (고온용) — Polyamide, Polybenzimidazol

- 열가소성 접착제 (熱可塑性接着劑)
  - 초산비닐계
    - 에멀션
    - 용액
  - 폴리비닐아세탈계
    - 부틸랄
    - 아세탈
    - 포르말
  - 염화비닐계
  - 아크릴계
    - 에멀션
    - 시아노아크릴레이트
  - 폴리아미드계
    - 나일론
    - 지방산계
  - 폴리에틸렌계
    - 폴리에틸렌
    - 공중합형(엘박스 등)
  - 셀룰로오스계
    - 니트로셀룰로오스
    - 초산셀룰로오스
    - 에틸셀룰로오스
    - 수용성셀룰로오스
      - 메틸셀룰로오스
      - 카르복시메틸셀룰로오스(CMC)
      - 히드록시에틸셀롤로오스
  - 기타
    - 폴리이소부틸렌
    - 폴리비닐에테르

- 열경화성 접착제
  - 요소(尿素)계
  - 멜라민계
  - 페놀계
    - 수용성
    - 알코올 용액
    - 노블락
  - 레조르시올(별명 : 레조르신)계
  - 에폭시계(별명 : 레조르신)
  - 폴리에스테르계
    - 알키드형
    - 불포화에스테르
    - 디알릴푸탈레이트형
    - 폴리에스테르아크릴레이트
    - 아크릴산디에스테르
  - 폴리우레탄계
  - 폴리아로메틱계
    - 폴리아미드계
    - 폴리벤즈이미다졸계

- 일래스토머 탄성체(彈性體)
  - 클로로푸렌(테오프렌)계
    - 용액
    - 라텍스
  - 니트릴고무계
    - 용액
    - 라텍스
    - 구조용(필름형)
  - 스티렌고무계
  - 폴리설파이드계
    - 에폭시혼합형
    - 시일런트
  - 부틸고무계
  - 실리콘고무계
    - RTV형
    - 가황형
    - 감압형

2) 형상에 따른 분류

접착제를 겉보기의 형으로 분류하면 다음의 각종이 있다.

- 접착제
  - 수용액 — 요소계, 페놀계, 폴리비닐알코올
  - 용액 — 네오프렌, 니트릴고무, 초산고무, 니트로셀룰로오스
  - 에멀션(라텍스) — 초산비닐, 아크릴, 고무, 네오프렌, 니트릴고무
  - 무용제형 — 에폭시, 폴리에스테르아크릴레이트, 시아노아크릴레이트
  - 고형(固形)
    - 분말－카제인, 폴리비닐알코올
    - 괴상(塊狀)－아교, 핫멜트
    - 노끈－핫멜트
    - 필름－에폭시, 페놀・니트릴고무
  - 테이프
    - 점착형
    - 히이트시일

3) 사용조건에 따른 분류

접착제를 칠하고 건조경화하는 경우의 조건에 따라서 다음처럼 여러 가지 재미

있는 호칭이 있다.

- 접착제
  - 실온경화형
    - 용제건조용 — 초산비닐에멀션, 아교, 니트로셀룰로오스
    - 촉매첨가형 — 요소계, 페놀, 에폭시
    - 습기경화형 — 시아노아크릴레이트, 실리콘RTV(공기중의 습기에 의해 경화한다)
    - 혐기성(嫌氣性) — 폴리에테르아크릴레이트(공기를 차단하면 경화한다)
  - 열경화형 — 페놀, 에폭시
  - 핫멜트
    - 핫멜트 — 엘박스(열로 녹여서 도포한다)
    - 하이트시일 — 초산비닐, 엘박스를 도포한 종이 열로 녹여서 접착한다.
  - 감압형
    - 콘텍트시멘트 — 네오프렌(양면에 도포건조시키고 손으로 압착한다)
    - 셀프시일(콜드시일) — 고무라텍스 등을 양면에 칠한 종이(손으로 압착만 하면 접착한다. 점착성 없음)
    - 딜레이드택 — 가열하면 점착이 나오는 테이프류 등
    - 영구점착형 — 셀로판테이프, 비닐테이프
  - 재습형(再濕型)
    - 수형(水型) — 감테이프(아교, 텍스트린을 도포했다)
    - 용제형 — 네임플레이트(합성고무 · 페놀계를 도포했다)

4) 구조에 쓰이느냐의 여부에 따른 분류

항공기의 구조나 건물의 들보와 같이 강력한 힘을 부단히 받는 곳에 사용할 수 있느냐에 따라 접착제를 분류한다.

- 접착제
  - 구조용 – 에폭시 · 나일론, 에폭시 · 페놀, 니트릴고무, 페놀 · 폴리비닐아세탈, 레조르신올
  - 비구조형 – 초산비닐, 아크릴, 네오프렌, 핫멜트, 아교

이런 구조용 접착제는 강력한 장기하중(長期荷重)에 의한 크리이프가 적고, 열, 물, 기름 등에 잘 견디어 내야 한다.

1-20. 접착제의 종류

접착제를 고무 계열과 비고무 계열로 분리하기는 매우 애매하지만 앞에서 다루었던 이론들의 내용을 참조하여 비교 분리해 보았다.

(고무계열 : 1-20~29, 비고무계열 : 1-30~33)

1-20-1. 고무계열 접착제

1. 클로로프렌계 접착제

1) 클로로프렌(네오프렌)

식 (1)에 표시한 대로 클로로프렌 단량체(單量體)를 수중에서 유화중합(乳化重合)해서 만든 폴리클로로프렌은 상품명 네오프렌(Du Pont社)의 이름으로 보통 불리운다.

$$\underset{\text{(클로로프렌)}}{CH_2=\overset{\overset{\displaystyle Cl}{|}}{C}-CH=CH_2} \xrightarrow{\text{중합}} \underset{\text{(폴리클로로프렌)}}{\left(-CH_2-\overset{\overset{\displaystyle Cl}{|}}{C}-CH-CH_2-\right)_n} \quad \cdots\cdots\cdots(1)$$

네오프렌에는 여러 가지 종류가 있지만, AC(AD)형과 W(WHV)형이 접착제로 쓰이고 있다. 앞의 것은 뒤의 것보다 결정성이 크고 접착력(응집력)도 보통 크다. 이에 대해 뒤의 W형은 비교적 초기접착은 좋고 접착유지기간이 긴 접착제를 만든다.

클로로프렌계 접착제에는 라텍스형과 용액형이 있다. 클로로프렌라텍스는 카제인 수용액 등으로 점도(粘度)를 올려서 박(箔) 등의 접착제를 만들 수가 있다. 그러나 비교적 비싸므로 넓은 용도는 없다. 이에 반해 용액형은 소위 콘택트·시멘트(contact cement)라고 불리우며 널리 쓰이고 있다. 주요한 접착제로서는 블루다인, 속건(速乾)본드 G10, 세메다인네오콘택트 등이 있다.

2) 콘택트형 접착제의 특징과 용도

시판품(市販品)은 담갈색(淡褐色)의 점성용제형(粘性溶劑型)의 접착제이다. 일반적으로 고형분(固形分) 20~30%, 점도(20℃) 200~5,000cps인 것이 많다. 이 점착제의 제조방법으로는 생고무를 ZnO, MgO 등과 고무로울러로 혼련(混練)해서 시이트상(狀)으로 하고 소편(小片)으로 절단하여 용해가마 속에서 용제가 용해한다. 이때 표시한 파라알킬페놀수지를 혼합해서 용해한다. 용제로서는 톨루엔, 메틸렌클로라이드, 헥산, 초산에틸 등의 혼합이다. 이 예를 표시하면 네오프렌 AC 100%, ZnO 5%, MgO 4%, 페놀수지 45%, 네오존 D(노화방지제) 2%, 용제 444%이다.

이 타입의 접착제는 양면(兩面)에 칠하여 10~60분 건조한 다음 맞붙이고 손으로 잘 압착(壓着)하면 곧 붙는다. 그 특징은 다음과 같다.

[장 점]

① 여러 가지 재료에 잘 붙는다. 고무, 가죽, 천, 목재, 시멘트류(類), 유리, 금속, 여러 가지의 플라스틱(연질비닐과 폴리에틸렌을 제외한다) 등

② 촉압(觸壓) 정도의 압력으로 곧 붙는다. 초기접착이 강하고 압제장치가 필요없다.

③ 내수성(耐水性)이나 내약품성(耐藥品性)이 좋고 고무상(狀)의 탄력성이 있으므로 충격에 견딘다.

[단 점]

① 내열성이 좋지 않다[연화점(軟化点)이 70℃ 전후인 것이 많다].

② 용제는 일반적으로 인화성이 있고 흡입(吸入)할 때의 약간의 독성이 있다.

③ 내유성(耐油性)이 좋지 않다.

콘택트형 접착제의 용도로서는 다음과 같이 광범위하다.

- 건축 : 벽면에 화장합판(化粧合板)을 접착한다. 카운터 등에 화장판을 붙인다.
- 목공 : 멜라민계 등의 화장판의 접착
- 자동차, 차량 : 천정과 단열재(발포우레탄 등), 도어가 닿는 곳의 고무
- 기타 : 사진기 등의 레저 붙임.

3) 콘택트형 접착제의 사용법

시판품에는 점도가 2,000~5,000cps의 브러시 도포용(塗布用)과 200~500cps의 내뿜기(스프레이)용이 있다. 이런 도포기구를 사용하여 반드시 양면에 120~200g/㎡씩 도포한다. 화장판과 같이 흡수하지 않는 면에는 약간 적게, 합판과 같이 흡수성인 것은 약간 많게 칠한다. 스프레이인 경우는 구경 2~2.5㎜의 스프레이건을 사용하며, 압력 3.5~4.5kg/㎠, 내뿜기 거리 30~50㎝, 내뿜기면의 직경 15~20㎝로 한다. 오픈 타임은 시판품의 종류에 따라 10분에서 120분정도 사이이지만 설명서의 지시에 따르는게 좋다. 이 건조를 기다려서 올바른 위치에 맞붙이고 손으로 잘 누르든가, 핸드로울러를 걸든가, 나무망치로 두들기든가하여 압착한다. 곧 강하게 붙이므로 톱질 등 기계가공을 할 수 있다.

① 맞붙일 때에 손으로 세게 누르면 움직일 수 없게 되므로, 가볍게 붙이고 조금씩 움직여서 위치를 바르게 한 다음 압착한다.

② 딘너 원칙으로 딘너를 사용치 않는 것이 좋다. 붉게 하면 내뿜기 특성이 나빠질 때가 있고, 또 흡수되기 쉬워진다. 딘너는 브러시 등을 씻을 때에 사용하는 것이 좋다.

③ 흠교(欠膠) 나무의 단면이나 칩보오드와 같이 흡수하기 쉬운 경우는 여러 번 칠할 경우가 있다. 겉칠은 초벌칠이 거의 손에 점착(粘着)하지 않을 때에 한다.

④ 내열성 멜라민화장판처럼 열이 닿으면 반대로 젖히는 재료의 경우에 문제가 많다. 접착후 곧 직사일광을 쬐게 하는 것은 위험하다(1~2일이상 방치하면 꽤 내열성이 된다).

⑤ 가황제(加黃劑) 유황이 아니라도 리서어지에 촉진제를 병용하면 실온(室溫)에서도 가황이 진행되어 내열성이나 내유성이 좋게 된다. 그러나 일반적으로는 데스모듀 R 등의 폴리이소시아네이트를 2~10% 첨가하는 방법이 채택되고 있다.

⑥ 용제는 일반적으로 인화성과 독성이 있으므로 작업장은 환기를 잘 해야 한다. 암실, 지하실, 탱크 등의 경우는 특히 주의를 요한다.

※ CR계 접착제를 사용할 때 분류표를 보면 아래 그림과 같다.

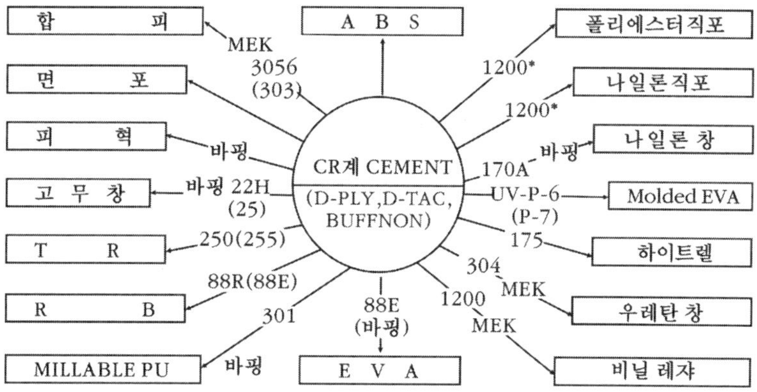

*경화제 (ARF 5% 또는 D-RFE 3.75%) 첨가표시임.

2. 니트릴고무계 접착제

1) 니트릴고무(NBR)

부타디엔과 아크릴로니트릴과 공중합(共重合)하면 식(2)와 같이 니트릴고무가 된다. 이 때에 니트릴량이 32~34%의 것과 38~40%인 것이 있으며, 뒤의 것이 약간 경질이다.

$$CH_2=CH-CH=CH_2+CH_2=\underset{\displaystyle CN}{\underset{|}{CH}}\longrightarrow\left(-CH_2-CH=CH-CH_2-CH_2-\underset{\displaystyle CN}{\underset{|}{CH}}-\right)_n \quad \cdots\cdots(2)$$

(부타디엔) (아크릴로니트릴) (니트릴고무)

니트릴고무는 일반적으로 내유성이 좋고 연질비닐에 잘 붙는다. 그러나 천연가황고무에는 그다지 잘 붙지 않는다. 네오프렌계가 고무에 잘 붙고 비닐에 그다지 잘 붙지 않는 것과 대조적이다.

니트릴고무계 접착제에는 프라이오본드와 같은 비구조일반(非構造一般) 접착제와 구조용접착제 및 라텍스형이 있다. 시판품으로는 프라이오본드, 본드 G100, G200, 세메다인 NO545N, 다이어본드 1880, 에스타인 255 등이 있다.

2) 연질 비닐용 접착제

프라이본드형인 것은 고형분(固形分) 20~30%, 점도(20℃) 3,000~4,000cps의 점성이고 조밀한 이취(異臭)가 있는 황갈색의 용액이며, 용재는 메틸에틸케톤(MEK)이 많다. 이 형은 니트릴고무 100부당 페놀수지 50~100부를 함유한다. 이 형의 접착제는 연질비닐을 비롯하여 셀룰로이드, 천, 가죽, 나무, 금속, 플라스틱(폴리에틸렌 등을 제외함), 충전제가 많은 가황고무 등 수 많은 재료에 잘 붙는다. 사용법은 상기(上記)한 클로로프렌계 콘택트접착제와 거의 동일하다. 즉 양면에 균일하게 칠하고 5~30분 건조시킨 다음 맞붙여서 압착한다. 또 네임플레이트 등에 미리 칠하고 건조한 것은 MEK를 칠함으로써 점착(粘着)을 회복해서 붙일 수가 있다. 또 용제 대신에 120~130℃로 열압(熱壓)하면 곧 접착할 수도 있다.

이 형의 접착제는 물이나 기름에 잘 견디어 내며, 네오프렌계보다 일반적으로 내열성이 좋으나 내알칼리성이 좋지 않다. 또 점조하여 칠하기가 힘들고 이취가 있어서 작업성은 좋지 않다. 또 인화성도 있다. 투명한 비닐에서는 갈색의 색깔이 묻는다. 착색(着色)을 개량하기 위해 페놀수지 대신에 염화비닐 공중합용액(共重合溶液)을 혼합한 접착제는 비닐의 필름 상호간 및 그것들을 금속 등에 접착할 때에 쓰인다.

3) 니트릴고무계 구조용 접착제

니트릴고무에 대해 페놀수지를 적어도 2배이상 혼합한 것은 금속의 접착제로서 구조용에 적합하다. 이 형은 30~40%의 용액이나 필름형인 것이 시판되고 있다. 접

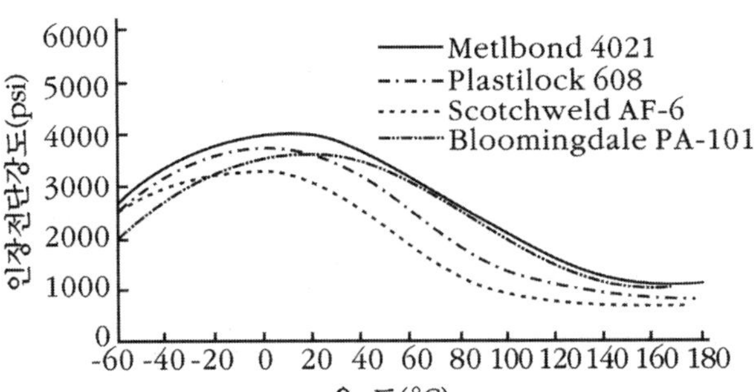

〈그림 1-19〉 각종 니트릴고무구조용 접착제의 각 온도에서의 절단접착력(MIL-A-5090F의 시험법에 따름)

착조건은 7~10kg/㎠의 압제하(壓諦下)에 120~150℃로 20~30분간 가열한다. 이렇게 해서 항공기 따위의 금속의 적층(積層)이나 벌집구조에 사용된다. 또 자동차 따위의 브레이크라이닝용의 내열형 접착제는 이 형인 것이 많다. 구조용 접착제의 각 온도에 있어서의 전단접착력을 〈그림 1-19〉에 표시한다.

4) 니트릴고무라텍스

시판(市販)되고 있는 라텍스는 고무분(分)이 40~5096의 저점도(10~70cps) 수성유 백색액체이다. 보통 카제인 등으로 점도를 올려서 접착제로 한다. 이 라텍스의 중요한 용도는 부직포(不織布)의 바인더이다. 이 용도에 쓰이는 라텍스는 $-COOH$를 함유하며 ZnO 등으로 가황할 수 있고 내유, 내용제성이 풍부한 것이 된다. 접착만은 고무 특유의 탄력성이 있으나 아크릴에멀션에 비해 착색하기 쉬운 결점이 있으므로 옷감 등 착색을 꺼리는 용도에 쓰이지 않는다. 미가황형(未加黃型)의 니트릴고무라텍스는 비닐필름을 종이나 나무에 접착하는 경우에 쓰인다.

3. 부타디엔 · 스티렌(SBR)계 접착제

부타디엔과 스티렌을 식(3)과 같이 공중합(共重合)한 고무를 SBR라고 불리운다. 일반적으로 스티렌이 15~30%의 것이 많다.

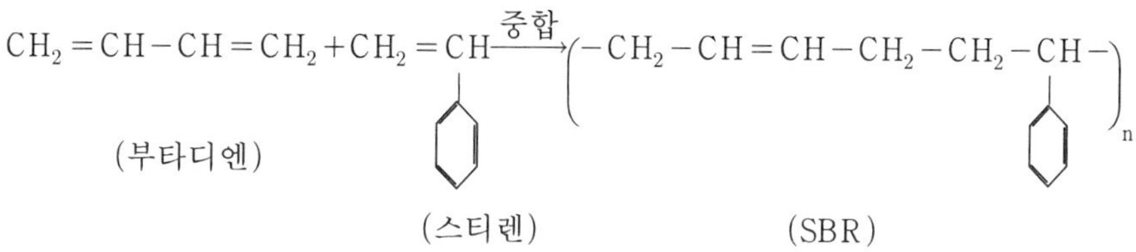

·····(3)

SBR의 용액형 접착제는 SBR의 고무제품의 접착에 쓰이나, 다른 고무에 비해서 점착성(粘着性)이나 응집력이 뒤지며 접착제의 용도가 적다. SBR 라텍스 중에서 $-COOH$를 함유하는 형은 ZnO 등으로 가황된다. 이 형은 NBR라텍스와 동일하게 부직포나 카펫 · 사이징[융단의 이면에 도장(塗裝)] 등에 쓰인다. SBR의 라텍스 중에서 스티렌이 50~80인 것은 종이의 도장(아트지의 클레이의 바인더)에 카제인과 병용되고 있다.

4. 폴리우레탄계 접착제

1) 폴리이소시아네이트(Polyisocyanate)

이소시아네이트기(－NCO)를 2개이상 지니고 있는 이소시아네이트는 폴리에스테르의 OH기와 반응하고 우레탄결합(-NH-CO-O-)해서 경화한다. 또 폴리이소시아 네이트를 고무풀과 혼합해서 접착성능을 개선한다. 일반적으로 접착제에 사용되는 폴리이소시아네이트에는 다음의 각 종류가 있다.

① 디페닐메탄・디이소시아네이트(MDI : Du Pont社, 保土谷化學, 三井化學)

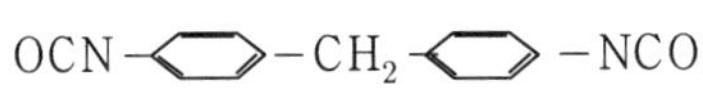

…………(4)

② 트리페닐메탄・트리시오시아네이트(Desmodur R : Bayer社)

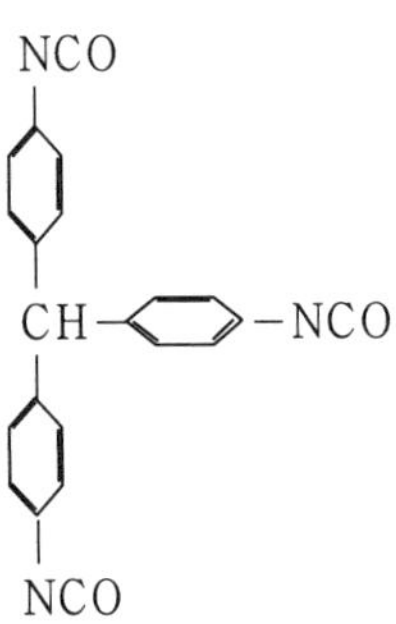

…………(5)

③ 트리올부가물(Desmodur TH : Bayer社)

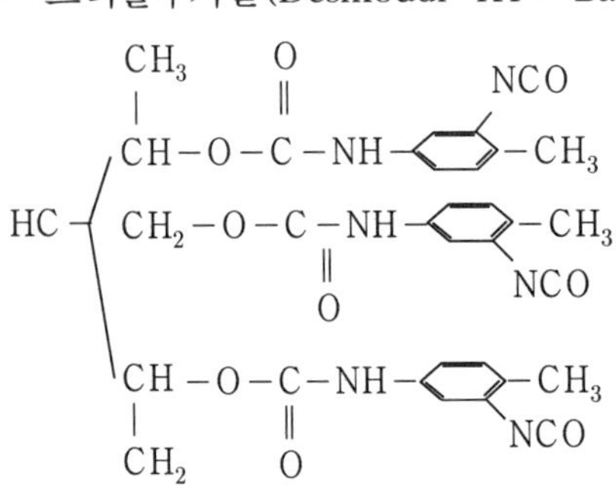

…………(6)

2) 폴리에스테르・디이소시아네이트계 접착제

시판품(市販品)으로서는 본드 T10/T100, 다이어본드 103 등이 있다. 말단에 -OH를 갖는 비교적 저분자량의 폴리에스테르는 (7)식과 같이 디이소시아네이트와 실온에도 반응해서 경화한다.

CON-R-NCO+HO-R′-OH→…-R-NHCOO-R′ ……………………………………(7)

-COONH-R-NHCOO-

이때 폴리에스테르의 분자량이 클수록 가요성인 것이 된다. 예를 들면 Desmophen 800(Bayer社)은 비교적 경질이며 Desmophen 2000은 가요성이다. 또 폴리에스테르(樹脂分 50%)와 DMI(固形分 50%)의 혼합량과 전단접착력의 관계는 〈그림 1-20〉과 같다. 이 밖에 사용상의 주의 사항으로는 다음과 같다.

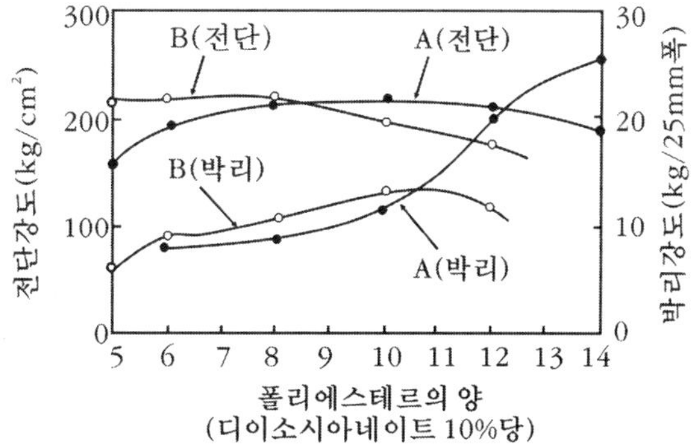

〈그림 1-20〉 A, B 두 종류의 폴리에스테르 · 디이소시아네이트 접착제의 배합량과 전단 및 박리강도

전단강도 : 알루미늄합금 상호간,
경화조건 : 140℃, 60분
박리조건 : 알루미늄합금과 네오프렌고무
경화조건 : 온실에서 7일후

(1) 물을 싫어한다. 폴리이소시아네이트는 물이나 공기중의 습기와 민감히 반응해서 접착력의 저하를 초래한다. 저장중에는 물론 사용중에도 어떤 원인으로 인한 수분의 침입은 절대 피해야 한다. 만일 혼합하는 용제는 무수(無水)인 것을 사용한다. 목재나 피혁의 수분은 가능한 한 적은 편이 좋다.

※ 우레탄계 접착제를 사용할 때 분류표를 보면 아래 그림과 같다.

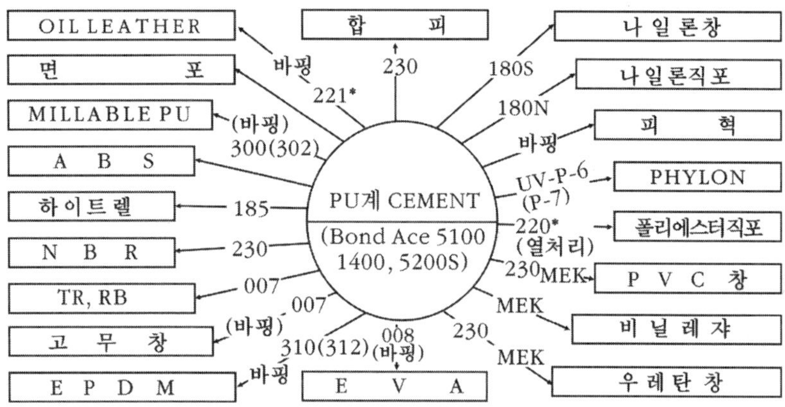

*경화제(ARF 5% 또는 D-RFE 3.75%) 첨가표시임

(2) 2액(二液)을 정확히 달아서 혼합하지만 혼합직후의 점도는 낮고, 시간이 경과함에 따라 점도가 올라가고, 동시에 초기접착(初期接着)이 올라간다. 따라서 흡수성의 가죽이나 천의 접착일 경우에는 2액을 혼합한 후 30~60분까지 숙성(熟成)해서 비로서 사용할 때도 있다.

(3) 실온경화(室溫硬化)도 고온경화(高溫硬化)도 가능하다. 특히 가열의 경우는 독성이 강한 가스가 발생하므로 환기가 잘되게 하는 편이 좋다.

① 고무와 금속 : 일반적으로 접착력이 강하고 열이나 약품에 잘 견디어 내므로 방진(防振)고무, 고무로울러 등에 쓰인다.

② 발포(發泡)우레탄의 라미네이트 : 천의 발포우레탄을 라미네이트할 경우에는 가요성이 좋은 타이프가 사용된다.

③ 기타 피혁, 금속박(箔), 나일론 등 많은 재료에 쓰인다.

3) 고무 · 이소시아네이트계 접착제

천연고무, 니트릴고무, 콜로로프렌 등의 용액접착제에 2~5%의 폴리이소시아네이트를 첨가하면 식 (8)과 같이 고무 분자가 서로 가교(架橋)되어서 가황(加黃)과 동일한 구조가 되고 응집력(擬集力)이나 내열성이 향상된다.

이 반응은 실온에서 진행해지며 일수(日數)가 경과함에 따라 성상이 변화된다. 단 사용가능기간의 제한을 받으며 초기의 점착(태크)이 감소해간다. 예를 들면 클로로프렌계와 니트릴고무계 100%에 트리이소시아네이트(데스모률R)를 3~5% 첨가한 경우의 접착력(박리강도)과 내열성을 〈표 1-6〉과 같다. 이 시험결과에 따르면 트리이소시아네이트의 양이 증가함에 따라 내열성은 향상하지만, 너무 많아지면 범포(帆布)가 굳어져서 범포가 비교적 낮은 힘으로 파단하게 된다.

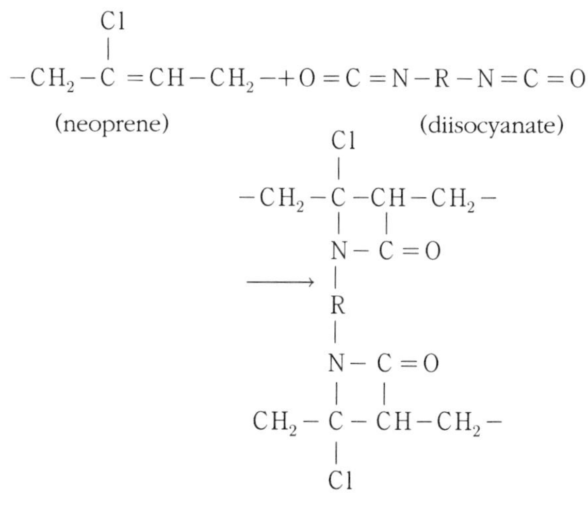

······························(8)

(가황한 분자구조)

〈표 1-6〉 합성고무계 접착제의 내열성에 미치는 트리이소시아네이트의 효과(수치는 kg/㎠)

트리이소시아네이트의 양(部)	네오프렌계		니트릴고무계	
	실온시	80℃일때	실온시	80℃일때
0	26.4*	3.31	19.5*	1.86
3	25.8*	4.37	20.2*	2.69
5	21.7	5.27	19.3*	3.41

(주) 공시체(共試體) : 범포(帆布)와 철판, *표는 범포의 절단을 표시함.

5. 폴리설파이드계 접착제

폴리설파이드는 일반적으로 식(9)과 같은 반응으로 만들어 진다.

$$ClCH_2CH_2Cl + Na_2Sx \rightarrow (CH_2CH_2Sx)_n + NaCl \quad \cdots\cdots(9)$$

접착제에 쓰이는 것은 식(10), 식(11)에 표시하는 점조(粘稠)한 액체이며, 티오콜 LP-2와 LP-3이다.

티오콜 LP－2 … $HS(C_2H_4OCH_2OC_2H_4S \cdot S)_{23} \cdot C_2H_4 \cdot O \cdot CH_2 \cdot O \cdot C_2H_4SH$ ……(10)

티오콜 LP－3 … $HS(C_2H_4OCH_2OC_2H_4S \cdot S)_6 \cdot C_2H_4 \cdot O \cdot CH_2 \cdot O \cdot C_2H_4SH$ ……(11)

티오콜 LP-2는 에폭시계 접착제에 혼합해서 탄력성과 박리강도를 개선한다. 티오콜 LP-2는 시일링제(코우킹제)로서 건축, 차량, 항공기, 전기 등에 쓰인다. 일반적으로 티오콜 LP-2 100%당 과산화염 5~10%, 충전제를 적량 혼합한 페이스트상이며, 코우킹건 등으로 틈새를 충전하면 실온(室溫)에서 12~24시간 후에 경화하여 고무상의 탄성체가 된다. 인장강도는 20~30kg/㎠, 신장이 300~500%이며, 극히 내후성(耐候性)이 좋고 가솔린이나 기름에 견디어 낸다. 시판품으로서는 티오콜 이외에 본드시일, 웨저반, 다이아본드 3800, 하마타이트 등이 있다.

6. 실리코운고무계 접착제

1) 실리코운

실리코운의 일반식은 $\left(\begin{array}{c} R \\ | \\ Si-O-Si \\ | \\ R \end{array} \right)_n$ 으로 표시된다. 이 계통의 특징은 내열성과 내한성이 우수하다. 비교적 분자량이 작은 실리코운·오일이나 삼차원구조의 실리코운수지는 접착제라기보다 이형제(離型劑)로서 유용하다. 종이 등에 칠해져 이형지(離型紙)를 만든다. 실리코운·고무는 선상(線狀)의 극히 긴 분자로 돼 있으며, 다음 3개형의 접착제가 만들어지고 있다.

2) 2액가황형(二液加黃型) 실리코운 접착제

가황(加黃)은 실리코운·고무의 접착에 쓰이는 것이며 실리코운생고무의 키실렌 용액 중에 촉매를 혼합했다. 예를 들면 DC-A-4000(Dow Coming社)은 키실렌의 75% 용액이며 촉매를 첨가해서 100℃이상으로 가열한다. 실리코운·고무와 금속의 접착인 경우 27kg/㎠의 접착력을 나타낸다.

3) 습기경화형(濕氣硬化型) 실리코운접착제(RTV형)

이 형의 접착제는 식(12)과 같이 양단에 아세틸기(-Ac)를 가지는 비교적 저분자량의 무색투명한 액체다. 이것을 칠하면 공기 중의 습기를 빨아서 Ac기를 유리(遊離)하고 중간체를 거쳐 고분자량의 고무상탄성체로 경화한다. 실로코운 RTV는 금속제의 튜우브에 넣어서 시판되고 있다. 얇게 칠하면 표면에서 경화가 시작되고 꽤 두꺼운 막이라도 1일 후에는 경화해서 고무상 탄성체가 되어 유리 따위에 잘 붙는다. 경화막(硬化膜)의 특성은 〈표 1-7〉과 같으며 유리, 돌, 목재 가죽, 천 등에 잘 붙고, 무색이며 재료를 더럽히지 않고, 내수, 내약품성이 풍부하며 대단히 내후성이 좋다. 그러나 경화할 때에 초선을 유리해서 금속을 녹슬게 하므로 프라이머가 필요하다.

$$\underset{\text{(실리코운RTV)}}{\mathrm{Ac{-}O{-}}\begin{matrix}\mathrm{OAc}\\ |\\ \mathrm{SiO}\\ |\\ \mathrm{R'}\end{matrix}{-}\left(\begin{matrix}\mathrm{R}\\ |\\ \mathrm{SiO}\\ |\\ \mathrm{R}\end{matrix}{-}\right)_n{-}\begin{matrix}\mathrm{OAc}\\ |\\ \mathrm{Si}\\ |\\ \mathrm{R'}\end{matrix}{-}\mathrm{OAc}}\xrightarrow{H_2O}4\mathrm{AcOH}+\underset{\text{(중간체)}}{\mathrm{HO{-}}\begin{matrix}\mathrm{OH}\\ |\\ \mathrm{SiO}\\ |\\ \mathrm{R'}\end{matrix}{-}\left(\begin{matrix}\mathrm{R}\\ |\\ \mathrm{SiO}\\ |\\ \mathrm{R}\end{matrix}{-}\right)_n{-}\begin{matrix}\mathrm{OAc}\\ |\\ \mathrm{Si}\\ |\\ \mathrm{R'}\end{matrix}{-}\mathrm{OH}}\ \longrightarrow$$

$$\underset{\text{(실리코운고무)}}{\mathrm{HO{-}}\begin{matrix}\mathrm{OH}\\ |\\ \mathrm{SiO}\\ |\\ \mathrm{R'}\end{matrix}{-}\left(\left[\begin{matrix}\mathrm{R}\\ |\\ \mathrm{SiO}\\ |\\ \mathrm{R}\end{matrix}{-}\right]_n{-}\begin{matrix}\mathrm{OH}\\ |\\ \mathrm{SiO}\\ |\\ \mathrm{R'}\end{matrix}\right)_x}\mathrm{H}+xH_2O \qquad \cdots\cdots(12)$$

〈표 1-7〉 실리코운 RTV의 특성

경 도 쇼 어 A	25
인 장 강 도 psi	125
신 장 %	400
박 리 강 도 (lb/in)	20
가 사 시 간	−62~175℃
도 포 온 도	최단 3개월
접 착 성	0~40℃
변 색	양
	무

4) 실리코운감압형 접착제

이 형은 내열성과 내한성이 극히 좋은 점착테이프를 만든다. 실리코운 생고무에 실리코운수지, 촉매를 배합한 용액을 만들어 유리포, 플라스필름 등에 칠하고, 70~100℃에서 건조시킨 후 150℃로 5분간 가열하면 점착(粘着)테이프가 된다. 이 테이프의 접착력은 실온(室溫)에서 237g/㎝, −40℃와 +140℃에서 실온의 약 2배, 260℃에서도 180g/㎝의 값이 나타난다. 이 점착형 점착제는 보통의 접착제로 붙이기 어려운 폴리에틸렌, 테플론, 실리코운 · 고무에도 잘 붙는다.

7. 부틸고무계 접착제

식 (13)과 같이 이소부틸렌(95~98%)과 이소프렌(2~5%)의 공중합(共重合)으로 만드는 부틸고무나 내열성과 내후성이 풍부하고 오존으로 인한 산화가 적다.

$$-\left(-C-\underset{CH_3}{\overset{CH_3}{\underset{|}{\overset{|}{C}}}}-CH_2-\right)_n-\left(-CH_2-\overset{CH_3}{\overset{|}{C}}=CH-CH_2-\right)_m- \quad \cdots\cdots(13)$$

isobutylene　　　　isoprene

이 고무는 무극성(無極性)이며 일반적으로 접착성이 그다지 좋지 않으므로 부틸고무제품 이외에는 용도가 적다. 단지 이 고무로 만든 감압형 접착제는 폴리에틸렌이나 폴리프로필렌과 종이의 접착에 쓰인다. 부틸고무를 염소화 또는 브롬화한 것은 고무와 금속의 접착 등에 쓰인다.

8. 폴리이소부틸렌계 접착제

식(14)과 같은 구조의 폴리이소부틸렌은 그 분자량에 따라서 끈끈한 액체로부터 고무상 탄성체까지 있다. 외관은 거의 무색투명이다.

$$\left(-CH_2-\overset{\displaystyle CH_3}{\underset{\displaystyle CH_3}{\overset{|}{\underset{|}{C}}}}- \right)_n \qquad \cdots\cdots (14)$$

이 폴리이소부틸렌은 단독으로도 점착성(블록킹)이 있으며, 수지류를 적당히 배합해서 감압형 접착제로 한다. 식(14)처럼 분자내에 불포화가 없으므로 대단히 내구성이 좋고 잘 변색하지 않는 이점이 있다. 시판품으써는 appanol(BASF社)과 Vistanex(Enjay社)가 있다.

폴리부텐은 이소부틸렌과 n-부틸렌의 공중합체(共重合體)이며, 폴리이소부틸렌에 비해서 저점도의 무색액체이다. 시판품에는 Oronite社의 폴리부텐 등이 있다. 폴리부텐은 소위 고분자가소제(高分子加塑劑)로서 감압형 접착제에 배합하는 이외에 시일링제(코우킹제)로서 단독 또는 건성유(乾性油)와 혼합해서 사용된다.

9. 천연고무계 접착제

천연(天然)의 가황고무는 비교적 접착하기 어렵고, 특히 충전제가 적은 엿색깔의 고무는 네오프렌계에도 잘 붙지 않으나 천연고무풀은 비교적 잘 붙는다. 천연고무의 구조는 식(15)에 표시한 구조를 하고 있다.

$$\left(-CH_2-\underset{\displaystyle CH_3}{\underset{|}{C}}=CH-CH_2- \right)_n \qquad \cdots\cdots (15)$$

polyisoprene(IR)

소위 고무풀은 생고무를 그냥 이겨서 소량의 로진 따위를 첨가해서 헥산 등에 용해해서 만든다. 예를 들면 생고무 7%, 로진 1%, 헥산 32%, 톨루엔 30%, 석유엔진 30% 등의 배합이다. 이것들의 고무풀은 미가황(未加黃)의 상태로 사용되므로 일반적으로 점착력도 약하고 내구성도 나쁘다. 자전차 따위의 튜우브 보수용 이외에 구두의 가죽, 천, 종이의 일시적인 접착(후에 실로 꿰맨다)에 쓰인다.

고무신 등에 공업적으로 쓰이는 고무풀에는 노화방지제, 유황, 가황촉진제 등을 배합한다. 예를 들면 생고무 100%, 파인오일 1%, 스테아린산 1%, 노화방지제 2%, ZnO 5%, 유황 2.5%, 가황촉진제 0.5%의 배합으로 15%의 석유나프타 용액을 만든다. 이 때의 가황조건은 140℃에서 15분이다.

고무라텍스는 60% 정도의 고형분(固形分)의 유백색 수성액체이며 강한 암모니아 냄새가 난다. 이것에 카제인 수용액을 가해서 점도를 올려 종이, 천, 가죽 따위의 접착에 사용한다.

천연생고무의 용액 또는 라텍스는 그대로 칠하여 건조하면 가벼운 접착(블로킹)이 있다. 이 성질을 이용해서 소위 셀프시일(코울드시일)형 접착제를 만든다. 또 수지류나 가소제를 다량으로 혼합하면 셀로판테이프 등의 감압형(感壓型) 접착제로도 된다.

10. 재생고무계 접착제

고무타이어나 튜우브를 NaOH수용액 중에서 끓이면 가황해 있었던 유황의 대부분이 없어져서 용액에 잘 녹게 된다. 이런 재생(再生)고무는 천연고무만이 아니고 SBR이나 NBR도 있으며, 이미 흑이나 갈색의 충전제를 다량으로 함유하고 있다. 이 재생고무를 그대로 이겨서 수지(樹脂) 등을 배합하여 헥산 등으로 용해한다. 네오프렌을 병용하면 접착력이나 내구성이 증가한다. 이 형의 접착제는 일반적으로 페스트상(狀)이며 초기점착이 풍부하고 염가이다. 그러나 내열성은 그다지 좋지 않다. 일반적으로 건축물이나 자동차 등의 바닥이나 내장용으로서 펠트, 유리포(布), 발포(發泡)플라스틱 등의 단열재를 접착한다.

1-20-2. 비(非) 고무계열 접착제

1. 염화비닐계 접착제

1) 염화비닐수지(PVC)

염화비닐수지단량체(單量體)는 가스체이며 PVC는 식(16)처럼 수중(水中)에 분산해서 중합하는 입상중합(粒狀重合) 또는 용액중합으로 만든다.

$$\underset{\text{(vinylchloride)}}{CH_2 = \underset{|\atop Cl}{CH}} \xrightarrow[\text{가열}]{\text{과산화물}} \underset{\text{(polyvinylchloride, PVC)}}{\left(-CH_2 - \underset{|\atop Cl}{CH} - \right)_n} \quad \cdots\cdots(16)$$

PVC는 보통 백색분말로 시판된다. 용액중합형은 40~50% 수지분(樹脂分)의 초산에틸용액이며 무색투명의 끈적끈적한 액체다. 염화비닐 단독으로는 용제에 잘 녹지 않으므로 접착제에는 보통 5~15%의 초산비닐과 공중합(共重合)한 것을 사용한다. 이런 접착제는 경질 또는 연질의 비닐제품, 비닐과 기타 재료와의 접착에 사용된다. 또 특수한 PVC분말은 소위 플라스틱졸형의 접착제를 만들기 위해 사용된다.

2) 경질(硬質)비닐용 접착제

시판품(市販品)으로서는 본드 VR, 에스타인 등이 있다. 수도관 등의 경질비닐관이나 판(板)의 접착에는 비교적 분자량이 높은 PVC분말을, 테트라히드로푸란이나 시클로헥사논(아논) 등의 용제로 녹이고 10~20%용액으로서 사용된다. 이 접착제는 비닐판의 편면(片面)에 도포하고 곧 압착해서 방치하여 건조한다. 21~24시간에 완전히 접착한다.

3) 용액중합형(溶液重合型) 접착제

시판품으로서는 덴까락(電氣化學), 가네비락(鐘化) 등이 있다. 수지분(樹脂分) 40~50%이며 용제로서 초산에틸 또는 톨루엔형이 시판되고 있다. 외관은 거의 무색투명한 점성용액이다. 이것에 소량의 가소제(加塑劑 : DBP, DOP)와 용제(초산에틸, 톨루엔)를 적당량 가하면 연질비닐의 접착제가 된다. 보통 필름의 양면에 얇게 도포하고 2~5분 건조한 후 맞붙여서 압착한다. 가소제 대신에 니트릴고무를 첨가한 형은 점착유지시간(粘着維持時間)이 길고 접착력도 아주 양호한 것이다. 이런 용액 중합형 접착제는 비닐필름 끼리 이외에, 이것을 종이나 나무에 붙일 때에 쓰인다.

4) 플라스티졸형 접착제

밀크를 마시는 인형 등의 성형품(成型品)에 사용되는 PVC의 페이스트레진은 보통의 PVC분말과는 달리 입자의 크기가 균일하며, 동시에 가소제(DOP)로 잘 팽윤되지 않도록 만들어져 있다. 따라서 이런 것을 DOP로 혼련(混練)해서 페이스트상(狀)으로 한 것은 얼마동안에는 겔화하지 않아 도장(塗裝), 접착제, 시일런트 등에 사용된다. 이 페이스트를 칠하고 180℃정도로 소착(燒著)하면 그 막은 강인하며 탄력성이 풍부한 것이 된다. 단지 금속 등에의 접착성이 나쁘므로 디아릴푸탈레이트, 페놀수지 등을 배합해서 접착제로 한다. 이 접착제는 극히 가요성이 많고 거의 수축도 하지 않으므로 약간 틈새가 있는 접합의 접착에 쓰인다. 또 금속면에 다소의 기름이 묻어 있어도 소착 후 잘 접착되므로 흡유성(吸油性) 접착제라고 한다. 자동차의 본넷트나 후우드의 외판(外板)과 보강제의 접착에 사용된다. 플라스티졸접착제는 페이스트상으로 칠하기가 어려우므로 특수한 코우킹 · 건 등으로 압력으로 압출(押出)해서 칠한다. 소착은 150~200℃의 온도로, 그 도포막이 그 온도로 상승하는 정도의 시간이면 충분하다. 그러나 실제로는 도장후에 도료와 함께 소착하는 방법도 쓰인다.

2. 아크릴계 접착제

1) 아크릴 수지

$$-CH_2-\underset{\underset{COOR}{|}}{\overset{\overset{X}{|}}{C}}-$$

라는 일반식으로 표시되는 아크릴수지(樹脂)에는 여러 가지 종류가 있다. 그것들의 단량체(單量體)에는 다음의 각 종류가 있다.

아크릴산에스테르

$$\begin{array}{l} CH_2 = CH \\ \quad\quad\ \ | \\ \quad\quad\ \ COOR \end{array}$$

메타크릴산에스테르

$$\begin{array}{l} \quad\quad\ \ CH_3 \\ \quad\quad\ \ | \\ CH_2 = C \\ \quad\quad\ \ | \\ \quad\quad\ \ COOR \end{array}$$

시아노아크릴산에스테르

$$\begin{array}{l} \quad\quad\ \ CN \\ \quad\quad\ \ | \\ CH_2 = C \\ \quad\quad\ \ | \\ \quad\quad\ \ COOR \end{array}$$

폴리에틸렌글리콜·
아크릴산디에스테르

$$CH_2 = \overset{\displaystyle CH_3}{\overset{|}{C}} - COO - (-CH_2CH_2 - O)_n - OC - \overset{\displaystyle CH_3}{\overset{|}{C}} = CH_2$$

폴리에스테르·
아크릴레이트

$$CH_2 = \overset{\displaystyle CH_3}{\overset{|}{C}} - COO - (-R' - OOC - R'' - COO - R' - O -)_n - OC - \overset{\displaystyle CH_3}{\overset{|}{C}} = CH_2$$

여기서 R은 메틸, 에틸, 부틸 등의 알킬기(基), R′와 R″는 알킬기나 페닐기 등이다. 또 아크릴아미드$\left(\begin{array}{l} CH_2 = CH \\ \quad\quad\ \ | \\ \quad\quad\ \ CO \\ \quad\quad\ \ | \\ \quad\quad\ \ NH_2 \end{array}\right)$과 아크릴니트릴 $\left(\begin{array}{l} CH_2 = CH \\ \quad\quad\ \ | \\ \quad\quad\ \ CN \end{array}\right)$등도 아크릴계로 분류되어 있다. 그러나 이런 것을 단독으로 접착제로 사용하는 것은 드물며, 다른 아크릴 단량체와 공중합(共重合)해서 사용된다.

2) 아크릴에멀션계 접착제

시판품으로써는 폴리졸 F94, 모비닐 760H, 프라이말 AC44 등이 있다. 아크릴산에스테르와 소량의 메타크릴산 에스테르 및 아크릴산의 3성분공중합(三成分共重合) 에멀션은 담색(淡色)이며 가용성이 풍부한 접착을 나타내고 부직포(不織布), 식모(植毛), 접착포(接着布)의 접착제로서 중요한 역할을 하고 있다. 대표적인 공중합은 식 (17)과 같다.

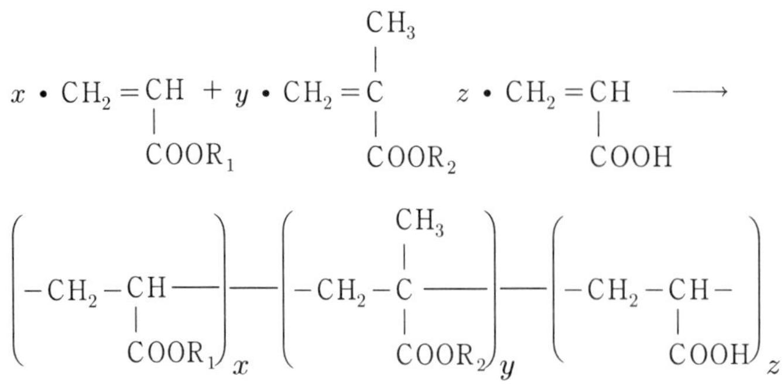

$\cdots\cdots\cdots\cdots(17)$

이 식(17)에서 R1은 에틸이든가 부틸, R2는 메틸이 많이 쓰인다. x에 대해 y와 z의 양은 적고 y의 양이 늘수록 굳은 필름이 된다. 사용할 때에 소량의 암모니아 등 알칼리를 가하면 아크릴산의 $-COOH$의 일부는 $-COONH_4$가 되며, 겉보기의 점도가 상승하고 로울으로의 도포작업에 적합하게 된다. 이 $-COOH$는 소위 관능기(官能基)이며 멜라민수지 등과 반응한다. 이 밖에 $\underset{\diagdown\ O\ \diagup}{-CH-CH_2}$, $-NH_2$, $-OH$, $-NH \cdot CH_2$ 등을 갖고 있는 단량체(單量體)를 식(17)의 공중합(共重合) 할 때에 도입함으로써 멜라민수지가 함유되지 않아도 내수성이나 내용제성인 것이 된다.

아크릴에멀션형 접착제의 처방의 일례를 표시하면 다음과 같다.

관능기를 갖는 에멀션	88%
멜라민수지	10%
카탈리스트 AC(촉매)	1%
NH_4OH(28% 용액)	1%

이 때에 에멀션에 NH_4OH를 넣어서 점도(粘度)를 높인 다음 다음 성분을 가한다. 이 혼합액을 천위에 칠하고 접착후 130~150℃에서 수 분간 가열 큐어링한다. 이 밖에 사용상의 주의 사항은 다음과 같다.

① 멜라민수지는 필름을 굳어지게 하므로 되도록이면 소량으로 해야 하지만 너무 적게 하면 내용제성이 나빠지고 드라이클라이닝일 때 지장이 있다.

② $-COOH$를 함유치 않고 $-NH_2OH$로 점도(粘度)가 오르지 않는 에멀션에는 메틸셀룰로오스, 폴리아크릴산소다 등의 수용액을 첨가해서 에멀션의 점도를 올

린다.

3) 시아노아크릴산 에스테르계 접착제

시아노아크릴산 에스테르계 단량체(單量體)에는 식(18)과 같이 피착제 표면에 묻은 미량의 수분이 촉매가 되어 거의 순간적으로 중합해서 굳은 무색투명한 필름이 되 고 많은 재료에 잘 접착한다.

$$CH_2=\underset{COOCH_3}{\overset{CN}{\underset{|}{\overset{|}{C}}}} \xrightarrow{\text{수분}} \left(-CH_2-\underset{COOCH_3}{\overset{CN}{\underset{|}{\overset{|}{C}}}}\right)_n \quad \cdots\cdots(18)$$

〈표 1-8〉 시아노아크릴계 접착제의 접착속도(온도 20℃, 55~70 R.H.)

피 착 재	접착속도(초)
경질비닐	10~20
스테인레스	30~45
동주	10~120
알루미늄	30~50
황동	20~40
동	10~15
멜라민수지	90~120
메타크릴	5~10
베이클라이트	60~90
초산셀룰로오스	20~50
셀룰로이드	10~15
고무	5~10
유리	20~30
목재	120~180

〈그림 1-21〉 시아노아크릴계 순간 접착제

시판품으로서는 이스트맨 910(Eastman Chemicals), 시아노본드(住友化學), 아론알파(東亞合成) 등이 있다. 이 접착제는 〈그림 1-21〉과 같은 작은 플라스틱용 기에 들이가 있으며, 피착재 표면에 노즐에서 한방울 떨어뜨리고 곧 붙이면 〈표 1-8〉에 표시한대로 많은 재료에 순간적으로 접착한다. 이때 조심해야 할 사항은 다음과 같다.

① 표면의 미량의 수분이 촉매가 되어 경화하지만 너무 많은 수분이 묻어 있으면 접착하지 않는다.

② 표면은 평활(平滑)할수록 좋고 매끈하지 않고 틈새가 있으면 잘 경화되지 않는다.

3. 에폭시계 접착제

1) 에폭시 수지(Epoxy Resin)

비스페놀 A와 에피클로르히드린을 가성소다의 존재로서 가열하면 식(19)과 같이 양단(兩端)에 에폭시기 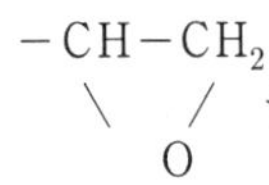 를 갖는 에폭시수지를 얻게 된다.

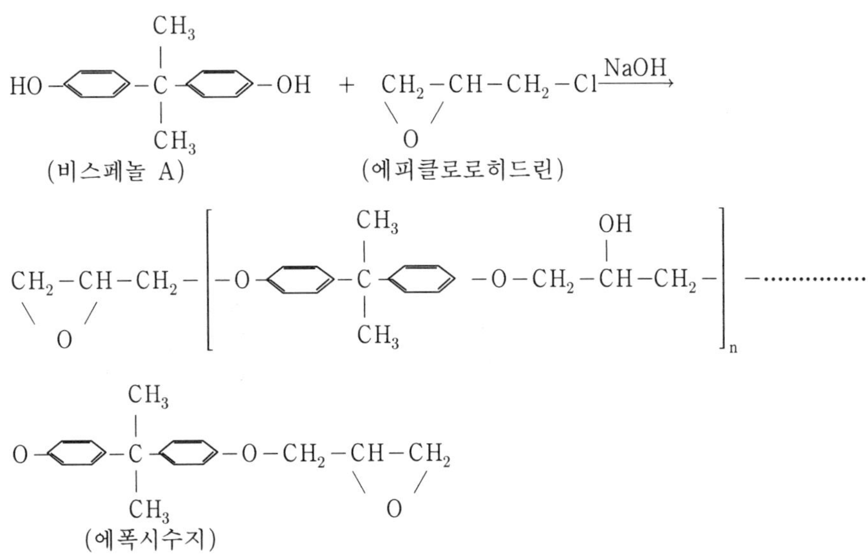

……(19)

식(19)에서 *n*=0일 때는 끈척끈적한 액상이며 *n*=1이상이 되면 고형(固形)의 수지상(樹脂狀)이 된다. 일반적으로 접착제에는 액상인 것을 사용한다. 이것에 디에틸렌트리아민($CH_2CH_2NHCH_2CH_2NH_2$)과 같이 NH 2개를 2개 이상 갖는 경화제에 의해 식(20)과 같이 에폭시기가 반응하여 망상(網狀)의 큰 분자가 되어 경화한다.

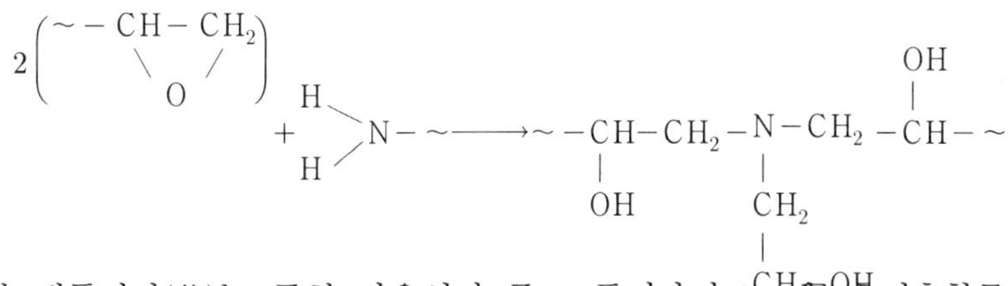

………(20)

이 에폭시기(基)는 극히 반응성이 좋고 폴리아미드, 페놀초기축합물(初期縮合物) 등과 반응하므로 이러한 많은 경화제도 쓰인다.

에폭시계 접착제의 일반적인 특징을 열거하면 다음과 같다.

(장 점)

① 수축하지 않는다 : 휘발성의 물이나 용제를 함유하지 않는다. 액상의 수지에 경화제를 넣으면 100% 경화되어 거의 수축하지 않는다. 따라서 간극(間隙)을 충전해도 균열이 생기지 않으므로 압제압력(壓締壓力)이 작아도 충분한 접착력이 생긴다.

② 접착성이 좋다 : 흡수성이 없는 금속, 유리, 도자기, 경질(硬質)플라스틱 등에 잘 붙는다. 다공질(多孔質)의 목재, 콘크리트, 석재(石材) 등에도 물론 잘 붙는다. 연질(軟質)비닐은 그다지 잘 붙지 않는다. 고무, 테플론 등은 표면처리하면 잘 붙게 된다.

③ 내약품성(耐藥品性)이 좋다 : 물, 기름, 가솔린, 톨루엔, 산, 알칼리, 염류(해수) 등에 잘 견디어 낸다.

④ 전기절연성(電氣絶緣性)이 좋다 : 그러나 은분(銀粉)을 많이 혼합하면 도전성(導電性)이 된다.

(단 점)

① 일반적으로 2액혼합형(二液混合型)이기 때문에 사용가능시간의 제한을 받는다.

② 금속 등 평활(平滑)한 면에의 박리(剝離)강도가 약하다.

③ 경화제 중 폴리아민은 피부에 발진이 생기기 쉽다.

에폭시 수지(樹脂) 종류에는 에폭시 · 폴리설파이드 · 폴리아민계, 에폭시 · 폴리아민형, 에폭시 · 폴리 아미드계 에폭시 · 페놀계 등이 있다.

4. 특수한 접착제

1) 핫멜트(hot-melt)

외관이 판(板), 칩, 분말, 끈(그림 1-22), 테이프 등의 형상으로 시판되고 있는 핫멜트는 일반적으로 140~180℃의 열로 녹여서 사용하며, 식으면 곧 붙는다. 오픈타임은 핫멜트의 조성, 기온 등에 따라 1초 이내에서 10초 정도까지의 것이 있다. 핫벨트의 조성은 일반적으로 다음의 각 성분으로 되어 있다.

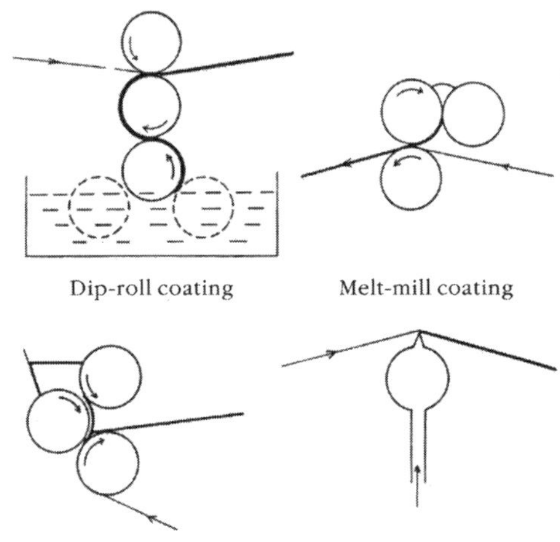

〈그림 1-22〉 핫멜트형 접착제 공정

- 주제(主劑) : 에틸렌 · 초산비닐 공중합체(Elvax), 초산비닐, 폴리비닐 부티랄, 폴리에틸렌, 폴리아미드
- 수지(樹脂) : 로진, 에스테르감, 테르펜수지, 쿠마론수지
- 왁스 : 파라핀, 마이크로크리스탈린 · 왁스
- 가소제(可塑劑) : DBP, 염화디페닐, 염화파라핀
- 충전제(充塡劑) : 탄산칼슘, 바라이터, 텔크, 카올린
- 산화방지제(酸化防止劑) : 파라알킬페놀유

예를 들면 : Elvax 33%, 파라핀 33%, 로진 32%, 디타아샬리 · 부틸-4-메틸페놀 2%의 혼합을 150~170℃로 용윤해서 형(型)에 쏟아 넣고 판상(板狀)의 제품으로 한

다.

핫멜트는 식으면 곧 붙으므로 콘베어시스템으로 연속적으로 접착작업을 하는 경우에 적합하다. 또 일반적으로 인쇄면, 도장(塗裝), 플라스틱필름, 박(箔) 따위에 잘 붙는다. 또 일반적으로 포장, 지기(紙器), 제대(製袋), 제본, 목공(가장자리 貼附), 합판의 접착 등에 사용되고 있다. 그러나 내열성에 한도가 있으며, 겨울철의 작업실이 저온으로 되면 너무 빨리 식어서 접착불량을 일으키기 쉽다. 시판품으로서는 본드멜트, 에스다인, 세메다인 6000 시리즈 등이 있다.

2) 영구감압형(永久感壓型) 접착제

셀로판테이프 등의 접착제는 반영구적인 점착성을 지니고 있다. 일반적으로 고무나 플라스틱을 주재(主材)로 하고 수지나 가소제를 비교적 다량으로 혼합하여 용제로 녹여서 칠한다. 그 조성은 다음의 각 성분으로 된다.

- 주제(主劑) : 천연고무, 합성고무, 폴리비닐부티랄, 폴리이소부틸렌, 폴리비닐에테르
- 수지(樹脂) : 로진, 에스테르감, 테르펜수지, 쿠마론수지
- 가소제(加塑劑) : 폴리부텐, DBP, DOP, TCP, 알키드수지

이런 3성분(三成分)의 상용성(相溶性)이 좋은 것을 선택하여 용제로 녹여서 접착제로 한다. 이런 것을 셀로판, 크라프트지, 플라스틱필름 등에 칠하고 건조시킨다. 벽지나 플라스틱타일의 이면(裏面)에 칠한 것도 있다. 부직포 등의 양면에 비교적 두껍게 칠하고 이형지(離型紙)를 끼워서 감은 양면점착테이프도 시판되고 있다. 이것은 벽걸이, 네임플레이트 등을 첨부할 때에 쓰인다.

3) 딜레이드 · 택크(dalayed tack)형 접착제

이 형은 크라프트테이프에 칠하여 건조한 것이며 도포면은 실온(室溫)에서는 점착성이 없으나 70℃이상으로 가열하면 처음으로 점착성이 생겨서, 냉각해도 어떤 시간동안 점착을 유지한다. 시간이 지나면 다시 고화(固化)해서 접착력이 강해진다. 이 접착제의 처방의 일례를 들면 디페닐푸탈레이트 25.5%, Nevindene R-3 30%, A

액 198%, 하이커 OR-25(니트릴 고무) 43.5의 혼합접착제다. 이때 A액은 스테아린산 1%, 폴리파알수지(중합로진) 1%, 2-아미노-2-메틸-1-프로판을 1%, 물 3%다.

4) 셀프시일(self-seal)형 접착제

시판품으로서 닛세즈 C-3D 등이 있다. 여관 등에서 보게 되는 귀중품대 등의 풀이며 양면에 칠한 것은 거의 점착성(粘着性)이 없으나 맞붙이면 잘 접착한다. 이 형은 코올드시일(cold-seal)이라하여 일종의 콘택트-시멘트다. 콘택트의 도포면은 2~수시간에 점착성이 없어지나 셀프시일형은 반영구적으로 접착하는 점이 다르다. 따라서 봉투 등에 도포, 건조시켜 시판할 수가 있다. 셀프시일의 원료로서는 천연고무, 합성고무, 아크릴 등의 용액 또는 라텍스에 적당한 배합제를 첨가하였다. 이 형의 접착제는 자루를 봉하는 데나 열압할 수 없는 냉과(冷菓)의 포장상자 등을 봉하는 데 쓰인다.

5) 시일런트(코우킹)

건물, 차량, 항공기 따위의 창문의 접합면에서 물, 공기, 기름, 연료 등이 새는 것을 방지하기 위해 그 틈새에 충전하는 것을 시일런트(sealants) 또는 코우킹(caulking)이라 한다. 일반적으로 무용제(無溶劑)나 고고형분(高固形分)의 접착제에 다량의 무기충전제를 배합해서 페이스트상(狀)으로 한 것이다. 이런 것의 시일런트에는 다음의 종류가 있다.

① 건성유형(乾性油型) : 아마인유 등의 건성유가 주성분이며 표면에 피막(皮膜)이 있어서 내부는 쉽게 건조하지 않는다.

② 불건성유형(不乾性油型) : 불건성의 기름(피마지유 등) 폴리부텐을 주원료로 하며 항상 표면에 점착성이 있다.

③ 라텍스형 : 아크릴라텍스를 주성분으로 한다. 내후성(耐後候)이 양호하지만 너무 넓은 틈새에서는 살이 줄어든다.

④ 일래스토머형 : 티오콜형, 실리코운고무 등이 있으며, 내부까지 굳어져서 고무상 탄성이 있고, 내후성이 뛰어나지만 값이 비싸다. 건물의 커어트워올이나

항공기 창문 따위에 쓰인다.

6) 도전성 접착제(導電性 接着劑)

에폭시계 접착제 등 속에 은분(銀粉)을 다량으로 혼합하면 수은 정도의 고유저항의 도전성이 된다. 예를 들면 에폭시와 은분의 비율 30:70인 것은 0. 0015Ω의 전기 저항을 나타냈다. 이 도전성 접착제는 땜납 대신에 사용하는데 땜납과 같이 가열할 수 없고, 또 땜납으로는 잘 붙지 않는데 쓰인다. 예를 들면 반도체의 페라이트, 바륨티타네이트 등과 도선(導線)과의 접합 등에 쓰인다.

1-21. 접착제의 구성

1) 접착제의 성분

접착제는 보통 액상으로 되어 있다. 고형(固形)인 것도 있으나 가열하여 녹여서 사용한다. 접착후의 상태는 고체이지만, 칠하기 위해서는 액상이 아니면 안된다. 고형의 핫멜트는 어쨌든 액상의 접착제는 일반적으로 다음의 각 성분으로 되어 있으며 이것들의 전부나 일부가 혼합되어 있다.

- 주결합제(主結合劑) : 합성수지(플라스틱), 고무, 역청(瀝青), 녹말, 카제인
- 용제(溶劑) : 물, 유기용제(알코올, 톨루엔 등)
- 가소제(可塑劑) : 주결합제(主結合劑)에 가소성을 부여한다.
- 충전제(필러) : 접착제의 겉보기의 정도를 올리고 초기 점착을 증가하며 다공질 재료(多孔質材料)에의 침투를 적게 한다. 건조막의 점착(블로킹)을 적게 하고 가격을 저하시킨다. 또 경우에 따라서는 막의 응집력을 높이는 효과가 있다.
- 경화제(硬化劑) : 초기축합물(初期縮合物), 프레폴리머, 단량체(모노머) 등을 축합 또는 중합하기 위한 촉매(鑛酸, 과산화물 등).
- 노화방지제(안정제) : 고무의 노화를 방지하거나 수지의 내후성이나 내열성을 향상시키기 위해 소량 첨가한다(페닐-α-나프틸라민, p-옥틸페놀 등).

- 방부제(防腐劑) : 주로 천연계의 카제인 등이 썩거나 곰팡이가 생기는 것을 예방하기 위해 소량 첨가한다(펜타클로로페놀 등).
- 점도부여제(증점제) : 라텍스나 에멀션 따위의 겉보기의 점도를 올리는 것(메틸셀룰로오스 등).
- 소포제(消泡劑) : 라텍스나 수성접착제의 거품을 없애는 것(실리코운오일 등).
- 안료(顔料) : 접착제를 때로는 착색하는 경우가 있다(합판에 인쇄지를 첨부하는 경우 등).

2) 용제와 가소제

접착제에 사용하는 용제(溶劑)와 가소제(可塑劑)의 종류는 각각 〈표 1-9〉와 〈표 1-10〉과 같다. 이런 용제의 증발속도는 에틸에테르와 비교해서 표시된다. 이 속도는 그 비점(沸点)과 비중(比重) 등이 관계한다. 인화점(引火點) 이외에 증기속도가 빠른 것일수록 인화의 위험성이 있다. 또 염소화물은 일반적으로 불연성이라고 하지만, 2염화프로필렌이나 모노클로르벤젠은 가연성이며 트리클로르에틸렌, 퍼어클로르에틸렌, 메틸렌클로라이드는 불연성이다.

용제의 독성에 대해서는 그 최대허용농도가 문제가 된다. 이 수치는 1일 8시간씩 연속해서 작업해도 지장이 없는 허용농도(100만부의 공기중의 용제량)를 표시한다. 이런 용제 가운데 벤젠, 2염화에틸렌 등은 독성이 강하고 일본 노동성(노동성 25호)의 용기용제 중독예방규칙으로 사용이 금지되어 있다. 용제의 용해성이나 가소제의 상용성에는 그 SP(용해도파라미터)가 폴리머의 그것에 근접해 있는 것이 바람직하다. 〈표 1-11〉에는 용제와 플라스틱의 SP를 표시한다. 접착제의 용제를 2, 3 혼합하는 것은 그 건조속도를 조절하는 목적 이외에 SP를 되도록 플라스틱에 가깝게 하기 위해서다.

〈표 1-9〉 각종 용제의 성능

각종 품명		비중	비점	증발속도(①)	독성허용치(②)	인화점	SP
에 테 르	에틸에테르	0.715	34.5℃	1	400	−40℃	7.4
	테트라히드로푸란	0.888	66.0	2		−22	9.9
케 톤	아세톤	0.791	56.1	1.9	1,000	−9	9.8
	메틸에틸케론	0.806	79.6	2.7	250	2	9.3
	시클로헥사논	0.945	155.7	22.2	100	54	9.9
알 코 올	메탄올	0.792	65.6	5.2	200	18	14.8
	에탄올	0.791	78.2	7.0		21	12.7
	이소프로판올	0.786	82.3	7.7	400	21	11.5
	n-프로판올	0.804	97.2	7.8		22	11.9
	이소부탄올	0.806	107.7	16.3		35	10.7
	n-부탄올	0.811	117.7	19.6	100	46	11.4
	세로솔브	0.931	135.1	28.1		54	9.9
에스테르	초산메틸	0.035	57.2	1.4	200	−10	9.6
	초산에틸	0.902	77.0	2.7	400	−4	9.1
	초산부틸	0.876	126.3	7.8	200	38	8.5
	초산아밀	0.879	147.6	11.6		26	8.5
	세로솔부아세테이트	0.975	156.4	32.4		65	8.7
방 향 족	벤젠	0.879	80.1	2.8	25	−8	9.2
	톨루엔	0.866	110.6	7.0	200	4	8.9
	키실렌	0.865	138~144	9.9	200		8.8
지 방 족	헥산	0.678	65~69	1.9	500	<−25	7.3
	시클로헥산	0.799	80.8	2.6	400	4	8.2
염소화물	염화메틸렌	1.327	40.0			-	9.7
	이염화에틸렌	1.225	83.5	3.3	500	17~21	9.8
	삼염화에틸렌	1.464	86.7	3.1	100	-	9.3
	이염화프로필렌	1.158	96.3	3.7	200	17~21	
	모노클로로벤젠	1.105	131.5	8.2	-	27	9.5

(주) ① 에틸에테르를 1로 한다(23℃)
② 100만부당의 부

〈표 1-10〉 주요 가소제의 종류와 성능

품 명	약호	비중	비점	인화점(℃)	상 용 성			
					PVC	PVAc	니트로셀룰로오스	초산셀룰로오스
푸탈산디메틸	DMP	1.189	282	282		○	○	
푸탈산디에틸	DEP	1.118	296	296		○		○
푸탈산디부틸	DBP	1.042	340	170	○	○	○	○
푸탈산디옥틸	DOP	0.982	390	218	○		○	
아다핀산디부틸	DBA	0.961		116	○			
트리크레질포스페이트	TCP	1.165	420	230	○	○	○	

〈표 1-11〉 용제와 플라스틱의 SP

플라스틱	SP	용제
	5	
테플론 (6.2)	6	
		n-부탄 (6.6)
	7	n-헥산 (7.2)
		에틸에테르 (7.4)
폴리이소부틸렌 (7.7)		
천연(天然)고무 (8.15)	8	
		시클로헥산 (8.25)
폴리부타디엔 (8.38)		초산이소부틸 (8.3)
SBR(스틸렌 25%) (8.54)		4염화탄소(四鹽化炭素) (8.6)
		키실렌 (8.8)
		톨루엔 (8.9)
	9	초산에틸 (9.0)
폴리스텔렌 (9.12)		
폴리아크릴, NBR(니트릴 25%) (9.25)		벤젠 (9.2)
폴리초산(醋酸)비닐 (9.4)		트리클로로에틸렌, MEX (9.3)
PVC (9.55)		초산메틸 (9.6)
		아세톤 (9.8)
		아란, 아논 (9.9)
	10	디옥산, DMP (10.1)
니트로셀룰로오스 (10.48)		
		n-부탄올 (11.1)
	11	
초산셀룰로오스 (11.35)		
	12	디메틸포름아미드 (12)
폴리아크릴니트릴 (12.75)		에탄올 (12.8)
	13	
	14	
		메탄올 (14.8)
	15	
	23	
	24	물 (23.41)

예를 들면 니트로셀룰로오스(SP-11)는 에탄올(SP-12.7)과 에테르(SP-7.4)에 녹지 않으나 두 개를 혼합하면 잘 녹게 된다.

가소제의 SP도 플라스틱과의 상용성(相溶性)에 관계한다. 또 가소제의 증발이나 이행은 그 분자량이 작을수록 가능성이 크다. 예를 들면 감압성(感壓性) 접착제(셀로판테이프 등)가 시일이 경과할수록 점착을 잃는 현상은 가소제로 기인하는 수가 많다. 이런 경우에는 분자량이 큰 가소제를 사용하면 예방할 수 있는 경우가 많다. 예를 들면 액상고무나 폴리부텐 따위의 액상폴리머이다.

1-22. 수 지(樹脂, Resin)

접착제 중의 주결합제(主結合劑)의 초기접착성을 향상시키고 금속 따위의 접착성을 좋게 하기 위해 각종의 수지를 혼합한다. 이미 전술한 페놀수지도 같은 목적으로 사용된다.

1) 로 진(송진 : Rosin)

아비에틴산 식(21)을 주성분으로 하는 것이며, 고무풀, 핫멜트 등에 사용된다. 비교적 산가(酸價)가 높으므로 글리세린으로 에스테르로 한 에스테르감은 상용성(相溶性)이나 내구성이 개선되어 있다. 로진에 물을 첨가한 스테벨라이트 등은 산화에 의한 착색이 적고 그 에스테르도 시판되고 있다.

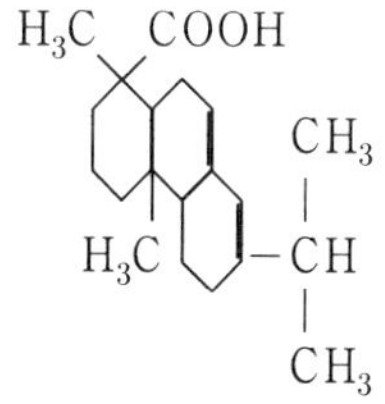

······(21)

2) 쿠마론인덴

코올타르의 나프타 중의 150~200℃ 유분(溜分)에 함유되는 쿠마론과 인덴을 공중합(共重合)한 식(22)과 같은 것이며, 융점이 70~150℃의 넓은 범위의 것도 있다. 많은 고무나 플라스틱과 상용성이 있다.

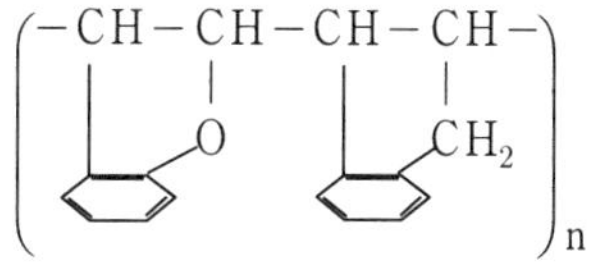

······(22)

3) 테르펜수지

분자량이 1000~1200, 융점이 130℃까지의 각종이 시판되며 그 구조는 식(23)과 같다. 이것과 유사한 구조의 피콜라이트는 식(24)과 같으며 분자량은 1500~3000, 융점도 140℃까지의 각종이 있다. 또 피코펠은 식(25)과 같은 구조이며 분자량 1100정도의 것이 각종 있다.

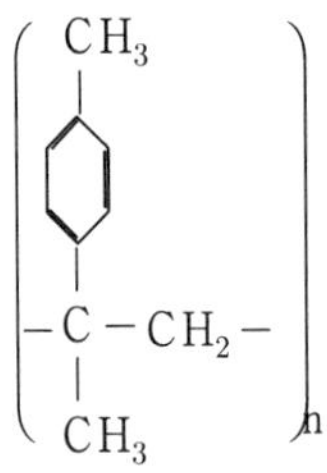

……(23)

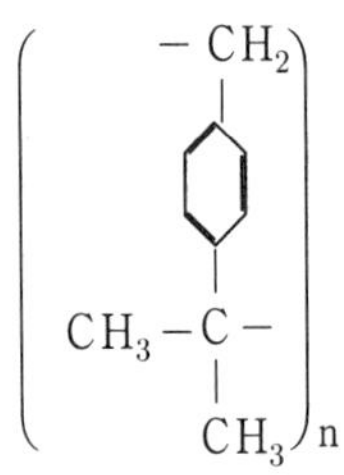

……(24)

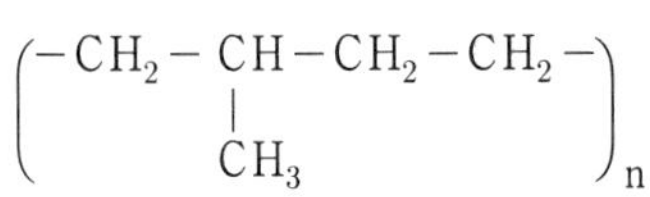

……(25)

4) 키실렌수지

메타키실렌과 포름알데히드의 반응에 의해 만들어진 것으로 식(26)과 같은 구조를 가지며, 그 분자량에 따라 끈끈한 액체에서 고형(固形)의 수지상(樹脂狀)까지 있다. 초산비닐, 천연고무, 합성고무 등 많은 재료와 상용성이 좋다.

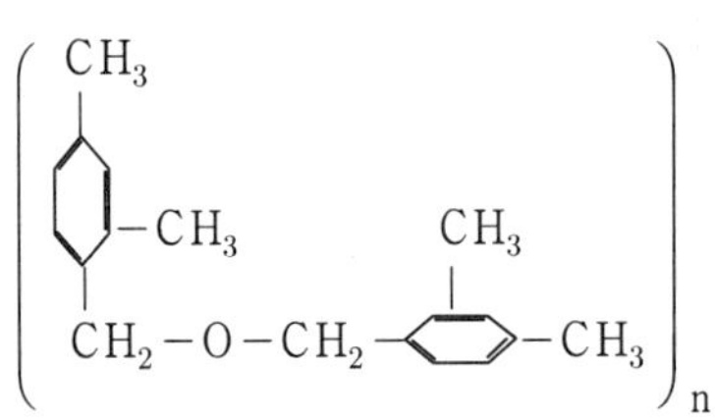

……(26)

1-23. 기타의 보조재료

1) 점도부여제(增粘劑)

라텍스나 에멀션의 점도를 올리기 위해 각종의 수용성고분자를 사용한다. 카제인, 메틸셀룰로오스, CMC, PVA, 폴리아크릴산 소오다 등이다. 일반적으로 2~20%의 수용액으로서 라텍스에 소량 첨가한다. 카제인의 경우의 처방을 들면 다음 과 같다.

카제인	13.2	카제인	9.7
암모니아(28%)	3	붕사(硼砂)	2.0
물	82	물	86.8
PCP(20%)	1.8	PCP(20%)	1.5
	100		100

2) 충 전 제(Filler)

탄산칼슘, 카올린, 바라이터 등은 보통 가격을 내리기 위한 증량제(增量劑)로 한다. 콜로이드실리가(에어졸)나 유기벤트나이트(오르벤)는 점도를 올려서 드리워지는 것을 예방한다. 카본블랙이나 화이트카본(콜로이드실리차)은 고무의 강도를 강하게 한다. 목분(木粉)이나 밀가루는 요소나 페놀계에 가하면 증량과 동시에 목재의 흡수를 적게 한다. 석면분(石綿粉)은 초기점도를 올리기 위해 흔히 사용된다. ZnO나 MgO는 클로로프렌고무의 안정제가 될 뿐만 아니라 고무의 가황제(加黃劑)나 수지(樹脂)의 킬레이트제가 된다.

이런 충전제는 접착제에 나중에 이겨 넣는 경우도 있으나 미리 용재나 물로 살 분산시켜서 용액에 첨가하는 편이 입자의 분산이 좁다. 나중에 개어 넣는 경우에는 교방기로 장시간 교반하든가 경우에 따라서는 보올밀이나 잉크밀로 조입자(粗粒子)를 잘 분산시킨다.

라텍스에 ZnO나 콜로이드유황을 분산시킬 경우는 다음과 같은 처방의 혼합을 보올밀로 48시간 분산한 편이 바람직하다.

Zn	50부
알킬설폰산소다	1.5
암모니아(28%)	0.5
물	48.0
	100.0

콜로이드유황	73부
알킬설폰산소다	10.9
비이온활성제(活性劑)	2.4
벤트나이트	0.6
물	13.1
	100.0

3) 안 정 제

고무계 접착제에는 노화방지제로서 페닐-β-나프틸라민, 디페닐파라페닐렌디아민, 중합트리메틸 · 디히드로키놀린의 단독 또는 혼합이 사용된다. 클로로프렌, PVC에는 탈염산(脫鹽酸)을 예방하기 위해 MgO, 주석안정제(朱錫安定劑), 에폭시 화합물 등이 효과적이다. 핫멜트의 열분해를 방지하려면 파라옥틸페놀, 안식향산소오다, 디타아샬리부틸-4-메틸페놀 등을 사용한다. 에폭시계(系)의 열분해를 예방하려면 프로필갈레이트, 카테콜 등의 금속을 포촉하는 킬레이트제가 효과적이다. 오산화비소(AS2O5)도 에폭시의 열분해를 방지하는 데 효과가 있다.

1-24. 접착 접합면의 설계방법

1) 접착접합의 장점과 단점

접착접합(接着接合)의 설계에 앞서서 접착제가 리벳이나 용접 등 다른 접합법에 비해서 어떤 장점과 단점이 있는가를 살펴보는 것은 뜻이 있는 일이다.

(장 점)

① 전단강도(剪斷强度)가 크다. 예를 들면 항공기의 외판(外板)과 종통재(縱通材)를 접착할 때에는 접착제는 리벳의 약 2배의 전단하중에 견디어 낸다.

② 피로(疲勞)에 강하다. 반복해서 하중이 걸리는 경우 리벳은 3×10^5 사이클에 파괴했지만 접착제는 4×10^6사이클에도 파괴하지 않았다.

③ 기밀(氣密)하게 된다. 물이나 공기의 시일이 된다. 따라서 가스켓이나 시일링제가 필요없게 된다.

④ 얇은 판(板)에 적합하다. 얇은 판을 용접하면 판이 변형한다. 리벳으로 구멍을 뚫으면 판의 강도가 약해진다.

⑤ 복합재료(複合材料)에 적합하다. 샌드위치나 라미네이트(積層)는 접착제가 없으면 불가능하다.

⑥ 생산속도가 빠르다. 흐름 작업이 가능하며 일반적으로 다른 접합보다 빠를 경우가 많다.

⑦ 기타 이종금속(異種金屬)의 접합시에 부식이 일어나지 않는다. 금속과 고무 등이 접합된다. 리벳의 구멍뚫기나 용접의 잉여금속(剩餘金屬)을 제거하는 데 품이 들지 않는다. 보통 강도가 강하므로 판두께는 얇아지고, 리벳의 불요(不要)와 더불어 중량이 20~30% 가볍게 되며, 스피드업에 공헌해서 생산코스트를 내리게 한다.

(단 점)

① 박리(剝離)에 약하다. 금속처럼 평활면(平滑面)의 접합에서는 보통 박리에 약하다.

② 내열성에 한도가 있다. 가장 강한 폴리아미드라도 장시간 가열될 때에는 300℃ 정도가 한도다.

③ 수명(壽命)이 있다. 내구성에 관한 데이터가 부족하므로 불안감이 있다.

④ 간단하게는 벗기지 못한다. 열경화성 접착제는 도료의 박리제와 같이 간단하게 벗어지는 것이 없다.

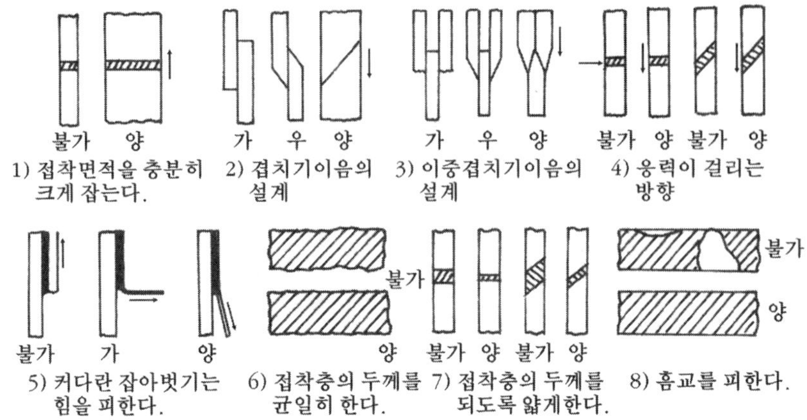

〈그림 1-23〉 접합부의 설계요령도

양(양호), 우(우수), 가(가능)

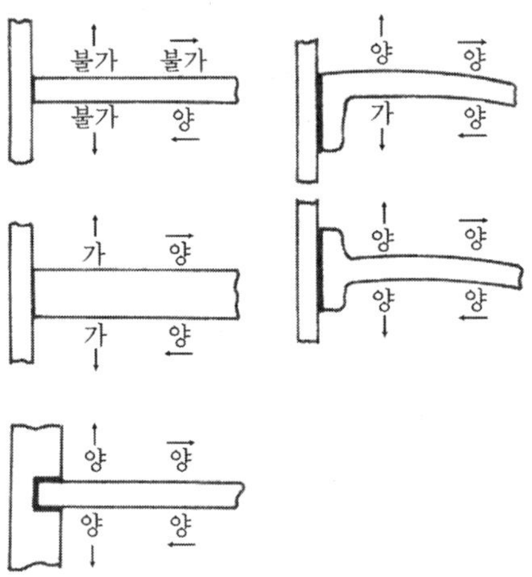

〈그림 1-24〉 접합부에 걸리는 응력의 평가

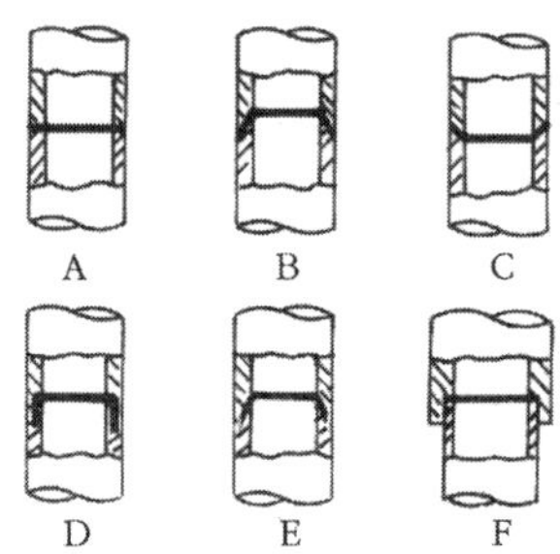

	A	B-F
인 장	양	양
압 축	양	양
비 틀 림	불가	양
전 단	불가	양

〈그림 1-25〉 관의 접합부의 설계

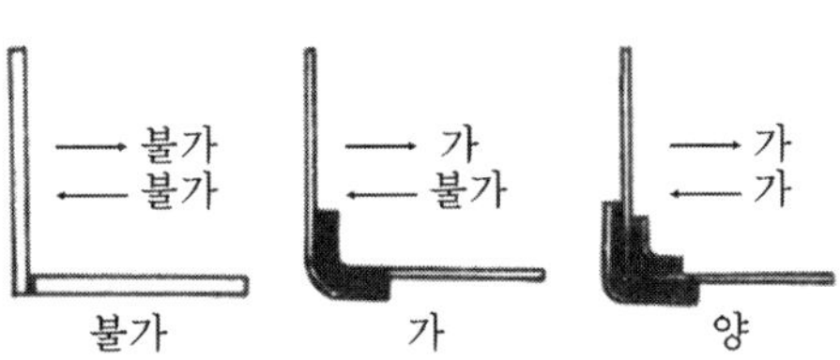

〈그림 1-26〉 구석 이음의 응력평가

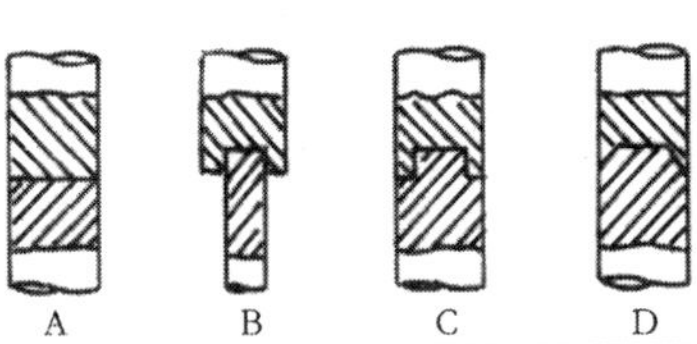

	A	B-F
인 장	양	양
압 축	양	양
비 틀 림	양	양
굽 힙	불가	양

〈그림 1-27〉 봉의 접합부의 설계

2) 좋은 접합과 나쁜 접합

① 맞대기 접합(바트 · 죠인트)를 피할 것. 〈그림 1-23〉처럼 좁은 면적의 맞대기 접합은 되도록 피한다.

② 겹치기 접합에서는 판단(板端)을 비스듬하게 한 것이 강하다(그림 1-23처럼). 그러나 기계가공은 힘들다.

③ 이중겹치기는 한겹보다는 박리가 잘 안된다(그림 1-23).

④ 박리가 잘 안되도록 설계한다(그림 1-24, 그림 1-25, 그림 1-26, 그림 1-27, 그림 1-28).

⑤ 목재(木材)의 경우에도 되도록 장부나 맞춤못 구조로 한다(그림 1-29).

⑥ 가소성재료(可塑性材料)의 경우 유연한 가죽, 천, 플라스틱, 고무 따위의 접착제는 보통 박리에 강하고 금속이나 목재의 경우만큼 문제가 되지 않으나 일반적으로 내열성이 그다지 좋지 않고 고온시(高溫時)에 크리이프 파괴의 경향이 있으므로 〈그림 1-30〉 처럼 박리되지 않도록 배려해야 한다.

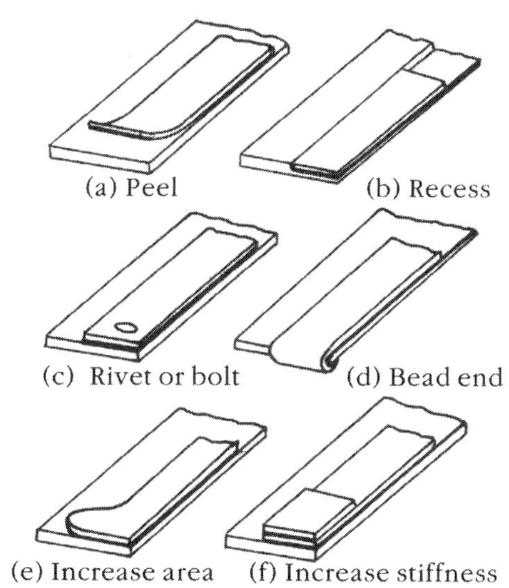

〈그림 1-28〉 얇은 판의 접착에 있어서 박리를 적게 하는 접합방법(b~f)

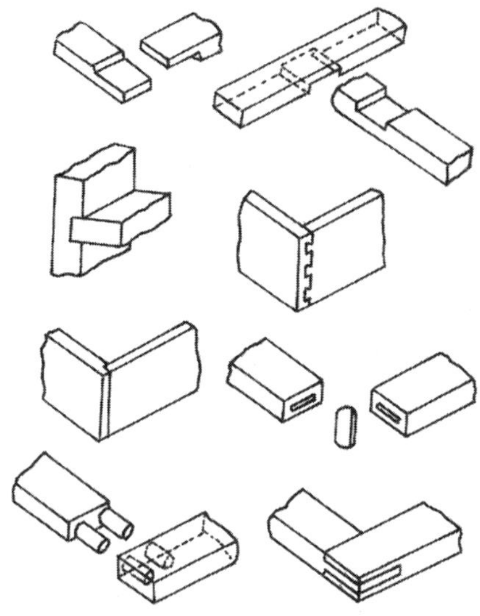

〈그림 1-29〉 목재접합부의 대표적 예

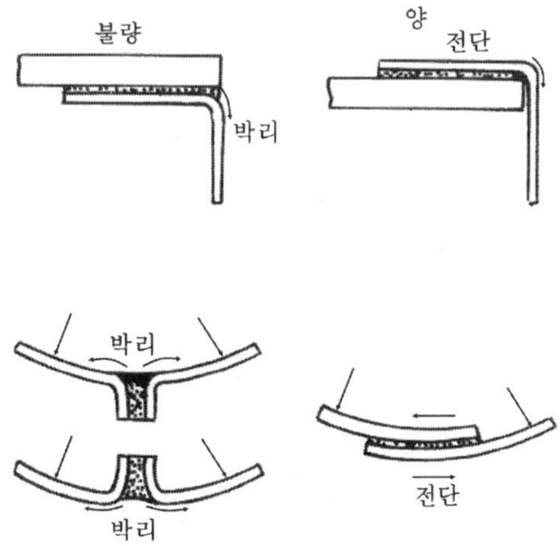

〈그림 1-30〉 가소성재료의 접합

1-25. 접착제의 규격

1) 한국의 접착제의 규격

종 류	규격의 내용	종 류	규격의 내용
KS A1021	감 테이프의 접착력시험방법	KS C2357	접착용 바니스
KS A1508	셀로판	KS F3106	나왕베니어 프린트 합판
KS A1522	종이 감 테이프	KS F3107	슬라이스트 베니어 화장 합판
KS A1523	천 감 테이프	KS F3204	건축용 유성 코오킹 재
KS A1525	종이 점착 테이프	KS M3700	초산비닐수지 에멀션 목재 접착제
KS A1528	셀로판점착 테이프	KS M3701	요수 수지 목재 접착제
KS C2103	전기절연용 점착 테이프의 점착력 시험방법	KS M3702	페놀 수지 목재 접착제
KS C2303	고무 테이프	KS M3703	목재용 카제인 접착제
KS C2304	전기용 순고무 테이프	KS M3704	초산비닐수지 에멀션 시험방법
KS C2306	전기절연용 접착비닐 테이프	KS M6622	고무풀
KS C2347	전기절연용 폴리에스텔 필름 점착 테이프		

2) KS M 6622 고무풀

(1) 일반적 조건

① 상온에서는 붓 또는 분무기로 용이하게 도포할 수 있어야 한다.

② 여러 가지 섬유재료, 금속, 목재, 고무, 피혁, 합성피혁 등에 해를 끼치는 물질을 함유하지 않아야 한다.

③ 부유물, 먼지 등이 들어 있지 않아야 한다.

④ 용기는 적당한 것이어야 한다.

⑤ 접착력이 적당하여야 한다.

(2) 용제 중의 벤젠 함유량

고무풀에서 회수한 용제 중에 벤젠 함유량은 5%(용량)한다.

(3) 물리적 성질

점도(25℃)는 50,000 cp이하 이어야 한다.

〈표 1-12〉 접착제와 피착제에 관련된 접착력 비교(예)

피착재	표면처리	PRIMER	CR	GCR		PU
				BUFFNON	D-PLY	
고 무	BUFF	-	○	○+α	△	×
		22H	◎+α	◎+α	◎+α	△
		007	×	×	△	◎+α
		006	△	△	△	◎
	NO BUFF	22H	×	×	×	×
		007	×	×	×	◎
		006	×	×	×	△
PVC창	MEK	-	×	×	△	◎
		230	×	×	×	◎+α
URETHANE창	MEK	-	×	×	×	◎
		230	×	×	×	◎+α
TR창		-	×	×	×	×
		007	×	×	×	◎+α
		250(255)	○	◎	◎	×
나일론창	BUFF	180S	×	×	×	◎+α
		170A	◎	◎+α	◎	×
HYTREL창		185	×	×	×	◎+α
		175	◎	◎	◎	×
EVA 스폰지		-	○	○+α	○	×
		88E	◎	◎+α	◎	×
		009(008)	×	×	×	◎
RB SPONGE		-	△	△+α	×	×
		88E	○	○+α	○	×
		88R	○	◎+α	◎	×
		007	×	×	×	◎+α
MOLDED EVA (PHYLON)	TOLUENE	87	△	○	△	×
		008	×	×	×	○
		P-5,6,7(UV조사)	◎	◎	◎	◎+α
EPDM창	BUFF	310A/310B	×	×	×	◎+α
		312	×	×	×	◎
MILLABLE PU	BUFF	300(302)	×	×	×	◎
		301	○+α	○+α	◎	×
비닐레자	MEK	-	×	×	○	◎
		1200	◎	○	◎	×
		230	○	×	×	◎+α
합 피(合皮)	MEK	-	×	×	△	◎
		3056(303)	◎	◎	◎+α	×
		230	×	×	×	◎+α
나일론직포		-	△	△	△	×
		1200+DRFE	◎	◎	◎+α	×
		180N	×	×	×	◎
OIL LEATHER	BUFF	221+ARF-11	×	×	×	◎

◎+α>◎>○+α>○>△>×

Ⅳ. 타 이 어(Tyres)

제 1 장 타이어(Tyres)

1-1. 타이어 개론

타이어의 기본 개념은 탄성체의 공기식 원형 튜브형태를 만들어 일정 거리를 이동할시 마찰계수를 최대한 줄여서 최대의 효과를 나타내는 것이 목적이다. 그러나 그 이론적인 배경의 역사는 매우 오래되어 약 B.C 3000여 년 전에 무거운 물체를 쉽게 이동하기 위해서 원통형의 통나무 및 청동기로 롤러(Roller)형태를 만들어 굴리므로서 목적을 달성하게 되었고, 롤러라는 말보다는 좀더 진보적인 기능의 의미로 휠(Wheel)이라는 용어를 사용하게 되었다.

1846년 R.W. Thompson이라는 사람이 적은 에너지로 최대의 효과를 낼 수 있는 기구를 생각하다가 물건을 이동하기 위하여 "고무와 같은 탄성체의 공기식 튜브"라는 아이디어를 생각하여 설계도면을 만들어 특허를 제출하게 되었는데, 이것의 근본적인 내용은 운반체를 이동할 때 동력의 에너지 손실을 줄이고 용이하게 움직일 수 있다는 것이다. 그 후 1839년 Charles Goodyear가 고무의 물성을 개량하기 위하여 가황(加黃)이라는 화학반응을 알게 되었고, 이것으로 인하여 고무 탄성 복합체, 고무-섬유-강철 보강제로 구성된 타이어의 획기적인 물성을 보완함으로써 오늘에 타이어의 형태를 이루게 되었다고 본다. 이 장에서는 타이어의 일반적이고 기본적 개론의 일부만 다루었다.

1-2. 타이어의 종류

현재 제일 많이 쓰이고 알려진 것으로는 자동차 타이어를 비롯하여, 항공기용, 자전거용 등으로 구분할 수 있다.

1. 자동차 타이어의 종류와 그 기능

자동차 타이어의 종류에 대해서는 사용 차종별과 타이어의 구조별로 분류할 수 있다. 예를 들면 승용차용자동차, 경주용 자동차 및 총중량이 7,250kg이하인 경트럭 자동차용 타이어들은 섬유보강제를 사용한다. 그러나 트럭자동차용 타이어, 농경용 타이어, 중기 건설용 타이어 및 항공기용 타이어는 스틸 와이어(steel wire)와 섬유 보강제를 함께 사용하고 있다. 그리고 특수 타이어용으로는 지게차용, 경항공기용, 경 산업용 및 골프용 타이어 등이 있다.

모든 타이어는 설계 및 사용과 관계없이 기본적으로 다음과 같은 기능에 적합하여야 한다.

① 하중에 따른 운반능력의 효율화
② 충격흡수를 위한 쿠숀(cushion)과 소음 감쇄 능력
③ 회전력(cornering force) 전달
④ 원활한 구동력 및 제동력 전달
⑤ 내마모성 등을 위한 물성(인장, 인열, 파멸강도, 경도, non slip 등)의 적합성
⑥ 저 회전 저항성
⑦ 핸들 조작조건에 따른 차량의 빠른 적응
⑧ 치수 안정성의 제공
⑨ 소음과 진동의 최소화
⑩ 타이어의 내구성(물리, 화학적 반응 등)에 대한 향상
⑪ 곡선운동을 하기 위하여 코너링, 포스를 발휘한다.
⑫ 기타 갖추어야 할 조건들이 많다.

1) 자동차용 타이어의 종류(Automobile tyres)

타이어는 차종과 용도에 따라 구조나 소재가 차이가 많으며, 또 타이어의 내경, 외경 폭도 다양하며 그 종류는 대체로 다음과 같다.

KSM 6750의 규격에서 신품의 자동차용 타이어에 해당되는 것에는 승용차용, 승용차 1, 2종, 트럭용(경트럭용, 소형트럭용 타이어) 및 버스용 등이 있다.

(1) 인용규격

KSM ISO 10191 : 승용차용 타이어-타이어 성능 확인-실험실 시험방법

KSM ISO 10454 : 트럭 및 버스용 타이어-타이어 성능 확인-실험실 시험방법

KSM ISO 4000-1 : 승용차용 타이어와 힘-제1부 : 타이어

KSM ISO 4000-2 : 승용차용 타이어와 림-제2부 : 림

KSM ISO 4209-1 : 트럭 및 버스용 타이어와 림-제1부 : 타이어

KSM ISO 4209-2 : 트럭 및 버스용 타이어와 림-제2부 : 림

KSM ISO4223-3 : 타이어 산업에서 사용되는 용어 정의-제1부 : 공기 타이어

KSM R 4006 : 자동차용 타이어 밸브

KS R 4014 : 자동차용 림의 윤곽

FMVSS Sec. 571. 119 Standard No. 119 New Pneumatic tires

그리고 자동차용에 적용되지 않는 것으로는 KSM 6753(2륜 자동차용 타이어), KSM 6752(농업차량용 타이어), KSM 6571(산업차량용 및 건설차량용 타이어), 기타 스쿠터용, 트레일러용 등이 있다.

2) 타이어의 구조

타이어는 기본적인 소재가 고무(Rubber)와 섬유(Fiber)를 포함한 코드(Cord)의 복합구조물(multi fabrication)이며, 경우에 따라서는 소재가 스틸(Steel)의 구조물을 사용하기도 한다. 타이어에 작용하는 힘은 3가지의 기본적인 힘으로 나누어지는데, 수직력이 자동차의 수렴성(esthetics)과 안락성(comfort)을, 수평력이 차체 조정력을, 전진력이 회전저항과 같은 성능을 제어할 수 있다. 코드천은 옛날에는 면을 사용했지만, 현재는 타이어의 종류, 요구특성에 따라 강력인견, 나일론, 폴리에스텔, 스틸 등이 사용된다.

타이어의 구조는 그 자동차의 종류에 따른 사용용도, 성능의 요구조건 등에 따라 소재의 종류, 디자인, 모양 등이 다양하다. 예를 들면 고성능 승용차용 타이어는 벨트 위에 나일론과 고무 층으로 된 복합재를 사용하여 고속주행시 타이어의 원심력에 의한 변형을 억제, 통제하는 역할을 한다.

타이어를 크게 구별해서 승용차용, 버스용 및 트럭용으로 구별하며, 플라이 레이

팅이 낮은 소형 트럭용 타이어, 트럭용 타이어는 승용차용 타이어의 구조와 유사하다. 타이어는 트레드, 카카스, 브레이크 및 비드의 4개 부분으로 구성되어 있고, 사용되는 용어의 정의는 다음과 같다.

(1) 트레드(Tread)

트레드는 카카스, 브레이크의 외측을 덮는 고무 층으로 직접 노면에 접촉하는 부분이다. 크라운부 및 쇼울더는 두꺼운 고무 층으로 되어있고, 직접노면에 접촉하지 않는 사이드 웰 및 림쿠션부는 얇은 고무 층으로 되어 있고, 트레드 전체로 내부의 카카스 및 브레이크를 보호한다. 즉 도로면과 접촉하여 내마모성, 내충격성 등을 최소화할 수 있는 구성요소, 또 구동력 및 제동시의 미끄럼성을 최소하기위해 트레드 표면의 문양(양각, 음각), 그리고 소음발생, 저 발열성의 회전 특성 등을 구비하여야 한다.

재료는 천연고무, 합성고무(加塑劑) 중 폴리부타딘엔(PBR), 스티렌-부타디엔(SBR)의 공중합체와 카본블랙과 가류제 등을 함께 혼련하여 사용한다.

트레드에는 트레드 숄더(Tread Shoulder)와 트레드 베이스(Tread Base)가 있다.

가. 트레드 패턴의 종류

종류는 리브형, 러그형, 리브/러그 병용형, 블럭형의 4종류 패턴으로 크게 분류한다.

① 리브(rib)형 : 〈그림 1〉에 나타난 것처럼, 타이어의 회전방향에 따라서 구성된 패턴으로, 섬세하고 스피드감이 있다, 리브형은

ㄱ. 조정성, 안전성이 좋고, 가로 미끄러짐에 강하다.

ㄴ. 진행방향에 연속되고 있으므로, 전동저항이 적고, 승차감이 좋으며, 소음도 작다. 일반적으로 포장도로에 사용하는 고속버스, 트럭용에는 전륜 차동차용으로 사용된다.

② 러그(lug)형 : 〈그림 2〉에서와 같이, 타이어의 회전방향으로 직각으로 배치된 패턴으로, 튼튼한 감이 있다. 러그형은

ㄱ. 구동력, 제동력이 강하고, 소리를 가볍게 느끼는 정도 등 나쁜 길에 있어

서 견인력이 크다.

ㄴ. 내 커트성이 크다.

일반적으로 비포장도로용, 저속용으로 사용된다, 또 내마모성이 좋기 때문에 발열이 적은 사용조건의 경우 포장도로에도 사용된다.

③ 리브/러그병용(semi lug) : 〈그림 3〉에 나타난 것처럼 중앙에 리브를 양견부에 러그를 배치한 패턴으로, 리브와 러그의 각각의 특징을 도입한 것으로, 중앙의 리브는 조종성, 안전성을, 양견부의 러그는 구동력, 제동력을 부여하고, 포장, 비포장도로 겸용으로, 스노타이어에도 적당하다.

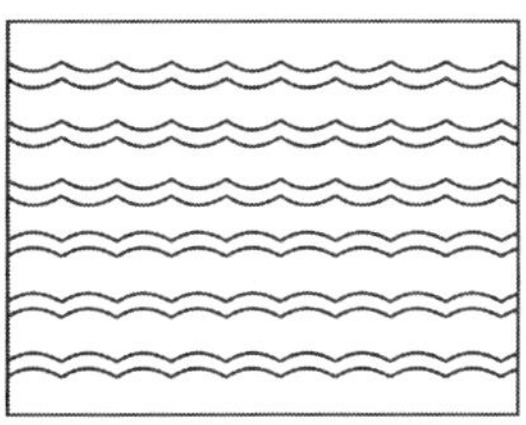

〈그림 1〉 리브형

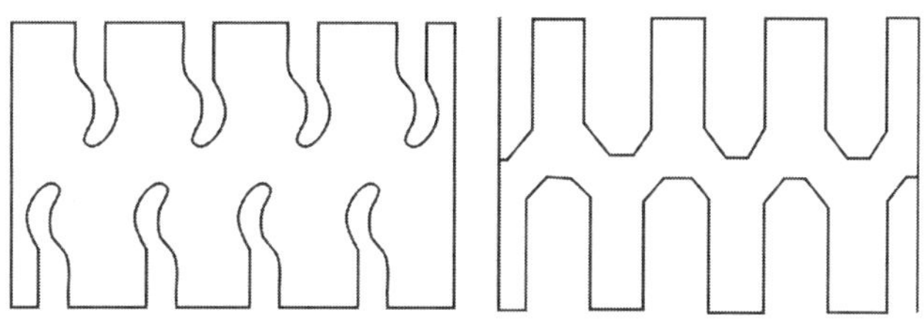

〈그림 2〉 러그형

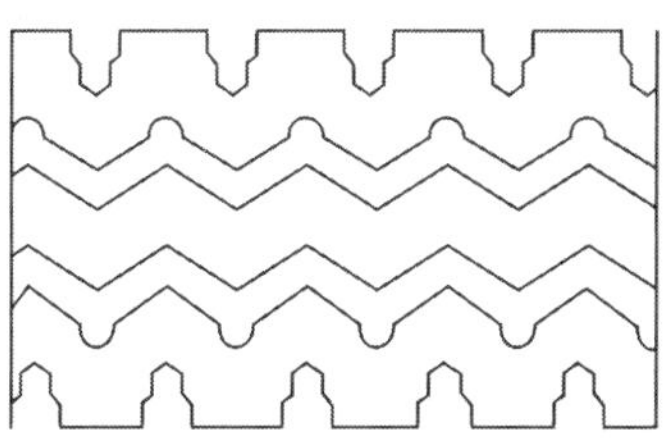

〈그림 3〉 리브 · 러그 병용형

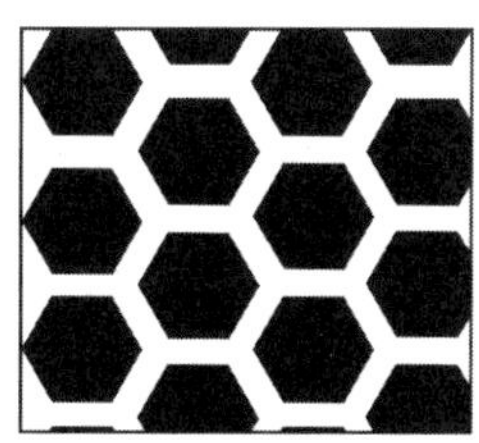

〈그림 4〉 블럭형

④ 블록(block)형 : 〈그림 4〉에 나타난 것처럼 독립의 블록으로 구성된 패턴으로

ㄱ. 제동력, 구동력이 뛰어나다.

ㄴ. 소리를 가볍게 느끼는 정도와 눈 위에서의 조종성, 안전성이 좋다. 일반적으로 스노타이어, 샌드 타이어에 적당하다.

(2) 코 드

플라이, 카카스, 벨트 및 브레카를 구성하는 직조된 섬유선 또는 금속선

(3) 플라이(Plies)

고무로 덮인 평행한 코드 층이다. 즉 타이어에 골조가 되는 중요한 부분으로, 비드에어 비드까지 코드로 구성되어 있고, 타이어의 종류에 따라 나일론, 폴리에스터 및 스틸 코드지를 사용한다. 각도에 따라서 바이어스 또는 레디알 타이어(90°각도)를 결정하는 중요한 요소이다. 중요한 요구 성능으로서는 타이어가 받는 하중 지지성, 충격흡수 및 충전 공기압에 견디는 역할을 다하고 있다.

(4) 카카스

타이어의 골격을 형성하는 코드 층이다.

(5) 사이드월(Sidewall)

트레드와 비드 사이 부분의 고무 층이다. 즉 숄더부에서 림쿠션과 비드부에서 걸쳐서 분포외어 있는 플라이를 덮고 있는 가장 바깥쪽의 고무 층으로 일반적으로 블랙 사이드월을 지칭하나 타이어의 외관을 고려하여 백고무(white rubber)와 함께 사용할 경우에는 화이트 사이드월(white sidewall)이라 한다. 요구조건의 특성은 내크랙성(crack), 내오존성(ozone), 내 컷성(cut) 등이 있으며, 화이트 사이드월은 내오염성이 요구된다.

(6) 브레이크(Break)

플라이와 트레드사이에 있는 보강 층으로, 외부에서 받는 타이어의 충격력을 완화함과 통시에, 트레드에 생긴 크랙과 외상이 직접 플라이에 닿는 것을 막고, 또 트레드와 플라이의 박리(剝離)를 방지하는 등의 역할을 하고 있다. 트럭 및 버스용 브레이크는 보통 2~4층의 코드로 되어, 내열성이 좋고 밀착성이 강한 고무질로 보호하고, 코드의 교차각은 거의 플라이와 같다.

(7) 비 드(Beads)

강철선에 고무를 피복하여 타이어를 림에 장착, 고정시키는 부분이다, 이것은 타이어의 충전공기압력 및 외력(外力)에 의해 생기는 타이어의 변형을 방지하고, 림상을 안정시키는 역할을 하고 있으며, 비드의 내측을 비드 트, 외측을 비드 힐이라 한다.

재료는 강철선(steel wire)과 이것을 둘러싼 포층 및 림 어긋남을 막는 체퍼천으로 되어있다.

(8) 비드 부 구성요소(Beads area components)

비드 휠러(Bead Filler, 비드 와이어 상단에 있는 삼각형 모양의 고무로서 충격을 흡수하고 강성 향상을 목적으로 한다), 췌퍼(Chafer, 림과 타이어와의 마찰로부터 비드 부를 보호하기 위하여 비드 부를 감싸주는 코드지), 칩퍼(Chipper, 사이드 월 하단부분 보호), 후립퍼(Flipper, 비드와이어와 비드 휠러와의 접합시 비드 휠러의 이탈 및 휘어짐을 방지하기 위하여 사용하는 코드지) 등이 있다.

(9) 커-브 보호(Curbs guard)

사이드 월의 바깥쪽 원주방향으로 튀어 올라온 부위로 외상으로부터 타이어를 보호한다.

(10) 벨 트(Belts)

트레드 선터 라인에 대하여 평행하게 카카스를 연결하는 기능을 가지는 트레드와 카카스 사이의 코드 층으로 타이어의 강도를 높여주고 노면으로부터의 충격을 견디게 한 것이다. 코드의 재질은 스틸, 화이버 글라스(fiberglass) 및 고탄성의 아라미드(Aramid) 등이 사용된다.

(11) 숄더 벨트 웨지(Shoulder belt wedge)

플라이는 내압이 작용하면 원형이 되려는 성질을 갖고 있어서 벨트부와 플라이 부간의 삼각형의 공간이 생기게 되는데 이 공간을 채워주는 고무 층이다. 이 부분은 발열이 많고 인장 압축응력이 발생하며, 벨트와 플라이의 움직임을 흡수 및 완충하는 역할도 해야 하므로 고무 물성은 높은 굴곡 피로성, 내발열성이 좋은 고무를 사용하여야 한다.

(12) 인너 라이너(Inner Liner)

타이어의 공기압을 유지시키는 카카스 내면에 부착된 고무 층이며, 타이어의 가장 안쪽에 있는 고무로 된 부분으로, 특히 튜브레스(tubeless)타이어인 경우에는 공기 보유 유지성이 높은 할로겐화 부틸고무가 사용되고 있다.

이에 대한 내용은 〈그림 5〉와 같다.

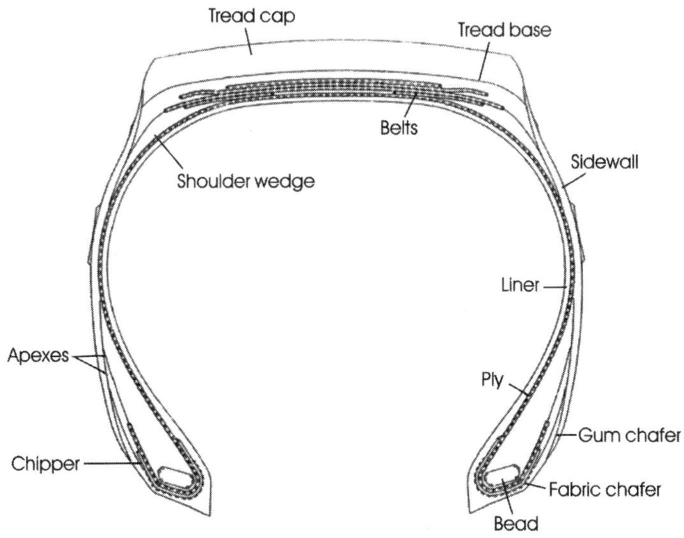

〈그림 5〉 래디알 트럭 타이어의 구성요소

3) 타이어 보강 소재

(1) 화이버(Fiber)

3가지 고분자의 분류 중의 하나(다른 분류는 플라스틱과 고무)로, 주로 합성섬유의 길이 방향 축으로 선형 분자들이 배향되어 있다.

그리고 타이어용으로 사용되는 합성섬유로서는 레이온(Rayon), 나일론(Nylon-6 및 Nylon-66), 폴리에스터(Polyester), 테레프탈릭산(Terephthalic acid)과 파라테닐렌디아민(Para phenylenediamine)의 합성으로 만들어진 아라미드(Aramid) 및 화이버 글라스(Fiberglass ; 무기성 화이버로서 석회-알루미나-보로실리카 유리) 등이 있다.

(2) 필라멘트(Filament)

섬유나 강철선의 연속성을 갖은 가장 작은 요소이다.

(3) 얀(Yan)

연속적인 가닥을 형성하는 필라멘트 다발이다.

(4) 코 드(Cord)

2개 또는 3개의 가닥으로 형성된 구조로서 여러 개의 얀이나 최종품으로 사용된다.

(5) 경 사(傾絲)

길이 방향의 코드 가닥이다.

(6) 위 사(緯絲)

가공 도중 경사의 흐트러짐을 방지하기 위한 경사와 직각 방향으로 경사용 붙잡아주는 가느다란 실이다.

(7) Lay의 길이

코드 가닥을 360 회전하기 위해서 요구되는 실제 거리이다.

(8) 트위스트(Twist)

코드나 얀의 단위 길이당 회전수, 다음의 두 가지 방향이 있다.

① "S" 트위스트, 중심선을 기준으로 시계 방향으로 꼬는 형상

② "Z" 트위스트, 코드 중심축을 기준으로 시계반대 방향으로 꼬는 현상이다.

(9) 데니어(Denier)

코드 단위 길이당의 무게를 말하고 보통 9,000m당의 그램을 말한다.

(10) 텍 스(Tex)

단위 길이 당 무게를 말하지만 1,000m를 말한다.

(11) 테너시티(Tenacity)

코드의 강인성(强靭性)이다.

(12) 강 도(Strength)

코드의 절단시 강도를 표시하며 데니어 당 그램(g)으로 표시한다.

(13) 플라이 트위스팅(Ply Twisting)

타이어 얀 그 자체를 인치 당 원하는 수만큼 꼬는 것으로, 플라이 트위스트 후 꼬여진 얀들로 감겨져 있는 2개 또는 그 이상의 스풀을 다시 꼬아서 코드로 만든다. 만약 2개의 840데니어 나일론 코드가 서로 꼬아진다면 이것은 84D/2 코드가 되고, 3개의 1,300데니어 폴리에스터가 함께 꼬이게 되면 1,300D/코드가 된다.

4) 자동차 타이어의 제조방법

(1) 원재료

일반적으로 천연고무, 합성고무(SBR, BR, IR 등), 배합제(카본블랙, 유황, 가황촉진제, 노화방지제, 산화아연, 스테아린산, 프로세스유 등), 타이어코드(레이온, 나일론, 폴리에스텔, 스틸 등), 캔버스 천(면, 레이온, 나일론 등) 비드와이어 등으로 수십 종류의 것이 사용된다.

(2) 제조공정

고무의 제조공정을 대별하면 다음과 같다.

① 정련공정으로 플림, 배합, 혼합, 코드 및 캔버스천의 테이핑, 캘린더의 각 작업

② 재료공정으로 코드 및 캔버스천의 절단, 트레드 압출, 비드성형의 각 작업

③ 성형공정으로 플라이, 브레이크, 비드, 트레드의 접착작업
④ 가황공정으로 크린 타이어(clean tyres)를 금형으로 열에 넣음과 압력을 가하는 작업으로, 완성 및 검사 작업이다.

가. 플림작업

원료 고무에 가소성을 주기 위하여 고든 플라스틱 케이타, 로울, 밴버리 믹서 등을 이용하여 충분히 단련한다.

나. 배합·혼합작업

플림된 원료 고무, 카본블랙, 유황 등 각종의 배합제의 배합처방이 세워지면 이것을 롤, 밴버리믹서 등을 이용하여 소정의 배합비로 혼합하면 트레드, 플라이 브레이크 등의 배합고무를 만들 수 있다. 이때 혼합 중 혼합시간을 정할 때는 일련의 규칙이 있다.

① 고점착 수지(resin)로부터 분말의 분리
② 밀폐형 혼합기로부터 배출 온도를 딱딱한 수지의 연화점 이상으로 유지
③ 누수 방지를 위해 액체를 포함
④ 혼합을 가속시키기 위해서 고무의 전단성을 이용
⑤ 스코치(scorch)나 가황된 입장의 형성을 방지

다. 디핑 작업(Deeping)

코드 및 캔버스 천과 고무와의 접착성을 좋게 하기 위하여 침지(浸漬, deeping)라는 특수한 수지가공이 행해진다. 나일론 및 폴리에스테르 코드의 경우는 레이온과 달리, 디핑시에 히트세트(열 연신작업)를 행한다.

라. 캘린더 작업(Calender)

디핑된 코드 및 캔버스 천에는 밀착을 좋게 하기 위하여 3혹은 4대의 캘린더 로울기로 코드 및 천의 양면에 배합 고무를 얇게 입힌다.

라. 포절단(재단)작업

고무가 둘러진 코드 및 캔버스천은 바이어스커터로 비스듬하게 절단되어 띠 모양으로 접합되어서 플라이, 브레이크, 플리파, 체퍼의 재료 천이 된다. 플라이 및 브레이크는 비스듬하게 절단된 코드를 서로 접착시켜서 만들어 진다.

마. 트레드 압출작업(Extrusion)

트레드 고무는 트레드・튜버(압출기)에 의해 띠 모양으로 압출되고, 이것을 물로 냉각하여 타이어 1개분의 길이로 절단한다. 이때 압출작업시에 고온 고무 공급형과 저온 고무 공급형의 두 가지 사출기가 있다.

바. 비드 성형작업

비드 와이어를 몇 가닥 합쳐서 비드 튜버에 의해 경질고무(인술레이션 고무)를 피복하면서 여러 층으로 겹쳐 감고, 그 주위를 플리파 천으로 커버한다.

사. 타이어 성형작업

플라이, 브레이크, 비드, 체퍼, 트레드의 각종 재료(반제품)를 성형드럼 위에서 하나하나 붙여 그린타이어(Green tyre, 생 타이어)를 만들 수 있다.

아. 가황작업

그린타이어는 금형에 넣어져 안과 밖에서 열과 압력을 가해서 가황한다. 가황에 의한 타이어 안의 고무분자와 유황분자가 완전히 결합하여 안정한 물성을 얻을 수 있음과 동시에 트레드부에는 패턴이 형출된다. 금형으로 뽑아 내어진 타이어는 마무리, 외관검사, 밸런스 및 유니포 미터의 측정이 행해져서 제품으로 태어난다.

5) 타이어 전문용어 및 그 치수

타이어와 림에 관한 전문용어를 〈그림 6〉에 설명하였다. 그리고 표현된 치수는 타이어 산업에서 주로 사용되는 것으로 다음과 같이 정리 하였다.

(1) 편평비(扁平比, Aspect ratio)

타이어의 단면 높이/단면폭을 말한다.

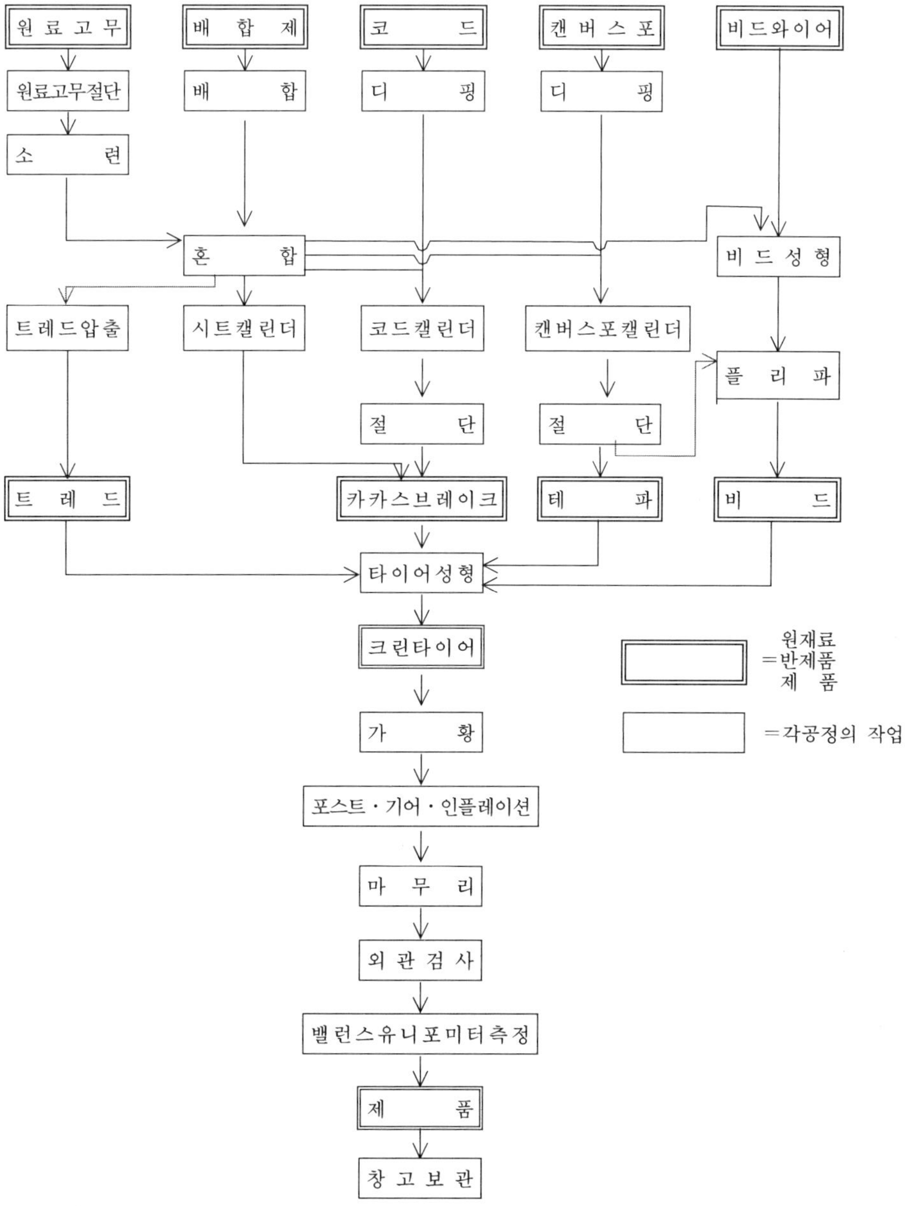

〈그림 6〉 자동차용 타이어 제조공정도

(2) 코드 각도(Cord angle)

타이어에 구성되는 플라이, 벨트 등 각종 코드지의 원주방향에 대한 각도를 말하며, 타이어의 특성에 중요한 요소로서 빈 제품의 상태인 크린(clean) 상태와 완제품의 상태인 큐어(cure)상태로 관리한다. 래디알 타이어인 경우에는 90이다.

(3) **외 경(外境**, Overall diameter)

신품 타이어에 림을 조립하여 표준 공기압을 넣고 상온에서 24시간 방치 후 공기압을 재조정하여 무하중 상태에서 측정한 타이어의 직경이다.

(4) **단면폭**(Section width)

타이어의 외경 측정 조건과 동일한 상태에서의 단면 폭으로서, 문자, 장식, 보호용 리브를 말한다.

(5) **정하중 반경(靜荷重**, Static loaded radius)

타이어를 적용 림에 장착하고 규정의 공기압을 충전하여 정지한 상태에서 평면에 수직으로 두고 100% 하중을 가했을 때 타이어의 축 중심에서 접지면까지의 최단거리를 말한다.

(6) **최소 복륜간격(最小 復輪 間隔**, Minium dual spacing)

정하중에 타이어는 눌리며 폭이 증가하는데, 복륜 취부시 타이어가 서로 닿지 않도록 분리하여야 하는 거리이다.

(7) **접지자국**(Foot print)

일종의 탁본으로 타이어에 하중과 공기압을 가한 상태에서 트레드 패턴부분을 평판에 프린트한 것으로 100% 하중과 그 전후의 하중을 함께 적용해 비교한다.

(8) **총 접지면적**(Cross contact area)

타이어의 1005 하중을 주었을 때 타이어가 노면에서 접촉하는 총 면적으로, 이때 실 접지면적은 총 접지면적에서 실지 트레드가 접촉된 면적을 뺀 접지면적이다.

(9) **비대칭**(Asymmetrical)

트레드의 중심선을 중심으로 패턴의 좌우가 서로 다른 트레드 패턴이다.

(10) 하중지수(Load rating)

타이어가 갖고 있는 한계 속도에서 사용중인 수용 가능한 하중을 지수로 표시한다.

하중범위(load range)는 타이어의 강도를 나타내며, A～N까지의 12등급이 있다. 각 등급은 면사 코드 2장 상당의 강도 차이를 가지며, A는 면사 코드 2장, N은 24장 상당의 강도를 갖는다. 〈표 1〉에서 타이어와 림의 협회(Tyre & Rim Association)에서 표기된 Load Range를 나타낸다.

3가지 기본적인 타이어 표식법은 다음과 같다.

① 튜브 타입에 적용되는 flat base rim에 사용된 재래식 사이즈 타이어

② 튜브레스 또는 15° 림에 사용되는 재래식 사이즈 타이어

③ 15° 림에 사용되는 미터식 크기 : 튜브레스

여기에 더 첨부하여 "R"은 "Radial"을 표기하고, "D" 또는 "(－)"는 "Bias", "ML"은 광산용으로 표기되며, "P"는 승용차용(Passenger)으로, "LT"는 경트럭용(Light Truck)으로 표기된다.

예를 들어서 타이어 크기 표기인 "P195/75R14"는 다음과 같은 의미를 갖는다.

① P : 승용차용 타이어

② 195 : 을 취부하였을 때 단면폭이 195mm

③ 75 : 편평비

④ R : Radial 구조

⑤ 14 : 림(Rim) 지름 혹은 직경(인치)

〈표 1〉 트럭용 래디알 타이어에 장착된 11R22.5 타이어의 하중치

Load range	Corresponding ply rating	Tire & Rim Association designated loaded tire limit(lb)	Inflation (psi)
F	12	5,780	90
G	14	6,430	105
H	16	7,030	120

중하중용 트럭 타이어는 전형적으로 재래식 튜브레스 타이어인 경우에는 11R24.5를 사용하고, 저편형 미터식 타이어인 경우에는 295/75R22.5이다. 재래식인 경우에는

⑥ 11 : 단면 직경(인치)

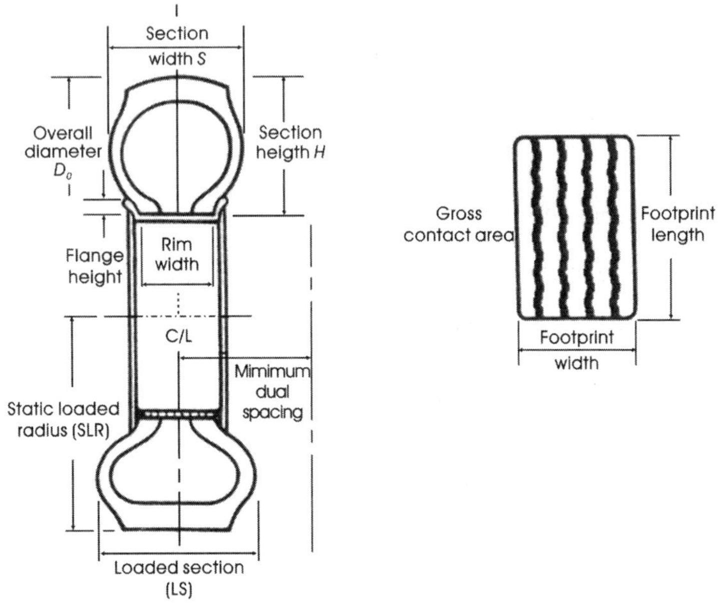

〈그림 7〉 타이어와 림의 각 부분의 치수

⑦ R : Radial 구조

⑧ 24.5 : 림경(인치)

이러한 재래식 크기 표기는 편평비가 80이다. 타이어를 설계할 때의 초기 작업은 원하는 규격의 결정이고 이것으로부터 림 치수, 휠의 구조, 하중, 주행 속도와 공기압 등이 결정된다. 메트릭 중하중용 트럭 타이어인 경우에 이런 계수는 다음 식과 관련이 있다.

$$L = (6{,}075 * 10^{-5})K * P^{0.7} * Sd^{1.1}(D_r + S_d)$$

L : 시속 100㎞로 주행시의 하중(kg)

P : 압력(kPa)

S_d : 편평비와 관련된 단면폭

D_r : 림 지름

K : 속도와 관련된 상수

6) 타이어의 부담하중

타이어는 하중을 지탱하고 있지만, 이 하중을 지탱하고 있는 것은 타이어 안의 공기압력이다. 타이어의 부담 하중 공식은 다음과 같다.

$$W = K * 4.0 * 10^{-4} * P^{0.585} * S^{1.39}(D_R + S)$$

여기서 $S = S_1 * [180° - \mathrm{Sin}^{-1}(W_1/S_1)]/141.3°$

W : 하중(kg)

K : 하중 계수(차종 및 속고에 따라 정해지는 상수)

P : 공기압(kg/㎠)

S_1 : 표준림에 장치한 경우의 타이어의 단면폭(㎜)

W_1 : 표준림의 폭(㎜)

D_r : 림의 호칭 경(림의 호칭 * 25.4)(㎜)

7) 자동차용 튜브레스 타이어(Automobile tubeless tyre)

튜브를 필요로 하지 않는 타이어로 여러 가지 뛰어난 특성을 가지고 있다. 현재 미국에서는 승용차 타이어의 95%이상, 유럽에서는 70%이상 사용하고 있다. 그리고 기타 트럭, 버스, 소형 트럭에도 15%이상 사용되고 있다. 특히 자동차의 고속화가 진행되면서 안전성의 면에서 사용률은 점차 높아지고 있다.

(1) 튜브레스 타이어의 구조

승용차의 일반타이어와 튜브레스 타이어의 구조를 〈그림 8〉과 〈그림 9〉에서 비교하면, 튜브레스 타이어에는 튜브에 상당한 특히 기밀성이 뛰어난 고무시트(인너라이너)가 타이어의 안쪽에 긴밀히 덮여 있으며, 비드부는 비통기성의 캔버스천이나 또는 고무시트가 체퍼로 덮여 있다. 또 밸브는 주로 스냅 인 밸브가 사용되어 직접 림에 달려있다. 그러나 자종차의 종류에 따라 구조상의 차이가 있다.

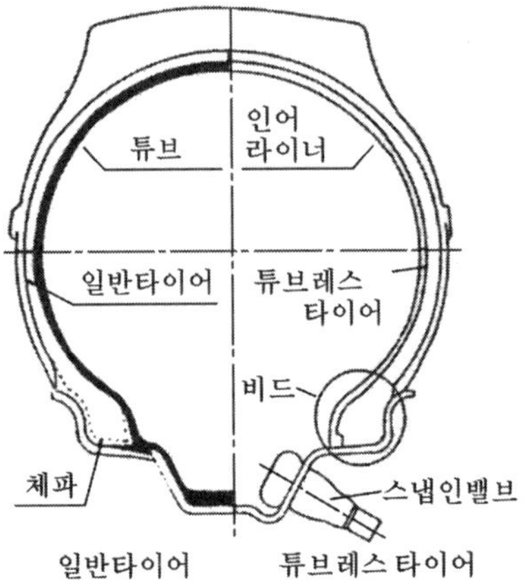

〈그림 8〉 승용차용 일반타이어와 튜브레스 타이어의 단면비교

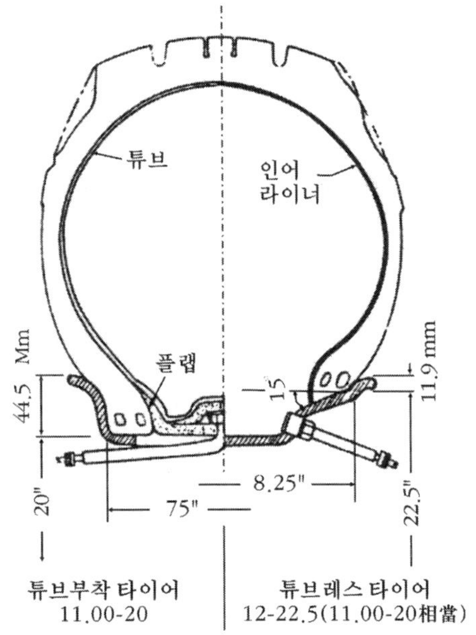

〈그림 9〉 트랙·버스용 일반타이어와 튜브레스 타이어의 단면비교

(2) 튜브레스 타이어의 특성

튜브레스 타이어의 장점은 다음과 같다.

① 못 등이 박혀도 공기가 급격히 새지 않고 서서히 새기 때문에 안전운전을 할 수 있다.

② 공기의 유지성이 좋다.

③ 주행중의 온도상승이 적다.

④ 펑크수리가 쉽고, 또한 시간이 걸리지 않는다 등이 있다.

단점으로는 다음과 같은 내용을 생각할 수 있다.

① 나쁜 길을 주행했을 때 림 플랜지가 변형되면 공기가 새기 쉽다.

② 타이어의 안쪽이 상처나면 세퍼레이션(separation)을 유발한다.

③ 림 조가 좀 귀찮다.

8) 타이어의 코너링 특성

자동차가 선회, 추월, 진로의 수정 등의 곡선운동을 할 경우, 반드시 원심력이 작용하므로, 타이어는 원심력에 대항하는 구심력을 만들어내야 한다. 특히 고속의 경우에 원심력은 속도의 2승에 비례하여 증가하므로, 이것을 극복해 내는 데는 타이어에서 생기는 구심력은, 보다 큰 것이 바람직하다. 이와 같은 구심력은 타이어가 "횡 슬라이딩 상태"에 있을 때 발생한다. "횡 슬라이딩 상태"란 타이어가 회전하는 방향과 자동차가 진행하는 방향이 어긋나 있는 상태를 말한다. 타이어를 횡 슬라이딩의 상태에 두면 원심력에 대항하는 구심력이 생김과 함께 주어진 어긋남을 없애려고 하는 모멘트도 생긴다.

이에 대한 내용을 〈그림 10〉, 〈그림 11〉에 표시하였다.

코너링 특성에 미치는 요인은 사용상태에 근거한 외적요인과 타이어의 구조에 근거한 내적요인으로 구분한다.

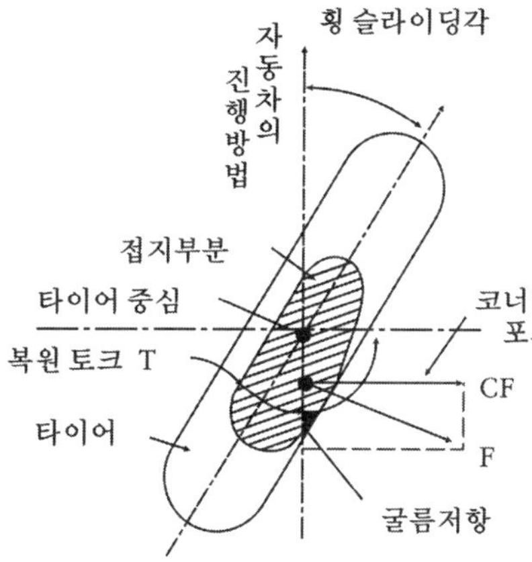

〈그림 10〉 타이어의 횡슬라이딩
(노면에 수직으로 서서 횡슬라이딩을 하는 타이어를 위쪽에서 본다)

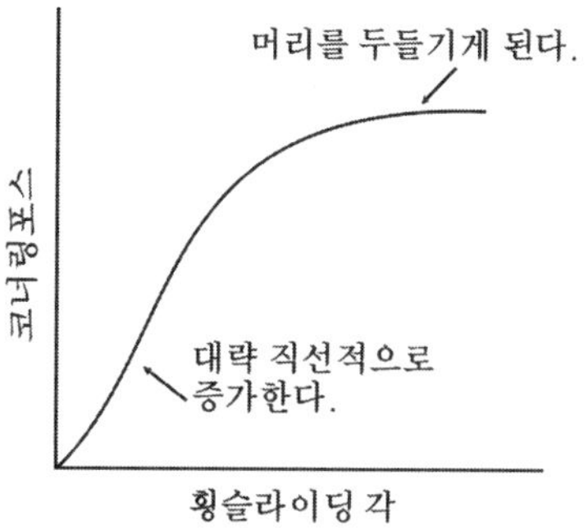

〈그림 11〉 횡슬라이딩 각과 코너링 포스의 관계

(1) 외적요인

외적요인은 하중, 공기압, 림폭, 노면상태, 주행속도, 제동력 및 구동력, 그리고 타이어의 치수 영향 등이다.

(2) 내적요인

타이어의 마모상태, 플라이수, 코드각도, 코드 재질 등의 영향을 받는다.

9) 타이어의 승차감

승차감 특성은 일반적으로 타이어의 종(縱)스프링 정수는 작을수록 좋은 승차감을 나타내지만, 종 스프링 정수를 작게 하려면 치수, 구조상으로 볼 때 다음과 같다.

① 타이어의 형상을 둥글게 한다.
② 타이어의 두께(플라이 수)를 적게 한다.
③ 코드재료로서 탄력이 많은 코드, 예를 들면 나일론을 사용한다.
④ 크라운부의 코드 배열각도를 주방향에 대해 크게 한다.
⑤ 림은 좁은 것을 사용한다.

또 사용 조건으로는 공기압을 내린다. 등을 들 수 있지만, 타이어의 내구성, 조정성 등의 면에서는 반대 방향이 된다.

10) 타이어 완제품의 시험

타이어는 사용용도에 따라 개발하여야 하는데, 그렇게 되려면 기술자들은 그 용도에 필요한 제품을 만들어 이에 대한 여러 가지 물리, 화학적 실험을 하여야 하는데 이러한 성능에 대한 것은 2개로 분류할 수 있다.

(1) 타이어의 기계적 특성

① 수직으로 하중을 받는 타이어의 하중으로 인한 변형, 하중을 전달할 수 있는

능력

② 조타 성능(aligning torque, cornering 특성, 타이어의 횡방향, 접선방향 굽힘 강도)

③ 습 제동력과 구동력

④ 회전저항(연료 절감과 관계) 소음

(2) 내구성

① 트레드 마모(저마모율, 고 마모율과 고른 마모를 총괄)

② 피로 저항성

③ 동적 하중을 받은 상태에서의 타이어의 발열

④ 트레드와 사이드 월의 찢김(tearing)현상, 컷팅(cutting), 칩핑(chipping)현상

이 시험은 3가지 면으로 분류되어 실험실, 시험 트랙, 실차 시험으로 나누어 실시한다.

가. 실험실 시험

실험실 타이어의 시험은 타이어의 재료부터 실시한다. 트레드, 사이드월, 벨트나 플라이, 인너 라이너용 고무 혼합물인 경우에는 가황기구, 인장시험, 인열시험과 동적 점탄성 시험(저장 탄성률, 손실 탄성률) 등의 결정이 선행되어야 한다. 보강용으로는 사용되는 플라이용 코드는 인장시험, 클립시험, 피로와 안정성(수축률) 시험을 하여야 한다. 최근에 실험실에 행하여지는 시험들은 거의 자동화되어 있다. 먼저 고무 혼합물을 특정한 조건(온도, 시간)에서 가황 프레스로 시편을 만들고, 시험 시편을 테스트 항목에 따라서 다시 컷팅하여 시편 걸이 대에 장착하면 자동적으로 시험을 완료한 후 그 데이터는 컴퓨터에 의해서 전문가에게 보내진다.

그러므로 미리 세운 재료의 물리적 성질의 목표와 일치되는 재료들은 다음 공정인 성형 공정에서 사용된다. 이렇게 제조된 타이어에 대한 시험은 타이어의 용도에 따라 다르다. 이에 따른 전문용어들은 다음과 같다.

① 코너링 계수(Cornering) : 자동차의 진행방향과 휠축의 진행방향 사이의 각도인 슬립각도(slip angle)에서 타이어의 횡력을 수직방향의 하중으로 나눈 값이

다.

② 코니시티(Conicity) : 타이어의 원주방향의 중심을 기준으로 좌, 우에 발생하는 횡력의 차이로 타이어의 회전방향에 관계없이 한쪽으로만 쏠리는 현상이다.

③ 밸런스(Balance) : 타이어 또는 휠과의 조립에서 각 요소의 무게의 분포이다.

④ 힘 변동(Force variation) : 하중을 가하지 않은 타이어의 수직방향 힘의 주기적 변동이다.

⑤ 횡력(Lateral force) : 타이어가 코너를 돌 때 먼저 발생하는 횡방향의 힘이다.

⑥ 런아웃(Run out) : 타이어의 치수 불 균일을 의미하며, 측정방향에 따라 원주방향과 횡방향으로 나눈다.

⑦ 원주방향 런아웃(Radial runout) : 타이어의 트레드 표면에서 스핀(spin)축과 직각방향으로 최대치와 최소치와의 차이, 타이어의 진원으로부터의 차이를 나타내는 척도이다.

⑧ 횡방향(Lateral run out) : 타이어의 양 사이드월에서 스핀 축과 평행한 방향으로 최대치와 최소치와의 차이이다.

⑨ 회전저항(Rolling resistance) : 타이어가 노면을 주행할 때 발생되는 저항으로 타이어와 노면의 상호작용으로 발생되며, 타이어의 반복변형과 미끄럼에 의한 손실을 말한다.

⑩ 셀프 얼라인 토크(Self aligning torque) : 자동차의 진행방향과 휠 축의 진행방향 사이의 각도인 슬립 각에 대한 스스로 안정하려는 작용으로 타이어나 차체가 중립을 유지하려고 하는 현상, 즉 슬립 각을 가진 차륜에 노면으로부터 작용하는 모멘트의 Z축 회전 성분이다.

⑪ 균일성(Uniformity) : 완제품 타이어의 균일한 정도를 의미하는 것으로 강성의 불균일, 질량 불균일로 설명된다.

⑫ 속도 등급(Speed rating) : 속도는 문자로 표시가 되고 자세한 내용은 표 9 (과학 P.629)에 표시하였다. 만약 205/60HR15(속도 등급=H)를 선택하였다면 이 타이어는 시속 130마일 속도까지 주행이 가능하고 그 속도에서의 안전도

보장하며 공기압, 하중, 트레드의 스키드 깊이 등의 인자에 대한 규약과 타이어 외관의 손상까지를 보장하게 된다.

〈표 2〉 타이어 속도 등급

Speed symbol	Maximum speed		Typical application
	kph	mph	
Z	Above 270	Above 160	Super high--performance sports cars
W	270	162	High-performance sport cars
V	240	149	High-performance cars
H	210	130	Performance luxury cars
T	190	118	Passenger cars
S	180	112	Passenger cars, light truck tires
M	130	81	Truck
L	120	75	Truck

나. 시험 노면(Proving ground)

타이어의 성능을 판단하는 가장 확실한 방법은 실제로 노면에서 시험하는 방법이다.

이 방법은 모든 종류의 타이어에 해당되며 다음과 같은 조건을 갖는다.

① 고속용 트랙, 원형 또는 타원형

② 도간 고속도로 모사

③ 자갈과 비포장 도로

④ 조약돌 도로

⑤ 컷(cut), 칩핑(chipping), 테어링(tearing)코스

⑥ 습식, 건식 제동용 패드(pad), S자형 도로, 회전 활강용 코스

⑦ 농경용 타이어를 위한 밧줄 트랙

⑧ 노면과 트레드의 접지 상태를 볼 수 있는 유리 도로 등

다. 실차시험

새로운 타이어 설계가 실험실 시험과 시험 주행도로에서 얻은 성능 목표와 일치

되면 실차시험으로 타이어의 성능을 평가한다. 고속용 트럭 타이어인 경우 일정량의 타이어를 상용트럭 회사로 보내어 그 성능 평가를 계속해서 주시한다. 상용트럭 회사는 탄 거리와 장거리용으로 주행된다. 이러한 시험에 의해서 모아진 데이터에는 트레드 마모, 균일한 마모의 정도, 내구성과 윤전사의 평가 등이며, 이 데이터들은 세부 분석용으로 사용되어 회귀식의 계산과 성능 평가용의 입력 값으로 제공한다.

11) 기타 각 차종에 따른 고무 타이어의 KSM 및 GRM 규격을 표시한다.

① KSM 6753 : 2륜 자동차용 고무 타이어

② KSM 6751 : 산업 차량 및 건설 차량용 고무 타이어

③ KSM 6752 : 농업 차량용 고무 타이어

④ KSM 6750 : 자동차용 타이어

⑤ KSM 6626 : 자동차용 고무 재료

⑥ KSM 6528 : 자동차용 천연 고무 튜브

⑦ KSM 6525 : 자전거 및 운반차용 타이어

⑧ KSM 6529 : 자동차용 부틸 고무 튜브

⑨ KSM 6568 : 고무용 유기 가황 촉진제

⑩ GRM 6001 : 트레드 재활용 타이어 등이 있다.

—찾 아 보 기—

(사)

(아)

(자)

(차)

(카)

(타)

(파)

(하)

- INDEX -

(R)

(S)

(T)

(U)

(Y)

著者略歷

仁何大學校 工科大學 化工科 工學士

弘益大學校 大學院 化工科 工學碩士(高分子)

弘益大學校 大學院 化工科 工學博士(有機工業)

東洋工業專門大學 敎授 歷任

弘益大學校 講師

韓國産業 安全管理工團 : 諮問委員(安全靴, 保護區分野等)

中小企業廳 技術指導 諮問委員(皮革, 핸드백)

中小企業 技術指導 擔當(TRITAS)-製靴, 皮革, 고무分野

專門大學 中小企業 協力會 技術指導 擔當

韓國 淸淨産業 選定諮問委員(皮革分野)

(前) 烏山大學 신발科學科 敎授

최신 고무공업화학

2006년 1월 20일 초판 1쇄 발행
2008년 8월 20일 2쇄 발행
2014년 2월 25일 3쇄 발행

값 25,000원

저 자 김 명 웅

발행자 양 희 돌

경기도 고양시 일산서구 하이파크 3로 17

發行處 **先進文化社**

〈등록 제410-2005-000040호〉

ISBN 89-7392-243-2 92570

 ☎ (031)925-8237・8238, FAX 925-8239